顾祖钊 主编

美学 人学研究与探索

敦煌文艺出版社

图书在版编目（CIP）数据

美学人学研究与探索 / 顾祖钊主编． -- 兰州：敦煌文艺出版社，2022.8
ISBN 978-7-5468-2211-2

Ⅰ．①美… Ⅱ．①顾… Ⅲ．①美学—文集—②人学—文集校史 Ⅳ．①B83-53②C912.1-53

中国版本图书馆CIP数据核字（2022）第149644号

美学人学研究与探索

顾祖钊　主编

责任编辑：余　琰
装帧设计：陈　珂

敦煌文艺出版社出版、发行
地址：（730030）兰州市城关区曹家巷1号新闻出版大厦23楼
邮箱：dunhuangwenyi1958@163.com
0931-2131552（编辑部）
0931-2131387（发行部）

武汉鑫兢诚印刷有限公司印刷
开本 710毫米×1020毫米　1/16　印张 26.5　插页 2　字数 230千
2023年3月第1版　2023年3月第1次印刷

ISBN 978-7-5468-2211-2
定价：98.00元

如发现印装质量问题，影响阅读，请与出版社联系调换。

本书所有内容经作者同意授权，并许可使用。
未经同意，不得以任何形式复制。

序言

为美学的思考者探索者点赞

美学,是一个人类的难题。公元前五世纪古希腊哲学家就发现"美是难的",直到今天,美,依然是很难很难的课题!但是,再难,也挡不住中国美学思想家探索的脚步,这本《美学、人学研究与探索》的出版,便是中国美学思考者、探索者仍在攻坚克难的一个证明。它的成书也是中国这个鼓励创新的时代里出现的一个小小的奇迹。毋庸讳言,美学是一个不太被重视的角落,然而,即使在这个学术的角落里,也有一帮梦想着创造奇迹的人。

说此书的出版是一个小小的奇迹,首先是因为它是一部不为当代学术潮流所动,而将一群逆行的美学思考者的真知灼见汇集而成的书。记得在2019年的某次文艺理论学术会议上,北方某中心的主办者公开宣布:现在是"思想淡出,知识登场"的时代。也许,这是对当今学术潮流的一种概括,显然它与那种"去思想化"的暗流非常合拍,于是,许多饱学之士便蜂拥而去。然而,这并非民族学术界的幸事,却是我国学术界的悲哀。试想,当一个时代,一个民族的理论界,不以思考创新为己任,而以炫耀知识,特别是外民族的知识为荣耀的时候，那么这个民族的思想界和理论界就一定会陷入无所作为的停滞时代，这是非常可怕的学术倾向。所幸上述概括不全是事实，或者说只是一种流于表面戏说。而我们这本思考者、探索者的专集的出版，便以它"硬核"的事实，说明中国美学界仍有人在思考，从没有停止过理论的创新与探索。当它突然地出现在你的面前，着实让人惊奇：中国美学啊，你也有自己的脊梁！

说此书的出版是一个小小的奇迹，其次是因为它的成书，完全是一种来自社会底层的自发力量。这里的文章，很少是为某个项目、某个基金而写作，发表的刊物也不是多么高级，一般都没有某种社会功利的推动，而多半是发自良知的即学术良心的学术冲动。而这本书的成因更是一种民间的自发行为：本书文章的收集者和出版经费的资助者，本是一位天津的普通科技工作者，居然能对美学发表一些质朴的一针见血的看法。不仅拿出他并不富裕一点积蓄资助本书的出版，还给每位作者发了再版稿费；花了好几年的时间收集美学论文，找出版社，几受挫，辗转多地，才找到了出版社愿意承担。看到他那执着而沧桑面容，才懂得他为这本书付出多少辛劳。他如此无怨无艾地为中国美学的未来操劳，深深地感动了我：中国居然有这样的美学痴迷者和志愿者，这本身就是一个奇迹！更说明中国美学的未来是有希望的。

翻开目录，你就会发现，这本书在提倡人学视角、生命美学和生活美学，对中国古代美学也颇感兴趣。它集中了中国美学界老中青三代人的智慧，呈现了新时代美学论坛百家争鸣盛况的一个侧面。是一本中国美学研究者必备的案头书，一本难得的参考书。

说它是新时代美学论坛百家争鸣盛况的一个侧面，是因为美学探索者们可以说是放言无忌的，比任何时代都自由。例如，尊敬的胡经之先生提出：不能把本质力量对象化无限夸大，阳光空气不必经过这种对象化，一样可以是很美的。华人把中秋的明月当成审美对象，说上面有美丽善舞的嫦娥，酿桂花酒的吴刚，还有常年捣药的玉兔。显然这是把人的本质力量对象化了，所以中秋的月亮成了审美对象，但是能不能说这就是实践呢？显然不能。所以，本质力量对象化的范畴远远比实践概念宽泛得多。然而，就连本质力量对象化的范畴，都不能囊括人类整个审美活动，更何况实践概念呢？所以，胡经之先生的质疑，就等于挖掉了实践美学的老根。肖祥彪等说得好：实践美学连研究对象都没有搞清楚！再如我的朋友祁志祥表现了一种掀翻历史的勇气，自柏拉图、托马斯·阿奎那，到康德、黑格尔，再到萨特等等美学家，都认为美感不同于快感，但祁志祥却认为美感就是快感（乐感），连动物都能审美。谁都知道"自由"是德国古典美学的核心命题，几乎成了美学的不易之论，但是封孝伦不认邪，斩钉截铁地宣布：美与自由没有必然联系。这样，在这里，就没有什么结论不可以推翻，没有什么主张不可以质疑了？于是，在本书里不同的观点尖锐地对立着，争论着，辩难着！所以，它是中国美学研究者必备的案头书，难得的参考书。

为张扬从人学的视角研究美学的新路径，欧阳友权以他富于文采的笔，为我们勾勒了一部中国人学美学史纲，很有创新意义。只是他所理解的人学是中国传统意义上的民本主义的和人性伦理意义上的美学。前者属于人民美学，是政治美学范畴，后者与西方的人文主义美学相近，主宰者是道德律令，都不是现代意义上的"人学"。而美学研究的人学视角，应当是享誉世界的、被晚年马克思称赞而神往的文化人类学意义上的"人学"，即从文化的视角研究美学，或者说是从人的文化性意义上研究的美学。这才是美学研究的新路径。我的这个看法提出来只是想与美学界的朋友讨论，按本书的编辑原则，任何观点都不宜定于一尊。

本书中许多人主张生命美学，但新时期里生命美学的旗手潘知常的文章却没有收入，这不能不说一大遗憾。而王世德、赵伯飞共同倡导了生命美学的"生命的自由解放"原理和"朝着真善美的理想前进"的追求，是值得点赞的。但是生命美学当初是作为形上美学（包括实践美学）的对立物出现的，而今却在说自己继承了实践美学，这又让人费解；而且生命美学一旦确立了生命本体论不就意味着自己又回到形而上美学的老路上去了吗？

还有更多的作者在提倡"生活（论）美学"，就连潘知常也似乎改行提倡生活美学了。从杨光的表述中让我们明白：其一，生活美学与传统美学关注的对象不同：与传统美学关注艺术、自然、宗教、科学等有限领域不同，生活美学"不能脱离人类生活形式来思考"。其二，传统美学以单一的感知霸权——视觉感知为代表，其极端形式为"图像社会"和"视觉转向"，而生活美学则认为"在具体的生活流中，是多种感觉共同起作用"的。其三，传统美学以艺术范型为标准统辖美学的，生活美学是以此在的、多元的、本真的生活状态如"日常生活审美化"为范型和标准研究美学的。我们欣喜地看到所谓"生活（论）美学"，终于有了一些自己的说法。但是，让我们不明白的是，为什么要把"生活"混同于"美"，而提出"审美与生活同一"论，这可能吗？可以断定，不论到什么时代，生活总是由丑的，大量的无所谓美丑的平庸的甚至是艰辛的，和较少的审美而富有诗意的生活构成，即使到了所谓"日常生活审美化"的时代，审美与生活也不会是"同一"的。兹举一例：

在一座堪称豪华的别墅里，王二麻子正叼根香烟享受生活。只见他一手抠着脚丫，一手搂着小三，正仰天瘫靠在像皇帝宝座一样精雕细刻的长椅上，发呆。耳边玉音传来："麻哥，今天晚上吃啥子嘛？"麻哥在幺妹的乳房上按了按说："嗯——昨天吃了螺狮粉，前天吃了臭豆腐，那——今天就吃榴莲火锅怎么样？"幺妹说："要得！"

毫无疑问，这位王二麻子达到了"日常生活审美化"的标准，但是，你看他是在审美地生活吗？他的生活与审美同一了吗？与此同时，他名下的公司里的白领和蓝领们，以及同样处于所谓的日常生活审美化时代的千千万万的打工者，也在审美地生活吗？所以，我以为，生活美学不能建立在谎言上。当然，生活美学如果致力于社会美的研究，或者定位于探讨怎样使人的生活走向审美化的美育研究，还是可以大有作为的。这是我在生活美学建构者启发下的一点感想。所以，生活美学论者的思考与探索的学术意义，是不应被低估的。

本书还有第四方面军，即对中国古代美学遗产情有独钟的人们。他们可以分为两支队伍：一是仅仅着眼于古代的朋友，他们主张中国现代美学应当回到国粹中去；一是认为美学是一种人类的学问，中国现代美学应当吸取中外美学之精华，走中西融合之路建构中国式新美学。二者的共同点是，过去那种将中华美学抛在一边不顾，只是接过西方话题"接着说"的美学研究方式和时代该结束了，中国人在美学建构上该体现一下"自我"及其创造力了！就两支队伍而言，古风大约属于前者，而我本人则属于后者。古风对中国古代美学如数家珍的赞美，这里就不说了，而他发现的中国古代美学没有走哲学化的路，或者说没有被哲学化，是慧眼独具的。这是值得所有中国当代美学研究者认真思考的。

说美学属于哲学，这是西方人观点，所以西方人始终解决不了美学难题。近现代中国美学家按着西方这种思路走，总是在美是客观的、美是主观的、美是主客统一的，或者打着马克思的旗号，曲解马克思的实践概念说美在实践等，在今天看来这些观点有意义吗？总是隔靴搔痒，"大而化之"，说了等于没说，不能解决美学的任何问题的。按英伽登的说法，这些都属于"作为哲学原则的美学"，西方20世纪现代美学家总想突破这种局限，只是至今仍没有办到。所以西方美学研究的路径是要不得的，这个教训要吸取。哲学一般着眼于事物的普遍规律，而美学研究的是一个极为特殊的精神领域，它有自己独特的研究对象，因此应当有它特殊的体系，特殊的范畴，特殊的话语系统。虽说在建构一定体系时要有一点哲学基础，但哲学原则决不应当总是左右着、禁锢着美学思考和美学探索。记得生命美学提出的当初，好像有一点要冲破哲学藩篱的勇气，但是再看看本书中生命美学提倡者的大作，则不折不扣地又回到"作为哲学原则的美学"的老路上去了，所以，这个问题也值得思考。

此外，老而弥坚开拓中国生态美学新学派的曾繁仁先生的文章，学富五车敢在德里达和海德格尔头上浇一盆狗血的徐岱的文章，对后实践和主体间性美学有重要贡献的杨春时的文章值得一读，这里特别推荐。

还有，章辉提出的"哲学人类学角度"，欧阳友权提出的"多元归宗"主张，王建疆提出的超越理性与非理性，在更高的"智性"意义上进行"更高层次的综合"的主张，马大康提出的"审美幻象"概念，杨修品提出的"爱才觉得美"的高见等等，都是走向创造和建构的重要参考。可惜许多高见不能一一罗列了。

总之，本书给人以新意迭出，琳琅满目之感。美学研究所能遇到的问题，这里几乎都已涉及。如要继续我们对美学的思考与探索，此书便是咱们共同的起点。

是为序，又代前言了。

主编　顾祖钊
草于安大书斋，时在 2020 年 3 月 10 日

目录 CONTENTS

按照美的规律来创造　　　　　　　　　　　　　胡经之 /001
人，应该搞清自己与自然界的关系　　　　　　　林　源 /005
"天人合一"——中国古代的"生命美学"　　　　曾繁仁 /016
中华哲学美学四大有世界意义的贡献　　　　　　顾祖钊 /028
走向人学的美学——论当代审美理论的"阿基米德点"
　　　　　　　　　　　　　　　　　　　　　　徐　岱 /053
21世纪中国美学：抵抗"散文化"　　　　　　　　杨春时 /065
顶峰与断崖：当前中国美学研究的成就与局限
　　——从陈炎版《美学》教材说起　　　　　　顾祖钊 /069
中国美学之生命美学精神　　　　　　　　　　　李天道 /085
生命美学：崛起的美学新学派　　　　　　　　　范　藻 /093
论美是普遍快感的对象　　　　　　　　　　　　祁志祥 /096
审美与生活的同一
　　——在阐释中理解当代审美文化　　　　　　潘知常 /110
论当代审美文化向功利性的回归　　　　　　　　姚晓南 /120
美学大势与人学　　　　　　　　　　　　　　　欧阳友权 /127
爱便是美　　　　　　　　　　　　　　　　　　杨修品 /134
关于义利关系的哲学思考　　　　　　　　　　　刘青琬 /140
美与"自由"关系的反思　　　　　　　　　　　　封孝伦 /146

001

美学研究的新进展	王世德 /159
生活美学：21世纪的新美学形态	仪平策 /164
从生命美学看审美价值的主体回归	赵伯飞　韦统义 /177
从生命美学再认识：美学自律与审美自律	赵伯飞　韦统义 /183
生命的宣言与告白——"生命美学"述评	肖祥彪 /189
新世纪美学基本理论建设的几点思考	
——从马克思主义出发	章　辉 /197
论当代中国美学的生命转向	李　展　刘文娟 /204
从比较视域看中国美学的基本特色	古　风 /214
从"乐感"探寻美学的理论基点	马大康 /225
关于实践观的种种问题	张楚廷 /238
心之存在的证明——罗蒂后现代心灵观批判	严春友 /248
美从"乐"处寻：《乐感美学》的独到发现	杨守森 /270
《林语堂的生活美学》代序	仪平策 /278
身体美学的当代建构意义	王亚芹 /282
作为一种生活方式的美学	王洪琛 /293
"日常审美经验"与"感知星丛"——生活论美学的"建构性"	杨　光 /299
论利益是社会历史发展的最终动力	赵绥生 /313
生活美学的价值取向及其现实意义析论	张　静　赵伯飞 /326
美学研究与人学研究	刘谷园 /340
美是什么？——对于美的本质的分析、讨论	刘谷园 /345
对美学、人学、价值的实质的综合分析	刘谷园 /358
对美学、人学理论研究的几点讨论	刘谷园 /387
论著索引	405

后　记

按照美的规律来创造

胡经之

站在世纪之交的门槛上，关注中国的当下现实，我们就会发现，如今社会，审美价值观念已经走向多元，审美活动方式也日益多样化，人的审美关系更是丰富复杂。如果无视中国当下现实的审美现象，不做新的探索，恐怕很难建构中国的当代美学。目前，中国还处在社会主义初级阶段，社会结构并不单一，发展又不平衡。大片地域尚未开发，还处在前现代状态；开放较早、改革较快的地方，则在短短20年中，急遽完成了资本原始积累，却也很快暴露出现代化过程中的许多矛盾；而在一些暴富起来的领域，竟也出现后现代的弊病。如何综合分析这些不同状态下的审美现象，从而给予正确评价，作出概括，是当代美学不能回避的问题。而这，恰恰是我们美学最薄弱的环节。

然而，当代美学的建构，还需要借助于既有的理论资料。在中外文化交流日益扩大的今天，至少有两种文化传统的美学不能被漠视，那就是西方的美学传统和中国的美学传统。

20世纪初以来，我们对西方的古典美学渐渐有所了解。对西方现代美学的了解，虽在二三十年代就已开始，但到80年代才有大的进展，掌握了较多的理论资料。西方美学的古典传统和现代传统虽差异很大，但却都对中国的美学产生着影响。马克思主义揭露了现代社会中的异化，并想通过审美的途径来消除异化。虽然这是审美的乌托邦，但仍然会引起我们的共鸣。审美虽不能直接消除实践中的异化，但它在消除异化中起作用，仍然值得我们深思。全面而深入地研究西方美学，将其作为建构中国当代美学的理论资料，仍应得到重视。

我们更需要直接面对自己的美学传统：中国的古典美学传统和现代美学

传统。

中国古典美学的传统离我们虽已久远，但优良的美学精神仍然值得我们发扬。儒家美学重视人与社会的和谐，道家美学追求人和自然的统一，释家美学则沉湎于人内心的调适，这对于想把人和环境的关系建立在动态平衡之上的今人来说，是否仍有所启发？我相信，对中国古典美学的思想体系、基本范畴、逻辑方式作出全面的梳理，必将为中国当代美学的建构作出重要的贡献。

中国美学的现代传统，应该和我们更为贴近。然而，在西方当代美学的冲击下，反而觉得好像有些疏远了。中国美学的现代化进程，早在近代就开始了。梁启超、王国维、蔡元培很早就尝试把西方美学融入中国传统，并且促进古典话语向现代话语的转换。经过酝酿期的尝试，在20世纪20到40年代，中国的现代美学得到发展，逐渐形成中国美学的现代传统。鲁迅、陈望道、梁实秋、吕澂、丰子恺、梁宗岱、宗白华、朱光潜、蔡仪、伍蠡甫等，都曾为中国现代美学作出贡献；在20世纪50年代才活跃起来的王朝闻，其实在20世纪40年代的延安，就已开始关注艺术和美学问题。值得我们回味沉思的是，这些美学家大多接受过西方美学的熏陶，都不同程度地在尝试中、西美学的比较和融合，并且较好地把握了西方话语向中国话语的转换。

在中国美学的现代传统中，马克思主义美学的传统应有突出的地位。马克思主义美学一旦和中国的审美实践相结合，也就内化为中国美学的重要组成部分。周扬在20世纪50年代后期就呼吁建立中国自己的马克思主义美学、文艺学，并亲自带领邵荃麟、林默涵、何其芳等到北京大学开设课程，尝试探索。在停滞了20年之后，改革开放又将近20年，我们仍然在为建设和发展中国特色的马克思主义美学、文艺学而不断努力，这是时代发展的必然。关键在于：当下的审美现象错综复杂，理论能否回答和解决实践中提出的问题？如今，古今中外的美学资料非常丰富，如何取其精华、去其糟粕，分析吸收？如何全面、深入地掌握马克思主义美学思想，并结合实践，使其有所发展？

新的世纪即将来临，我越来越深切地感到，人类不能为所欲为，而必须如马克思所说：按照美的规律来创造。

在这个世界上，谁不想"诗意地栖居"？用中国人自己的话说，人人都渴望美妙的生活，希望生活得更美好。问题是：生活不是都美好。人类活动既按照"美的规律"创造了真、善、美，但也因违反了"美的规律"而造成不少假、恶、丑。那么，怎样才能"诗意地栖居"？一方面，人们必须在实践中努力消灭假、恶、丑；另一方面又必须在实践中创造真、善、美。人只有按照"美的规律"，即尊重客体特性的同时，又要遵循主体本性来把握世界，使人和对象和谐一致，才能创造美好世界。在这个世界上，只有人和环境和谐发展，人才能"诗意地栖居"。离开客体与主体的统一，各执一端，只顾客体特性或主体本性，就不能按照美的规律来把握世界。

客体，当然是客观存在。但客体的特性却可有多个层次，有自在的自然特性；也有相对其他客体而具有的功能特性；还有只相对于主体才有的价值特性，其中包括审美特性。审美客体存在于十分广阔的领域。没有经过人类加工改造过的广大自然界，即使没有拟人化，只要和人类生活发生关系，对主体具有这样那样的意义，就有可能具有审美价值。人的本质力量的对象化，不能随意地解释。没有经过人化的自然界，只要在客观上对人具有意义，和人有了对象性关系，就有可能成为审美客体，空气、阳光和水，是大自然的赐予，不必经过人工改造，也有可能具有审美价值成为人的精神食粮。随着人类实践领域的扩大，自在的世界，越来越转化为自为的世界。人与现实的审美关系也只会越来越丰富多样。

主体也是客观存在。主体是人，而人有自己的需要：一要生存，二要发展，三要完善。客体有自身的特性和规律，不依主体的意志为转移。但主体却可以按照自己的需要，把握住客体特性和规律，为自己的生存、发展、完善而服务。这样，人必须对自身有新把握，"了解自己本身，使自己成为衡量一切生活关系的尺度，按照自己的本质去估价这些关系，真正依照人的方式，根据自己本性的需要来安排世界"。主体，可以是个体，也可以是群体，直至社会。但个体离不开社会，是社会化的人。"每个人的自由发展是一切人的自由发展的条件"，但是，"只有在共同体中，个人才能获得全面发展其才能的手段"。应是个体得到全面、自由发展的社会才是理想的社会。而追求全面、自由发展的个体，理所当然应是为社会作出贡献的人。"人类的天性本来就是这样的：人们只有为同时代人的完善、为他们的幸福而工作，才能使自己也达到完美"。所以，按照人"自己本性的需要来安排世界"，就是要人们在为个体的自我完善的同时，也要为社会的完善来安排这个世界。

因此，人和环境的和谐，既是主体和客体的动态平衡，又是个体与社会的协调一致。为了人（个体与社会）的生存发展和完善，人不得不向自然索取。但是，人们千万不能忘记：社会化的人，应该"合理地调节他们之间的物质变换，把它置于他们的共同控制之下，而不让它作为盲目的力量来统治自己；靠消耗最小的力量，在最无愧于和最适合于他们的人类本性的条件下来进行这种物质交换"。为了生存，当然需要发展生产力。但是无序的开发和盲目的生产，不是靠消耗最小的力量来为社会获取最大的幸福，而是暴殄天物，劫掠自然；而且，竭泽而渔，杀鸡取蛋，花了极高的成本，换来的只能是人最基本的生存条件的破坏，从而扼杀人类的本性。"只要人不承认自己是人，因而不按照人的样子来组织世界，这种社会联系就以异化的形式出现。"只有如马克思所说，合理调节我们的生产力，掌握在社会的共同控制之下，而不让它作为盲目的力量来统治我们，我们这个世界才会更加美好。

海纳百川，包容乃大。马克思从宏观上揭示了人如何在实践中按照美的规律来把握世界，而不只是在想象中"诗意地栖居"。而在想象中"诗意地栖居"，不过是对实践中"诗意地栖居"的反映。以实践论为基础的反映论，并不能只归结为认识论。人的内心世界，想象、感情、意志、理想等等，甚至最虚无缥缈的幻觉，都是主体对客体的反映，只是反映的具体内容和形式各有差别而已。在审美活动中，审美主体对审美客体的反映，则更是幽深微妙，前人对此已作过很多研究。人和世界的关系，不仅只是实利的关系，更应建立审美的关系。马克思主义是个开放体系，我们应该而且能够在研究当下审美现象的同时，吸取中外古今美学的优秀成果，来建设和发展中国特色的马克思主义美学、文艺学。

原载于《文艺理论与批评》，1999 年第 1 期

人，应该搞清自己与自然界的关系
——对一种人学观的异议

林 源

（南京大学哲学系教授、博士生导师　南京　210093）

时下中国哲学研究的一方面，是强调实践性，张扬人的主体性，把人对自然界的主体地位提得越来越高。我很赞成人学研究要强调人的实践本性，人在实践的基础上对自然界的主体地位。但有的论者把人的主体性作用过分夸大了，似乎人可以超越自然限制，人的实践可以无所不能，人跟自然一样是永恒的……。这就把人"神"化了。人变成了万能的不受任何限制的神！这种人学已经渗入了"神学"的味道。这里，笔者就这种人学观的几个论点加以理解和评析，以求教大方。

一曰："人是超越了自然限制的存在"。[1]持论者认为：人和动物都是自然存在，但动物的行为决定于自然形成的物种，动物的活动范围限定于物种的生存环境；而人是宇宙精华的结晶，人通过自己的实践活动创造自己的生活资料，自己的生存环境，自己的对象世界，因此，人突破了自然的限制。我以为这个论点是不能成立的，其论据也是没有说服力的。人是自然界长期发展的产物，是从自然界这个母体脱胎出来的，又以自然界的空气、水分以及其他的物质条件为自己安身定命的环境，自然界是一切人的生存的发展的基地，再伟大的人也不能离开自然界这个衣食父母而求其生存的发展。既然人不能到自然之外（那里是"天国"）去生存和发展，而只有生活在自然界中，也就不能说人超越了自然的限制。这似乎是个常识问题，形式逻辑都能说清楚的问题。

人与动物确实不一样。动物只能被动地依赖自然界，适应自然环境，它的种的本能最多也只能使它在最直接最简单的层次上去利用和选择自然界提供的物质条件。动物不会制造和使用工具，它们的本能的活动虽然也能引起自然界的某些变化，但它们没有有目的地改造世界的实践活动，不能改造世界，创造新的环境。人与动物的最大区别是人有实践活动，人通过实践可以在更广阔的空间领域和更深的层次上去利用和选择自然界的物质条件，通过实践改变生存环境，创造出适应自己的生存、发展的环境，创造出自然界原来所没有的新的物质实体。对于动物来说，自然界给它提供什么环境就是什么环境，它就在这个自然环境里进行种的生息繁衍；对于人来说，人当然也要依赖自然界提供的生存环境，但人能够通过实践活动突破自然环境对于人来说是过于狭小的限制，使自己的生存空间范围更广大，生存的质量更高。这种"突破"对于人来说是非常有意义的，证明了人的实践本性的力量。但是，我们不要忘记，这种"突破"只是对人原来的具体的生存环境的突破，并不是人对自然限制的彻底的突破，对自然完全的突破，人仍然处在自然限制之中，并没有超越自然的限制。

动物只是自然界的一部分，它并没有从自然界中分化出来，因此，动物与自然界之间不形成主客体之间的关系。人与自然的关系是主体与客体的关系。人作为主体，其主体性作用比动物的能动作用不知要大多少倍。但人的主体的能动性也不是无限制的，绝对的，而是受自然制约的。因为人的一切活动都是在外部世界存在的前提下进行的。马克思说过："人在生产中只能像自然本身那样发挥作用，就是说，只能改变物质的形态。不仅如此，他在这种改变形态的劳动中还要经常依靠自然力的帮助。"[2]"只能像自然本身那样发挥作用"，"依靠自然力的帮助"，这就是自然对人的限制。主体对客体的改造活动，既受到客体本身的本质和规律暴露程度的限制，又受到客观世界提供的物质条件的制约，要取得改造客体的成功，不认识客体的本质不行，认识了但不具备一定的物质手段和条件也不行。人要改造自然，就必须依托自然，面对自然，必须从自然出发，而不能超越自然，不能不受自然的种种限制。

具体来说，人不能超越自然的限制表现在如下几个方面。首先，人必须以自然的空间为自己存在的场所，人从自然空间里取得水、空气这些维系人的生命须臾不能离开的东西，人的衣食住行生活资料，也是直接的或间接的来自自然界，即使科学再发达，生活资料可以"人造"，人也不能离开自然界，需要从自然界取得原材料，依靠自然界的相互作用（比如光合作用）。任何时候自然界的三大要素：物质资料、能量、信息，都是人的生存和发展的基础，是绝对不能缺少的。

第二，人改造自然需要工具、手段。主体、工具、客体构成了实践活动的系统。从某种意义上说，实践活动的成败以及成效的大小取决于使用什么样的工具、实践手段。工具从哪里来？归根到底来自自然界，有的直接利用自然界的实体作为手段，有的是取材于自然界再经人加工而成的实践手段。自然界不仅为人类提供了直接的生活资料来源，而且为人类改造世界的实践活动提供了工具、手段，使其成为"人的无机的身体"。不仅如此，自然界还为人类提供了实践对象，使人的能动性的发挥有了用武之地。人就是通过与自然界这个对象的相互作用来不断提高自身的能动作用的。人的实践对象有的是原始自然，有的是人化自然，人化自然归根到底还是从原始自然演变过来的。离开了工具和手段，离开了对象，人与动物就差不了多少了。

第三，人通过实践创造自己的生存环境，需要有一定的认识和理论来指导，从根本上说这只能来自对自然规律的正确反映。人是以对自然规律的正确认识及科学理论来指导自己的行动的。换句话说，人的实践是受自然规律制约的，人作为自然中的一种客观存在，永远不能摆脱客观规律的制约，人的能动性，人的自由，不是在幻想中摆脱自然规律的制约，而是在于认识这些规律，并运用这些规律起作用的结果来达到目的，人的活动只有在规律所允许的范围内才能成功，违背了规律，就必定会受惩罚。人在自然面前的自由是以对规律的正确认识和运用为前提的，规律一方面给人的自由、创造性提供了根据的范围；另一方面，规律又是对人的自由、创造性的限制，人的自由和创造性的发挥，只能在自然规律所许可的范围内才能实现。

第四，不管人的主体作用多么大，有多伟大创造性，但人都会死去的，任何人都逃脱不了这个自然的新陈代谢规律的人的生命的权限，这是自然对人的最大的最后的限制。人固然能把自然界变成"人的无机的身体"，但最后，人还得回到自然界去，变成无机自然界的一部分。这是人与自然、主体与客体相互关系的辩证法。有人认为，人的个体生命是有局限的，但人类生命是永恒的，不受自然限制的，这并不正确。关于这点，本文第四部分再谈。

我们的结论是：生活在自然中的人想要摆脱自然的限制，这是不切实际的幻想，谁想超越自然的限制，那么就请他先完成自己提着自己的头发离开地面的创举吧。

二曰：人之为人是因为颠倒了自然的本性。这种观点认为，"人不是因为顺从自然的本性，恰恰是由于逆反了自然的本性才成为人的。"在持这种观点的同志看来，人通过实践改造世界，创造自己的生活资料，自己的生存环境，自己的存在方式，自己的对象世界，就是人有意地逆反自然的本性，采取"反自然"的结果。"反自然"，就是同自然的本性对着干。这一论点是人们难以接受的 。

人为什么要"逆反"自然的本性，同自然的本性"对着干"呢？显然这是以自然与人的对立为前提的，视自然界为人类存在和发展的阻碍。其实，把自然界视作人的对立面，这是大错特错了。人来到这个宇宙就是以自然界作为自己的依托之地的，是直接的全部地从自然界获得衣食来源的。当然自然界的一切存在，运动和变化是其本性使然，它不是为了人的，不是为了对人的奖赏，也不是为了对人的惩罚；但人是从这个母体中脱胎出来的，又是依托于它才得以生存和发展的，因而自然界是人类的朋友，而不是敌人，人与自然从根本上说是统一的，而不是对立的。这是我们改善人与自然关系的一个大前提。在这个前提下，我们承认人与自然之间是存在矛盾的，问题是我们用怎样的思路来解决这一矛盾。笔者认为，人类只有按照自然的本性，顺着自然的本性来改造自然，才可望使这一矛盾得到解决；如果"逆反"自然的本性，采取"反自然"的做法，处处与自然作对，这样来"改造自然"，只会加剧人与自然的矛盾，使人类受到自然的"惩罚"而不能自拔。

人作为自然的一部分，人与自然是统一的；但人作为主体与作为客体的自然界又是有矛盾的。这种矛盾主要表现在两个方面。第一方面，自然界虽然给人提供了一定的现成的生活资料，但由于人的生存发展的要求，由于人的生活质量的提高，自然界提供了现成的物质实体越来越不能满足人的需要，人需要不断创造新的物质实体，创造新的生活环境来满足自己的需要。这就是人的生活需要与自然界不能满足这种需要之间的矛盾。第二方面，自然界的运动变化是永恒不息的。它的变化是由它的本性决定的，不是针对人的；但自然变化的结果却对人类产生或利或害、或福或祸、或喜或忧的两种相反的效应。人们对自然现象带来的利、喜、福，可能享之泰然，但对自然变化给自己带来的灾害、苦难却十分痛苦、十分愤怒，特别是那些严重的自然灾害，使人们恨天恨地，要"与天斗""与地斗"，要"改天换地"，要"征服自然"，并且人定胜天。这或许就是提出人要"逆反"的自然本性，对自然本性"对着干"的初衷吧。面对自然灾害，人与自然的矛盾就更为突出。

正因为自然界不仅不能现成地满足人的需要，而且它的"本性"的发作还要降灾难于人，人与自然之间就有了矛盾。为了解决这一矛盾，这就提出了改造自然的问题。改造是不是"逆反"自然的本性，是不是"反自然"？是不是同自然本性对着干？不是。恰恰相反，改造自然是在十分适应自然本性的前提下，依托自然物质条件，对自然加以重新整理和安排，使其适合人的生存和发展的需要。比如长江三峡水利工程建设，这是改造自然的重大工程。在长江三峡地区拦水筑坝发电，既解决了长江中下游的水患问题，又开发利用了丰富的水力资源发电，直接支援了国民经济建设。三峡拦水筑坝发电，并没有"逆反"自然的本性，水照样从高处往低处流，这一自然本性（规律）依然在起作用，只不过增加一些新的条件，使其结果变成可供利用的电能，并且水流在人工控制之下，不使成为灾害。三峡工程需要的物质条件，有的直接来自自然界，有的归根到底是由自然界提供的原材料制成。三峡工程建设的理论指导、科学设计、施工方案都符合有关的自然科学的规律（这些规律是对"自然本性"的揭示），是许多自然规律的组合、综合在起作用。从根本上说，任何一个较复杂的工程，都是许多物质条件的组合，许多规律的综合起作用，使其产生出合乎人们需要的结果。这里，根本不允许有"逆反"自然的本性的情况出现。所谓自然的本性（不是自然界的表面现象、状貌，也不是具体物质的结构），乃是决定自然本质的东西，是规律性的东西。同自然本性"对着干"就是同自然规律对着干，当然，自然规律是不以人的意志和态度为转移的，它照样会起作用，但"对着干"的人只能因为违背规律而碰得头破血流。人能成功地改造自然，不是因为逆反了自然的本性；恰恰相反，是因为人能认识自然的本性，认识自然规律，能认识规律起作用的条件和规律起作用的结果，不仅能认识一种规律，而且能认识多种规律起作用的条件和它们综合起作用的结果。这样，人们就可以利用或创造出诸种条件，一种规律或多种规律交互作用，产生出主体所期望的结果。这是任何动物所不及的。

为什么有的论者要把改造自然的实践活动看作是"逆反自然本性"，"反自然"的人类本性的体现呢？不错，经过人的有目的的实践活动，自然"人化"了，面貌改变了：沙漠变成了绿洲，沧海变成了桑田，水患变成了水利，……但这些变化并不是"自然本性"的改变，自然本性即自然本质，这是规律性的东西，是不会变化的，变化的是规律起作用的结果，引起自然状貌的变化，这些不同的自然状貌对于人来说有不同甚至完全相反的价值意义。人不能直接命令规律起作用或不起作用，但人可以创造条件让某种规律在此时此地起作用或不起作用，或让规律起作用的结果有利于实践主体。不论创造何种新的条件都离不开原有的物质条件和某种自然科学规律的指导。人的实践活动改变的是自然状貌和具体物质实体的结构，而不是自然的本性、本质、规律，本文前面提到的马克思说的那段话"人在生产中只能像自然本身那样作用，就是说，只能改变物质的形态"，说的就是这个意思。

人类改造自然的能力和水平是以对自然的本性和规律的科学认识为前提的。现在，自然科学发展突飞猛进，人类对自然的认识无论在广度和深度上都有令人惊异的成绩。但人们在取得改造自然的伟大成绩的同时，由于一味追求对自然的索取，而不顾及对自然界的回报，只顾及行为的当前的近期的效果，而不顾及远期的后果，在全球范围内出现了令人忧虑的越来越严重的生态问题。这种"反自然"的结果，必然导致自然"反人类"的效应。人的"反自然"，自然不会感到"痛苦"的，遭灾的还是人类。人类"反自然"搬起石头砸自己的脚，自己"反"了自己，是前人"反"了子孙后代。

三曰：人能够做到"把一切都变成'为我的存在'"。这一论点见之于如下一段论述："人要把一切都变成'为我的存在'这点，表明人是天生的'自我中心主义者'。人是怎样实现这点的？论人的自身自然能力，在动物中也是很低下的。人能做到这点，主要是靠本性外投去变化外界自然力量。在劳动生产中，当人把自身的本质、力量对象化于外界存在之时，自然的存在也就被人化，变成人的身体的无机组成部分。就这一意义说，人的胸怀可以包容一切，从发展的无限可能来说，人死后必然会成为与世界融为一体的存在。"

如果将这一段话中的"本性外投"之类的话翻译成人通过实践去改造外部世界，改变外部世界，那么这段话还是很清楚的，这就是说，因为人的本性是实践，人通过实践可以去改造、改变世界，使它适应人的需要，所以人能够把一切都变成"为我的存在"。那么，这里有几个问题是应该弄清楚的。第一个问题，什么是"人化自然"，对人来说是"为我的存在"？第二个问题，在自然"人化"过程中，存在不存在人的"自然化"？"化"的过程是单向的，还是双方互逆的？第三个问题，人能否把一切都变成"为我的存在"？

关于第一个问题，以人为中心来看，自然的存在有这样几类：一类是自然自在的存在，即原始自然；一类是人所能感觉、观察到的，包括利用仪器测量到的，如一些宇宙天体和基本粒子；一类是人的活动所能影响到的，但人未能驾驭，未能"改造"的对象，如太阳系行星、地震、气象；一类是人的实践所及，经过人工改造制作，已为人所驾驭并为人类服务的对象，如人造梯田，开发的原始森林，人工饲养、栽培的动植物，一切人造物如飞机、房屋、桥梁、铁路、汽车等等。能够称之为"人化自然"，"属人的世界"，"为我的存在"的对象，应是由人的实践创造出来的，人能够驾驭的，为人的生存和发展服务的那一类存在。显然，上述第四类才是这种存在。有的论者把凡是人的影响所及甚至认识所及、感觉所及的存在，统统称之为"为我的存在"，是"属人的世界"，这是很不准确的。比如太阳，这是人的认识所及，能说它是"人化自然"吗？即使像月亮，人对其不仅是认识所及，而且人的足迹已达月球表面，也不能说月球已经是"人化"月球了，是"为我"的月球了。因为我们人类还未能驾驭月球。确切些说，"人化自然"应是两类存在：一类是经过人的改造，直接服务于人类的那部分自然存在，如开发的森林、人造梯田、人工饲养、培植的动物、植物；二类是依靠自然界提供的原材料，经过人的加工制作，创造出来的原来自然界所没有的物质实在，如飞机、火车、房屋、宇宙飞船等一切人造物。

关于第二个问题。"人化自然"这是人根据自己的需要，对自然进行重新安排和改造制作出来的，当然，作为物质存在，仍然是自然，但其状貌和物质结构、属性发生了变化，自然的存在上凝结了人的实践的"附加值"，这是人的主体力量的显示，可以用公式"人→自然"来表示。过去我们讲人的主体性的时候，通常都只强调这一公式，强调人对自然的单方面的作用。其实，我们忽视了，人"化"自然同时也是自然"化"人，可以用公式"自然→人"来表示。马克思说："人创造环境，同样环境也创造人。"[3]又说："生产不仅为主体生产对象，而且也为对象生产主体。"[4]人与自然之间是双向的互逆的作用。可以用公式"自然 ⇌ 人"来表示。

人"化"自然与自然"化"人是辩证的统一。人"化"自然是以自然"化"人为前提、为中介、为归宿的，人是自然长期发展的产物，是自然最高结晶，人改造自然，是依赖自然的物质条件，是以了解、把握、尊重自然规律为前提，人凭借自然提供的工具和手段，又用正确反映自然规律的自然科学武装了自己。使人自己"自然化"了，才能使自然"人化"。当然，这是在同一个过程中实现的。

过去，我们只强调人改造自然，主体改造客体，而没有注意到自然也在改变人。其实，主客体是互相创造的，主体创造客体，同时客体也在创造主体。在人与自然的主客体矛盾中，只强调主体对客体的能动作用，而不重视客体对主体的制约作用，人的实践本性、创造性就不可能得到科学的说明。

我以为，人们不宜盲目颂扬人的主体性作用，不要盲目提倡作为人的"本性外投"的实践性，特别不要强调什么"逆反"自然本性，"反自然"的人的主体性和实践本性，因为这不是人类改造自然的业绩和力量的显示。

第三个问题，人的实践"本性外投"，能否把一切都变成"为我的存在"？其实，这是一个很简单的问题。人类进化到今天，"人化自然"虽然日新月异地增加，但相对于一切自然来说，还是微不足道的。当然，随着人类历史的延续，科学的迅猛发展，"人化自然"会以几何级数增加，但人类永远到不了那一天，人们可以向全宇宙宣告：宇宙间的一切存在都已经被我们人类"人化"了，都变成"为我的存在"了。这个道理很简单，自然、宇宙，是无限的，无始无终，无边无际；而人是有限的，在时空的存在上都是有限的，有限的人类要无限的宇宙人化，把一切自在的都变成"为我的存在"，这是不可能的，逻辑说不通的。不要说茫茫的宇宙了，就说我们人类生活的世界，我们周围的自然，真正"人化"的还是很少很少，"人化"的程度还很浅很浅，决不能说都已成为"为我"的存在了。人的影响所及的自然界，虽然已不是天然的自然界，但许多远未达到为人所"化"的程度。即使像长江、黄河这样的河流，在我们还没有按照人类的目标控制以前，我们都不能信口开河地说，它们已经是"人化"长江、黄河了，是"为我"的长江、黄河了。我们不要空讲什么，人类可以完全彻底认识世界，人类可以使一切变成"为我的存在"，而要面对我们周围的世界，不断扩大人类认识的深度和广度，不断扩大"人化自然"的宽度和深度，使人在同自然的和谐、统一中不断扩大改造自然的成果。

说人天生就是"自我中心主义者"，也不尽然。有些人面对自然悲观厌世，听天由命，无所作为，坐享自然的赐予，而不力图改造自然。当然，我们不赞成什么"人是宇宙中心"之类的说法。宇宙无所谓中心，宇宙没有中心，人类也不是宇宙的中心。宇宙不是因为人而存在的，不是根据人的意义而运动变化的。人不能以"中心"自居，无视自然的本性，目空一切，为所欲为；而应该把自身看成是自然界的一部分。"我们连同我们的肉、血、头脑都是属于自然，存在于自然界的"。[5]人是自然的组成部分，又生活在自然之中，人虽然是科研成果的结晶，但人的智慧（头脑）也是属于自然，是从自然得来的。因此，不应该也不可能成为"逆反"自然本性的统治者。

当然，人的一切考虑和活动都是为了人自身的利益，而不是为了环境，为了自然；人处理好与环境与自然的关系最终还是为了人的利益，有的同志据此认为，人是以自己为中心的，从这个意义说，"人类中心说"是不能反对的。真的从这个意义上去理解"人类中心说"那也是可以的。问题是当我们说"人"的利益时，总是指具体的人，或个人，或阶级，或集团、群体，而不是全"人类"；因而当我们为了自身的利益去改变自然时，就不能只以自我为"中心"来考虑问题，而必须考虑由于自我的活动引起自然界的变化对别人（推而广之，对"人类"）的影响是积极的还是消极的，自我活动是利己损人还是利己利人。既然承认"人类中心"，那就应该从人类大多数的利益为出发点来考虑。否则，就是少数人的"自我中心"说了。同时，还应考虑，人的自我活动所引起的自然的变化，对人类未来的存在和发展的影响是积极的还是消极的，这是关系子孙后代的问题，就是所谓持续性发展的问题。如果这样的"人类中心说"成立的话，还是要处理好人类同自然的关系；更深一层说，要处理好地球上一部分人与另一部分乃至整个人类的利益关系、处理好现在的人的利益与未来的人的利益之间的关系。

四曰：人的社会生命使人获得了永恒的意义。这就是说，人的主体作用不仅在空间上是无限的，可以达到一切存在，而且在时间上是永恒的、可以无限延续的。这一论点的具体表述如下："人作为生命存在，同其他生命之物一样，有生就会有死，这是自然的不易法则，人作为人都又创造了自己的第二生命，突破了自然局限而且获得了可以说与日月同辉的永恒、无限和绝对的价值与意义。"这段话说得简短明白一点，就是人类社会具有永恒、无限和绝对的价值与意义。

那么，人类社会是否具有永恒、无限的意义呢？回答是否定的。马克思主义有一个基本的观点：凡是在历史上产生的，都会在历史上消灭。人类社会不是从来就有的，而是在地球上出现人类以后才形成的。科学家们研究认为，人类出现有30多万年的历史（也有说50多万年），也就是说，在30万或50万年之前是没有人和人类社会的。科学家们还认为，人类社会还有100多万年的历史，100万年以后就没有人类社会了。如果遇有宇宙的意外灾害降临地球，致使人类毁灭（就像巨大的灾变使全球恐龙灭绝），那么，不管怎么，人类和人类社会是在地球上产生的，也一定会在地球上毁灭（可能与地球同时毁灭）。人类生活的地球也是有生有灭，不是永恒的，地球连同地球上的人类对于永恒、无限的宇宙来说，也只是匆匆来去的过客。这一点是不应怀疑的。既如此，人创造的第二生命——社会生命也是有局限的，也不是永恒的、无限的、绝对的。这并不是散布宿命论，不是对人的主体作用的藐视，而是坚持马克思主义辩证唯物论和历史唯物论。这是科学，不是写诗写文学作品，诗的语言可以用来表示人的激情，但却不能用来表述科学规律。

人很伟大，伟大就伟大在具有实践性，这使人超越了一切动物，具有了改造自然的能力；但人却无法超越自己生命的局限，不仅不能超越个体生命的局限，而且也不能超越社会生命的局限，也就是说人不能超越自然规律。

个体生命的产生、存在、发展和灭亡,社会生命的产生、存在、发展和灭亡,都是更为伟大的自然规律发挥作用的结果,这是无法抗拒的。永恒的,无限的不是人和人类社会,而是人类曾经生活在其中的自然,只有它的存在和运动,才不受时空的局限,才是永恒的,才具有无限和绝对的意义。如果有人说,只有上帝是永恒的,那么,我们说这个"上帝"就是自然。

注释:

[1]本文所评价的四个论点及其阐明均引自《新华文摘》1996年第5期,第22页。

[2]《马克思恩格斯全集》第23卷,第56—57页。

[3]《马克思恩格斯选集》第1卷,第43页。

[4]《马克思恩格斯选集》第3卷,第95页。

[5]《马克思恩格斯全集》第20卷,第519页。

原载于《南京社会科学》,1998年第8期

天人合一
——中国古代的"生命美学"

曾繁仁

摘　要： "天人合一"是中国古代具有根本性的文化传统，涵盖了儒释道各家，包含着上古时期祭祀文化内容。"阴阳相生"学说，表明中国古代原始哲学是一种"生生为易"的生命哲学，并以"气本论"作为其哲学基础；"太极图示"说，则是儒道相融的产物，概括了中国古代一切文化艺术现象。

以"天人合一"为文化背景，中国古代艺术是一种以"感物"说为其基础的线性的时间艺术，区别于西方古代以"模仿说"为其基础的团块艺术。

生态美学有两个支点：一个是西方的现象学。现象学从根本上来说是生态的，因为它是对工业革命主客二分及人与自然的对立的反思与超越，从认识论导向生态存在论。另一个是中国古代的以"天人合一"为标志的中国传统生命论哲学与美学。"天人合一"是对人与自然和谐的一种追求，是一种中国传统的生态智慧，体现为中国人的一种观念、生存方式与艺术的呈现方式。它尽管是前现代时期的产物，未经工业革命的洗礼，但作为一种人的生存方式与艺术呈现方式，它仍然活在现代，是具有生命力的，是建设当代美学特别是生态美学的重要资源。

一、"天人合一"——文化传统

"天人合一"是中国古代具有根本性的文化传统，是中国人观察问题的一种特有的立场和视角，甚至决定了中国古代各种文化艺术形态的产生发展和形态面貌。它最早起源于新石器时代的"神人合一"，西周时代产生"合天之德"的观念，《诗经·大雅·烝民》的"天生烝民，有物有则。民之秉彝，好是懿德。天监有周，昭假于下"，是这一观念的典型表现。战国至西汉产生"天人合德"（儒）、"天人合道"（道）、"天人感应"（儒与阴阳）的思想。董仲舒在《春秋繁露》中提出"天人之际，合而为一"。此后，宋代张载提出"儒者则因明致诚，因诚致明，故天人合一"（《正蒙·乾称》）。

甲骨文的"天"字，形如一个保持站立姿势突出头部的人。"天，颠也"（《说文解字》），即指人的头部。到了周代，"天"字从象形变成指事，成为人头顶上的有形的自然存在即天空。"人"字在钟鼎文中是侧面站立的人形。这样，"天人合一"就成为人与天空即人与世界的关系。这种关系不是西方的认识论或反映论关系，而是一种伦理的价值论关系，是指人在"天人之际"的世界中获得吉祥安康。在这里，"天人之际"是人的世界，"天人合一"是人的追求，吉祥安康是生活目标。张岱年认为，中国传统哲学中本体论与伦理学有着密切的关系。"天人合一"即是对于世界本源的探问，更是对于人生价值的追求。"天人合一"又保留了原始祭祀的祈求上天眷顾万物生命的内容。

在"天人合一"观念的发展中，西周以来逐步提出了"敬天明德"与"以德配天"思想。"以德配天"的观念，体现了浓厚的生态人文精神。《周易·易传》提出天地人"三才"之说，指出："夫'大人'者，与天地合其德"（《周易·乾·文言》），包含了人与天地相合之意；《礼记·中庸》篇对人提出"至诚"的要求，认为只有"至诚"才能"赞天地之化育，则可以与天地参矣"。因此，中国古代的"天人合一"论，包含着要求人类要以至诚之心遵循天之规律，不违天时，不违天命，从而达到"天人合一"的目标。这是一种古典形态的生态人文精神。

对于"天人合一"这一命题，学术界争论较多，主要是对"天"的理解上，有自然之天、神道之天与意志之天等不同的理解。冯友兰指出，"在中国文字中，所谓天有五义：曰物质之天，即与地相对之天；曰主宰之天，即所谓皇天上帝，有人格的天、帝；曰运命之天，乃指人生中吾人所无可奈何者，如孟子所谓'若夫成功则天也'之天是也；曰自然之天，乃指自然之运行，如《荀子·天论篇》所说之天是也；曰义理之天，乃谓宇宙之最高原理，如《中庸》所说'天命之为性'之天是也。"[1]。我们所讨论的"天人合一"

观念，基本上遵循先秦时期的，特别是《周易·易传》中有关"自然之天"的解释，但这也不否认"天人合一"之"天"确实包含着某种神道与意志的内容。

从中国古代文化传统来看，"天人合一"是中国古代农业文化的一种主要传统，是中国人的一种理想与追求。钱穆先生说，"天人合一"是中国古代文化的归宿处，是符合实际的。[2]即便是认为"天人合一"论具有极大随意性的刘笑敢先生也认为，明清时期将"天人合一"视为最后的原则、最高的境界和最高的价值。[3]众所周知，司马迁将中国古代文人的追求概括为"究天人之际，穷古今之变，成一家之言"，这说明"天人合一"是中国古代知识分子穷尽一生追求的终极目标。从古代社会文化与艺术的实际情况来看，对"天人合一"的追求的确是中国文化的主要传统。如甲骨文中的"舞"字，就是两人手持牛尾翩翩起舞，显然是巫师在祭祀中向上天祈福；中国传统建筑取法天象的原则，如天坛、地坛；现在的陕北秧歌在整齐的舞队之首有一人打伞一人打扇，显然是来源于祈雨习俗；再如民间俗语中的"瑞雪兆丰年"等等，这些都说明"天人合一"是中国文化由古至今、生生不息的一种文化传统。中国传统艺术发源于远古的巫术，中国古代的文化艺术中几乎都不同程度地包含着人向天的祝祷与祈福的因素，也就是包含着一定程度的"天人关系"的因素。因此，研究中国古代美学首先要从"天人合一"这一文化传统开始。西方，特别是欧洲的文化传统，遵循着古希腊以来的对于"逻各斯中心主义"的追求。尤其是工业革命以来，由于唯科技主义的发展，使得"逻各斯中心主义"发展成为一种明显的"天人对立"的"人类中心主义"。康德的"人为自然立法"，即是一种典型的"天人对立"的、人对于自然的争胜观念。只是在20世纪以后，西方才随着对于工业革命的反思与超越，逐渐开始出现以"天人合一"代替"天人对立"的观念。海德格尔于1927年提出以"此在与世界"的在世模式与"天地神人四方游戏"代替"主客二分"。当然，海氏这一思想是受到中国老子"域中有四大，而人居其一焉"的影响，是中西文化互鉴与对话的结果。西方现代现象学将西方工业革命之"天人对立"加以"悬搁"而走向"天人"之"间性"，为西方后现代哲学的"天人合一"打下基础。

"天人合一"作为中国的文化传统体现在儒、道、释各家学说之中。儒家倡导"天人合一"而更偏重于人，道家倡导"天人合一"则偏向于自然之天，中国佛教倡导"天人合一"则偏向于佛学之"天"。但总的来说，诸家都是在"天人"的维度中探索文化、艺术问题。正因为如此，李泽厚先生近期提出审美的"天地境界"问题。他认为，蔡元培的"以美育代宗教"命题的有效性就是中国古代的礼乐教化能够提升人的精神达到"天地境界"的高度，这样就将"天人"问题提到美学本体的高度来把握。他说，"天地境界的情感心态也就可以是这种准宗教性的悦志悦神。"[4]总之，从审美和艺术是人的一种基本生存方式来看，将"天人合一"这一文化传统视为中国古代审美与艺术的基本出发点，应该是没有问题的。

二、阴阳相生——生命美学

"天人合一"与生命美学有什么关系呢？从人类学的角度来看，中国古代原始哲学可以说是一种"阴阳相生"的"生"的哲学。《周易·泰·彖》云："天地合而万物兴"。兴者，生长也。《周易》是中国最古老的占卜之书，也是最古老的思维与生活之书，是一种对事物、生活与思维的抽象，是一种东方古典的现象学。"易者，简也"。《周易》将纷繁复杂的万事万物简化为"阴"与"阳"两卦，阴阳两卦相生相克，产生万物，因而提出了"生生之谓易"（《周易·系辞上》）、"天地之大德曰生"（《周易·系辞下》）等观念。《周易》是中国哲学的源头，也是中国美学的源头，其核心观念就是"生"。与之相关的是老子的"道生一，一生二，二生三，三生万物。万物负阴而抱阳，冲气以为和"（《老子·四十二章》），其核心也是一个"生"字。王振复认为，"天人合一"的"一"说的就是"生"，即生命。他说，"试问天人合一于何？答曰：合于'生'。'一'者，生也。"[5]所以，"天人合一"作为美学命题所指向的就是"生生谓易"之中国古代特有的生命美学。我国现代美学的两位著名代表人物方东美与宗白华都倡导生命美学。宗白华1921年就指出，生命活力是一切生命的源头，也是一切美的源头。方东美于1933年出版《生命情调与美感》一书，阐发了中国古代生命美学的特点。

"天人合一"走向生命哲学与美学有一个中间环节——"气"。老子的"万物负阴而抱阳，冲气以为和"，即言天地间阴阳二气冲气以和，诞育万物，阴阳二气为"天人"之中间环节。这种以"气"为天地万物成就、生长、化育之根本的观念，奠定了中国古代特有的"气本论的生命哲学与美学"，明显区别于古希腊的物本论的形式美学。"气本论的生命哲学与美学"首先出现在道家思想当中。不仅老子有"冲气以为和"的思想，庄子也指出："人之生，气之聚也。聚则为生，散则为死。若死生为徒，吾又何患！故万物一也。""通天下一气耳"（《庄子·知北游》）。庄子明确地将"气"与生命加以联系，认为万物都根源于"气"，都处于"气"之聚散的循环之中，因此"万物一也"。此外，《管子》也有"有气则生，无气则死"（《管子·枢言》）的看法。

综括"气本论的生命哲学与美学"，可以得出这样几个基本观点。其一是"元气论"。中国古代哲学与美学认为，"气"是万物之源，也是生命之源。南宋真德秀说："盖圣人之文，元气也。聚为日月之光耀，发为风尘之奇变，皆自然而然，非用力可至也"（《日湖文集序》）。对"气"之形态作用，唐人张文在《气赋》中作了形象地描述：气之形态为"寥廓无象，冲虚自然"，"聚散无定，盈亏独全"，"惟恍惟惚，元之又元"，是一种无实体的混沌之态；气的作用是"变化千体，包含万类"，"其纤也，入於有象；其大也，出於无边"，无论是日月星辰、山河树木、虹楼宸阁、春荣秋衰、早霞晚霭，"圣人遇之而为主，道士餐之而得仙"……总之，一切天上人间之生命万象均由"元气"化出，元气乃宇宙之本，生命之源。具体到文学观念，则有曹丕之"文气论"与刘勰《文心雕龙》之"养气说"。曹丕在《典论·论文》中指出"文以气为主，气之清浊有体，不可力强而致。譬诸音乐，曲度虽均，节奏同检，至于引气不齐，巧拙有素，虽在父兄，不能以移子弟"，说明文章的生命力量都在于"气"。这"气"一种先天的禀赋，不可由后天强力获得，即便是同曲度同节奏的音乐也因先天禀气之不同而有不同的生命个性。这是以生命论之"文气"对作品风格与创作个性的深刻界说。刘勰在《文心雕龙·养气》篇中对作家之创作进行了深入的论述，他说："纷哉万象，劳矣千想。玄神宜宝，素气资养。水停以鉴，火静而朗。无扰文虑，郁此精爽。"刘勰强调在纷繁复杂的文学创作活动中必须珍惜元神，滋养元气，保持平静的心态，培育强化精爽的创作精神。这是十分重要的作家论，强调以"停"与"静"

来排除干扰，保持生命之本然状态，从而使作品充满"精爽"之生命之气。综上所述，可见"元气"在中国生命论美学中的重要地位，审美与艺术的根本是保有纯真之元气，为此除先天之禀赋外还要通过养气之过程培养元神元气使文学艺术作品充满生命活力。

另外一个重要观点是中国古代哲学与美学中借以产生生命活力的"气交"之说。所谓"气交"是指万物生命与艺术生命之产生是由天与地、阴与阳两气相交相合而成。"气交"的提出是《黄帝内经》，其中的《六徵旨大论》篇借岐伯与黄帝的对话提出了"气交"之说。"岐伯曰：言天者求之本，言地者求之位，言人者求之气交。帝曰：何谓气交？岐伯曰：上下之位，气交之中，人之居也。故曰：天枢之上，天气主之；天枢之下，地气主之；气交之分，人气从之，万物由之，此之谓也。"所谓"气交"，就是认为包括人在内的天地万物都是由"气交"而成，人居"气交之中"，而"万物"亦"由之"。《黄帝内经》的"气交"说之源头可以追溯到《周易》。《周易·泰·彖》指出"天地交而万物通也，上下交而其志同也"。泰卦乾下坤上，阴上阳下，象征着阴气上升阳气下降，两气相交而生万物。两气相交就是"天人合一"。《周易·系辞上》指出："一阴一阳之谓道。继之者善也，成之者性也。"天地万物都由阴阳二气相交而成，天地万物的生长、发育就是阴阳之气的"继之""成之"的过程，这就是"道"。在《周易》看来，阴阳之气相交的前提是阴上阳下各在其位。就"天人"关系来说，"圣人""大人"与"君子"之职责是"赞天地之化育"，这就要求他们"与天地合其德，与日月合其明，与四时合其序，与鬼神合其吉凶"（《周易·系辞上》），这样才能做到"天地位焉，万物育焉"（《礼记·中庸》）。这种境界就是《礼记·中庸》篇所说的"致中和"。而在《周易》中，这种观念则通过坤卦的《文言传》表现出来。坤卦五爻居上卦之中，其爻辞是"黄裳，元吉"。坤《文言传》就此指出："君子黄中通理，正位居体，美在其中，而畅于四肢，发于事业，美之至也。"这是《周易》集中并直接论美的一段话。所谓"正位居体"，即体居正位，是一种"执中"之象，所以有"黄中通理"之美。在《周易》的观念中，只有处于"执中"之位，才能"与天地合其德，与日月合其明，与鬼神合其吉凶"，从而促进阴阳之"气交"，"赞天地之化育"，达到"中和"之境界。所以，在中国古代"天人合一"之哲学与美学看来,只有"中和"、"执中"才是一种反映万物繁茂与诞育的生命之美。

阴阳相生的生命之美的另一种深化,就是一种对于"生"的善的祝福。这集中表现为《周易》乾卦卦辞"元亨利贞"的"四德"之美。乾卦《文言传》指出:"元者,善之长也;亨者,嘉之慧也;利者,义之和也;贞者,事之干也。"这一"四德"之美,体现了以"生"之哲学为核心的对生命的存在、繁育之"善"的祝福。这种观念,表现在中国古代艺术中,特别是民间艺术中,就产生了大量的对吉祥安康的善的祝福。如春节时张贴可怖的门神、绘画中钟馗之类的可怖的形象,等等,都包括避邪趋福的内涵。古代画论中,晋代谢赫在《古画品录》中提出绘画之"六法","六法"之道为"气韵生动"。清人唐岱的《绘事发微》指出:"画山水贵乎气韵。气韵者,非云烟雾霭也,是天地间之真气,凡物无气不生……气韵由笔墨而生,或取圆浑而雄壮者,或取顺快而流畅者,用笔不痴不弱,是得笔之气也。用墨要浓淡相宜,干湿得当,不滞不枯,使石上苍润之气欲吐,是得墨之气也。"唐岱提出"气韵"的实质是天地万物之中的生命之"真气"的流行。在绘画中,这种"真气"通过笔墨的强与弱以及用色之浓与淡的对立对比而表现出来。可见,所谓"气韵生动",正是"一阴一阳之谓道"之观念在艺术创作中的表现。庄子善言"养生",其《刻意》篇讲到"吹呴呼吸,吐故纳新,熊经鸟申,为寿而已矣",即主张通过吹呴呼吸与吐故纳新之类的导引之术使生命之气得以强化,从而达到延长生命寿限的目的。从这个角度说,艺术创作中通过阴与阳、笔与墨、浓与淡、疏与密的安排,使"气"流行于其间,同样是一种生命气息的导引,可以表现出一呼一吸、吐故纳新的有节奏的生命活动。所以,宗白华说,所谓"气韵生动"即是一种"生命的节奏"或"有节奏的生命"。[6]

综上所述,生命美学是中国传统美学与艺术的特点,也是中国传统美学区别于西方古典形式之美与理性之美的基本特征。但20世纪以降,在西方现象学哲学对主客二分、人与自然对立的工具理性批判的前提下,生命美学也成为西方现代美学特别是生态美学的重要理论内涵。海德格尔在《物》中论述了物之本性是阳光雨露与给万物以生命的泉水,梅洛-庞蒂对身体美学特别是"肉体间性"的论述,伯林特对"介入美学"的论述,卡尔松对生命之美高于形式之美的论述,等等。这些相关看法的提出,说明中西美学在当代生命美学中相遇了。因此,当代生命美学就是生态美学的深化,它为中国古代生命美学的发展开拓了广阔的空间。

三、"太极图示"——文化模式

"天人合一"在中国传统艺术中成为一种文化模式,中国传统艺术都包含着一种"天人关系",如形与神、文与质、意与境、意与象、情与景、言与意等等,由此构成了形神、文质、意境、意象、情境、言意等等特殊的范畴。对这些范畴,决不能像解释西方"典型"范畴那样将之理解为共性与个性的对立统一,或将之解释为两者的所谓"统一",它们都具有更为丰富复杂的东方内涵,只能以中国古代特有的文化模式"太极图示"加以阐释。

宋初周敦颐援道入儒,改造了道教的演示其诵讨炼丹以求长生不老之说的"太极图",画出了新的"太极图",并写了《太极图说》,建构了宋明理学重要的宇宙观。他的"太极图"以及《太极图说》所体现的思想,发展成为此后中国传统文化艺术中极为重要的"太极图示",构成了一种特有的中国传统文化的"太极思维"。这种"太极图示"很难用西方的"对立统一"的形而上学观念予以阐释,必须回归到中国传统文化的语境中才能理解。这种"太极图示"起源于中国古老的以图像和符号为其表征的"卜筮文化"与"卜筮思维",此后经过儒、道等传统文化的改造浸润熏陶,而更显精致化并带有一种东方的理性色彩,成为中国古代特有的生命论美学的文化与思维方式。很明显,"太极图示"继承了《周易》有关"太极"的观念:"是故易有太极,是生两仪。两仪生四象,四象生八卦,八卦定吉凶,吉凶生大业"(《周易·系辞上》)。周敦颐在此基础上加以发挥,形象而生动地阐释了"太极图示"这一生命与审美思维模式的内涵。首先是回答了什么是"太极",所谓"无极而太极"。这里的"极"是"至也,极也"之意。"太极"即指"没有最高点,也没有任何极边"。所以,不是通常的"主客二分",但却是万事万物生命的起源,是"道法自然"之"道","一生二"之"一"。其次,探讨了太极的活动形态,所谓"太极动而生阳,动极而静,静而生阴,静极复动。一动一静,互为本根",形象地阐释了《老子》的"万物负阴而抱阳,冲气以为和"的观念,说明"太极"是一种阴阳相依相融、交互施受、互为本根的状态。这实际上是对生命之诞育发展过程的模拟和描述。生命的诞育发展就是天地、阴阳的互依互融交互施受的过程，有如《周易》所说的"天地氤氲，万物化醇；男女构精，万物化生"（《周易·系辞下》）。周敦颐指出："二气交感，化生万物，万物生生而变化无穷焉。惟人也得其秀而最灵。""太极"是万物生命产生的根源之，阴阳二气之"交感"，化生了天地万物，而"人得其秀而最灵"。而在这"太极化生"的宇宙大化中，圣人所起"赞天地之化育"的重要作用，"定之以中正仁义""无欲故静""与天地合其德"。因此，"原始反终，故知死生之学，大哉易也，斯其至矣"。这就是周敦颐根据易学的关于生命产生与终止，循环往复，无始无终的"太极图示"，是一种对生命形态的形象描述。这种观念几乎概括了中国古代一切文化艺术现象，其中包含了天与人、阴与阳、意与象的互依互存互融，是一种活生生的生命的律动，中国传统美学的"大美无言""大象无形""象外之象""言外之意""味外之旨""味在咸酸之外""情境交融""一切景语即情语"等等观念，都可以说是这种"太极图示"与"太极思维"的具体呈现，体现了中国古代"天人合一"生命论美学的重要特征。

　　由此可见，所谓"太极图示"实际上是一种东方古典形态的现象学。所谓"易者，易也；易者，简也"，《周易》将复杂的宇宙人生简化为"阴阳"两卦，演化为六十四卦，揭示了宇宙、人生、社会与艺术的发展变化，呈现一种生命诞育律动的蓬勃生机的状态。这不是主客二分思维模式下的传统认识论所能把握的，就像中国诗歌之"味外之旨"，国画之"气韵生动"，书法之龙飞凤舞，音乐之弦外之音。中国传统艺术中的这种"天地氤氲，万物化醇"的太极之美是玄妙无穷，变化多端的。这种一动一静的"太极图示"表现在中国艺术中是一种"一阴一阳之谓道"的艺术模式：如绘画中的画与白，产生无穷生命之力，如齐白石的《虾图》，以灵动的虾呈现于白底之上，表现出无限的生命之力；再如中国戏曲中的表演与程式，一阴一阳产生生命动感，如川剧《秋江》的艄公与陈妙常通过其独到的表演呈现出江水汹涌之势等等。不过，这种"太极化生"的审美与艺术模式倒是与现代西方的现象学美学有几分接近。现象学美学通过对主体与客体、人与自然之二分对立的"悬搁"，在意向性中将审美对象与审美知觉、身体与自然变成一种可逆的主体间性的关系，既是对象又是知觉，既是身体又是自然，相辅相成，互相渗透，充满生命之力，呼吸之气，如梅洛－庞蒂所论雷诺阿在著名油画《大浴女》中表现的原始性、神秘性与"一呼一吸"之生命力。梅洛－庞蒂在《眼与心》中所说的"身体图示"倒很像中国的"太极图示"。[7]东西方美学在当代生态的生命美学中交融了。

需要说明的是，"太极图示"作为古典形态的现象学毕竟是前现代农业社会的产物，尽管十分切合审美与艺术的思维特点，但历史证明它是不利于科技发展的，它与西方后现代时期对工业文明进行反思的现代现象学还是有很大区别的。"太极图示"之中也混杂有不少迷信与落后的东西，须经现代的清理与改造。

四，"线性艺术"——艺术特征

中国传统艺术由其"天人合一"之文化模式决定是一种生命的线性的艺术、时间的艺术，而西方古代艺术则是一种块的艺术、空间的艺术。因为生命的呈现是一种时间的线性的发展模式，而线性的时间的艺术又呈现一种音乐之美的特点，如绵绵的乐音在生命的时间之维中流淌。在中国传统艺术中，一切空间意识都化作时间意识，一切艺术内容都在时间与线性中呈现。

关于中国古代艺术的线性特点及其与西方古代块的艺术的区别，宗白华曾指出："埃及、希腊的建筑、雕刻是一种团块的造型。米开朗琪罗说过：一个好的雕刻作品，就是从山上滚下来滚不坏的。他们的画也是团块。中国就很不同。中国古代艺术家要打破这团块，使它有虚有实，使它疏通。中国的画，我们前面引过《论语》'绘事后素'的话以及《韩非子》'客有为周君画荚者'的故事，说明特别注意线条，是一个线条的组织。中国雕刻也像画，不重视立体性，而注意在流动的线条。"[8]李泽厚则认为，中国艺术"不是书法从绘画而是绘画从书法中吸取经验、技巧和力量。运笔的轻重、疾涩、虚实、强弱、转折顿挫、节奏韵律，净化了的线条如同音乐旋律一般，它们竟成为中国各类造型艺术和表现艺术的魂灵。"[9]宗白华指出了中国古代艺术的线性特点，李泽厚则同时指出了中国古代艺术的线性和音乐性特点。其实，线性就是时间性，也就是音乐性。宗、李两位的论述都是十分精到的。

对于中国传统艺术的线性特点，我们按照宗白华的论述路径在中西古代艺术的比较中展开。

首先是从哲学背景来看，西方古代艺术的哲学背景是几何哲学，而中国古代艺术的哲学背景则是"律历哲学"。宗白华说道："中国哲学既非'几何空间'之哲学，亦非'纯粹时间'（柏格森）之哲学，乃'四时自成岁'之历律哲学也。"[10]所谓"历律哲学"，是指中国古代以音乐上的五声配合四时、五行，以音乐的十二律配合十二月。古人认为，音律是季节更替导致天地之气变化的表征，所以以律吕衡量天地之气，以侯气来修订历法，从而使律吕之学成为沟通天人的一个重要渠道。而古代希腊则因航海业的发达使观测航向的几何之学成为希腊哲学的重要依据。由此，律历哲学成为中国古代"线的艺术"的文化依据，而"几何哲学"则成为古希腊"块的艺术"的哲学根据。

其次，从艺术与现实的关系看，古希腊艺术与现实的关系是一种对客观现实的"模仿"，无论是柏拉图还是亚里士多德都对"模仿说"有所论述；而中国古代则是一种"感物说"。《乐记》有言："乐者，音之所由生也，其本在人心之感于物也"。《周易·咸·彖》云："咸，感也。柔上而刚下，二气感应以相与……天地感而万物化生，圣人感人心而天下和平。观其所感，而天下万物之情可见矣。"古希腊之"模仿说"更偏重在"客体之物"，着眼于物之真实与否；而中国古代之"感物说"则更偏重于"主体之感"，着眼于被感之情。总之，"物"化为实体，"感"则化为情感。

从代表性的艺术门类看，古希腊代表性的艺术门类是雕塑，而中国古代代表性的艺术门类则为书法。中国书法是中国古代特有的艺术形式，发源于殷商之甲骨文与金文，成为中国传统艺术的源头和灵魂。李泽厚在谈到甲骨文时说道："它更以其净化了的线条美——比彩陶纹饰的抽象几何纹还要更为自由和更为多样的线的曲直运动和空间构造，表现出和表达出种种形体姿态、情感意兴和气势力量，终于形成中国特有的线的艺术：书法。"[9]

最后，从绘画艺术的透视法来看，古希腊艺术，特别是此后的西方古代绘画艺术，是集中于一个视点的焦点透视，而中国古代艺术，特别是国画则是一种多视点的散点透视，是一种"景随人移，人随景迁，步步可观"的形态，在人的生命活动中、在时间中不断变换视角。如《清明上河图》对汴河两岸宏阔图景的全方位展示，实际上是一种多视角表现方法，仿佛一个游人在汴河两岸行走，边走边看，景随人移，步步可观，构成众多视点，从而将汴河全景纳入整个视野。这其实是一种生命的线的流动过程。再如传统戏曲中虚拟性的表演，以演员边歌边舞的动作，即以行动中的散点透视形象地表演现极为复杂的场景和空间，所谓"三五步千山万水，六七人千军万马"，"走几步楼上楼下"，"手一推门里门外"等等，都是一种化空间为时间的艺术处理，这在中国艺术中司空见惯。只是到了20世纪后半期，西方现代美学与现代艺术才打破传统的焦点透视模式而走向散点透视，这在西方现代派艺术，特别是绘画艺术中表现得尤为明显。而当代西方美学领域，也开始了对于焦点透视作为"人类中心""视点中心"之表现的批判。总之，当代中西在绘画艺术视角之表现上又相遇了。当然，这并不会因此而糢糊中西美学与艺术的区别。

参考文献：

[1]冯友兰.三松堂全集(第2卷)[M].河南人民出版社,2001.281.

[2]钱穆.世界局势与中国文化[M].台湾联经出版事业公司,1998.419.

[3]刘笑敢.天人合一：学术、学说和信仰——再论中国哲学之身份及研究取向的不同[M].南京大学学报,2011,(6).

[4]刘悦笛.美学国际——当代国际美学家访谈录[M].中国社会科学出版社,2010.77.

[5]王振复.中国美学范畴史(第1卷"导言")[M].山西教育出版社,2006.6.

[6]宗白华.宗白华全集(第2卷)[M].安徽教育出版社,2008.109.

[7]梅洛-庞蒂.眼与心[M].中国社会科学出版社,1999.137.

[8]宗白华.宗白华全集(第3卷)[M].安徽教育出版社,2008.462.

[9]李泽厚.美的历程[M].生活·读书·新知三联书店,2014.45-46;42.

原载于《社会科学家》(桂林)，2016年第1期

中华哲学美学四大有世界意义的贡献

顾祖钊

摘　要：本文认为，中华古代哲学美学作为西方不同文化的重要的"他者"，有着许多堪称有世界意义的贡献，在人类未来的理论建设中有着至关重要的意义。但至今未被多数西方和中国现代学者关注。因之本文从四个方面论述了这种贡献：老子的宏伟阐释模式，庄子的审美的双向生成论、孟子的哲理美论，以及南朝齐梁时萧子显与谢赫的生命形式和气韵生动论。如果这些元素参与了现代美学建构，将会给现代美学带来惊人的变化并拓展出无限的理论空间

关键词：阐释模式　　三元与多元　美的双向生成　哲理美　生命形式与原理

直至今日，世界哲学美学的主导样式仍然被西方主宰着，根据德里达的解构主义和欧洲后现代思想，不论是传统的理性主义哲学美学，还是近代的非理性哲学美学，包括西方生命哲学美学，都是逻辑中心论和欧洲中心论的产物，都缺乏作为他者文化的东方特别是中国古代哲学美学的参照，其缺陷是非常明显的，因此都是必须予以解构和颠覆的学问。所以，它们在20世纪西方后现代主义的践踏下，几乎成了一片思想的废墟。因此，通过吸收东方智慧来救赎或重建人类未来的哲学美学，一直是许多西方先贤的理想。如受老子的"道"观的启发，海德格尔宣布：为了摆脱形而上学和哲学的危机，"我们必须上路"！这是一种朝向东方的指引，也"是西方整个命运尚未被说出的消息，只有从此出发，西方才能走向前去面对即将到来的抉择——或许在一种完全不同的状态下变成一块日升之地，变成另一个东方"。[1]德里达也明确地说："解构首先是对占统治地位的西方哲学传统的解构。"为了"建

构",他又说:"应该竭尽全力开放以使他者到来","在对他者的参照中,对中国的参照是非常重要的。"[2]这样,就把中华古代哲学美学的世界意义突出了出来。那么,中华古代哲学美学当真有这样的能耐吗?答案显然是肯定的。本文仅从四个方面,谈谈它的有世界意义的贡献。

一、老子建构的宏伟的阐释模式

西方哲学发展至今留下了一系列的问题:(一)世界是一元的,二元的,还是多元的,争得你死我活,没有一个结论。(二)人类把握世界的思想形式,是理性哲学的方式好,还是非理性的方式好,或者说是生命哲学好?可以说各有长处,同样也各有短处,难有定论。(三)在传统的形而上学哲学与直觉哲学、体验哲学、解构主义后现代哲学争论中,谁也无法完美胜出;在后现代主义之后,要重建形而上学哲学,显然是困难的;同样,解构主义和后现代的那一套,也让人类那颗崇尚理性和超越的心灵难以认同,究竟怎么办,西方已难有答案。(四)现代中国人对马克思主义哲学有着特别深厚的情感,又产生了自己的特殊困惑。如:1.辩证唯物主义的一元论是应当坚持的,但是面对着西方后现代主义的多元论的某些合理因素,怎么办?2.马克思主义的认识论的真理性是要坚持的,但是,它与弥漫西方的相对主义、不可知论和虚无主义的矛盾怎样解决?3.马克思主义的辩证法是不能放弃的,除了继续反对机械思维、线性思维外,对于所谓的网状思维、系统论思维应当怎样来兼顾呢?等等。[3]这些,都是21世纪人类面临的学术难题。如前言所述,西方先哲面对种种困惑与无奈,早就寄希望于中国,或者说东方智慧。而中华哲学智慧特别是老子哲学,却为我们留下了一个特别宏伟的阐释模式,可以说,我们目前遇到的主要思维难题,都将在它的面前迎刃而解。这便是《老子》第42章所提供的:

道生一,一生二,二生三,三生万物。万物负阴而抱阳,冲气以为和。[4]

这既是道家的宇宙观和生成论,又是他们把握世界的总方法,也是最具有超越性和包容性的堪称宏伟的阐释模式。与西方哲学相比,体现了四大特征特:一是具有层次性、系统性的综合特征,所以它特别能包容、能超越;二是以生命体验和审美体验为基础的体道方式,所以中华哲学与美学是一体的,故称为哲学美学;由于生命体验的真切性,这就决定了中华哲学的命题与结论,往往是真实的可靠的;三,虽说以生命体验为基础,但却不愿让认识停留在感性直观的阶段,而以理性把握世界为追求,以"目击道存"为最终目标,所以又具有形而下、形而上汇通的特征;四是以生命原理理解世界,以"和"为美的诗性智慧特征。要说清楚老子所创立的这个宏伟的阐释模式,显然需要一本厚厚的专著,这里仅仅简述其要。

首先,老子认为,世界的存在,是一种层次性的存在。因此,人类对世界的认识,也就分出了层次。这样一元论和辩证唯物主义的一元论便可以在"道生一"的层次上得到肯定。二元论以及毛泽东提出的"一分为二"论与杨献珍提出的"合二而一"论,便可以在"一生二"这个层次上得到兼容。毛泽东对辩证法的理解有片面性,仅仅强调对立面的"斗争";杨献珍从中国哲学出发,补充强调辩证法的另一面"统一",也就是"和",虽蒙受不公正待遇,但历史已证明他也是正确的。而且,如果不要这个层次,马克思主义的方法论的精华——唯物辩证法也失去存在的依据。所以,德里达极力反对的所谓"二元对立"思维,虽有某些合理性,却更有片面性,"一生二"的层次仍然是重要的。而"二生三,三生万物"这个层次,同样也很重要。它一方面承接着延续着人类在一元、二元层次上的理性认识,对"万物"即"多",做出了最低层次的形而上的概括"三";另一方面,"三"又概括了"多",代表着"多",成了通往形而下的桥梁。这样,就成就了中华哲学理性与感性,形上与形下汇通的特征。于是,人类关于事物本质的看法,便成的一个观念系统。与过却所说的"真理只有一个"的局面就大不一样了。列宁似乎看到过这一点,他说:"人的思想由现象到本质,由所谓初级本质到二级本质,这样不断地加深下去,以至于无穷。"[5]又说:"真理只有在他们的总和(zusammen)中以及在它们的关系(Bezeiehuug)中才会实现。"[6]老子提供的这个阐释模式,既顾及层次性又关注了它们之间的关系,完全实现了列宁的上述想法,看来它与马克思主义哲学有着深度的可兼容性。

不过,西方人对于中国人关于世界的这种层次性系统性的发现,几乎没有感觉。康德完全没有认识到,他所提出的所谓"二律背反",很多情况是出现在不同层次上的问题,却被他放在一个平面上来看待了。黑格尔虽然发现了西方哲人对世界有一元论、二元论、三元论的不同的看法,但他却是在一个平面上、静态地来看待它们,也没有层次性系统性的意识,并且只想在一元的层次上把握世界。德里达不仅反对对事物的一元性概括,更反对所谓二元对立的思维,只想在另一个极端上——即由差异、个别构成的多元性(按,实际上是多样性)上对传统的理性主义哲学进行解构,更没有意识到世界存在的层次性和系统性,因此更是片面的极端之说。而老子的阐释模式,即使是对事物的多样性也是尊重的,解构主义和后现代多元论的合理因素,已经在"三生万物"的层次上,得到理性的改造而被吸纳进来。这就使中国哲学在西方困惑面前,显示了特别优越的综合性和超越性。老实说,除了中国,世界上恐怕还没有第二民族能提供这样完美的阐释模式和解决方案。

其次,在这个阐释模式中,有一个"生"字贯穿始终。这便是《周易·系辞》所概括的关于天、地、人的"生生不息"之"道"。而"负阴而抱阳,冲气以为和"便是这种宇宙生命论的普遍原理。所以,新儒家诸贤都将中华哲学定性为"生命哲学"。梁漱溟先生说:"宇宙是一个大生命,从生物的进化史,一直到人类社会的进化史,一脉下来,都是这个大生命无尽已的创造。"[7]熊十力先生说:"吾人识得自家生命即是宇宙本体,故不得内吾身而外宇宙。吾与生命,同一生命故,此一大生命非可剖分,故无内外。"[8]所以他认定,中华哲学,就是"生命哲学"。方东美先生也认同这些说法,他说:"盈天地间只是一个大生(命)","我们立足宇宙之中,与天地广大和谐,与人人同情感应,与物物均调浃合,所以无一处不能顺此普遍生命,而与之全体同流"。[9]总之,他们认为,中华哲学是以人的生命体验和审美体验为基础的哲学建构,这一点是非常正确的。这样,中华哲学就可以与西方生命哲学美学的一切优长之处兼容了。但是,若以为中华哲学就是生命哲学,那就不够准确了。因为中华哲学虽然基于生命体验,但追求的却是"目击道存"。[10]而且古人已经明确地意识到"形而上者谓之道,形而下者谓之器"。[11]对于"道"的体认和追求虽然仍是一种生命体验,但毕竟已经进入形而上的理性境界。与西方非理性的生命哲学相比,明显不是一种东西。新儒家诸贤显然忽略中华哲学这种形上与形下汇通的特征。而中国哲学对形而上理性境界的追求,又开通了与西方形而上的理性哲学的兼容之路。西方人将理性与非理性,形而上与形而下,生命体验与逻辑理性等,都看成是水火难容的东西,解构主义与后现代主义更将这种思维习惯推至极端和绝对。夸大理性、逻辑和宏大叙事的缺点而践踏之,实际上是将自己推入难以自拔的绝境。与西方哲学这种机械的自戕式思维相比,中国哲学无疑更具有融通性和超越性。而老子提供的阐释模式,正以这种宏伟的融通性、综合性和超越性为人类哲学的重建提供了希望与可能。

再次,西方理性哲学如一元论,多追求一种对世界的本质性把握,其认识指向事物的绝对性,宣扬真理和本质只有一个。而非理性哲学则关注事物多元性多样性,发现了事物本质的相对性,现代主义、解构主义等等,往往将事物的差异、个别性绝对化,走向了相对主义,即将事物的相对性绝对化,并推至极端宣扬事物的不可通约性、世界的不可整合性和不可知论。由此,也把西方哲学带上了绝境。而老子的这个阐释模式,通过对一元论的哲学精华的肯定,认为事物和世界是有它绝对性的一面的。本质主义虽然是应当反对的,但是对事物的本质研究和把握却是不能放弃的。但是,旧理性主义只看到事物绝对性一面,而看不到事物在较低层次上的相对性的一面,同样是十分错误的。而老子的阐释模式还可以在二元和三元的层次上,将合理存在的事物的相对性,充分地展现出来,而又避免了相对主义的片面性。例如庄子,在高层次上看待世界和事物时,他主张"道通为一",有绝对化倾向;同时他在事物的低层次上又主张"齐是非",这就有了相对化倾向。有人说庄子是相对主义者,[12]这是误读了庄子,其实庄子是一位兼具并能超越相对与绝对的思想家,深谙老子哲学的精髓。所以,老子阐释模式,又为我们提供了一种使哲学走向高度综合和超越相对与绝对鸿沟的可能性。

还有,这种"希望与可能",是建立在中华哲学把握世界的可靠性上的。这是中华哲学的长处,也是它能够重整人类哲学困局的根本原因。被老子或圣人"把握"的所谓"道"(按,即相当于人类追求的真理或规律),其实是一种非常真切实在东西。《老子》第二十一章有云:

道之为物,惟恍惟惚。惚兮恍兮,其中有象;恍兮惚兮,其中有物;窈兮冥兮,其中有精,其精甚真,其中有信。[13]

由于中华哲学把握世界是以真切的生命体验为基础,这种感性体验在由经验上升为理论的过程中,始终是一种感觉中的存在。所谓"惟恍惟惚",说明它是一种萦绕于脑际的存在；所谓"有象""有物"，说明它是一种感觉到的存在；所谓"其精甚真，其中有信"，说明它是非常真实真切的存在。因此，中华哲学（包括美学）所提供的命题和结论，往往能跨越时空，经得起不同时期，不同民族实践的检验。而老子提供的阐释模式，也因它的真切性和实在性而成为中国哲学最宏伟的具有世界意义的贡献。

美国学者诺斯罗普（Filmer S.C.Northrop)教授似乎对此有所察觉。诺氏认为，人类提出的哲学概念的主要有两种：一种是用直觉得到的，一种是用假设得到的。"用直觉得到的概念"，表示某种直接领悟的东西，它的全部意义是由某种直接领悟的东西给予的，如"蓝"作为一个概念，便是对感觉到的颜色的一种直接领悟的结果；而"用假设得到的概念"，它往往"出现在某个演绎理论中，它的全部意义是由这个演绎理论的各个假设所指定的"。[14]"用直觉得到的概念"，包括用直觉得到的命题和理论等，其真实性、可靠性是远远超过那种假设性范畴的，因为，形成这种概念的条件，不论客观的还是主观的，都是真实的。所以能经得起历史的检验，能为不同的民族共同感悟。而"用假设得到的概念"，包括用这种方法得到的命题、观念和体系等，就是今天称为"预设"得来的概念、命题、观念和体系，它们的意义往往是被演绎它的逻辑体系规定的，逻辑自洽性严格地制约着每个概念的外延与内涵，规定着每个概念和命题的特定意义。这样，由核心范畴推导的自洽性逻辑体系，无形中便造成了这种预设性理论体系的自我封闭性和主观臆测性，成为逻辑中心主义的产物。西方哲学和美学的建构，往往就是靠这种方法达到。而形式逻辑并非完全靠得住，它既可以从真相中推导出真理，也可以将谬误说成真理。如在黑格尔的体系中，主观的东西和客观的东西就是颠倒的；他所得出艺术将要消亡的结论，便是一个伪命题。这便是逻辑中心主义和宏大叙事造成的谬误。所以解构主义和后现代，对此大加讨伐，不是没有一定的道理。因此，诺斯罗普认为中国哲学美学有其优长之处，与西哲学美学具有互补性。的确如此，比如康德在提出的"生命原理""美是道德的象征"和"道德律令"等命题，[15]都仅仅是提出问题而没有深入讨论的，但中华哲学却在这些方面有着深入的研究。因此诺斯罗普也是多少看出了中华哲学的世界意义的人。而老子建构的阐释模式，也因它的真实性可靠性和与西方古今哲学的兼容性互补性，成为中华哲学贡献于世界的最伟大的建构。

二、庄子及道家揭示的美学秘密

作为老子学派的理论继承者，庄子在美学方面的贡献更大些。他直接将"道"界定为"大美"，这就将老子揭示的生命体验与审美体验合而为一，将中华哲学建构在审美体验的基础之上，从而将中华哲学与美学融为一体。《庄子·知北游》有云：

> 天地有大美而不言，四时有明法而不议，万物有成理而不说。圣人者，原天地之美，而达万物之理。是故，至人无为，大圣不作，观于天地之谓也。[16]

由于庄子在哲学上深化了老子的层次论和境界论，写出了《秋水》那样的名篇，所以他认为"美"也是一种层次性存在。这里说的"大美"便是一种最高层次和最高境界的"美"。这是一种只有"圣人"和"至人"才能领略和欣赏到的美。说到这儿，便与康德"美是道德的象征"的命题相通了。但是，庄子对人类美学的贡献，实际上比康德大多了。

第一，庄子这里提出的"大美"，是一种哲理美。这里说的四时的"明法"、万物的"成理"，就是圣人观察体悟的对象，即老子所说的"道"。中国人把形而上的"道"，作为审美对象，这是西方美学不敢承认的事实。康德虽然也模糊地意识到诗人创造的"审美意象"，"是把自然运用来仿佛作为一种暗示超感性境界的示意图"。[17]但是他又往往局限在感性的意义上理解美，所以，他的美学体系是矛盾重重的。以哲理为美，这是中华美学具有重要意义的命题，庄子的论述，不过是先秦儒道的共同看法。这个问题待下文再去讨论。

第二，由于圣人与"天地"的这种审美关系，那么，美是怎样发生的呢？庄子的解释更是超越千古的：其一，他在公元前3世纪就将人类对自然的审美过程，描述为一个人与自然平等地相悦、对话和理解的双向运动过程；其二，这种双向运动是基于老子哲学的生命原理，认为人与自然都是和谐一体的生命体，而提出"天地与我并生，而万物与我为一"（《齐物论》），所以，他将审美活动，理解为广义的生命活动，只有把握了生命的灵魂性和能动性才能揭开审美的全部秘密；其三，虽说"天地有大美而不（能）言"，但只要人以平等的观念"与天地精神往来，而不敖（傲）倪于万物"，[18]那么，美也就在这种平等的"精神往来"中诞生了！所谓"往来"就是"精神"层面的对话与交流，西方哲学美学家大多不懂这一点，康德、黑格尔、海德格尔都认为审美就是"审对象"，都是人的心理的单向行为；西方生命美学家同样不懂这一点。所以他们很难揭示"美"本质。

第三，庄子的平等观念和泛爱万物论，是美产生的原因和动力。西方美学之所以认识不到审美发生的双向性，是因为它的哲学体系的局限，总是认为人是万物的灵长而"傲倪于万物"，更没有庄子那样的大爱。中国儒家的"爱"往往局限于人，所谓"仁者爱人""四海之内皆兄弟"。而庄子学派却提出：

泛爱万物，天地一体也。[19]

正是这种博大无边的爱，奠定了庄子美学的基础，成了"美"产生的动力。当洋溢着生命之爱的人与自然万物平等地"精神往来"时，美感便自然而然地产生了。这里发生的生命对生命的互相欣赏共鸣的直接原因，便是属于本能的"生命之爱"。[20]其实，康德也曾涉及这一点，他说"只有惠爱才是自由的喜爱"。[21]这种"爱"由于发生在平等的生命之间，所以更是自由的，既无须什么目的，也无须什么功利；既不是什么"移情"，也不须什么"距离"，审美是在生命自由地交往中实现的。如宗白华所说，"灵气往来是物象呈现着灵魂生命的时候，（也）是美感诞生的时候。"[22]庄子美学如此完美地诠释了康德"美在自由"的命题，若是康德地下有知，若是他有了相当的汉语水准，恐怕也会万分地惊讶、赞叹。因为这个他说不清楚的问题，庄子却早他两千多年解决了。

第四，在庄子学派看来，美不过是一个主客交融的境界。庄周梦蝶的境界便是他张扬的一种美。其云：

昔者庄周梦为蝴蝶，栩栩然蝴蝶也，自喻适志与！……不知周之梦为蝴蝶与，蝴蝶之梦为周与？周与蝴蝶，则必有分矣。此之谓"物化"。[23]

庄子发现审美境界与现实世界是不同的。在现实世界，蝴蝶与庄周的界限是分明的，但是如果在"梦中"即审美境界里，事物的界限就模糊了，"不知道是庄周做梦化为蝴蝶呢！还是蝴蝶做梦化为庄周呢？……这种转变就叫做'物化'。"[24]庄子界定的这个哲学概念，实际上也是界定了"美感"的本质，即"美感是一个灵气往来、主客交融的境界"。自庄子学派揭示了这种美感生成的双向原理之后，中国人则对此笃信不疑。刘勰在《文心雕龙·物色》说："目既往还，心亦吐纳，春日迟迟，秋风飒飒，情往似赠，兴来如答。"李白诗云："相看两不厌，只有敬亭山。"辛弃疾在《贺新郎》词中写道："我看青山多妩媚，料青山见我应如是。"清代词人李符亦有"相看无厌，渔唱沧浪，荻根灯又闪"[25]的名句。直至宗白华从浩瀚书海中将其拈出，上升为上述华夏美学的核心理念。然而，它却在中国现代美学研究中受到不应有的冷落。直到西方20世纪主体间性美学和对话理论出现后，我们才发现庄子的美学观是那样的超前，那样的深奥精微而富有创意，那样的具有现代理论意义。未来哲学美学的重建若离开庄子学派哲学美学贡献，可以说是不可能的，这无疑是中国哲学美学又一有世界意义的贡献。

三、孟子和儒家提出的哲理美的命题

上文论及庄子的美学思想中，已经包含了以哲理为美的观念，这是道家的美学观。其实，以哲理为美，更是儒家的美学传统。孟子作为比庄子稍早或同时的人，则正式提出了哲理美的命题。《孟子·告子上》云：

口之于味也，有同嗜焉；耳之于声也，有同听焉；目之于色也，有同美焉。至于心，独无所同然乎？心之所同然者何也？谓理也，义也。圣人先得我心之所同然耳。故理义之悦我心，犹刍豢之悦我口。[26]

孟子这段话，非常自觉地从审美角度论述了哲理美。他认为就像人们欣赏声、色、味等感性之美一样，"理义"这样的哲理美，才是圣人之心所欣赏的更高层次的美，犹如"刍豢之悦我口"一样。对于圣人来说，那是与圣人之心相对应的更高的美，是俗人无法享受的一种美。然而，孟子之论并非空穴来风，而是对先贤审美经验一种理论升华。这里仅以孔孟为证，探讨一下儒家的审美传统及其影响。《孟子·离娄上》记载了一则有趣的议论，其文如下：

有孺子歌曰："沧浪之水清兮，可以濯我缨；沧浪之水浊兮，可以濯我足。"孔子曰："小子听之，清斯濯缨，浊斯濯足矣，自取之也。"夫人必自侮，然后人侮之；家必自毁，而后人毁之；国必自伐，而后人伐之。《太甲》

曰："天作孽，犹可违，自作孽，不可活。"此之谓也。[27]

一首儿歌，今天看来，不一定有什么微言大义。但孔子听后，马上引申到哲理，得出相当于"咎由自取"的结论。孟子对此心领神会，又从哲理推及一般事理的修身、齐家和治国之道。在《孟子·公孙丑》中，也有类似的推论，孔子先将《诗经·鸱鸮》之意理解为"治国之道"，孟子再如上例那样引申到一般事理。这说明出现于《孟子》中的孔孟师徒的解诗方式，并非偶然为之，是一种儒家的传统做法，即往往将《诗经》的诗歌或社会流传的歌谣，当作一种哲理的载体来看待，一定要引申到哲理的意义上来理解，来鉴赏。这种解《诗》的方式，早在《论语》中就存在。在《论语·八佾》中，孔子与子夏对《硕人》的解释就与上文取同一模式[28]。其云：

子夏问曰："'巧笑倩兮，美目盼兮，素以为绚兮。'何谓也？"子曰："绘事后素"。曰："礼后乎？"子曰："起予者，商也！始可与言《诗》已矣。"[29]

用今天的眼光看，《硕人》不过是一首描写齐侯之女，卫侯之妻风采的抒情诗，孔子师徒所引用的几句，不过是对女主人公的形象描写。但孔子却将其引申到哲理的高度去理解，得出"绘事后（于）素"的结论。子夏不仅不感到错愕，反而心领神会，再把孔子的结论，引申到礼与仁关系的事理层次上去运用，即先仁而后礼。由于孔子自己本来还没有想到这一层，看到子夏将自己的思想发挥得这样好，于是对子夏大加夸奖，说："卜商呀，是你启发了我啊！这样，我就可以和你一起讨论《诗经》了。"以同样的方法解《诗》的，还有一首见于《论语·学而》，其云：

子贡曰："贫而无谄，富而不骄，何如？"子曰："可也。未若贫而乐，富而好礼者也。"子贡曰："《诗》云：'如切如磋，如琢如磨。'[30]其斯之谓与？"子曰："赐也，始可与言《诗》已矣！告诸往而知来者。"[31]

理解孔子师徒的这段对话，必须要理解"如切如磋，如琢如磨"这两句诗的原意是什么，孔子的理解意思是什么，子贡理解的意思又是什么？这两句诗，出自《卫风·淇澳》，原诗不过是描写一位贵族男子风采的诗，采用的是女性视角。"如切如磋，如琢如磨"的原意是指姑娘心仪的那位文采斐然的美男子，"体格像雕刻的塑像那样完美，肤色像琢磨过的美玉那样可爱"。

而孔子全不问原意如何，则从字面上将此二句理解为"谦谦君子"刻苦自我修养的象征。而子贡则进一步从儒家君子以"礼"规范自己的人生的角度，将这二句诗看成是超越贫富的高尚人生模式和理想境界的象征。因为这种发挥既超越了孔子而又符合儒家理想，所以孔子夸赞子贡是"告诸往而知来者"聪明学生。以上两例中，孔子把能够从诗句中引申出哲理的基本功，看做是可与子贡和子夏"言诗"前提，这说明，在孔子看来，《诗》都是某种哲理的象征，是一种哲理美的载体。于是，某些治国之道、人伦之理，便在一定的乐曲、舞蹈和诗意的氛围中成为可以欣赏的美。所以孔子将《诗》三百，一一被之管弦，在"洋洋乎盈耳"管弦声乐中，为其中的哲理美所陶醉："发乎情，止乎礼仪。"产生这种审美现象的原因被朱熹归纳为："圣人声入心通，无非至理。"[32]朱熹还描述了哲理美造成的心灵状态，其云：

义理既明，又能力行不倦，则其存诸中者，必也光明四达，何施不可。发而为言，以宣其志。当自发越不凡，可爱可传矣。[33]

朱熹认为，"义理"作为"存诸中"的哲理美，是一种充满智慧之光和不凡爱意的心灵状态，一种自我超越大彻大悟的精神境界，这是一种"大美"。而这种"目击道存"的美学传统，早在魏晋南北朝时期，就被画家宗炳概括为："澄怀味象"和"澄怀观道"。[34]由此，中国哲理审美观得以确立。它印证了一个事实——哲理美是可能的。

由于存在着这样的审美传统，所以在中国文学史上形成了一次又一次的以哲理为美的诗学运动，如汉代劝喻诗，魏晋玄言诗，唐代佛理诗，宋代道学诗以及明清多次出现的宋诗运动。留下了"诗言志"（《尚书·尧典》），"舞意天道兼"（荀子），"因文而明道"（刘勰），"文以明道"（韩愈、柳宗元），"文以载道"（周敦颐），"借物明道"（朱熹）等观念；以及"诗以反常合道为趣"（苏轼），"以诗人比兴之体，发圣人义理之秘"（真德秀）的议论；还有"意象""思致""理趣"和"意味"等美学范畴。这说明以哲理为美的诗学传统和理论传统，同样是不容否定的。

但是，由于过去局限于中国主情论的眼光看待它，所以，它的存在和它的价值都被中国古代文学史研究严重地抹杀了。五四以来，学术界又受西方不自觉的一元论的"感性—情感"美学观的制约，更使中国源远流长的哲理美学观及其文艺现象、理论现象，像狂沙埋金一样，被埋得一层又一层，似乎永难再见天日。

不过，20世纪西方在哲学美学上发生的两件大事，使问题得到转机。印证了中国儒道以哲理为美的诗学传统，也是具有世界意义的伟大贡献。这两件大事：一是西方现代主义文学运动的冲击，二是后现代主义多元论的冲击。

现代主义文学运动表现了鲜明的哲理化倾向。艾略特提出：

最真的哲学是最伟大的诗人之最好的素材，诗人今后的地位必须由他诗中所表现的哲理以及表现的程度如何来评定。[35]

因此法国象征主义诗人瓦雷里则明确地说："诗人有他的抽象思维，也可以说有他的哲学。""就在他作为诗人的活动中，他的抽象思维在起作用。"[36]伽达默尔也说："现代派隐藏在如此深奥的象征符号之中。""哲学的思考促使它们成为可传达的（东西），在我看来这是唯一可靠的方式。"[37]于是，20世纪现代派文学运动，便以其鲜明的哲理化倾向和新的审美形态，席卷了世界。但是，当它逐渐被后现代取代而成为历史的时候，西方现代理论家却没有弄清楚它与其前、其后的文学思潮及其审美形态有什么不同，它的文论意义和美学意义几乎被西方非理性思潮和后现代主义所淹没，在西方文化语境中，似乎永远也难见天日了。但是，当西方现代主义思潮传入中国之后，我在20世纪90年代初立刻发现，西方现代派并非完全是什么新玩意，它与中国文学史上早就存在的哲理的文学观和以哲理为美的美学传统，有惊人的一致之处。[38]其一，都逃避情感。艾略特说："诗并不是放纵情绪，而是要避却情绪。"[39]而宋代邵雍则说："殊不以天下大义而为言者，故其诗大率溺于情好也。噫！情之溺人也甚于水。"[40]也反对诗人"累于性情"。其二，都以象征意象为主要表达手段。伽达默尔说："象征就是那种人们用来重新认出某件事的东西。"[41]他所说的是指一种具有象征意义的形象。这在《周易·系辞》中称为"表意之象"，在汉代王充《论衡》中被称为"意象"，即"立意于象"的象征物。《论语·子罕》中说的："子在川上曰：逝者如斯夫！不舍昼夜。"即被孔子慨叹的那条流动"河"，已经不仅是河，它已经成了孔子理解的"道"的象征，它向人们展示着孔子对事物存在的时间的一维性和变化的绝对性的体悟。孔子为此发现兴奋不已，对于古人来说，这绝对是一种

"大美"。因此，古今中外的哲理美欣赏者，都以象征意象为载体。所以，西方现代派艺术，自象征主义始。其三，都偏爱荒诞的风格。尤奈斯库认为由于"（现代）人类的一切行为都表现得荒诞无稽"，所以要用"异常事物"将人类生存的"荒诞感"表现出来。[42]这样，荒诞派戏剧就通过荒诞的意象，揭示了人类生存的真相。其实，西方现代派文学的这种偏爱，早在中国唐代宋代已经相当自觉，杜牧已经发现了李贺诗歌中的"虚荒诞幻"之美，而苏轼提出的"反常合道"、刘道醇提出的"狂怪求理"论，都与西方荒诞派主张有异曲同工之妙。

中西现代派与中国源远流长哲理文学运动的这种跨越文化、跨越历史时空的相似性、相互印证性，说明二者都不是一种偶然性的存在，而是一种规律性的存在。这样中华哲理文学观和哲理美学观的理论价值就成了具有世界意义的事。

首先，由于中国这个他者的到来，印证了西方现代派所追求的哲理美，是一种合乎规律的存在。西方学者应当像过去对待现实主义、浪漫主义那样，认真地将现代派研究清楚，不能再像现在那样让它淹没在主情主义的泥潭中难露真容。同样，在西方现代派这个他者印证下，被中国主情主义长期遮蔽的哲理文学观和哲理美学传统也应当得到尊重，确认其真实存在并努力恢复历史的本来面目。这样仅仅祖述刘勰主情论以来的文学史和美学史就有重整的必要了。我想，西方亦应如此

其次，随着哲理文学与哲理美的确立，文学现象和美学现象的一元性立刻受到质疑。艺术美的事实告诉我们，不仅有我们这里强调意象—哲理的美，还有应有被现实主义强调的事象—真实（即历史）的美；当然，也应当承认被主情主义强调的感情—情韵的美。如果美的三元性存在得到承认，我们就把老子"三生万物"的阐释模式在文学和美学中作了彻底的贯彻。一方面我们继承了黑格尔《美学》三种类型说的合理内核；另一方面，我们又把后现代主义的强调的多元性和多样性的合理因素，在文学理论和美学中作了理性的吸纳。在这个方案面前，自鲍姆嘉通以来西方美学的片面性则暴露无遗；不论中国和西方，文学理论和美学体系都面临着一场脱胎换骨的调整和创新运动，这是无法避免的了。

再者，过去由于人们不知，或者不愿承认哲理美的存在，不自觉地想用一元论的线性思维解释美和文学，总是力不从心，其理论总是破绽百出。例如康德，一方面说，"不管是自然美或艺术美，美的事物就是那在单纯的评判中……而令人愉快满意的。"[43]这是企图用一元的情感中心论来解释美；但另一方面又大谈"美是道德的象征"和"超感性境界的示意图"，这就将前面的定义击得粉碎。其实，他还忽视了审美的另一个重要方面——历史和现实题材呈现的真实美。黑格尔从康德的缺口入手，从历史中梳理出艺术的三种基本类型：象征的，古典的，浪漫的。为美的三元性和多样性的确立打下基础。但是，他却仅从古典艺术的角度将美界定为"理念的感性显现"，[44]而拒绝承认美有其他类型特别是哲理美，使其很难自圆其说。这明显又是不自觉的一元论造成的。是而现代派诸家其实也并不超脱，从艾略特到伽达默尔都是哲理美的偏执的一元论者，不承认其他类型的美，也是他们不得人心之处。就这样，诚如蒋孔阳先生指出的那样，人类的整个美学研究，都"陷在'一'的死胡同里"[45]了。显然，中西哲理美学的这种的互证式存在，有利于将美学研究从一元论的狭隘视角里解放出来。

而且，这种"解放"，还包含着两层学理的深化因素：

一是意味着对文学艺术和美学认识的深入。譬如医学，对人的认识如果仅仅到"人"这个层次，那么，它显然是大而化之的，是笼统肤浅的。不仅对人的认识不能准确把握，而且将造成许多病痛无法医治。如果对人认识到男女这一层，那就要好多了；如果再深入到男人、女人和儿童的三元层次，医学才算较全面地认识了人类，把握了人类生存发展的秘密，才能较准确地对症下药。然而我们对于文学艺术和美学，却长期没有这样的意识，虽然已能从一元和二元的意义上有所概括，但却常常是肤浅的、不准确的。而对"三生万物"的层次，却基本上没有意识到。所以，由中国哲理美传统引起对审美三元性和多样性的思考，将意味着人类文学与美学的在认识上的重大进步和重大超越。

二是意味着对文学艺术与审美发展自律的深化。人类对文学艺术与审美发展变化的认识长期处在简单外因论和社会决定论的层次上。如刘勰所说："歌谣文理，与世推移。""文变染乎世情，兴废系乎时序。""时运交移，质文代变。"[46]而苏联文论和西方传统文论，并没有从此前进几许，庸俗社会学则更为浅薄。总之文学艺术的发展似乎完全没有它自身的原因和美学变化的内在动因。而审美的三元性一旦确立，我们便会发现这并不是偶然性现象，而是与人类精神需要的三个基本类型联系着。德国古典美学曾将人类的精神需要概括为知、情、意三个方面，这正与审美的三个类型：感情—情韵美、意象—哲理美和事象—真实（历史）美相对应。也与艺术上的主情主义、现实主义和象征主义相联系。这一点，清代叶燮也有所悟，他在哲学上提出的"理、事、情"三分世界，在美学、文学上提出的"至理、至事、至情"论[47]，显然与德国古典美学的结论有着某种内在的一致性。而受人类知情意的精神需要的制约所形成的审美的三种基本类型，一方面在美学领域落实了老子的三元论，另一方面又说明，什么时代出现什么类型的审美时尚和艺术，并不全是社会外因决定的，而更是由人们知情意的精神需要的趋向性内在地规定的。一般来说，每个时代的美或艺术都呈三元共存的共时性状态；同时，每个时代的美或艺术，又鲜明地趋向其中的一种，形成自己不同于前代的审美风潮。当更新的审美思潮来袭时，尽管宣称自己不属于任何传统，但是谁也不能拔着自己的头发离开地球，它不过是以往出现过的三种审美基本类型中的一种而已，只是表现形式和手法有所不同。例如当西方现代派登上舞台时，"大多数批评家（都）认为现代主义有意识地从本质上与西方文化艺术的传统决裂"。[48]但是，只要翻一翻黑格尔《美学》，现代派张扬的艺术，不过是原始的象征艺术现代版而已，他们青睐的美，不过是一种哲理美。而后现代艺术虽说更为极端，宣称自己是"前卫艺术"或"反艺术"。其实他们并没有跳出老佛爷（即人的精神需要）的手心。所谓"削平深度"，不过是拒绝现代派追求的哲理美，金斯堡的《嚎叫》所发泄的，依然是情感。只是这种情感比传统的情韵美更粗野，更率真而已。为什么文学艺术的在未来发展只能在"知情意"（或"理事情"）的三元内进行选择，这其中反映的规律性的东西，即艺术发展的"自律"。如果将上述"社会外因发展论"视为文学艺术发展的"他律论"的话，那么，我们这里发现的由不同时代人们的不同精神需求形成的审美理想所导致的审美和艺术在未来的发展，实际上不过是对以往历史上出现过的艺术和审美的三种基本类型在不同于前一代的前提下的一种复古式选择。由于这种规律更为内在地左右着审美和艺术的发展,所以我以为这才是文学艺术发展的"自律"。这是比俄国形式主义所理解的"文学性"是更为深刻的东西。所以说,三元审美观一旦确立,必然带来理论的全面深化。因此,孟子对哲理美的发现与阐述,也是中国古代哲学美学有世界意义的贡献。

四、六朝"气韵生动"与"性情风标"论

魏晋南北朝时期,被宗白华先生誉为中国"精神史上极自由、极解放,最富于智慧、最浓于热情的一个时代,因此也就是最富于艺术精神的一个时代。"[49]当然,也是中华美学更为精细地发展定型的时期。其中最著名的理论建树便是齐梁间的萧子显(489-537)在文论中提出艺术美的生命形式论和谢赫在画论中总结出"气韵生动"论。[50]

萧子显在所著《南齐书·文学传论》中说:

文章者,盖性情之风标,神明之律吕也。蕴思含豪,游心内运。放言落纸,气韵天成,莫不禀以生灵,迁乎爱嗜,机见殊内,赏悟纷杂。

萧子显此论有三点值得关注:一是艺术美的生命形式论。这里所说的"文章",正是我们今天理解的狭义的文学作品,属于艺术美的范畴,而萧子显明确指出作为艺术美的文学,是"性情之风标,神明之律吕",即一种表达生命的神明和性情的形式,简直可直译为现代美学术语"生命形式"。二是这种生命形式的美学特征便是"气韵天成",强调了作为生命形式"美",应当鲜活、自然而"传神"这就是"美"的质的规定性。三,这种的"特性"是由"美"的"生命原理"决定的。所谓"莫不禀以生灵,迁乎爱嗜",说的就是美与美感产生的生命原理,即美和美感的存在,是由"生灵"(即生命)和人的"爱嗜"决定的。这就把上述老子揭示的生命原理,庄子揭示的生命之爱,与六朝人对艺术美即气韵天成的生命形式的理解综合在一起了。

稍后,画家谢赫又在《古画品录》中谈到绘画的"六法",特别强调了艺术美的特征。其云:

六法者何?一,气韵生动是也;二,骨法用笔是也;三,应物象形是也;四,随类赋彩是也;五,经营位置是也;六,传移模写是也。[51]

这里将"气韵生动"放在首位,说明画论对此已经达到理论自觉的高度,其理论意义有两点:(一)这是在"气韵天成"基础上对艺术美本质特征更为精确的概括；（二）说明中华美学已经找到自己的核心范畴，有了画龙点睛之笔"气韵生动"，这样中华美学体系便自然地形成了。此后，唐代画论家张彦远在他的《历代名画记·叙论》中重申谢赫此论，犹如"一锤定音"，成就了中华美学的不易之论。但其理论意义却无人阐述，实属遗憾。这里试述一二。

首先，在对美与美感发生的生命原理的认识上，六朝人的美学贡献超过了西方。中华美学认为，美作为人的一种生命和精神文化现象，这就决定了美学存在着一种生命本体论的问题。如果忽视了美与生命的联系，可能任何美学都难以成立。这恐怕是任何人也无法反对的。因此，美学必定有如老庄确立的，那样一种"生命原理"。关于这一点康德和黑格尔都有所发现。康德写道：

精神（灵魂，Geist）在审美的意义里就是那心意赋予对象以生命的原理……这个原理正是使审美诸观念（译者按：亦可译审美诸理想）表现出来的机能。[52]

同时，康德还强调了表现"灵魂"，对美的重要性。他认为如果"一首诗，可以写得十分漂亮而又优雅，但却没有灵魂。一篇叙事作品，可以写得精确而又井然有序，但却没有灵魂……甚至一个女人，可以说是长得漂亮、温雅而又优美……但却没有灵魂"[53]——而这些都是不美的，因为它们没有按照"生命原理"被赋予"灵魂"。若按照中华美学的理解，即是"莫不禀以生灵"。在中华美学生命原理的映照下，康德此论是具有真理性的。他所说"灵魂"，相当于中华画论的"传神"论，但是，在"传"什么样的"神"（即"灵魂"），才符合审美理想的问题上，康德没有进一步追问。而中华美学则进一步回答了这个问题，即"气韵生动"的灵魂。所以黑格尔评价说："康德接近于了解到有机体与生命的概念。"[54]但由于理性思维的体系所限，使他并没有真正达到最终的结论；相反，中华美学早就获得了准确的结论。黑格尔也想将康德发现的美和美感的生命原理，在他的《美学》中加以贯彻，不仅对自然美，要用生命原理加以关照，而且，对艺术美也要"把每一个形象的看得见的外表上的每一点都化成眼睛或灵魂的住所，使它把心灵显现出来"，"艺术作品通体要有生气灌注"，"只有受到生气灌注的东西，即心灵的生命，才有自由的无限性"，"因为艺术理想始终要求外在形式本身就要符合灵魂。"[55]显然，黑格尔是在竭力贯彻康德的生命原理和灵魂概念，但是，也是由于理性体系和形而上思维所限，他并没有比康德前进几许，对艺术美的理解仍然停留在传达生命和灵魂上；并没有回答何种生命，什么样的灵魂才是美的——这样的问题。然而，康德和黑格尔在生命原理和灵魂概念上如此努力，说明这里有着美学的真谛。但是他们并没有将其充分展开，使这个话题，成为他们体系中游离的部分，以至于后代美学研究者几乎遗忘了这个重要的命题，造成了西方整个形而上的美学研究的重大缺憾。而中华美学的对生命原理和审美理想特征的研究，恰恰印证了康德与黑格尔这个命题的重要性和中华美学在个问题上所达到的惊人的深度。

其次，萧子显提出的"莫不禀以生灵，迁乎爱嗜"，也是大有深意的。从前文可以看出，在庄子美学思想中，已经发现了美是生命之爱的结果，"爱"是美感发生的动力。但是六朝人没有简单地停留在庄子的发现上，而是认为，在美发生的生命原理中，"爱"作为美感产生的动力和原因，它却是一个不断使"爱嗜"迁移和变化的过程。这里对于"迁"字的理解很重要，《辞源》"迁"字条下有五义：1.迁移，2.变易，3.离散，4.徙官，5.贬谪。[56]从此处语境看，"迁乎爱嗜"中的"迁"字，只可能是前两义：表示在审美过程中"爱嗜"的变化与移位。关于"爱"的复杂性，康德是有所发现的。他认为人们情感中的"愉快是与偏爱，或与惠爱，或与尊敬有关系。而惠爱是唯一的自由的愉快"。由于"对于美的欣赏的愉快是唯一无利害关系的和自由的愉快"，因此，就美的自由性和无功利性来说，美只与"惠爱"发生联系，是"惠爱"的结果。而"偏爱"与"尊敬"，都与一定的"客观价值"[57]联系着，所以都被康德简单地排除了。显然，康德的理解是有偏颇的。他忽视了审美的过程，也是一个情感升华的过程。起初的"愉快"是可以不那么纯净的，萧子显提出的"爱嗜"，是它恰到好处的概括。因为"爱嗜"很可能与人的某种欲望相联系，这时，在联系着某种"客观价值"的愉快里，夹杂着"偏爱"或"敬爱"的成分，是可能的；但是，一旦主体被对象的气韵生动的生命形式所感动，他的内在的审美理想便会被唤醒，这时主体与对象便会在审美理想的境界里融合为一，在物我两忘的条件下，审美理想的能动性发挥出来，使原来"爱嗜"会升华为"惠爱",从而使主体陶醉在"自由的愉快"里,享纯美而得自由。也许有人会问:为什么"迁乎爱嗜"一定会是"审美的升华"呢?原因很简单,因为它是在气韵生动的审美理想制约下产生的情感的迁移和变化,所以,只能有这样的结果。这是由中华美学的生命原理的原发机制决定的。这是康德、黑格尔未曾达到的深度,更是被现代美学忽视的问题。

其三,是"性情风标"与"气韵生动"论。在萧子显的上述文论思想中,明显已经发现艺术美的形式,就是一种"性情之风标,神明之律吕",这也是中华美学的"生命形式"论,并认为只有"气韵天成"的生命形式才是符合审美理想的。后来,谢赫又在画论中突出了"气韵生动"论,这样,六朝美学就将中华美学的审美理想和审美尺度具体地建构成型了。

关于审美理想,康德也认真地思考过。他强调了三点:

(一)只有"人"才能独具有美的理想。

(二)美,若要给它找得一个理想,就必须不是空洞的,而是被一个具有客观的合目的性概念固定下来的美。

(三)(因)而理想本来意味着一个符合观念的个体的表象。[58]

在这里,康德用理性思维的方式,对审美理想进行了艰涩的描述:一是认为审美理想与"人"有关,是一种人类"独具"的精神现象;二是认为美的理想必然不是"空洞",而应该是一个"具有客观的和目的概念固定下来"的关于"美"观念尺度,这些揣测性描述应当都是对的,但是具体的审美理想究竟是怎样的,他也无法表述;三是在美的理想无法表述的情况下,他只能给美的"理想"下一个抽象而空洞的定义:"符合观念的个体表象"。总之,在表述上是无奈的,在理解上是模糊的。

同样,黑格尔在康德思想的影响下,也想给审美理想下一个定义,他说:

艺术理想(按,可以理解为艺术美的理想)的本质就在于这样使外在的事物还原到具有心灵性的事物,因而使外在的现象符合心灵,成为心灵的表现。

显而易见,黑格尔这里所说的"心灵性"是指人的心灵性。他似乎已经意识到"生命形式"的存在,或者说审美理想应当以生命形式显现出来,但是却没有明确地表达出来,仍然流于"空洞"。也许为了克服种种空洞性吧,黑格尔又进行了长篇的解释和描述。他说：理想"托身于与它自己融会在一起的那种外在现象里，享着感性方式的福气，自由自在，自足自乐。这种福气的歌声在理想的一切显现上面都荡漾着，因为外在形象无论多么广阔，理想在它里面都不会丧失它的灵魂。只有由于这个缘故，理想才真正是美的，因为美只能是完整的统一，但也是主体的统一。"[59]黑格尔在这里描述的便是审美理想在艺术里充分发挥的充盈状态，它实现了两个统一：一是感性形象与其灵魂的完整统一，即形成了一种美的生命形式；二是这种生命形式所显示的美感，已经与具有主体性的审美理想统一起来，所以它是美的，理想的。

然而，通过我们这样的梳解，仍觉得康德、黑格尔对于审美理想的论述难以理解难以把握。不如六朝时的"性情之风标，神明之律吕"的生命形式概括和"气韵生动"的审美理想规定来得具体准确。这样，中华美学便以它"气韵生动的生命形式"的命题，印证了德国古典美学同一命题的重要性，并以其感性真切的体验性把握，超越了康德、黑格尔，丰富并加深了人类美学对生命原理、生命形式与审美理想的理解。但是，我们的现代美学和文艺理论研究，几乎完全忽视了这方面的美学遗产的继承，除了我曾经在《文学原理新释》中强调了"气韵生动的生命形式"论并大胆地为审美理想下一定义[60]外，十余年来，我国美学界和文艺理论界很少有人谈起这方面话题，这种局面显然是应当改观的。

这里，还有一个"生命形式"本身的问题需要关注。如前所述，在萧子显关于文学的"性情之风标，神明之律吕"，"莫不禀以生灵，迁乎爱嗜"的概括里，已经非常明显地存在着将艺术美看作"生命形式"的思想，这就有力的印证了西方"生命形式"论的合理性。美国学者苏珊·朗格提出：

你愈是深入地研究艺术品的结构，你就会愈加清楚地发现艺术结构与生命结构的相似之处……正是由于这种结构之间的相似性，才使得一幅画，一支歌或一首诗与一件普通的事物却别开来——使它看上去像是一种生命的形式……[61]

苏珊·朗格认为，艺术的形式不能理解为"一种空洞的外壳"，"一种（僵）死概念"，它看上去应"具有某种生命的活力"，"具有人类的情感"。即克莱夫·贝尔所说的"有意味的形式"。她之所以提出这个概念，乃是因为

"感到目前语义学和分析哲学中所使用的那种符号的意义的狭窄性"。[62]这其中表达了三种不满:一是对语言学转向中企图用普通语言学的一般原理,对文艺学进行强制性阐释的做法不满;二是对旧理性主义理论和西方形式主义理论仍然将艺术的"形式"视为一种空洞的外壳的做法不满;三是对西方符号学派将符号泛化,无视艺术符号的生命形式的做法不满。但是,由于这些学术思潮已经成为一种压倒一切的潮流,因此,任凭你苏珊·朗格的观点再具有怎样的真理性,也被20世纪的主流学术思潮所掩盖,于是她的生命形式论被无情地边缘化了。而中华美学的对生命形式论的张扬,便首先印证了苏珊·朗格生命形式论的真理性,这对于恢复学术的公正性,肯定是一件具有世界意义的事,这是其一。其二,在六朝生命形式论的印证下,生命形式论便成了人类美学的真命题。这一命题一旦在美学中确立,便可以将西方生命哲学美学、感性美学和直觉美学等有机主义的合理成分吸纳进来,而成为建构形而上与形而下、理性与感性、中华与西方美学汇通的桥梁,这当然更是具有世界意义的事。其三,由于受西方分析主义哲学方法传统的影响,苏珊·朗格对生命形式的理解,还是元素主义的,她只能从情感、运动、节奏等方面看待生命形式,而不能像中华美学这样,从生命形式的生命原理和美学特征上把握其"气韵生动"的特质,看来,即使在这个问题上,学理的深入也有赖于中华美学的深度参与。

以上四个方面,已足以证明中华美学的博大与精深。其实,中华哲学美学的贡献,远不止于此。篇幅的限制,本文只简单论述了中华古代哲学美学的四个有世界意义的贡献。由此,已经可以看出中国这个"他者",对于西方和世界的哲学美学建设来说,具有何等的重大意义。而这些珍宝,如果要寄希望于西方学者自觉地来发现、珍视和借鉴,目前以及在未来一个相当长的时期内,还是不大可能的。因为,西方人多数尚未从欧洲中心主义的傲慢与偏见中解脱出来!但随着中华崛起、文化复兴的伟大历史进程的逐步推进,我们有充分的信心预言,西方学者自觉地从中华哲学美学中汲取智慧营养丰富自己的这一天终究会到来。但是,即使到那时,西方学者对中华美学的理解还是有限的,因为中华文化的精深与繁难,并不是一个粗通汉语的人能够轻易理解的。所以,作为一位现代中国美学研究者,不应消极等待,而应以马克思的"世界文学"观念，清理好自己的哲学美学遗产，一方面向世界宣传我们的有世界意义的贡献，一方面从事有中华美学元素参与的、具有世界眼光的美学新形态研究，把我们综合人类美学精华的新建构贡献于世界，作出无愧于我们的民族和时代的理论贡献。

注释：

[1]（德）海德格尔《何谓思？》1968年英文版，转引自陈鼓应主编《道家文化研究》第四辑，上海古籍出版社1994年版，第402页。张天昱文章《从"思"之大道到"无"之境界——海德格与老子》。

[2]杜小真、张宁编译《德里达中国讲演录》，北京，中央编译出版社2003年版，第46页、85页。

[3]我曾在《新理性主义与中国文论建设》一文中列出十余种困惑与难题。见方国武编《艺术无止境：顾祖钊学术思想研讨会纪念集》，合肥，安徽人民出版社2015年版，第351-352页。

[4]任继愈《老子新译》，上海古籍出版社1985年版，第152页。

[5]列宁《哲学笔记》，北京，人民出版社1957年版，第256页。

[6]同上书，第181页。

[7]梁漱溟《朝话》，天津，百花文艺出版社2005年版，第87页。

[8]熊十力《新唯识论》，北京，中华书局1985年版，第535页。

[9]方东美《中国人的人生观》，《方东美集》，群言出版社1993年版，第211页。

[10]《庄子·田子方》，见杨柳桥《庄子译诂》，上海古籍出版社1991年版，第405页。

[11]《周易·系辞上》，见刘大钧等《周易古经白话解》，济南，山东友谊书社1990年版，第156页。

[12]认为庄子为相对主义者是传统看法。例如方东美先生就曾经说过"其（按，指庄子）旨则在诠表所倡'本质相对论'之理论间架结构。"见方东美《中国哲学精神及其发展》上卷，孙智燊译，北京中华书局2012年版，第11页。

[13]任继愈《老子新译》，上海古籍出版社1985年版，第104-105页。

[14]参见冯友兰《中国哲学简史》，北京大学出版社1996年版，第21页。诺氏原文题目是《东方直觉的哲学和西方科学的哲学互补的重点》，收在美国普林斯顿大学出版社1964年出版的论文集《东方和西方的哲学》，见该书第187页。

[15]（德）康德《判断力批判》上册，宗白华译，北京，商务印书馆1993年版，第159、201页；同

书下册,韦卓民译,第117-118页。

[16]杨柳桥《庄子译诂》上海古籍出版社1991年版,第429页。

[17]康德《判断力批判》上册第53节,朱光潜译文。见朱光潜《西方美学史》下卷,北京,人民文学出版社1979年版,第401页。

[18]《庄子·天下》,见杨柳桥《庄子译诂》上海古籍出版社,1991年版,第715页。

[19]同上书第717页。此为《天下》引用惠施的观点。是被誉为"大观于天下"见解。庄子也赞赏它,所以注家成英用庄子的观点来解释它:"万物与我为一,故泛爱之;二仪(即天地)与我并生,故同体也。"因此,"泛爱万物"论从古至今被学界公认为是庄子学派的观点。

[20]按:"生命之爱"虽然属于本能,也不是无条件的。必须人投出生命之爱给万物,万物也必须投射出善和爱给人类,这样才能两情相悦而产生美感。有些生物虽然也有生命,却不能投射出善和爱的信息,所以,有些生命体如黑格尔所说的鳄鱼与癞蛤蟆等,是不具有美感的。

[21](德)康德《判断力批判》第5节。转引自朱光潜《西方美学史》下卷,北京,人民文学出版社1981年版,第360页。宗白华的译文与此大同小异:"惠爱是唯一的自由的愉快。"见该书上卷,北京,商务印书馆1993年版,第46-47页。

[22]宗白华《论文艺的空灵与充实》,《宗白华全集》第二卷,合肥,安徽教育出版社1994年,第349页。

[23]《庄子·齐物论》,见陈鼓应《庄子今注今译》(上),北京,中华书局2007年版第92页。

[24]同上书,第92页。

[25]转引自吴梅《词学通论》,上海,华东师大出版社1996年版,第164页。

[26]朱熹《四书集注》卷六,上海昌文书局印本。1931年版。

[27]朱熹《四书集注》卷四,上海昌文书局印本。1931年版。

[28]实际上,应当说孟子对"沧浪之水"儿歌的理解,与此诗取同一模式。

[29]杨伯峻《白话四书》,长沙,岳麓书社,1989年版,第309页

[30]此句出自《诗经·淇澳》。原诗三章,今录其一:"瞻彼淇奥,绿竹猗猗,有斐君子:如切如磋,如琢如磨。瑟兮僩兮,赫兮咺兮。有斐君子,终不可諠兮!"此诗可译为:绿竹掩映的淇水边,有位文采焕然的美男,体格像雕刻的塑像那样完美,肤色像琢磨过的美玉一样。啊——潇洒而又高大,器宇轩昂而又声音洪亮。啊——文采焕然的美男子呀,真叫人终生也难忘。按:旧注"以此诗为美(卫)武公",此说与该诗意蕴不合,仅是一种推测,似难成立。

[31]杨伯峻《白话四书》,长沙,岳麓书社,1989年版,第305页。

[32]见《孟子·离娄上》"孺子歌"下注。朱熹《四书集注》卷四,上海昌文书局印本。

[33]《朱子语类》(选录之九),见陈良运主编《中国历代文章学论著选》,南昌,百花洲文艺出版

社2003年版第584页。

[34]宗炳《画山水序》和《宋书·宗炳传》所引宗炳语。参见吴功正《六朝美学史》,南京,江苏美术出版社1994年版,第357、359页。

[35]转引自傅孝先《西洋文学散论》,北京,中国友谊出版公司1986年版,第15页。

[36](法)瓦雷里《诗与抽象思维》,丰华瞻译。见伍蠡甫编《现代西方文论选》,上海译文出版社1983年版,第37页。

[37](德)伽达默尔《作为节日的艺术》,墨哲兰、邓晓芸译。见伍蠡甫、胡经之主编《西方文艺理论名著选编》下卷,北京大学出版社1987年版,第599、592页。

[38]见拙作《人类创造艺术至境的三种基本形态》,《文艺研究》1990年第3期。后又发挥为《艺术至境论》,天津,百花文艺出版社1992年版。

[39](英)托马斯·艾略特《传统与个人才能》,伍蠡甫、胡经之主编《西方文艺理论名著选编》,第47页。

[40]邵雍《伊川击壤集序》,《伊川击壤集》,中华书局2013年版,第3页。

[41]同注36之书,第598页。

[42](法)尤奈斯库《起点》,屠珍、梅绍武译。伍蠡甫主编《现代西方文论选》,上海译文出版社1983年版,第351、353页。

[43](德)康德《判断力批判》上卷,宗白华译,北京,商务印书馆1993年版,第152页。

[44](德)黑格尔《美学》第一卷,《朱光潜全集》第13卷,合肥,安徽教育出版社1990年版,第137页。

[45]蒋孔阳《我写"新美学"》,《蒋孔阳全集》第五卷,合肥,安徽教育出版社2005年版,第656页。

[46]刘勰《文心雕龙·时序》,见陆侃如、牟世金《文心雕龙译注》,济南,齐鲁书社1982年版,第311-331页。

[47]叶燮《原诗》内篇下。其云:"曰理、曰事、曰情,此三者,足以穷尽万有之变态。"又云:"惟不可名言之理,不可施见之事,不可径达之情,则幽渺以为理,想象以为事,惝恍以为情,方为理至、事至、情至之语",才是艺术美追求的三种类型。参见郭绍虞王文生编《中国历代文论选》第三册,上海古籍出版社1980年版,第346页,第353-354页。

[48](美)M.H.艾布拉姆斯《欧美文学术语词典》,朱金鹏等译,北京大学出版社1990年版第195页。

[49]宗白华《美学散步》,上海人民出版社1981年版,第177页。

[50]萧子显生卒年代清楚,生于齐武帝永明七年(489年),死于梁武帝大同三年(537年)。谢

赫生卒不详。其作《画品录》大约成书于梁代末年。见丁羲元《谢赫画品的再认识》，《中国画研究》1983年，第四期。

[51]转引自叶朗《中国美学史大纲》，上海人民出版社1985年版，第213页。

[52](德)康德《判断力批判》上卷，宗白华译，商务印书馆，1993年版，第159-160页。

[53]蒋孔阳译：康德《判断力批判》第四十九节。参见伍蠡甫主编《西方文论选》上卷，上海译文出版社1979年版，第563页。

[54](德)黑格尔《美学》第1卷，朱光潜译。见《朱光潜全集》第13卷，合肥，安徽教育出版社，1990年版第68页。

[55]同上书，第190-192页。

[56]《辞源》第四册，北京，商务印书馆1983年版，第3086页。

[57]以上引文，参见康德《判断力批判》上卷，宗白华译，北京，商务印书馆1993年版，第46页。

[58]同上书，第70-71页。

[59](德)黑格尔《美学》第1卷，朱光潜译。《朱光潜全集》第13卷，合肥，安徽教育出版社，1990年版，第193-194页。

[60]见拙作《文学原理新释》，北京，人民文学出版社，2002年版，第102页。在第59页有云："所谓审美理想，是指人们在自己民族的历史文化氛围里形成的，由个人的审美经验和人格境界所肯定的关于美的观念尺度和范型模式。而这种观念尺度和范型模式一般还积淀在人们的审美经验里和审美直觉里，多半还无法用逻辑语言表述出来。但是它却可以通过审美情感的力量，顽强地制约着人类的审美活动和审美创造。"

[61](美)苏珊·朗格《艺术问题》，滕守尧等译，北京，中国社会科学出版社，1983年版，第65页。

[62]同上书，第124-125页．

原载于《江西师范大学学报》（哲社版），2016年第6期
《新华文摘》2017年第9期摘编

走向人学的美学

——论当代审美理论的"阿基米德点"

徐 岱

摘 要：美学在当今的困境要求我们为其发展另辟蹊径。从人类的审美文化来看，"美学"其实是"人学"。美学理论通过对人的审美需求与审美实践的把握，实现的是对我们生命困惑的揭示和对人类自我认识的推进，从而建构起一种"智慧"形态，其意义体现于其所拥有的无可替代的人文关怀。

关键词：知识形态 审美需要 家园困惑 人文关怀

在当代思想文化领域，美学的无所事事已有些日子了。这一现象不仅正吞噬着人们对于美学研究的兴趣，也使作为一种知识形态的美学的学科形象，变得更为形迹可疑。美学究竟想做什么又能做些什么？美学如何才能重新确立一个思想的"阿基米德点"？这些都需要我们作出思考。

通常认为，美学的问题主要表现为其一直受困于"说不可说"这个话语陷阱而无法脱身。如同爱默生所说："如果你有意地去寻找美，那美就离你而去；它仅仅是一个你从勤奋的窗户向外看时所看到的一种转瞬即逝的景致。"[1]审美对象有一种神秘性做屏障，这使得美学思辨常常无功而返。在审美活动中，"审美对象"其实也就是一种"审美现象"，它同事物的物质实体性无关。这意味着"美"虽然是我们的感受对象，但却又不在体验之外。故而它不仅不能被我们抽象地谈论，甚至也很难正面地加以描述。英国学者阿·布洛克曾以音乐会为例子：请许多不同的专家一起参加一场演奏莫扎特钢琴协奏曲的音乐会，他们中间有建筑师、音响师、物理学家和心理学者，在听完了演出之后请他们作出尽可能详细的描述。无论他们的工作多么认真而尽责，也还是会将最重要的东西即音乐本身给漏掉。因为"音乐是感觉，而不是声音"。②它不仅看不见，甚至也"听"不到，它只是"借"旋律而存在的一种内在的生命运动。所以在谈到"美"时，诗人纪伯伦向读者发出如此呼吁："请你们仔细地观察地暖春回、晨光熹微，你们必定会观察到美。请你们侧耳倾听鸟儿鸣啭、枝叶窸窣、小溪淙淙的流水，你们一定会听出美。请你们看看孩子的温顺、青年的活泼、壮年的气力、老人的智慧，你们一定会看到美。请歌颂那水仙花般的明眸，玫瑰花似的脸颊，罂粟花样的小嘴，那被歌颂而引以为荣的就是美。请赞扬身段像嫩枝般的柔软，颈项如象牙似的白皙，长发同夜色一样黑，那受赞扬而感到快乐的正是美。"③在这段文字里，诗人并没有就"美是什么"的问题直接发表意见，而只是通过指点我们"美在哪里"间接地就这个问题表达了自己的看法。这是一个很好的"说不可说"（即既"说"了又"没说"）的例子：说诗人"没说"是指其并没有直接针对美进行言说，说诗人其实还是"说"了是指，那番话不仅告诉了我们"美在哪里"，而且也使我们迂回地对"美是什么"的问题有了某种领悟。

　　尽管如此，罗兰·巴特当年的这一见解在此依然适用："美是无法解释的"，美"缄默不语，它拒绝任何直接谓语，只有像同语反复（一张完美的椭圆形的脸）或比喻式（美得像拉斐尔的圣母像，美得像宝石的梦等）那种谓语才是可能的"。④所以对于美学，"说什么"的问题一直成为问题。进一步来看，一部美学史其实已表明，"美学始终是一个矛盾的、自我消解的工程，在提高审美对象的理论价值时，有可能抽空美学所具有的特殊性或不言而喻性"。⑤美学的悖论在于：一方面，美学作为关于美的言说，必须化整体的神秘为局部的清晰，否则它就显得徒有其名；但另一方面，美学的此番承诺看来是无法兑现的，因为这种谈论是对美的去魅，故而在这种话语系统中美已不复存在："被感受为美的那种现象不需要也不可能解释，不能被它与别的东西的逻辑联系所确定。"⑥如何才能从这种境地里摆脱出来？英国当代美学家伊格尔顿提交的方案，似乎有点耸人听闻：在他看来，美学从来不是名副其实的"审美"之学，而是以人类解放为主题、以社会乌托邦为参照的诗性政治学。他认为，现代美学发育于启蒙运动时期并非偶然，这意味着美学有其强烈的政治背景。也就是说，"美学著作的现代观念的建构与现代阶级社会的占统治地位的意识形态的各种形式的建构、与适合于那种社会秩序的人类主体性的新形式都是密不可分的。正是由于这个原因，而不是由于男人和女人突然领悟到画或诗的终极价值，美学才能在当代的知识承继中起着如此突出的作用"。总之，美学之所以一度能有重大影响，是由于"美学对占统治地位的意识形态提出了强有力的挑战，并提供了新的选择"。⑦像这样干净利索地将美学与政治学一视同仁，这是否有些矫枉过正可以再作争鸣，但承认美学的意义其实在"美"之外，在于揭示我们内在的生存困惑与生命追求，这并非无稽之谈。

回过头来看，一部美学史其实也是思想史的相关部分。在许多思想家那儿，他们所提出的审美观常常也就是他们的社会理想，各种美学主题也便是一些社会政治领域的主导思想。比如柏拉图-黑格尔的"理念显现说"、叔本华-弗洛伊德的"欲望解脱说"、席勒-马克思的"自由解放说"，以及尼采-福柯的"权力意志说"和海德格尔的"存在解蔽说"等等。由此来看，如果将鲍姆加登对美学的命名视作对现代美学的正式洗礼，那么我们可以看到事情的确正像伊格尔顿所说："从鲍姆加登开始，美学有如一种最温和的主张，探究的是基于某种抽象的理性之上的生活世界。"⑧不要以为这是美学家们在多管闲事，这只是由于我们的审美存在其实也是蕴含某种真理性的人类社会价值取向的生动体现，审美实践与社会实践一样都源自于人类生命的存在之根，体现着我们的生命理想。沿此思路而进，我们还能发现这样一个令人诧异的现象：美学其实从未真正属于过它自己。比如：美学曾是诗学的一种"别称"，以"艺术哲学"的名义当仁不让地进驻过艺术活动的地盘；美学曾经也同科学调过情，一厢情愿地渴望成为其最亲密的同盟军；而在其发生学源头，美学则是神学的一个主要组成部分。无论在西方还是东方，神学都是作为一种思想系统的美学之母，是繁殖、培育现代美学的胎盘。这一历史事实的深刻背景在于，"神学"在本质上乃是"人学"：人类通过编织各种关于神的故事来张扬人性，实现人性的催化与生成，人在通往神的过程中成为人。因为人性并非一个通往神的过程中成为人。因为人性并非一个已经设置完毕的东西，而是一种以"不可能"为临界线的"可能性"，所以，即使我们不能对费尔巴哈的"神的本质不是别的，正是人的本质"的说法表示认可，也会赞同荷尔德林的这一说法："人一旦成其为人，也就是神；而他一旦成了神，他就是美的。"这反映了人的自我超越的内在愿望与能力，这种愿望的不可遏止的终极性不仅具有一种神圣性，而且也拥有一种审美感。

所以，通过对这一人类普遍特性的张扬，宗教文化在为自身奠定了牢固的人类学基础的同时，也在某意义上与审美文化建立起了一定的联系。因为"宗教是把整个宇宙设想为对于人来说具有意义的尝试"，因而在某种意义上我们可以同意这一说法："一切真正属于人性的东西，事实上本身就具有宗教性；在人的范围内，只具有非宗教性的那些现象则都是以人的动物性为基础的"。⑨而这也就意味着以神学为源的美学，在其诞生伊始便承担着人类自我揭示的使命，其学科意义就在于其内在的"人学"根基。正是这一人学之本，使美学与神学既相合又相离：即美学虽然一方面能够借神学的土壤而降生，另一方面也只有在摆脱了神学的束缚之后才能够顺利地成长壮大。因为宗教毕竟是以一种异化的方式使人走向"人"的意识，宗教文化的神圣性的前提，是将作为人自身力量之投射的产物外化为一种非人的存在。正是在这个意义上，人们有理由把宗教看作为一种"虚假意识"；也同样是由于这个缘故使我们难以否认，"在传统的宗教艺术的氛围里，艺术家总是不得不失去自己的个性，以便使自己完全变成神的自我表现的工具"。⑩在此意义上来讲，"美学"的自立门户其实也就意味着真正意义上的"人学"的开张。这构成了美学作为一门学科的价值依据。因此，面对美学的"说不可说"这一悖论，我们能否如此坦然地承认："美学"其实是一种"人学"，美学家们对美的关注其实只是借花献佛地借助于对美的谈论，来曲径通幽地洞悉人性深处的隐秘奥秘？是取道于对审美现象的穿越，来澄清人类存在的生命困惑，寻找意义的停泊地？问题在于：这种永远的家园意识，何以能孕育于关于美的言说？

众所周知，现代启蒙思想的成果之一，是对人类妄自尊大的自我中心立场的无情解构，但这并不意味着改变了这样一个事实："除了人之外，没有什么东西能够真正令我们感兴趣。"⑪古往今来，人类的这种自我关注最终殊途同归于一个主题：人是什么？人生何为？"遍历痛苦之万劫，人渴求知道：他是谁？他从哪里来？他将归依何方？"。⑫杰出的俄国人文思想家别尔嘉耶夫的这番话，之所以让我们感到耳熟能详，不仅仅是伟大的印象派画家高更也曾以此为题创作过一幅举世闻名之作,而且因为它源远流长,曾经被铭刻在古希腊阿波罗神庙的圆柱上。不是认识宇宙自然而是"认识你自己",不是征服世界而是通过自我体认来征服自己,这是上帝在创造人的同时赋予了人的永恒使命。对这个主题的不尽的困惑,是人类为能享受文明成果所必须承受的代价。

困惑在很大程度上来自于人类生命本体的建构性:"对动物而言,世界就是它现在的样子;对人来说,这是一个正在被创造的世界,而做人就意味着处在旅途中。"[13]"人"诞生于试图以一种"可能性"取代这种"必然性"之际。故而对于人类,"安身"之后还需"立命":为我们的精神营造一个可以暂且停泊的港湾。我们无疑得承认安身的重要性,一味地发表貌似高蹈的"人文精神"理论,这肯定是虚伪的说教。无法安身何言立命?持如此浪漫情怀者有必要读读元稹的名诗《遣悲怀》,体味一下"尚想旧情怜婢仆,也曾因梦送钱财。诚知此恨人人有,贫贱夫妻百事哀"这样一种悲凉之言的言外之意。但倘若将人生就此定格于物质的地平线,以为存在就是为面包而奋斗,这无疑是更大的悲哀。那些杰出的思想家们早已提醒过我们:"富足、无忧无虑的享乐生活并不足以使我们幸福,当我们制服了一个敌人(悲哀和不足)时,另一个更坏的敌人(空虚和无聊)又出现了。"[14]享乐主义的问题并非是它让人们去寻求欲望的满足,恰恰相反,按照它的主张,我们永远也得不到我们最想要的东西。为什么人类总有一种"生活在别处"的幻想?为什么我们都有一种"流浪情绪"?因为人类生命除去"面包"还需要"意义",但"意义"并不是一个可以被占有的具体事物,而是一种自由自在的生存状态和境界。生命在于运动,自由就是漂流,就像诗人里尔克所说:"尝试,可能是人类生存的意义,而远离确实的范围,更是人类的悲哀及光荣。"当他在一封信里写道:"不被允许拥有一个家,也不被允许常住在一个地方。等待流浪,这就是我的命运。"[15]在某种意义上,这其实也正是人类普遍命运的象征。一代枭雄曹操之所以不同凡响,并非在于他有"老骥伏枥,志在千里;烈士暮年,壮心不已"这种一统天下完成霸业之鲲鹏之志,而在于其除此之外还有"对酒当歌,人生几何?譬如朝露,去日苦多。慨当以慷,忧思难忘。何以解忧,唯有杜康"这样的生命意识。

无论是帝王将相达官贵人，还是布衣大众草根百姓，无论是自觉不自觉、承认不承认，都难逃"家园意识"的纠缠，在"生命困惑"前人人平等。但如果说，存在着一条能够引导我们走出欲望迷津的"阿里阿德涅彩线"的话，那就是我们与生俱来的审美需求。在我们的日常生活里，审美需求一直十分活跃。著名德国美学家玛·德索曾经指出："审美需要强烈得几乎遍及一切人类活动，我们不仅力争在可能的范围内得到审美愉快的最大强度，而且还将审美考虑愈加广泛地运用到实际事务的处理中去。"[16]最能说明问题的，或许便是审美意识对向来被认为是严谨枯燥的当代科学殿堂的成功进驻。美国物理学史家阿·热在回顾现代物理学历程时写道："对自然的考察越深入她就越显得美，这一深刻的事实深深地震撼了自爱因斯坦以来的物理学家。"在他看来，"审美事实上已经成了当代物理学的驱动力"。[17]只要我们重返那段历史、走近那些曾经给世界以巨大影响的人们，就会发现阿·热的这番话并非空穴来风。牛顿的传记作者沙利文在整理了许多物理学史料后也曾指出，"指引科学家的动机从一开始就是美学冲动的显现"。当代著名天体物理学家彭加莱甚至表示："科学家不是因为有用才研究自然的。他研究自然是因为他从中得到快乐，他得到快乐是因为它美。若是自然不美，知识就不值得去追求，生活也就不值得去过了。"[18]

著名学者乔姆斯基曾提出过一个观点：我们对人类生活、对人的个性的认识，可能更多地是来自于小说，而不是科学的心理学。[19]事实确实如此，有许多文学经典正是凭借着其对复杂人性的洞幽烛微，而让人流连忘返。所谓"文学是人学"也是这样意义上的一种比喻：在作家们为写好一个故事而殚思竭虑时，他对人的本性进行了观察和研究。这为我们借助于那些伟大小说家的才华来把握人的欲望提供了某种可能，比如像歌德的《浮士德》。在这部凝聚了作者六十余年生命精粹的小说里，主人公浮士德的经历无疑具有一种普遍的人类意义。这位中世纪的博士前后经历了知识、爱情、政治、家庭、事业等五类悲剧，将世俗人生的方方面面一网打尽，而一以贯之的是主人公对快乐人生的追求。这种追求虽然始自于对僵硬的书斋生涯的摆脱，但却既无法停泊于动人的爱情和威严的政治，也不能满足于对天伦之乐的享受和为事业功名的奋斗，而只能本着一种生生不息的信念去寻找"意义"，但这种意义只能在我们的审美体验里"出场"。所以,浮士德的欲望之旅最终随着一声"你真美啊,请停一停"的感叹而宣告结束。这声千古之叹再次提醒我们,如同爱默生所说:"即便是这个最最讲求实用的世界上的最最讲求实用的人,只要是人们给他提供商品,他也就仍然不会感到满足。相反,一俟他看见美,生活就具有了一种非常高的价值。"审美具有一种"生命认识论"的功能,这种功能并非是对生命构成的解剖学意义上的了解,而是对作为一种实际存在的生命现象之目的与意义、追求与道路等等的把握。对于这种认识,艺术无疑是最佳途径。普鲁斯特说过:"在看到夏尔丹的绘画作品之前,我从没意识到在我周围、在我父母的房子里、在未收拾干净的桌子上、在没有铺平的台布的一角,以及在空牡蛎壳旁的刀子上,也有着动人的美存在。"[20]人们需要艺术不是为了从现实世界作出自欺欺人的逃避,而是为了更好地拥抱生命,领悟常常被各种偏见所遮蔽的存在意义。

所以,当英国作家毛姆在其《随感录》中说道:"在我愚蠢的青年时代,我曾经把艺术视为人类活动的极致和人类存在的理由,如今这种想法早已被我抛弃。"这并非是表示对艺术活动的轻蔑,而只是他对艺术作为展示人类意义空间的手段的使命,有了清醒的认识。用著名文学史家勃兰兑斯的话来讲,也就是"艺术的美是不朽的,这是真的;然而有一种更加确实不朽的东西,那就是人生"。[21]如同一位伟大的艺术家必定也是一位杰出的思想家,而并非一个技巧熟练的工匠或精通文法的码字儿高手;一位称职的美学家更得是一位真正的人文学者,而不能仅仅是一个专业精通的知识分子。作为一种思想话语的美学,其"可能"与"所能"是借对各种审美实践的谈论来实施人文言说,将"人文关怀"进行到底的:"美之所以为美,是因为它在一定的感觉材料之外,还'表现'某些东西,'告诉'我们某些东西。它意味着某种特别重要的东西,这种东西在客观现实的日常经验的内容中是没有的。"[22]这究竟是什么?概言之,也就是作为一种精神品质的"高贵",这是一个"人"区别于一头"动物"的徽标:自从人类拥有"文明"以来,"人的尊严是否还可能的问题,是与高贵是否还可能的问题同一的"。[23]契诃夫在《一个小公务员之死》里生动地表明了,当人丧失审美兴趣之际,也就意味着他已经失去了作为一个"人"的资格。让人真正成其为人,这正是审美教育的意义所在，同样也是作为一种人文言说的美学的职责。

当然，最能够反映出美学的人学本色的，莫过于彼此拥有同一个主题：自由。众所周知，自从席勒在其著名的《美育书简》里明确提出："事物的被我们称之为美的那种特性，与自由在现象上是同一的。""美"与"自由"的关系便成为现代美学的一个关注焦点。我们看到，无论是别尔嘉耶夫的"美不属于决定化世界，它脱出这个世界而自由地呼吸"，[24]还是海德格尔"心境越是自由，越能得到美的享受"，[25]以及马尔库塞所说的"美学的根基在其感性中，人类自由就植根于人类的感性之中"。[26]以自由来界定审美体验，基本上已成为美学家们的一种共识。在某种意义上，不仅现代美学差不多可以看作是自由论美学的不同版本与注解，而且未来美学仍将就这方面的思索继续下去。因为关于这一命题迄今仍然语焉不详，就像诗人桑德堡所说："自由是令人迷惑的／它首先载入谜语的入门课本。"这个困惑无疑也同样是现代人文思考的真正中心。弗洛姆曾指出："我不知道还有哪个问题比自由问题更值得研究，还有哪一个问题比这个自由问题能为奋发有为的天才开辟一个新天地，提供更好的机会。"[27]事实正是如此：自由与人的生命同在。就像夏多布里昂所说："如果没有自由，世间便一无所有，自由赋予生命以价值。"[28]以此来看，当盖格尔提出，"对于有关人的存在的知识来说，美学比伦理学、逻辑学，或者宗教哲学更为重要。与美学相比，没有一种哲学学说和科学学说更接近于人类存在的本质了。它们都没有更多地揭示人类存在的内在结构，没有更多地揭示人类的人格"。[29]这无疑触到了问题的实处。人类在对美的体验中诞生关于自身生命的自觉，通过审美这座桥梁我们走向属于自己的家园。所以，走向人学，通过实施人文关注来拥有一种独特的人文意义，这应该是当代美学重新确立自身价值的一条基本途径。借助于对审美现象的生命体悟向我们作永远的启蒙，这是"美学"所真正担负的"人学"的使命。

毫无疑问，我们可以要求美学言说尽力做得好些，正如阿多诺所说："美学必须以真理性为目标，否则就会被贬得一无是处、一文不值，或者更糟，即被贬为一种烹饪观。"[30]但承认这一点也就意味着，当代美学必须尽快摆脱各种知识论的诱惑，回归智慧论的营地。因为在"真理"这个金字招牌下，其实存在着两大不同的类型。俄国学者索洛维约夫曾提出："假如有人对'什么是真理?'这个永恒问题作如是回答:真理是三角形三个角之和等于两个直角,或者氢氧化合成为水,这难道不是拙劣的笑话?"㉛身处索氏的语境,我们无疑会表示认同。因为通常当我们谈到真理,所指的并非只是可信的,而且还有珍贵性。但对于一位科学家而言,结果正好相反。1930年7月14日,20世纪的两位伟人爱因斯坦和泰戈尔相聚会面。对于后者提出"真和美都不是离开人而独立的东西"这一说法,爱因斯坦不以为然。他坚持这样一种立场:"真理具有一种超乎人类的客观性。"它是一种"离开我们的存在、离开我们的经验以及离开我们的精神而独立的实在。"㉜显然,在此存在着两种真理观。索洛维约夫所代表的人文主义真理观,指的是对一种我们内在的生命可能性的开拓与呈现;爱因斯坦所代表的科学主义真理观,指的是以事实为本、同事实相符。前者是从"智慧学"方位着眼,后者是从"知识论"立场出发。

根据法国人文学家马利坦的概括,"知识"一词主要有三种用法:其一是指一种遵循严格稳定方法的人类意识,在此意义上,知识不仅包括智慧在内,而且以其为最高领域。其二是指与我们所理解的最高领域相对立的,属专门性和具体性的认识。其三是指一种力求了解事物细节的认知方法。㉝显然,通常语境里的所谓知识,主要属于与智慧相区别的第二与第三类用法。虽然一般地说来,将知识与智慧绝对地区分开来是荒谬的。比如,在俄国著名学者弗兰克的"任何人类知识都在回答这样的问题:真正存在着的是什么?实在的内容是什么?"这段话里,知识的涵义就意味着以智慧为归宿的人类求知活动。但相对的差异仍存在于我们的认识活动中。就像弗兰克所说:"对我们来说最重要的和最关键的知识不是思想知识,不是作为对存在的淡漠的外在观察的结果的知识,而是产生于我们自身、由我们的生命经验的深处孕育的知识。"㉞这里所说的作为"外在观察"的知识与作为"内在体验"的知识之差异,也就是科学与哲学意义上对"真理"的两种形态的区分。通过柏拉图对观念实体的强调和笛卡尔所作的身与心的分离,人类文明确立起了外在于主体的物质实体世界的存在,和以主体的生命存在为轴心的意义实在的存在。在一般意义上,知识是以一种化"整为零"的方式,对局部的事实世界所作出的把握;与此不同,智慧则是以一种化"零为整"的方式,以作为整体性存在的绝对事物为对象的把握。显然，通常意义上的知识之所以能与科学相提并论并以真理的常驻代表自居，就在于它有事实为凭据，以"判断"为中介而进行，因而是客观的、精确的、可验证的。它以此超越了主观随意的个人性"意见"，也区别于总是处于一种神秘性之中、借助于"领悟"的渠道而获得的"智慧"。但知识在拥有一种科学性的骄傲之际，也付出了相应的代价：不仅有片面性和时效性，还有局部性。正如尼采所说："关于整体的绝对知识是不存在的。"因为"一切知识都来源于分离、界定和限制"。这意味着对于作为我们生命活动的意义之体现的"生活世界"，知识论的把握无所作为。

正是在知识的这种露拙之处，我们能够看到智慧的闪光：智慧最重要的特性就在于"使人不必受'一时'的支配，不具有'新闻价值'"[35]。领悟是对对象的一种直观把握，它虽无真与假可言，但却存在着深与浅的差别，能越过各种局部枝蔓对事物实质作出把握，智慧作为这种把握的结晶，具有鲜明的超越时空的概括性和绝对性。故而它不仅能以其宏观把握的能力，通过一种方向感和目标性的调控，来为各种具体的知识活动提供帮助，而且还能够以其整体把握的特点，来对建立在价值基础上的生命活动本身作出某种理性审视。唯其如此，使得一些哲学家们得出了"知识不是最高的智力产品，理解以及超越理解的智慧具有更高的价值"[36]这样的结论。爱因斯坦说得好："凡是涉及实在的数学定律都是不确定的，凡是确定的定律都不涉及实在。"[37]对于被知识论所遗忘的人类生命追求和生活世界，智慧性的把握具有不可缺少的价值。因为唯有它才能有效地逼近处于神秘性包围之中的生命本身的运动。所以，岁月荏苒、往事不再，但那些闪光的思想依然闪亮，它们超越于事实的羁绊，摆脱了逻辑的纠缠，为我们的现实人生提供照明。

美学所面对的，正是这种植根于我们生命存在的神秘，美学所能采取的，便是以一种充满佯谬与悖论的"不说之说"的方式，来揭示这份神秘。因而，不是知识的天地而是智慧的时空，才是美学展示其英雄本色之处。努力让自身成为一种智慧形态，这应该是当代美学的努力方向：通过追寻生命的奥秘来实现一份人文关怀，这便构成了美学的基本价值坐标。

注释：

①爱默生:《自然沉思录》,上海市社会科学院出版社1993年版,第15页。

②马里坦:《艺术与诗中的创造性直觉》,三联书店1991年版,第218页。

③纪伯伦:《纪伯伦散文精选》,人民日报出版社1996年版,第19页。

④巴特:《罗兰·巴特随笔选》,百花文艺出版社1995年版,第174页。

⑤伊格尔顿:《美学意识形态》,广西师范大学出版社1997年版,第2页。

⑥弗兰克:《实在与人》,浙江人民出版社2000年版,第73页。

⑦伊格尔顿:《美学意识形态》,第3页。

⑧伊格尔顿:《美学意识形态》,第398页。

⑨贝格尔:《神圣的帷幕》,上海人民出版社1991年版,第203页。

⑩斯特伦:《人与神》,上海人民出版社1991年版,第240页。

⑪爱默生:《爱默生集》下册,三联书店1993年版,第1236页。

⑫别尔嘉耶夫:《人的奴役与自由》,贵州人民出版社1994年版,第3页。

⑬赫舍尔:《人是谁》,贵州人民出版社1994年版,第38页。

⑭奥伊肯:《生活的意义与价值》,译文出版社1997年版,第34页。

⑮里尔克:《里尔克如是说》,中国友谊出版公司1993年版,第90页、第114页。

⑯德索:《美学与艺术理论》,中国社会科学出版社1989年版,第53页。

⑰A·热:《可怕的对称》,湖南科学技术出版社1992年版,第10页。

⑱钱德拉塞卡:《真与美》,科学出版社1992年版,第73-79页。

⑲舒尔曼:《科技文明与人类未来》,第367页。

⑳霍根:《科学的终结》,第221页。

㉑拉塞尔:《现代艺术的意义》,江苏美术出版社1992年版,第4页。

㉒勃兰兑斯:《十九世纪文学主潮》第5册,人民文学出版社1982年版,第121页。

㉓弗兰克:《实在与人》,第71页。

㉔雅斯贝尔斯:《现时代的人》,社会科学文献出版社1992年版,第123页。

㉕别尔嘉耶夫:《人的奴役与自由》,第214页。

㉖徐复观:《中国艺术之精神》,春风文艺出版社1987年版,第53页。

㉗马尔库塞:《审美之维》,三联书店1989年版,第123-143页。

㉘弗洛姆:《人心》第6章,商务印书馆1989年版。

㉙别尔嘉耶夫:《人的奴役与自由》,第1页。

㉚盖格尔:《艺术的意味》,华夏出版社1999年版,第194页。

㉛阿多诺:《美学理论》,四川人民出版社 1998 年版,第 583 页。

㉜索洛维约夫:《西方哲学的危机》,浙江人民出版社 2000 年版,第 250 页。

㉝爱因斯坦:《爱因斯坦文集》第一卷,第 271 页。

㉞马利坦:《科学与智慧》,上海市社会科学院出版社 1992 年版,第 8 页。

㉟弗兰克:《实在与人》,第 1 第 15 页。

㊱尼采:《哲学与真理》,上海社会科学院出版社 1993 年版,第 60-136 页。

㊲阿德勒:《哲学的误区》,上海人民出版社 1992 年版,第 85 页。

㊳卡普拉:《物理学之道》,北京出版社 1999 年版,第 27 页。

原载于《文艺研究》,2001 年第 5 期

21世纪中国美学：抵抗"散文化"

杨春时

美学作为一种哲学形态，植根于人的生存方式，它必须解答人类生存面临的根本问题。从美学已有的形态来看，古典美学建立在古典生存方式基础上——这是田园牧歌的时代，人与自然、个体与社会、理性与非理性尚未发生对抗，审美理想是天人合一、主客体和谐，人们追求优美的风范——它以实体本体论作为美学基础，美与最高本体相联系，而主体性则尚未确立。在由古代向现代的过渡期（近代），现代性虽已发生，但尚未取得主导地位。在这个英雄时代，人们呼唤现代性，为科学、民主而斗争，其审美理想是主体解放，崇尚崇高美。近代美学就以理性——主体性作为审美根据，如康德、黑格尔美学。至于西方现代社会，现代性已然成为人类生存的桎梏，理性失去了往日的光辉，人类进入了一个"散文化"时代。这个时代，不是社会斗争而是个体生存意义成为突出问题，审美理想转向反现代性、非崇高化，美学必须面对人类精神世界的苦恼并回答个体生存意义问题。西方20世纪艺术实际上就是对这种"散文化"挑战的回应，它在平庸生活中对抗物质主义的压迫，顽强地寻求生存的意义。而"散文化"时代的美学则以非理性、非主体性作为审美根据，鲜明地突出了批判性。存在主义、结构主义和解构主义美学都体现了这种反现代性。

在中国，20世纪80年代，新时期文化接续了"五四"启蒙传统，科学、民主是这一英雄时代的主题，它需要美学论证人的崇高、理性的伟大，所以，实践美学应运而生。它从主体性实践哲学出发，论证了审美活动的主体性，讴歌了理性精神，强调历史必将克服异化而走向人性的复归，审美将成为人的现实的生存方式，从而体现了启蒙时代的崇高理想，适应了由传统社会向现代社会转化时期的历史要求，成为当时中国社会思想解放的理论基础之一，成为一种当时的美学主流。就此，我们对实践美学的历史作用应给以充分肯定。

但是，自20世纪90年代以来，尽管中国社会的启蒙任务并没有最后完成，但随着市场经济的迅速崛起，现代性却已叩响了中国的大门，一个不同于英雄时代的"散文化"时代已然来临。现代性在带来中国社会发展的同时，也给人的生存造成许多困境：计划经济体制下的集体性生存被打破，走向个体性生存；在商品关系下，人与人的关系疏远；理性与非理性发生冲突，精神困扰突出，生存意义问题被尖锐地提了出来。一句话，在"散文化"的冲击下，传统审美理想逐渐瓦解，崇高精神开始沦落。王朔调侃传统价值，《废都》撕破理性的面纱，"新写实"直面平庸人生，都预示着一个旧时代的结束和一个新时代的来临。在这一情势面前，实践美学作为一种"前现代"理论，其理论缺陷和历史局限便暴露出来：它强调审美的集体性、物质决定性、理性和现实性，而忽视了审美的个体性、精神性、超理性和超现实性；作为一种理性主义美学，它无法回答人的个体生存意义问题，不能抵抗现代性带来的"散文化"倾向，因而失去了历史合理性。

现代人的生存境域要求美学作出不同于传统理性主义的解答。新世纪中国美学必须回应"散文化"的挑战，对现代性进行审美批判，在商品化和理性主义的压迫下维护人的自由、守护人的精神家园。当前，作为社会现代性的反弹，审美现代性已经产生，这既表现为现代文艺思潮的发生，也表现为大众审美文化的兴起。审美现代性应当得到美学现代性的肯定，而实践美学基于集体理性不能回应这一现代性的挑战，这就意味着中国美学必须发生变革并走出前现代阶段。从这个意义上说，20世纪90年代发生的"后实践美学"与实践美学的论战，可以被看作中国美学现代转型的表现之一："后实践美学"力图回应现代性的挑战，诉诸个体性和超越性，以解除现代人的精神困扰。因此，在与实践美学的论争中，"后实践美学"崛起并得到长足发展，成为与实践美学相对峙的主流学派。

在新世纪，对于以"后实践美学"为代表的中国现代美学来说，必须在以下几个方面回应现代性的挑战，抵抗"散文化"，为现代人寻求精神超越的途径。

首先，它必须适应现代人的生存状况，立足个体存在，亦即摈弃传统美学包括实践美学的哲学出发点——集体性存在（社会实践等），确立以"生存"为基本范畴的哲学基点，把审美作为个体生存的超越形式和体验形式。生存虽不能脱离社会，但其本质却是个体性的；现代人的个性已经挣脱集体规范的桎梏，进入了个性化的生存，而审美正是个性化生存的充分实现。只有从个性化生存出发，确立审美的个体性，才能充分表达现代人的审美理想。

其次，它必须关注现代人精神世界的冲突，确立审美的超物质的精神性。传统美学包括实践美学，往往以外在实体或物质实践作为审美根据，强调审美的社会内容，忽视人的精神生活。生存虽有物质基础，但其本质是精神性的。这意味着人并不因物质生活条件改善而获得精神世界的满足，相反，物质生活的丰盈往往会导致精神世界冲突的加剧。"散文化"正导致了生存意义的失落。物质生活改善后的精神世界空虚以及个体独立后的孤独，要求有审美的关怀和美学的指导。现代美学强调审美的精神性，就是为了发挥美学关注精神世界的功能，满足现代人的审美需求。

再次，它必须突破理性主义哲学，承认人的非理性和超理性方面，肯定审美的超理性。传统美学包括实践美学从理性化的哲学概念出发，强调审美的感性形式和理性内容，其体系具有理性主义性质。虽然现实生存有感性、理性层面，但也有非理性层面，更有超理性层面，而后者是更本真的存在。审美是超理性的生存方式，不能用理性来界定，美学也因此具有了哲学的超理性思辨性质。在现代社会，"理性的人"的观念已被打破，非理性与理性发生冲突，它要求审美的升华和美学的反思，因而现代美学必须突破理性主义，达到超理性。

复次，它必须满足现代人的形上需要，肯定审美的超越性。传统美学包括实践美学把审美定位于现实，审美成为一种现实活动。但生存本质上是超越性的，而超越就是自由本身。在"散文化"时代，现实不再可能满足人的终极追求，理性不再能解决生存意义问题。在"上帝死了"之后，现代人的超越需求转向审美，审美成为自由的途径，人们从审美获得对现代性的批判意识，并以审美超越、对抗"散文化"。现代美学应当从生存的超越性出发，确立审美的超越性品格，美学也因此成为人们反思现实存在的思辨形式。

最后，现代美学必须加强批判性，这是现代审美的批判性决定的。传统美学肯定现实，把审美当作装饰。而现代审美转向对现实的批判，优美和崇高不再是基本范畴。现代美学应当直面"散文化"的世界，成为批判的美学、战斗的美学，启发人的生存自觉，如此才能承担抵抗"散文化"的重任。

对于今天的中国美学家来说，能够有现代人的生存体验是至关重要的。美学不是单纯的知识体系，而是生存体验的概括，它永远植根于生活。现在，社会生活、人的生存方式以及人的审美理想都发生了深刻变化，中国美学不可能原地不动。当前有关实践美学与"后实践美学"的论争，表面上是理论的冲突，实际上是更为深刻的生存体验的不同。中国美学家应当敏锐地感受到生存方式的变化，体验到个体生存的焦虑，接受现代人的审美理想，而这一切都是建立现代美学的基础。面对"散文化"的威胁，美学家应当奋起抵抗，警醒人们，为人们提供批判的武器。如果我们在现代性的冲击面前麻木不仁，仍然固守理性主义的阵地，就会无力抵挡"散文化"并最终被历史所抛弃。21世纪的中国美学要与世界美学同步发展，就必须从自己的现代生存体验中提炼出美学思想，在同"散文化"的斗争中建立自己的现代理论体系。

原载于《北京社会科学》，2001年第4期

顶峰与断崖：当前中国美学研究的成就与局限
——从陈炎版《美学》教材说起

顾祖钊

摘　要：陈炎编《美学》与过去的美学教材相比，是一部达到新高度的教材，其突破文艺美学的窠臼，将美学看成是自然美、艺术美和社会美三足鼎立的全面美学。但以21世纪的学术眼光看，其存在历史局限：因袭西方逻辑中心论和形而上学研究方法，将复杂的美学问题简单化，僵化于一元论视角，无视生命美学和中华美学遗产的做法，是不可取的。实际上，中华美学对西方美学有救正作用，老子的阐释模式、庄子的美感双向生成论以及生命之爱与美感的发生等，都是世界一流的理论形态。中国美学研究要有理论自信。

关键词：陈炎《美学》　逻辑中心论　一元论　中华美学

毋庸讳言，中国的美学研究已经到了必须全面更新的时代。为了说明这个问题的迫切性，2015年我写了这篇文章。想通过对新编美学教材的评论，说一说我国现有美学研究的严重局限。于是就选择了当时成就最高的陈炎主编的《美学》，作为评论对象。不想文章写好后，得知陈先生已在病中，不便发表，只好压之箱底。目前，陈先生已安息九泉，学界的哀悼也已经告一段落。现在我们将原文翻出，供学界讨论争鸣，也是既有学术意义又有纪念意义的事。陈炎先生主编的《美学》（高等教育出版社2013年），读后令人既感到欣慰，又觉得遗憾。一方面，它可能是新时期以来最为出色的美学教材，与以往的那些"美学概论"比，已经表现了很多的优点和进步，学术上达到了新高度，说它登上"顶峰"也不为过。另一方面，若要跳出旧的美学体系看问题，也有令人担心处：因为它仍然没有跳出以往美学研究的体系和时代局限，如仅吸收西方的形而上的研究方法、僵化的一元论视角、无视生命美学和中华美学遗产的做法，等等。所以这种美学研究很可能是没有前途的，于是"顶峰"也就成了"断崖"。本文拟在这样两种意义上展开讨论。

一、一部美学教材的上乘之作

为什么说陈炎主编的《美学》教材，达到了新中国成立以来同类教材的顶峰呢？是因为与其他"美学概论"比，它表现了新的特点，学术上达到了新高度。

首先是取舍的机智性。由于形而上学美学研究方法和研究对象之间的矛盾，导致新中国成立以来的美学研究，在美是什么和美感是什么的问题上似乎永远也说不清楚。既然这些问题一时讲不清楚，所以，该书就非常机智地绕开"美"和"美感"，而直奔人类的情感活动之一的"审美"范畴。这样做十分简洁，至少可以节约百分之二十的篇幅；也十分诚实，虽然回答美和美感是什么似乎也有必要，但学术上一时讲不清楚的问题，就暂时不讲，也是"知之为知之，不知为不知"的老实态度。将"审美"设计为核心范畴，将美学定义为"审美之学"也是一种理论创新，这个范畴的选择在学理上也十分通透，既可以化繁为简，又避免了"本质主义"之嫌，还能将美学建构的系统性提高一个层次，达到美学理论新的高度。

其次是采用了"情感学"的阐释模式。该书"绪论"中在回答"什么是美学"时，归纳了人类美学建构的四种基本阐释模式：即"作为感性学的美学""作为判断力的美学""作为艺术哲学的美学"和"作为情感学的美学"。编者独取"情感学"的阐释路径，使全书脉络清晰，牵枝振叶，一气流贯。他以德国古典美学揭示的人类精神活动的"知、情、意"三方面之中的"情"为逻辑的起点和情感学美学的学理依据，然后将"审美"直接视为"审美情感"；将"审美的发生"看成是审美情感发生的主客体条件的驱动和发展过程；将"审美的类型"以情感是否"和谐"为标准分为"和谐的情感类型""不和谐的情感类型"和"反和谐的情感类型"三部分。由此完成对美学总论的描述，条理特别清晰。其中尤以第二章"审美的发生"处理得精彩。它以审美情感的金丝线，串起许多老学问和新观点，繁而不乱，井然有序。像"文化积淀""审美命名""意志""感兴""回味"等概念，都是首次进入美学教材，再加上例证的生动贴切，更使这一章有不少闪光点，可谓新意迭出。第三章以情感是否和谐对"审美的类型"的区分，也富有创意。以"反和谐的情感类型"将"荒诞"与"丑陋"这些最难归类的类型收入囊中，可以说比以往所有的"美学概论"都高明。其中对"荒诞"和"丑陋"的论述，对罗丹的《欧米哀尔》、萨特的《恶心》等作品的分析，都入情入理，体现了美学研究的新高度。

再次是对"审美"的三分式分论描述。老子说："三生万物。"此书将自然美、艺术美和社会美分三章论述，与老子的思想暗合。而以往的"美学概论"却不是这样。王朝闻主编《美学概论》（人民出版社 1981 年版）虽然也承认自然美、社会美的存在，却以艺术美为主体为依据。蒋孔阳等主编《美学原理》（全国自考教材，华东师范大学出版社 1999 年版）也以艺术美为主体为依据。只是在最后一章"美育的方式"中才将自然美、社会美和艺术美看作实现美育功能三种方式，顺便提一提。而朱立元主编的《美学》（高等教育出版社，2006 年修订版）本子虽厚，仍然没给自然美、社会美以应有的地位，而是因袭了以艺术美为主体为依据的论述传统，始终不能避免与一般艺术学、文学理论的雷同和重复，有意无意地遮蔽了对自然美与社会美应有的关注，并以艺术美轻易取代自然美和社会美在人类审美活动中的主流地位。我们欣喜地看到，中国现代美学的这一传统"痼疾"，到陈炎主编的《美学》那里得到克服。自然美、社会美和艺术美的三分式布局，终于跳出黑格尔艺术哲学的窠臼，使《美学》现出她自己独立的身段和品格，其学术上的创新性也是巨大的。由此使陈炎主编的《美学》能够超越前贤诸编，达到对美学认识的新高度。这种三分式结构，与过去诸编不同的，是要分别对它们进行更为深入细致的表述，特别是对于"社会美"的研究，过去比较荒疏，现在把它推到三分天下的位置上，那就意味着编者同时要做垦荒式研究，并使它具有与自然美、艺术美同样"坚实"的理论构成，无疑是一种拓荒式的理论创新。它分三节讨论了"社会美"。第一节讨论"社会美的形成"，将"社会美"界定为"对特定历史条件下的社会实践、社会交往和社会关系"的肯定性"情感判断形式",有时代性、阶级性、民族性和地域性的特征。第二节讨论"社会美的分类",即从"物象""环境""行为"和"语言"四个方面作了区分。第三节讨论"社会美的实践"形式,从"审美风尚""审美交往"和"审美生存"三个方面揭示"社会美"的存在,而尤以对人的审美生存方式的讨论更显新意。它指出人在现实社会中是异化的,不自由。于是"审美和艺术变成了人生苦旅中的一个个驿站",这是传统的精神慰藉方式;"日常生活审美化"是"后工业时代"的"精神消费"方式,它"表面上(是)自由的精神享受,实际上却成了被操纵的物质消费",社会美因此被异化和贬损。而只有在马克思倡导的共产主义社会里,社会美才能达到它最高境界:人真正全面地占有了自己的本质,即实现对私有财产和自我异化的积极的扬弃,并在以往发展的全部财富的范围内实现合乎人性的复归;另一方面,社会上的阶级差别消除了,狭隘的社会分工解体了,由社会调节着整个生产,全社会的物质产品和精神产品都极大丰富,社会成员的一切活动都变成自由自觉的选择,劳动彻底成了人的第一需要和美的享受。 这可能是美学第一次在教科书里正面张扬共产主义的美好理想和社会美的最高形式,值得点赞。

此外,仅从"教材"的角度看,该书也达到了新高度。第一,它的本子较薄,只有24万字,适合一个学期的教学安排;第二,它思路上主线分明,脉络清晰,适合初学者的学习接受;第三,它的语言明白晓畅,力避艰涩,取证广泛,举例生动有趣,做到知识性、趣味性与学理性的统一,适合青年学子的口味。由于以上该书所达到的新高度,与以往的诸种教材相比,它显然处在"顶峰"的位置上,可谓一部美学教材的上乘之作,这是我们为它喝彩的原因。

二、陈编《美学》的历史局限

以上我们对陈炎主编《美学》的点赞,是站在旧美学体系上,"自己与自己比"的结果。换句话说,使用的是20世纪中国美学研究的传统眼光看待其学术成果的。但是,现在我们已经处在21世纪。这本出版于2013年的书,本应当有一种新世纪的理论眼光,站在21世纪的历史文化语境立场上,对美学做出新的阐释,但令人十分遗憾的是,它几乎没有意识到这一点,当然也无法做到这一点。以 20 世纪的眼光看,它可能比较完美;但若用 21 世纪的眼光看,它已成明日黄花!而就它所处的没有任何前途的处境来说,这座昔日的"顶峰"已经变成今天的"断崖"!

这是因为人类思想意识已经受过解构主义和后现代的洗礼。20 世纪德里达解构主义出现,有许多东西我们可能无法接受,如绝对化的非理性主义的主张,将差异和个性绝对化的做法,游戏主义的态度,历史虚无主义和悲观主义等。但是解构主义哲学的出现,绝对是人类思想史上的一件大事,这是我们不能小视的。对于我国理论建设来说,它有四点值得点赞。一是它要破除欧洲中心论;二是反对逻辑中心主义;三是宣扬多元论;四是提倡他者理论,特别呼唤中国这个最大的"他者"的到来,参与未来世界(包括理论世界)的建构。这就为中国思想界的理论创新和发展,提供前所未有的新机遇,一种千载难逢的历史机遇。

但陈炎主编的《美学》,基本上仍是欧洲中心论的产物。从作为全书逻辑起点的"绪论"开始,就将鲍姆加登、康德和黑格尔作为祖述的对象,即使自己选择的"作为情感学的美学"的思路,也是通过对三者批判性梳理归纳出来的。其中关于"知情意"解释,其源头也不过是德国古典哲学。其"情感学"的路径,与桑塔耶纳说的,美"是一种感情,是我们的意志力和欣赏力的一种感动"[1]33 几乎同一思路。其后从第一章直到最后一章,每章每节的基本范畴和基本理论都是西方人提出的,只有极少地引用中国学者的论述,而这些不过是对西方理论的正确性的印证或者进一步的说明。中国例证和对先贤们的经典论述的某些引证,总是为西方理论的普适性服务的;虽然有一二概念如"感兴""回味"的掺入,但并没有体系性的参与,并没有改变西方理论的体系和性质。所以说它仍然是欧洲中心论或者说是西方中心论的产物。德里达之所以反对欧洲中心论,是因为他是站在"世界范围内建立新的人类的观念"[2]46 上来思考的。就"美学"这种更应当具有人类都普适性的学问来说,它本应是全世界各民族集体智慧的结晶。但是现在却仅仅局限在"欧洲"或者扩大的欧洲即"西方"的话语体系中,人类的智慧如果长期陷入西方局限性和地域局限性里,明显是极不合理。造成这种局面的原因,是因为近一两个世纪以来，西方以它强势的物质文明主宰了世界，连带着其精神文明也主宰了世界。而常识告诉我们，人类精神生产的发展并不一定与物质生产的发展成比例。许多经济上暂时落后的民族，而在精神生产上却有可能产生高水平的思维成果。而长期处于主导地位的西方话语，无形中就把其他民族在精神生产中发现的真理性认识，压抑和遮蔽起来，并不利于人类认知的发展和学术的进步。所以，打破积习已久的欧洲中心论或美国中心论或西方中心论的怪圈，让人类的精神生产突破西方话语主宰的局面，从而获得更为广阔的思想资源，集中更为广泛的人类智慧，已经成为人类思想解放的必要条件。德里达能够从西方营垒内部突破，提出这样的口号，绝对是人类思想史上的一个壮举。21世纪的美学研究者，怎能对他这样的好意，充耳不闻且无动于衷呢？

而且，美学研究一定要打破欧洲中心论，还与德里达另一个口号——反对逻辑中心论有关。"逻辑中心论"是西方主流话语的核心形式，它非常精确地概括了西方的思维和学术的特点。它以"假设得到的概念"[3][2]，通过形式逻辑推理形成预设的体系，企图靠形而上的思维解决一切问题。这种思维方法在西方已经受到非理性哲学的挑战，德里达又对它作了彻底的解构。但是，西方学术的这一动向却没有在陈炎主编的《美学》中反映出来。相反，逻辑中心论还得到彻底的贯彻。

首先，逻辑中心论常表现为线性思维，它可以将事物复杂的关系简单化，以表面上逻辑的清晰性，掩盖了对象世界的复杂性，从而歪曲对象世界的真实面貌。比如此书认为，由于人类精神活动分为"知、情、意"三个方面，"知"指向客观世界的规律性，这是哲学关注的；"意"表达的是主观世界的目的性，这是欲望、道德和信念即目的论关注的；而"情"便是二者之间的一种关系，所谓美学便是研究人类情感发生机制的一门学科。这样，便很自然地引出了"作为情感学的美学"的命题。这种表述思路清晰，明显是为其逻辑自洽体系服务的，但是与事实相去甚远：一方面"知情意"虽说可分三个方面，但是，它却是一个连体婴儿，所谓"客观世界的规律性"，不过是人类意识的产物，并非完全属于"客观世界"，儒家说的"君子志于道"，这个"道"如果有符合客观规律成分，那么，"意"或者"意志"就不是纯属于

"主观世界"的东西。如果把"情"简单界定为"知"和"意""二者之间的一种关系",那么,它是否包括那种在无目的状态下产生的情感?如果包括,上述界定就是不能成立的,因为这个界定以是否合目的为准的;如果不包括,说审美是"一种情感判断"和本书的体系"作为情感学的美学",就与上面阐释的"知、情、意"中的"情"无关了,因为审美情感往往是在无目的状态下发生的。另一方面,审美作为人的一种生存方式,是属于审美文化的,而审美文化本身,具有文化的全息性,而人一旦从事审美活动,那么"知、情、意"所牵涉的全部内容便统统进入审美活动,因此,审美并不仅仅是"情感判断"的,往往也有"悟性"和"直观判断"[4]55等参与其中。朱志荣先生曾指出,审美和美感的心理内涵是十分复杂的。其中"不仅有情浪滚滚,而且有沉思,有观照,有理解,有思想的闪光和飞跃,这时便出现了思维和灵感",是人的多种心理功能"综合性地在发挥作用"[5]130。这样,由逻辑中心论造成的简单性与它所掩盖的审美事实的复杂性相比,就变得不可原谅了。

其次,由于逻辑中心论往往固执地坚守着形而上的研究思路,那么,它对于一切形而下的研究成果便不屑一顾了。而这种做法对于美学来说却能造成一种致命的伤害,因为审美作为一种人的生命活动和以情感为主的把握方式,许多东西靠形式逻辑和形而上的思维是难以奏效的,只有靠感性、直觉的感悟、体验或经验去捕捉、去描述,而这些正是形而上思维和逻辑中心论的短板。但陈炎主编的《美学》,对于这一点也没有觉悟。所以,不仅对于柏格森生命哲学不屑一顾,而对于自己所祖述的康德、黑格尔有关论述也不予理睬。如康德提出的"生命的原理"和"灵魂"(Geist)的概念[4]159,"惠爱是唯一的自由的愉快"[4]46的命题;黑格尔在其《美学》里,以大量的篇幅,把"生命""心灵""灵魂"和"生气灌注"作为核心范畴去揭示自然美、艺术美和审美理想的特点和实质;并认为,当理想的"外在形象""自由自在"地"荡漾着"它的"灵魂"的时候,"理想才真正是美的"。[6]182-194这些显然是美学无法回避的问题,却被陈炎与其编者有意无意地省略了。更不能原谅的是,身为中国美学研究者,却对以生命体验和审美体验为基础的中国古代哲学美学理论,视而不见,束之高阁。这既是欧洲中心论导致的恶果,也是逻辑中心论造成的学术偏见。

此外，逻辑中心论之所以是必须打破的，还因为形式逻辑有时是靠不住的。按逻辑自洽律既可以推导出真理，也可以推导出谬误，伪范畴、伪命题或者十分偏执的结论都可能产生。逻辑中心论的这些局限，在黑格尔《美学》中是表现得很充分的。由于美学体系的偏执性，在主观与客观的问题上几乎颠倒了黑白，其艺术终将消亡的结论，分明是一个伪命题。而陈炎采用的情感学路径，将审美情感与审美混为一谈的做法，也是形式逻辑偏执演绎的结果。

德里达倡导多元论的思想传入中国之后，也引起中国美学界的深思。1992年，蒋孔阳先生在完成《美学新论》之后说："我们固然要道通为一，'一'以贯之；但我们千万不要固执于'一'，蔽于'一'，以致陷在'一'的死胡同里。"因为"美不是单一的"。[7]654-656 这明显是对德里达多元论的一种回应，一种智者的思考。但是，20年后陈炎主编的《美学》，却果断地回到"情感学"的一元论的立场，心安理得地回到"死胡同"，显然他对德里达的提法和蒋孔阳的思考都没有感觉。当然陈炎也是有理由的，因为从美学概念诞生之日起，西方学者往往受着一种不自觉的一元论观念的约束而不知，并使他们的体系破绽百出。鲍姆嘉通因将美学界定为"感性认识"而一再受到后人的质疑和诟病。康德说："美若没有着对于主体的情感的关系，它本身就一无所有。"[4]53 这明显是在取一元论的情感视角。但是当他论及"审美意象"①时，却又将审美意象界定为"一种暗示超感性境界是示意图"②。这就将审美的本质引向抽象思维和象征，于是康德的情感一元论体系出了破绽。黑格尔从历史中考察出艺术美的三元性：即存在着象征艺术（即哲理的）、古典艺术（即历史真实的）和浪漫艺术（即情感的理想的）。但是由于他仍受制于"不自觉的一元论"，所以，他在论及艺术理想时却独尊"典型"，从而使他的美学体系不攻自破。所以，一元论对于美学研究来说，就是一条"死胡同"。

鉴于以上原因，德里达看到了西方理性主义学术的痼疾，或者说是西方学术的历史局限性和区域性局限性，急切地呼唤着欧洲以外的"他者"的到来，参与后形而上学时代的理论建构。而中国这个"他者"的到来，特别具有世界意义。他强调说："我的解构工作是从指出西方希腊哲学、欧洲思想的局限开始的。但同时又尊重西方哲学这份遗产。尊重遗产同时指出外面还有其他遗产，必须跨出国界，应该竭尽全力开放以使他者到来。在对他者的参照中，对中国的参照是非常重要的。"因为"国土广大的中国文化历史，众所周知，这（已）成为一个对于世界未来至关重要的事件"。[2]81-85 关于美学的建构自然也是如此。但是，陈炎及其编者却对这样的呼唤无动于衷。身为中国学人，却对自己民族的美学遗产视而不见，看不到它对西方美学话语体系的救正意义，也没有思考它在人类美学的未来形式建构中的"至关重要"的意义。致使他们的这本《美学》，成了因袭西方中心论和逻辑中心论，缺乏世界眼光和思想高度，落后于时代要求的作品。这样的学术路径，显然是没有前途的，于是，这部矗立在旧路径终点上的"高峰"，也就成了21世纪学术史上的"断崖"。

三、中华美学救正西方偏颇的可能性

如前所述，德里达对于中国这个"他者"的到来，寄予殷切期望。那么，中国古代的哲学美学遗产，有没有救正西方学术偏颇的可能性呢？换句话说，中国古代哲学美学资源中，有没有可以参与现代美学体系建构的元素呢？答案是肯定的。根据笔者的研究，对其详细的回答自然有赖一本专著，而本文却可以先作简要回答。

首先，中国古代哲学美学，是以生命体验和审美体验为基础、为主体建构的理论。由于它的许多范畴和理论都是来自生命的真实体验，来自我们民族在审美活动中的反复玩味、反复参悟、反复印证和长期的审美文化的历史积淀，所以它的结论往往是比较真实可信的，也是经得起外民族的挑战和质疑的。这就可以救正西方逻辑中心论造成的许多缺陷，也可以印证出西方形而上学美学中那些具有真理性的理论命题，在整体上可以形成一种中西美学理论的互补性格局，这对于人类未来美学的建构无疑是非常重要的，不可或缺的。这一点，连许多西方学者都已发现，如海德格尔、诺斯普罗等。

其次，中国古代哲学美学在一些核心问题上，早就有自己的真理性认识，恰恰在西方美学争论不休的问题上，中国古代美学都能提供真切而明确的答案。完全可以给未来的美学建构，带来全局性变化，其理论意义是不容小觑的。这里仅列四点。

第一，关于什么是"美"？六朝人的回答是"神韵""气韵"或"气韵生动"，唐人进一步强调为"气韵生动"。这种回答一方面与康德、黑格尔强调的"灵魂"相通，并且更为明确；另一方面又与苏姗·朗格提出的"生命形式"有对接性，如果将"美"的本体形式界定为"气韵生动的生命形式"③，那将是更为完美的答案。远比陈炎将美感说成是由"审美对象的外在形式引起"的说法更为可信。

第二，关于"审美"发生的模式问题。西方美学提供的是人"审对象"的单向运作模式，鲍姆嘉通是如此，康德、黑格尔等美学家几乎也是如此，陈炎等自然也是如此。但是，中国古代美学却不如此，而认为审美是一种双向运作模式。庄子认为：虽然"天地有大美而不言"（《知北游》），而人却可以"独与天地精神往来，而不敖（傲）倪于万物"（《天下》），这里的"精神往来"，就是与天地（万物）的交往与对话，"不敖倪于万物"就是以平等自由的态度与对象的交流对话。而"美感"也就在这种生命的对话与共鸣中产生了。后人对此深信不疑，刘勰说："目既往还，心亦吐纳，春日迟迟，秋风飒飒，情往似赠，兴来如答"（《文心雕龙·物色》）；李白诗云："相看两不厌，只有敬亭山。"辛弃疾写道："我看青山多妩媚，料青山见我应如是。"这种宝贵的思想过去一直没有引起学者的注意，而西方杜夫海纳的主体间性美学出现后，恰恰印证了它的正确性。令人惊异的是，宗白华先生在20世纪40年代，就发挥了这种思想，并作出现代美学阐释。他说："灵气往来是物象呈现着灵魂生命的时候，是美感诞生的时候。"[8]349 不仅将审美看作生命与生命在"灵魂"层面的交往，而且再一次肯定了审美主体与客体的双向运作模式，真是了不起的贡献。这一观点却没有引起现代美学界的应有的关注。2005年，我也强调了古代美学的这一贡献[9]430，认为这是能够改变美学旧格局的一个大问题。当然仍是没有得到美学界和编者的关注。真不知中国美学研究者对中国古代美学研究成果为什么这样迟钝！

第三，关于美感发生的主体原因是什么？中国古代美学认为美感源于"生命之爱"的催动。庄子说"天地与我并生，万物与我为一"（《齐物论》），都是一样的生命。所以他将审美活动，理解为广义的生命活动。又说"泛爱万物，天地一体也"④。正是人的这种博大无边的爱，奠定庄子美学的基础，成了"美"产生的动力。当洋溢着生命之爱的人与自然万物平等地"精神往来"时，美感便自然而然地产生了。这是生命与生命互相欣赏共鸣的直接原因，是属于本能的"生命之爱"⑤。其实，康德也曾涉及这一点，即前文引用的"惠爱是唯一的自由的愉快"⑥。正与庄子所见略同。这种"爱"由于发生在平等的生命之间，所以更是自由的，既无须什么目的，也无须什么功利；既不是什么"移情"，也不须什么"距离"，审美是在生命自由地交往共鸣中实现的。但是陈炎主编的《美学》却因袭着"心理距离"说的老调，陷于康德的"无目的"与"合目的"的悖论中不能超越。

第四，中国古代美学还认为：美感在性质上存在着三个不同而又有联系的指向：一是指向"真趣"（宋，米有仁），二是指向"理趣"（宋，郭若虚），三是指向"情趣"（唐，成玄英），它们又分别与叶燮对世界的三元概括"事、理、情"内在地联系着，牵涉着美的多元性格局。它是中国古代美学细致而又深刻的地方，却是西方美学的粗疏和没有达到的境界。以上几点，已足可见出中国古代美学的伟大与深邃，而它的精彩之处绝不仅仅是这些。

最后，也是最重要的，中国古代哲学还为美学提供了一个堪称宏伟的阐释模式。这便是《老子》第 42 章所提供的："道生一，一生二，二生三，三生万物。万物负阴而抱阳，冲气以为和。"[10]152 这既是道家的宇宙观和生成论，又是他们把握世界的总方法。与西方哲学相比，它体现了三大特征。

一是它以一个"生"字贯穿始终，是以生命原理理解整个世界，所以新儒家诸公都将中国哲学界定为生命哲学（按，其实这是不准确的，忘记了它的以生命体验和审美体验为基础的体道方式和目的）。由于生命体验的真切性，这就决定了中国哲学美学的命题与结论，往往是真实的可靠的；由于这种可靠性，它的许多结论一方面可以检验西方形而上学美学结论的可靠性，另一方面又与西方生命哲学美学、直觉哲学美学和经验哲学美学具有对接性，可以将中西这方面的哲学美学成果熔为一炉，化作未来美学新形态的重要元素。

二是虽说它以生命体验、审美体验为基础，却不愿让认识停留在感性直观的阶段，而以理性把握世界为追求，以"目击道存"为最终目标，所以又具有形而下、形而上汇通的特征；这就为中西形而下美学与形而上美学的融合提供了可能。

三是具有层次性、系统性的综合特征，而有着特别广泛的包容性和超越性。在老子看来，世界和万物都是一种层次性的存在（这从庄子的《秋水》中看得更清楚）。因此，任何事物都可以在一元、二元、三元即多元的层次和意义上去把握它的本质。这样，事物的本质按照老子的阐释模式就成了一个观念系统。并且，每个层次之间是相"生"的，并不矛盾的，谁也不否定谁的存在。比较而言，西方先哲在这方面都远远不如老子对世界把握得这样全面而精到。康德只看到了快感的层次性，而对于世界的把握尚处在不自觉的一元论状态。黑格尔虽然已经看到对世界的把握有一元论、二元论和三元论的不同，却没有发现他们之间的相生性，他对艺术的把握不自觉地已经涉及三元，但在作哲学的思考时，又不自觉地回到一元的立场。德里达作为后学，在对事物和世界的层次性问题上的认识更是愧对前贤的，他几乎没有意识到事物的层次性；对二元采取简单地排斥的态度，极力反对所谓"二元对立思维"；并且，企图以事物的多样性冒充事物的多元性，解构事物的一元性，将人类在不同层次上对世界和事物本质性认识，看成是对立的、水火难容的关系，显露了西方人机械性思维、极端性思维的根病。

然而，有了老子所创立的这个宏伟的阐释模式，情况就不同了：例如，马克思主义辩证唯物主义和历史唯物主义便可以在一元论意义上得到坚守，同样，人类对于美、对于文学艺术的一元性真理性认识也可以在这个层次上得到肯定；现代哲学中的"一分为二"与"合二为一"便可以在二元的层次上得到吸纳，同样美学与文学艺术中的二元对立性范畴也可以在这个意义上得到继承；而在"三"的层次上，一方面它是"二生三"的必然结果，另一方面它又具有"三生万物"的多样性品格，同时又是对"万物"的感性形态的初步概括，"三"也就代表着"多"，统辖着"多"，因此，这里的三元论也就是多元论，属于事物本质的初级形态。这样，德里达观念中多元论的合理因素便有可能被吸纳进来，西方传统哲学中三元论的合理性也在中国哲学中得到印证。同时，哲学上的三元观，也必然在美学中得到反映，美也必然是三元的。这种西方美学尚未觉悟的美学现象，却被中国古代先哲揭示出来：

孟子、庄子、朱熹等揭示了哲理美的存在⑦；《淮南子》《诗大序》以及陆机、刘勰揭示了情感美的存在⑧；而孟子、班固、刘知几、杜甫、白居易、孟棨、邵雍、黄宗羲等，又揭示了历史的真实美的存在⑨。显然，中国古代美学对于美的观察和研究，有比西方美学更要深入细致的地方。设想，如果这些"中国元素"参与人类未来美学的建构，岂不使美学灿然可观吗？

而更重要的是，老子提供的阐释框架，为中西美学的融合，形而上美学与形而下美学的兼顾，一元论与多元论的汇通，提供了可能。并且老子与列宁的哲学理想惊人的一致。列宁曾在《哲学笔记》写道："人的思想由现象到本质，由所谓初级本质到二级本质，这样不断地加深下去，以至于无穷。"[11]256 在老子提供的这个阐释模式中，事物的本质和美的本质不再是"真理只有一个"，而是呈现为一个由初级、中级再到高级的观念系统。这种与列宁真理观念的一致性，是不可等闲视之的。列宁又说："真理只有在它们的总和（zusammen）中以及在它们的关系（Bezeiehuug）中才会实现。"[11]181 老子提供的这个阐释模式，既顾及了真理的层次性又关注了它们之间的关系，完全实现了列宁的哲学理想，看来老子这个阐释模式与马克思主义哲学有着深度的相容性。总之。老子所提供的这个阐释模式，有着一种海纳百川的高度和气度，为我们在美学领域实现理论创新打下了坚实的哲学基础，并增强了我们的理论自信力。

以上诸方面充分说明，中国古代哲学美学资源对于人类未来哲学美学的理论建构来说，的确如德里达所说，是一个"至关重要"的"他者"。而当德里达在中国人面前将这一点几乎是耳提面命地告诉中国人时，为什么中国美学研究者，对祖国的美学遗产，反应是如此迟钝呢？

这样的结局显然是陈炎先生没有想到的。当然他也有值得谅解之处，在全国美学界尚处于欧洲中心论和逻辑中心论桎梏中时，唯独要求陈先生超越这种旧的局限，是有点求之过苛了。但是，当西方学人将西方学术的局限在中国人面前讲得清清楚楚，中国学人却仍然以崇拜和迷信的眼光继续按照欧洲中心论和逻辑中心论的路子做学问，这就不可原谅了；特别是既然编者担任了"教育部中文学科指导委员会组编"的《美学》教材重任，代表学科发言、代表时代发言，并以此向青年学生灌输时，上述种种失误便更加不可原谅了。

四、结　语

本文的目的绝不是想与陈炎先生过不去，而是想以陈编《美学》为例，看看我们的思想，我们的学术，我们的美学研究，陷入西化或欧洲中心论的思维定式有多深！我们的民族主体意识哪里去了？作为学者的"自我"和创造意识哪里去了？我们的文化自信、理论自信哪里去了？这才是我们整个思想界、学术界和美学界应当惊醒和反思的大问题。

那么，究竟中国美学研究路在何方呢？鉴于以上教训，我们以为中国学人首先应将自己的美学遗产利用起来，让中华古代哲学美学的智慧元素充分参与现代美学的建构，与西方美学思想进行对话与沟通，在比较、互证中取舍融合，从而为建构起未来人类美学的新形式，交出中国式的答卷。这可能是德里达寄希望于中国的，也是中国学人最有条件贡献于世界的。试问，我国美学研究的新生之道，难道还有比这更好的路径吗？

注释：

①关于康德的审美理想形态（Idee），朱光潜翻译成"审美意象"，这是他作为美学家思想家深思熟虑的结果。认为"依 Idee 在希腊文本义译为'意象'较妥"。参见朱光潜《西方美学史》下卷，人民文学出版社 1981 年版，第 395 页。蒋孔阳先生根据 J.C.梅瑞狄斯的英译本中译，也将这个概念译为"审美意象"。参见伍蠡甫主编《西方文论选》上卷，上海译文出版社 1979 年版，第 563-565 页。按，这二位美学家是严肃的，比较之下，那些粗通德语的外行却敢硬译这个范畴就近于胡闹了。

②朱光潜《西方美学史》下卷，人民文学出版社 1981 年版，第 401 页。此句宗白华译为：诗人把"与思想丰富性结合着"的审美的"诸理念"，化为一种"不是大自然从自身提供的"经验的那种"形式"，而是一种"用来作为超感性的东西的图式"。见宗白华译《判断力批判》，第 173 页。与朱光潜译文意思相近。

③参见拙作《论中西文论融合的四种基本模式》，《文学评论》2002 年第 3 期。又见《诗魂的追寻——顾祖钊文艺论文自选集》，作家出版社 2005 年版，第 229 页。

④杨柳桥《庄子译诂》，上海古籍出版社 1991 年版，第 717 页。此为《天下》引用惠施的观点。是

被庄子誉为"大观于天下"见解。庄子也赞赏它,所以注家成英用庄子的观点来解释它:"万物与我为一,故泛爱之;二仪(即天地)与我并生,故同体也。"因此,"泛爱万物"论从古至今被学界公认为是庄子学派的观点。

⑤"生命之爱"虽然属于本能,也不是无条件的。必须人投出生命之爱给万物,万物也必须投射出善和爱给人类,这样才能两情相悦而产生美感。有些生物虽然也有生命,却不能投射出善和爱的信息,所以,有些生命体如黑格尔所说的鳄鱼与癞蛤蟆等,是不具有美感的。

⑥关于"惠爱",德语为"Die Gunst",宗白华、邓晓芒均翻译为"惠爱"。美国Pluhar教授翻译成英语"Favor",与德语一样,均有好感的和宠爱的意思。即一种发自内心的善意的爱。见张其春、蔡文萦编《简明英汉词典》,商务印书馆1977年版,第357-358页。

⑦关于哲理美,《孟子·告子上》有云:"口之于味也,有同耆焉;耳之于声也,有同听焉;目之于色也,有同美焉。至于心,独无所同然乎?心之所同然者何?谓理也,义也。圣人先得我心之所同然耳。故理、义之悦我心,犹刍豢之悦我口。"《庄子·知北游》有云:"天地有大美而不言,四时有明法而不议,万物有成理而不说。圣人者,原天地之美,而达万物之理。"《朱子语类辑略》有云:"(文章)义理既明,又能力行不倦,则其中存诸中者,必也光明思达,何施不可。发而为言,以宣其志。当自发越不凡,可爱可传矣。"

⑧关于情感美,《淮南子·缪称训》有云:"文者,所以接物也,情系于中而欲发于外者也……文情理通,则凤麟极矣。"《诗大序》云:"在心为志,发言为诗,情动于中而形于言。"陆机《文赋》云:"诗缘情而绮靡。"刘勰《文心雕龙·情采》有云:"昔诗人什篇,为情而造文。"

⑨关于历史-真实美,敏泽先生在《中国美学思想史》中有所梳理。拙作《华夏原始文化与三元文学观念》有更为清晰的梳理。《孟子·离娄下》云:"《诗》亡,然后《春秋》作。"班固认真总结司马迁以来的历史-真实传统,其《汉书·司马迁传赞》云:"(刘向、扬雄)皆称迁有良史之才,服其善叙事理,辩而不华,质而不俚。其文直,其事核,不虚美,不隐恶,故谓之'实录'。"刘知几《史通·载文》有云:"若乃宣、僖善政,其美载于周诗;怀、襄不道,其恶存乎楚赋。读者不以吉甫、奚斯为谄,屈平、宋玉为谤者?盖不虚美,不隐恶故也。是则文之将史,其流一也。"杜甫诗句云:"直笔在史臣,将来洗筐箧","留滞一老翁,书时记朝夕"。白居易《与元九书》云:"始知文章合为时而著,歌诗合为事而作。"晚唐孟棨在《本事诗·高隐第三》中说:"杜(甫)逢禄山之难,流离陇蜀,毕陈于诗,推见至隐,殆无遗事,故当时号为'诗史'。"宋祁在《新唐书》中云:"(杜甫)善陈时事……世号'诗史'。"邵雍《诗史吟》云:"诗史善记事,长于造其真,真胜则华去,非如目纷纷。"黄宗羲的《姚江逸诗序》有云:"诗之与史,相为表里也。"按:就像医学对于人类的研究不能停留在"人"的层面上一样,至少还应当进一步在"男人""女人"和"儿童"的层面上展开研究,才能更为有效地认识"人",把握"人"。美学也应如此。对于与"美"的认识,也只有深入到三

083

元的层次上,才能更为真切地认识"美",把握"美"。故中国古代美学对于"哲理美""情感美"和"历史–真实美"的揭示,与西方比无疑是美学研究的深化,是有世界意义的大事。

参考文献

[1](美)桑塔耶纳.美感[M].缪灵珠,译.北京:中国社会科学出版社,1982.

[2]杜小真,张宁.德里达中国讲演录[M].北京:中央编译出版社,2003.

[3]冯友兰.中国哲学简史[M].北京:北京大学出版社,1996.

[4](德)康德.判断力批判(上卷)[M].宗白华,译.北京:商务印书馆,1993.

[5]蒋孔阳,朱立元.美学原理[M].上海:华东师范大学出版社,1999.

[6](德)黑格尔.美学(第1卷)[A].朱光潜,译.朱光潜全集(第13卷)[M].合肥:安徽教育出版社,1990.

[7]蒋孔阳.蒋孔阳全集(第五卷)[M].合肥:安徽教育出版社,2005.

[8]宗白华.宗白华全集[M].合肥:安徽教育出版社,1994.

[9]顾祖钊.中西文艺理论融合的尝试[M].北京:人民文学出版社,2005.

[10]任继愈.老子新译[M].上海:上海古籍出版社,1985.

[11](苏)列宁.哲学笔记[M].北京:人民出版社,1956.

原载于《江西社会科学》,2017年第2期

中国美学之生命美学精神

李天道

摘　要：中国美学"重生""乐生"，呈现出一种独具民族特色的生命美学精神。"生"，意指生命、生存。就语义学看，"重生""乐生"之所谓"生"，原初义为生育、生养、滋生、生长，而生命、生活、生存等则为衍生义。所谓"天地之大德曰生"。天地最大的"德"，就是孕育出生命，并且承载、维持着生命的延续。"生""生生"，"人"之生存，生生相续，乃是宇宙天地间的"大德"。"大德"就是"生"。由此，中国美学要求诗歌审美创作"陶写性灵""发抒性灵""真有性灵"，因追求一种真实、贴切的生命体验而 独具特色。"性灵"的实质就是"生"之趣、"生"之味与"生"之灵性，而"发抒性灵"，就是"生"之趣、"生"之味与"生"之灵性的一种诗意抒发。就某种意义看，所谓 "生"之趣、"生"之味与"生"之灵性，就是"人"的一种生命意识。

关键词：中国美学　生命美学精神　重生　乐生　生命意识

一

所谓"美学精神"，指美学思想中的精神实质。"中华美学精神"，则应该是指生成于中国文化土壤中的古代美学思想的精神实质。中国古代美学的精神实质与西方美学有差异。西方美学往往着眼于"美"的本质问题，而中国古代美学则更多地关注"生"的问题。基于此，中国美学的最高范畴不是"美"，而是"道"或"气"。如张岱年、方克立就认为，中国文化的宇宙观与其他文化根本不同，在于它是一个"气"的宇宙[1]。在中国美学看来，"气"既是万有大千的生命力所在，是自然万物的生命韵律与运动节奏，又是诗文审美创作活力源泉。即如宗白华所指出的，中国艺术的根本特征在于对"天人合一"的、款款有情的、充满生机的自然宇宙的生动，在中国美学，"一切美的光是来自心灵的源泉，没有心灵的映射，是无所谓美的"[2]。张法也指出，"中国美学以气为特色，也以气为统一。气贯串于中国美学的全部"[3]。叶朗也强调指出："在中国古典美学体系中，'美'并不是中心的范畴，也不是最高层次的范畴。'美'这个范畴在中国古典美学中的地位远不如在西方美学中那样重要。"[4]日本著名美学家今道友信也持相近的观点。他认为"不论是哪种情况，被限定了的明确的形态及其再现，就是西方美学的中心概念"，而东方美学"重要的倒是以形态为线索，追求所暗示和所超越的东西……"[5]对此，徐碧辉指出："中国传统美学从来没有把审美问题看作一个知识论问题，从来不是用知识论的方法去研究美是什么，美感是什么，而是把美学放在整个人文和生命思考之中，把哲学、美学和人生体验融于一体，从生命存在本身的感悟中去理解和把握审美和艺术问题。"[6]袁济喜也指出："中国传统美学在最高的境界与形态上，体现了中国文化中的人文精神，即对人类终极意义的关注、对人生意义的体认。"[7]的确，正如叶朗所说，"中国美学和西方美学分属两个不同的文化体系"，而"这两个文化体系各自都有极大的特殊性"。就中国美学来看，其中蕴含着"重生"的生命美学精神。

就其精神实质上看，中国美学的哲学基础乃是"生"，是"生"之灵性。所谓"天地之大德曰生"[8]、"生生谓之易"。《周易》就将"人"之"生"、生命、生存和万物自然的生育看作宇宙天地间的"大德"。"德"就是"生"。生成于中国文化土壤中的中国美学，"重生""贵生"。"生"就是"道"的生动体现。如西晋著名道学家葛洪就曾经在其《抱朴子·勤求》中强调指出："天地之大德曰生，生，好物者也。"儒家美学所推崇的核心范畴为"仁"。"仁"就是"生""生生"。所谓"生生，仁也""气化流行，生生不息，仁也""一阴一阳，流行不已，生生不息，观于生生，可以言仁矣"。所以说，中国美学"贵仁""重生"，其核心要义是"生"。因此，中国美学的内在实质乃是一种"重生""乐生"的生命美学精神。正是基于这种"贵生""重生""乐生"的生命美学精神，中国美学强调诗文创作必须通过文本以直接呈现诗人自身的生命意绪。在中国美学看来，凡是传世的杰出之作，都是

"发抒性情",因此,诗文审美创作要有"真性情"。就实质而言,"真性情"就是一种发自心灵的生命意绪,也即一种因生命体验而生发出的意绪,是作为个体的诗文家对自身生存现状真切的生命体验。也可以说,所谓"真性情",乃是诗文家对宇宙自然之生命意味与自身心灵深处生命意识,即所谓"生"之灵性、"生"之灵趣的确切真实感受。

二

"重生"应该是中国美学所具有的一种独特生命美学精神。"生",意指生命、生存。就语义学看,"重生"之所谓"生",原初义为生育、生养、滋生、生长,而生命、生活、生存等为衍生义。《荀子·正名》云:"生之所以然者,谓之性。"杜预《左传·昭公八年注》云:"性,命也。"颜师古《汉书·公孙贺等传注》云:"性,生也。"《周礼·天官·大宰》郑玄注云:"生,犹养也。"在这里,就意为养育,通过"养",致使其"生存""生生"。可以说,作为"养"之"生",则意指"人"的"生存"。在中国美学看来,"生生之为仁","人"既要"生",同时又要"生"得有意义。所谓"天地之大德曰生""生生之为仁"。天地最大的"德",就是孕育出生命,并且承载、维持着生命的延续。"生"、生命;"生生""天人"并生、同生、共生——"生","生"为"天地之大德"。这里所谓的"生",应该是"生生不息"之意,即生其所生,自其所自,然其所然,遵循万物"生生不已"的生命流程,就是天地之大德。"生生之谓易",让生者去生,让存者去存,方其所方,是其所是,尊重宇宙间自然万物对"生生"的审美诉求,正是这种审美诉求成就了天地间的"大德"[9]。这种"大德"也就是"仁",就是"生",就是"美"。"人"之生存,生生相续,乃是宇宙天地间的"大德""大美"。换言之,"大德""大美"就是"生"。由此,中国美学"大生""广生"。"重生""贵生""乐生",要求诗歌审美创作"陶写性灵""发抒性灵""真有性灵",因追求一种真实、贴切的生命体验而独具特色、内涵丰富,其精神实质则显然与"重生"传统密切相关。"性灵"的实质就是"生"之趣、"生"之味与"生"之灵性,而"发抒性灵",就是"生"之趣、"生"之味与

"生"之灵性的一种诗意呈现。就某种意义看,所谓"生"之趣、"生"之味与"生"之灵性,乃是"人"的一种生命意识,从而致使其突出地呈现出一种"重生"的美学精神。

"性灵"是创作者"性情","独抒性灵",即内在生命意识的自由抒发,其精神实质就是"重生"。也可以说,所谓"性灵",应该是创作者基于其生命存在而生成的一种内在灵性,一种生命感。如现代学者顾远芗就在其《随园诗说的研究》中指出,所谓"性灵",乃是诗人"内性的灵感",而"内性的灵感",则是诗人"内性的生命意绪和感觉的综合"[10]。有鉴于此,刘若愚对"性灵"与"性情"作了一个比较,指出所谓"性情""是指人的一般个性,性灵则指人的性格深处的某种特殊的创作'灵机'"[11]。不难看出,无论是"内性的灵感",还是"内性的生命意绪和感觉的综合",或者说是"人"的"天性","性格深处某种特殊的创作'灵机'",都与"人"的生命体验,以及由此而兴起的生命意绪分不开。只有基于生命存在与生命体验,与所生成的、发自深层生命结构中的生命意绪所呈现出的"性情"才可能真挚自然,灵活灵妙,空灵超脱,生气勃勃,充满活力。因此,中国美学要求诗文创作者独抒自己的胸臆,专写自己的怀抱,以发抒真情,直接表现自己的兴趣,不虚伪造作,以"重生""贵生""乐生"为志趣。由是,就诗文审美创作而言,所谓"内性的生命意绪和感觉",也就是诗文创作者的生命体验与情绪感受。而诗文审美创作则是这种生命体验与情绪感受呈现的最佳途径。同时,诗文审美创作的生成也离不开这种生命体验与情绪感受。因此,袁枚在《答蕺园论诗书》中强调指出:"诗者,由情生者也。有必不可解之情,而后有必不可朽之诗。"显然,这里的"情""必不可解之情",应该就是一种诗文创作者个体独到的生命体验与情绪感受,或者说就是基于其灵心灵性对人生的感悟而生成于深层生命意绪中的"性情",也即所谓的"性灵"。正是基于"重生""乐生",中国美学认为,诗文创作应该"抒写性灵""独写性灵"和"发抒怀抱",必须通过诗文作品以直接生动地呈现来自诗文家心灵的生命意绪。如清代诗文家袁 枚就指出,"凡诗之传者、都是性灵"[12],杰出隽永的诗作都"一片性灵",因此,在《随园诗话》中,袁枚不止一次地提出"诗人者,不失其赤子之心者也",认为"作诗不可以无我"。也就是说,作诗要有"人之性情""真性情",即生命的体验,要有个体对自身生存现状的切切实实的生命体验,要呈现自己对宇宙自然之生命意蕴的真切感受,抒发生命意绪,"重生""乐生"。

就其实质看,中国美学所谓的"性灵"就是一种由"灵气"所生成的蕴藉于"人"内心的天然生命意识。具体分析起来,"性灵"有特指与泛指两层意思,特指乃是意指"人"的精神、性情、情感,泛指就是意指"人","人"之灵心、灵性、灵气,或者说是"生"之趣、"生"之味与"生"之灵性,即真切、精深的生命感怀与生命意识。如 刘勰在《文心雕龙》中说:"惟人参之,性灵所钟,是谓三才。"[13]这里的"性灵",就是意指经由"灵气"作用而生成的具有"灵心""灵性"的"人"。换言之,"性灵"本身实质上就是意指蕴涵灵心与性情与生命意绪的"人",是"人"的生命精神及其展现。因此,就此种意义来看,中国美学最为核心的内容就是对"人"的生命感受,以及由此而引发的生命意绪,即"生"之灵性在诗文创作中呈现的强调。也正是由此,中国美学才富有生机,具有其独到的一种"重生"美学精神。"发抒性灵",所推崇的实质上就是强调诗歌审美创作应该抒发诗人独到的生命体验,而不为格套所拘,独创而全不模仿,一空依傍,自然天然,自铸伟词,曲尽人情,师心恣肆,字字本色。而"性灵"概念中所包含的本真的生命精神、天性、才性、"生"之趣、"生"之味与"生"之灵性,其中都为一种生命意绪,即无拘无束、任情率性、随心随意的灵心灵性,以表现诗人之真我。所以,中国美学的核心要义即为诗文审美创作对诗文家生命意识的自由抒发,诗文创作表现作家的个性和个人独到的生命体验,其要旨就是生命意绪与"生"之灵性的纯然本真呈现,表现"自我"的"最高真实",追求任性而发,随心尽性,唯恐不达,不讳疵处。其宗旨则在于主张诗歌审美创作应当不加拘束地表达性情,以显现真我,抒发自我"性灵",也即呈现灵心灵性,抒发诗文创作者自我内心深处的一种生命意绪。

三

中国美学"重生",倡导诗人生命意绪的呈现,强调生命体验的真切。由此出发，诗歌审美创作乃是一种生命价值诉求，既缘情又言志，是情与理、灵与肉整体生命的、全方位的呈现，只有身心的投入，对生命的体验才切实自然。如清代诗文家袁枚就在其《再答李少鹤书》中强调指出："来札所讲'诗言志'三字，历举李、杜、放翁之志，是矣。然亦不可太拘。诗人有终身之志，有一日之志，有诗外之志，有事外之志，有偶然兴到、流连光景，即事成诗之志。'志'字不可看杀也！谢傅之游山，韩熙载之纵伎，此岂其本旨哉！'多识于鸟兽草木之名'，亦夫子馀语及之，而夫子之志，岂在是哉！"这里就着重指出，"人"之"志"乃基于其生命存在而生成，"有一日之志，有诗外之志，有事外之志，有偶然兴到、流连光景、即事成诗之志"，故而"不可太拘"。对所谓"诗言志"之"志"，其理解也不应该拘泥于字面，"志"应该是"情志""情性""旨趣""志向"等多种"性灵"的结合体，包括国家社稷之情、日常生活之"情"，或者是胸怀大志之情，或者是"偶然兴到，流连光景"的寻常情感，其所谓的"志"，全从"发乎情"而生。

　　从某种意义上说，诗文审美创作乃是诗文家的一种心性灵动；是诗文家对自我生命世界的一种呈现；是诗文家执着地寻找一种诗意的生命栖居方式。作为"三才之秀"，只有"人"才成为了能够行走的精灵，但是，"人"一生的大多时候，其命运与一棵树相像，总是固定在一处。因此，"人"可以纠结、愤懑、不满，也可以兴奋、喜悦、高兴，可以欢声笑语，但却不能移动，"树"是"人"无法摆脱的另外一种符指，另外一种身份，一种限制，就某种意义而言，作为"树"，只能开花结果，只能发芽落叶，只能在四季之中黄绿辗转，而无法摆脱"树"的命运。开花或落叶都是"树"自我身份的一种显现。所以，换言之，诗文审美创作就有如"树"的开花结果、发芽落叶，乃是诗文家对被世界固态化身份的另一种呈现，是其内在生命意识的一种渴求，是诗文家服从自我内心深处的生命意绪的一种艺术表现，是对一种诗意化的、流动性的、自由化、审美化的生存方式的期盼。基于对生存状态的庸常、世俗和琐碎一面的拒绝，去努力寻求生命的诗意存在。在这种诗文创作中，诗文家可以"兴观群怨"，也可以"移情净化"，采摘生活中的诗意浪花，抒发疏离而又紧贴生活的生命感悟，书写性情。这个过程，涉及诗文家的生命体验，因此，意蕴丰盈，生气灌注的诗文作品就是由语言、手法、结构等构成的有机生命体。如袁枚在其《江中看月作》诗中云："帆如云气吹将灭，灯近银河色不红。"[14]又如其在《阌乡道中》诗中云："阌乡西去走车难，石子雷路百盘。沙起马从云里过，山深天入井中看。人穿三窟悬崖险，地裂千寻大壑宽。谁道中州四时正？春风一日两温寒。"第一首，《江中看月作》诗，将"帆"比拟为"云气"，给人以缥缈、虚无的感受，而将"灯"和"银河"相应，写江色的有与无，使人如临其境，虚实相应，恍恍惚惚，自然生动，而生发出一种别样的生命意趣与"生"之灵性，境域营造，独具匠心，化实为虚，化陈为新。第二首《阌乡道中》诗，写路途中的见闻，风沙、云雾、深山、峡谷、险窟、悬崖、地缝、大壑、山涧，如同云雾一般的"沙尘"，像"井"一样深的山峡，所谓"山深天入井中看"，"人"要穿行于险峻的窟地之中，傍临那些深不见底的裂缝，经过那些人迹罕至的奇险之地，想人之所未想，发人之所未发，更加显示出"阌乡西去走车难"的旅途艰辛，以及由此所获得的生命感受，独特、独到、新颖、不落窠臼。景象描写生动，意象奇特，新奇怪异，给"人"以新鲜、新奇、新异的生命体验。看似自然如实的表现，实际上却构思巧妙，表达技巧的高妙越发增强生命意识的奇特奇异，以及这种生命体验的奇情奇趣。感发性情，独抒性灵，却又不以"止乎礼义"为诉求，而注重生命体验的感发，生命意趣的呈现。

参考文献：

[1]张岱年,方克立.中国文化概论[M].北京:北京师范大学出版社,2004:285-286.

[2]宗白华.美学散步[M].上海:上海人民出版社,2015:76.

[3]张法.中国美学史[M].成都:四川人民出版社,2006:6.

[4]叶朗.中国美学史大纲[M].北京:高等教育出版社,2005.

[5]今道友信.东方的美学[M].蒋寅,等译.北京:生活·读书·新知三联书店,1991:278.

[6]徐碧辉.试论中国传统美学的新生[J].美与时代,2002(7):4-10.

[7]袁济喜.百年美学现代与传统(下)[J].求是学刊,2000(2):79-85.

[8]王弼,韩康伯,注.十三经注疏·周易正义·系辞传下卷八[M].孔颖达,正义.阮元,校刻.北京:中华书局,1980:86.

[9]李天道.儒家美学"仁"范畴之存在论意义[J].山东师范大学学报（人文社会科学版），2016(1):96-110.

[10]顾远芗.随园诗说的研究[M].北京:商务印书馆,1936:51.

[11]刘若愚.中国的文学理论[M].郑州:中州古籍出版社,1986:92.

[12]袁枚.随园诗话卷五[M]//袁枚全集新编第八册.杭州:浙江古籍出版社,2015:158.

[13]范文澜.文心雕龙注卷一[C].北京:人民文学出版社,1962:1.

[14]袁枚.小仓山房诗集卷六[M]//袁枚全集新编第一册.杭州:浙江古籍出版社,2015:109.

原载于《美与时代（下）》，2018年第03期

生命美学：崛起的美学新学派

范 藻

生命美学，在中国有源远流长的传统。从20世纪初开始，就出现了王国维的"生命意志"、鲁迅的"生命进化"、张竞生的"生命扩张"、宗白华的"生命形式"等观点，还有吕澂、范寿康、朱光潜、方东美等人对于生命美学的提倡。自从中国社会进入20世纪80年代以后，随着改革开放的不断深入，个体生命在历史演进、时代变迁和观念更新中如何安身立命，以探索人的生命存在与超越如何更富有意义为旨归的生命美学迅速予以理性的思辨和理论的求解。一批年轻学者敏锐地将美学的研究视野牢牢地锁定在了感性鲜活的"生命"对象上面。《美与当代人》（即后来的《美与时代》）在1985年第1期上发表潘知常题为《美学何处去》的论文，正式提出："真正的美学一定是光明正大的人的美学，生命的美学。"此后随着研究的逐渐拓展和深化，生命美学作为一种美学流派开始在学术舞台上绽放出光彩。

迄今为止，收录于中国知网期刊数据库关于生命美学主题的论文近700篇，潘知常、封孝伦、范藻、黎启全、陈伯海、朱良志、姚全兴、雷体沛、周殿富、陈德礼、王晓华、王庆杰、刘伟、王凯、文洁华、叶澜、熊芳芳等学者撰写的生命美学主题专著也近40本。还有不少硕博研究生，都将生命美学的研究作为学位论文的撰写选题。在当代中国美学的园苑里，生命美学，已经成为继实践派美学之后的又一重要的美学学派。

生命美学的出现，迅速引起了学术界的关注，从20世纪90年代开始，先后有国内一流的美学家，如阎国忠、周来祥、劳承万，以及一批中青年美学家，或在中国美学历史总结的专著里，或在美学最新发展动态的文章中，充分肯定了生命美学及其学派的地位和意义。

生命美学的研究，不但成果琳琅满目，内容丰富多彩，而且有其内在的一致之处，即美是生命创造活动的自由表现。这具体体现在以下三个方面。

第一，从本体论上看，审美活动与生命同一。既往的美学理论认为，人类的审美活动是在人类的社会实践活动基础上产生的，审美是依附甚至游离于人类生命本身的物质或认识活动的。而生命美学认为，审美活动就是进入审美关系之际的人类生命活动，这是一种以审美愉悦，即"主观的普遍必然性"为特征的特殊价值活动、意义活动，因此，美学应当是研究进入审美关系的人类生命活动的意义与价值之学。由此，在解释生命存在的超越意义和自由追求的问题上，生命美学就与以"认识"为核心或者以"实践"为核心的其他美学观点截然区别开来。

第二，从认识论上看，生命体验与审美同在。在包括实践美学在内的其他美学那里，它们都是从"反映—认识"的框架出发，审美活动依赖于物质实践活动，是对现实"反映"出来的美的认识，于是，审美成了证明社会认识活动的附庸，人与对象的关系被颠倒了。而在生命美学这里，却是从"体验—意义"框架出发，一切有意义的生命活动都表现于审美活动，而这个"美"是在生命活动中被生命本身所真实体验到的，从中进而感受并领会到了生命自由创造的意义，这不但是生命存在的意义，而且是人类文化的意义。

第三，从方法论上看，美学理论与实践结合。生命美学通过在20世纪八九十年代对于实践美学的批评，成功实现了从"概念"事实向"生命"事实的根本转换，这正是生命美学应运而生的意义之所在，并且由此走向了广阔的现实"生命"世界。例如，从"生命"美学走向身体之维，去进而建构"身体"美学。当然，更为重要的是从"身体"的延伸、身体的意向性结构去展开具体的研究。例如，"生命在世"、"身体在世"的日常生活世界，构成了生命美学的生活之维，也就是生活美学之"生命在世"、"身体在世"的城市与自然世界，构成了生命美学的环境之维，也就是环境美学，更是为生态美学提供了坚实的理论依据和实践意义。由此可见，生命美学有着无限的发展前景。

同时，生命美学的研究，也已逐渐形成了一个人气旺盛的团队。志同道合对于学术研究的团队而言，其重要性是毋庸置疑的。而且，在研究人员的集中、内容指向的统一、学科成效的显著、学术影响的大小等方面是否形成了一个有一定规模的学术团队和学术梯队，也是判别一个学术流派是否成熟的重要标志之一。可喜的是，在这一方面，国内的生命美学研究都成绩骄人。首先是研究内容的完整性。不论是基本原理研究，还是实践运用研究、历史阐释研究，生命美学的研究都已经广泛涉及，并且取得了一系列的成果。其次是参与学者的广泛性。从大学教授到中小学老师、从学者到在校学生、从理论专家到艺术行家，国内的研究者在没有学会等组织机构统一组织的情况下，能够齐聚生命美学殿堂，也意味着生命美学的研究已经日益走向成熟。再次，是学术研究的长期性。从1985年至今30多年中，生命美学紧紧跟随中国改革开放的进程，滥觞于80年代的改革开放进行时，兴盛于世纪前后的改革开放深化时，围绕社会变革的阵痛和文化转型的冲突而产生的生命困惑，始终不渝地去进行深入思考，或主攻基础理论以提出崭新的学术观点，或总结发展历史以启迪当下的大胆创新，或从事应用研究以指导现实的审美实践，孜孜以求，无怨无悔，这也是生命美学研究作为一个崛起的新美学学派的重要特征。

刊于《中国社会科学报》，2016年3月14日

论美是普遍快感的对象

祁志祥

一、"美"的双重语义

在汉语中,"美"具有双重语义,一是作名词,指对象性的实体,属于客体。一是作形容词,指"美的",易言之即"愉快",它是一种功能性概念,指实体美的功能,显然,"愉快"是种感觉、经验,属于主体所有。通常,当人们面对一个物象惊叹"美"的时候,这"美"可以是对客观实体的一种判断,即用作名词,也可以是对主观经验的一种描述,即用作形容词。而凡是使人感到"美的"(愉快)必然被人们认可为"美",凡是被人判认为"美"的对象必然能使人感到美(愉快),于是,"美"的双重语义便水乳交融、难分难解了。有趣的是,在英文中,"beauty"这个词也是既可以作"美"(属客体)解也可以作"美感"(属主体)解的[1],这就为人们把客体的"美"与主体的"美"混为一谈提供了语言上的便利。我们当然不能重复前人的这个疏忽。在语言的使用中,在实际审美判断中,尽管客体的美与主体上的美难解难分,但我们所要寻找的美的本质只能是作为客观实体存在于对象世界的那种美的本质,也就是说,我们所要界说的是汉语中与"真""善"并列的那个名词性的"美"。

二、凡是"愉快的"都叫"美"

这种"美"是什么呢?

人们曾从客观方面寻求过它的统一的本质,但历史证明:此路不通。比如说美是"和谐",但不和谐有时也美;美是"自由的象征",但非自由的象征物也美;"对称"是美,但不对称有时也美,等等。正如詹姆斯·萨利早在1920年所著的《论笑》中说的那样:"在笑的领域里,'原因的多样性'作用特别明显,而关于笑的理论却要在这样一个领域里去寻找一个统一的原因,所以总是一再失败。"[2]而另有些定义看似包罗万象，实则大而无当。比如"美是关系""美是生活""美是实践"等等。

如果说从客观方面找不到美的统一性，那么从主观方面则可以找到。这就是，无论什么美，它都能引起主体的美的感受，换句话说，都能引起主体的愉快反应。这种情况导源于这样一种事实：在审美经验中，"如果一件事物不能给任何人以快感，它绝不可能是美的"[3]，反之，如果一件事物能引起人的愉快感觉，它就被这个人判认是美。所以，凡是令人愉快的就为这个审美个体叫作"美"。

三、只有普遍令人愉快的才是真美

古有"红肿之处，艳若三月之桃花"之说，显然，这只能是"嗜痂者"的怪癖。在审美中，尽管凡是美的事物必然能引起人的愉快感，但并非引起人愉快感的对象就是真美，那样就会走向相对主义。真正的美只能是普遍令人愉快的对象。易言之，美即普遍愉快的对象。

这里牵涉到一个美的主观性与客观标准的辩证关系问题。显然，在我们的美学定义中，美是由主体的"愉快"决定的，判认对象是否为美的根据是主体的愉快感。这是美的主观性。然而，这种美又不是主观的，而是有客观标准的，衡量美是不是真美的客观标准就是快感反应的普遍有效性。愉快充其量不过是对象所发出的物质信息与具有感觉器官的生命体的感官结构阈值相契合的感觉标志。同一物种的生命体其感官的结构阈值相同，它所契合的对象也就相同。因此，在美所引起的普遍愉快效应中，包含着美的客观性。这种客观性还表现在美只要普遍地引起同一物种生命体快感就足以为美，不需要得到该物种中每一个生命体的认可。正如物种延续中的个别变异并不能改变该物种的属性一样，个别感官结构阈值发生了变异的个体在审美感知上与大多数个体发生矛盾，也不能改变为大众所认可的对象的美学属性。

四、美感与快感并无质的区别

在这种定义中，我们把美引起的主体反应界定为"愉快"，"愉快"是种感觉，于是"美感"与"快感"等同起来了。这似乎是违反常识的。

是的，我们违反了美学理论的常识。从柏拉图，托马斯·阿奎那，到黑格尔、萨特[4]，西方的美学大师们一直喋喋不休地强调：美感不同于快感。直到当代，这种声音仍然鼓噪得很厉害，例如说："我们不应当称一块烤牛排是美味的。"[5]

然而，人类审美经验的大量事实则无情地粉碎了美学家的向壁虚构。不仅视、听觉以外的味觉、嗅觉、肤觉的愉快人们叫作美，而且比五官在生物学上低一个层次的机体的愉快感也被称作美。如称体觉愉快：美美地睡一觉。称味觉愉快：鲜美、甜美、美味、美滋滋。西方现代唯美主义诗歌的重要特色之一，即在于他们善于捕捉和歌唱"嗅觉美"："嫩白的山楂花／有刺的野蔷薇／叶丛里的紫罗兰／异香的玫瑰／香气袭人／令人心醉……"[6]

肤觉（触觉）在审美感官中向来是最无地位的，因为它可以直接引起人的肉欲。但事实恰好相反，"性感"这个词本来是讳莫如深的，但在现代社会中，它恰恰成为"美"的代名词。那些俊男倩女都希望用紧身衣把自己打扮得"性感"一点，并以有"性感"为荣。人们称赞明星的美，谓之"性感明星"；描述波姬·小丝美丽的胴体，谓之"颇富性感"。法国《方位》周刊《赛场上的阴阳人》一文也给我们留下了有关文字资料。文中描写美国短跑明星乔伊娜："她那颇具性感的女性美是举世称颂的。"[7]人们常说"美丽的大腿""美丽的胸脯"等等，无不与性的联想相关。黑格尔曾揭示过西方人的一种服饰观：美的服饰是能够体现身体自然线条的服饰。可他却不明白，这恰恰是较为开放（与东方比）的西方社会中历代公众以性感参与审美选择的结果。再一个例子，"苔丝姑娘"的扮演者金丝基口唇偏大。部分中国观众感到美中不足，问西方人有何观感。一位美国学者马克·萨尔兹曼倾吐了其中的奥妙："丰满的嘴唇非常好"，"因为吻得舒服"[8]。在这里，"美导源于性感的范围看来是完全确实的"，"'美'和'吸引力'首先要归因于性的对象的原因"[9]。

与西方人长于理性分析迥异其趣，古代中国人则偏重于感觉经验的浑融。在这种浑融的经验熔炉中，不仅五官快感相通，而且官能愉快与精神愉快也融为一体。许慎《说文解字》说："美，甘也"。"美"即是一种"甘"味。《淮南子·主术训》："肥醲甘脆，非不美也。"《说文解字·肉部》："肥，多肉也。"又《吕氏春秋·适音》："口之情欲滋味。"高诱注："滋味，美味。"又《说文解字·旨部》："旨，美也，从甘匕声。""旨""脂"可互训，故

"旨"作为"美"被广泛用于古代饮食品评方面。《诗·邶风·谷风》六章:"我有旨蓄,亦以御冬。"《毛传》:"旨,美。"《小雅·鱼丽》一章:"君子有酒,旨且多。"《郑笺》:"酒美而此鱼又多也。"《仪礼·士冠礼》:"旨酒令芳。"《礼记·学记》:"虽有佳肴,弗食不知其旨也。"这些材料,使我们怀疑汉字中的"美"最初是用来指称味觉愉快及其对象的。古人不是不用"美"指称视觉对象,《淮南子》高诱注:"艳"字:"好色曰美。"《左传》桓公元年:"宋华夫督见孔父之妻于路……曰:'美而艳'。"《诗·卫风·硕人》:"螓首蛾眉,巧笑倩兮。"《广雅》:"娥,美也。"等等。然而古人又常说"秀色可餐",如《诗·汝坟》:"未见君子,惄如调饥。"《郑笺》:"调,朝也,如朝饥之思食。"曹植《洛神赋》:"华容婀娜,令我忘餐。"沈约《六忆诗》:"相看常不足,相见乃忘饥。"马令《南唐书·女宪传》载李后主作《昭惠周后诔》:"实曰能容,壮心是醉;信美堪餐,朝饥是慰。"古人不是不用"美"指称听觉对象,但孔子闻《韶》是"三月而不知肉味"。想来这并不奇怪。人类生活必经先满足食、色之类的功利需要,而后才能进行与功利无关的纯审美活动。而在食、色中,食又是人类最基本的功利需求。因此,"美"字最初用来指称味觉愉快及其对象正在情理当中。

如果我们承认,在中国古代,"美"的本义是"味","味"是"美"的同义词,那么我们就得承认,在下面这段文字所记录的审美经验中,男女交媾的快感也是一种"味",一种"美":"闵妃匹合,其身是健,胡维嗜不同味,而快朝饱?"(《楚辞·天问》。屈原用早饭饿了得以饱餐一顿的味觉快感比喻男女交媾的快感)

不仅味、嗅、触觉愉快与视、听觉愉快相通,而且精神享受与之也相通。这是因为无论精神满足引起的愉快还是官能(生理)满足引起的愉快,在本质上都是一种感觉愉快,都是同种取向的情感体验。所以,钟嵘称五言诗之美,是"众作之有滋味者也";刘勰称意蕴深厚的美,叫"余味曲包";宗炳称山水画欣赏,是"澄怀味象";古人称艺术品美不胜收,叫令人"回味无穷"。古代美学理论中常常"意味"联言,就是精神愉快与生理愉快熔为一炉的显豁证明。

大量的审美实践昭示着:主体感受的美就是愉快,美感即是快感,这与美学家们苦心经营起来的理论针锋相对。

在一厢情愿、固执僵化的美学条文与鸢飞鱼跃、奔腾活泼的审美实践面前，究竟何去何从？显然我们只能尊重后者而不能曲从前者。

我们无意否认将美感（视听觉快感）从一般快感中分离出来、独立出来在美学认识史上的进步意义。也许，人类的认识是一个"圆圈"，它将在更高的层次上"归朴返真"。美感从一般快感中分离出来的固然是认识的进步，但当我们发现此路不通后，让它再回到一般快感中去，也许是更为明智之举。

其实，汪济生在其大著《系统进化论美学观》中早已对五官感觉的相通生理机制作过科学的论证。作者以翔实的生理学知识令人信服地说明：五官感觉活动"都有可以确定、捕捉的生物化学物理机制"。以视觉、味觉为例。"这两种感觉在向各自的中枢部分传导的过程中，不都仅仅是电位而已吗？所不同的不过是味觉的电位是由食物刺激味蕾引起化学反应而产生，视觉的电位是由光在视网膜上引起色素变化造成化学变化而产生的。"[10]视听觉没有什么优越于嗅、味、肤觉的特殊性，它们属于"同一的质的阶段"[11]。而五觉的快感不过是五官对象的物质信息契合了五官的"结构阈值"，从而引起五官的"适宜活动"而已[12]。在同为肯定性感觉、同为不假思考而作出判断这两点上，它们是一致的。因此，人们既然把视、听觉愉快称作"美"，也就没有什么理由不把嗅、味、肤觉愉快称作"美"。的确，如果像上述那个西方美学家说的那样"我们不应当称一块烤牛排是美味的"，我们真不知道用什么词来形容吃牛排时的愉快感。

五、动物也有自己的愉快对象

既然美感与快感没有什么不同，而普遍快感的对象就是美，那么，美就不是像黑格尔等人所说的，仅为人而存在，是人的一种专利。凡是有感觉功能的有机生命体，都应当有自己的感觉愉快对象，易言之，动物也有美。

对此，达尔文早已从一个生物学家的角度，以大量坚实审慎的科学考察资料指明："美感——这种感觉曾经被宣传为人类专有的特点，但是，如果我们记得某些鸟类的雄鸟在雌鸟面前有意地展示自己的羽毛，炫耀鲜艳的色彩，而其他没有美丽羽毛的鸟类就不这样卖弄风情，那么当然，我们就不会怀疑雌鸟是欣赏雄鸟的美丽了。"[13]达尔文认为，动物也有对"色彩"、"声音"、"形状"的"美感"("快感")。在动物的求爱、交配活动中,雌类特别喜欢美丽的雄类,雄类为求媚于雌类,也尽量把自己装饰得漂亮一点,于是,"用进废退""适者生存",在长期的物种繁衍、进化过程中,雄类动物愈来愈美丽,不美的雄类逐渐被淘汰。如果不承认动物有审美力,那么也就等于说雌类不会欣赏雄类的美姿美色美音,于是"雄鸟所显示之努力与苦心,所以展布其美好于雌类之前者,皆所无用",达尔文说:"是乃不能承认之事。"[14]他还以那些通过鸟兽吞食排泄的方式将种子散布开来的植物其果实往往都是颜色十分艳丽的事实来说明,果实色彩的艳丽是鸟兽审美力选择的结果。他写道:"我们可以断言,如果在地球上不曾有昆虫的发展,植物便不会生有美丽的花朵,而只开不美丽的花……同样的论点也可以应用在果实方面。成熟的草莓或樱桃,既可悦目又极适口。卫矛的华丽颜色的果实和冬青树的赤红色浆果,都很美丽,这是任何人所承认的。但是这种美,是供招引鸟兽的吞食,以便种子借粪便排泄而得散布。凡种子外面有果实包裹的……而且果实又是色彩鲜艳或黑白分明的,总是这样散布的。"[15]

达尔文指出动物有美感和审美力,这一点是功不可没的。但是一,他仍恪守"美感是视听觉快感"的传统美学信条[16],二,他认为人与动物拥有的美是"同样的"[17],这却是我们不能同意的。动物体与人体的感官结构阈值是不一样的,各别动物体自身感官的结构阈值也不一样,这就决定了不只人与动物的感觉愉快对象不同,动物之间的感觉愉快对象也各不相同。

周钧韬在《美与生活》(1983年版)中,曾引述过许多有趣的动物"爱美"的现象,不妨一录:

昆虫,一般来讲雄的比雌的长得漂亮,鱼类、鸟类也是这样。我们常见的野鸡、孔雀,还有赤鲤鱼,雄的比雌的漂亮得多。有的动物还有许多特殊的"美的装饰",如肉冠、肉垂、肉瘤、角、长羽等。到了求偶时期,这些美饰会大放异彩。孔雀的开屏艳丽无比,赤鲤鱼的光斑和光线斑斓迷离,火鸡和西班牙斗鸡的朱冠光彩夺人,角眼雉的蓝色肉垂鼓胀起来,犹如晶莹的宝石一般。这些美饰,突出于身体的一个部位,于争斗是不利的,甚至会因此而导致败亡。鹿的枝角和某些羚羊的角,虽然原为攻击或防御的武器,但如英格兰有一种鹿,其角的分叉竟有十二个之多,于争斗是极为不利的。在长期的生物进化中,这些东西并未退化,可见另有他用,"装饰"是不是也是一种用处呢?还有些动物不仅有美的装饰,还有跳舞、唱歌等审美活动。百灵鸟、画眉、鲸鱼的"歌喉"是那么迷人。科学家曾对鲸鱼跟踪六个月,作了大量的水下录音和摄影,发现鲸鱼的歌声优美曲折,浑厚,有时微带尖细。1856年,航海家诺特霍夫在描述船舱下一条鲸鱼的歌声时说:"它像一个人那样,唱着一种扣人心弦的、忧郁的曲调,并不时夹着汩汩的高音。"1977年,美国向银河系发射的"航程一号""航程二号"宇宙飞船里,装有一张能保存十亿年的唱片。唱片的最后部分就是一段鲸鱼的歌。……如果说鲸鱼是"天才的歌手"的话,那么龙虾就是"杰出的舞蹈家"了。跳舞是雄龙虾向雌类求婚的方式,其过程是:雄龙虾缓缓地从雌龙虾的背后爬到前面,按"8"字形来回跳舞,大约重复进行十五分钟,然后交配。[18]

周氏肯定动物界有"爱美"的现象,这是难得的。他本来可以由此逻辑得出动物也有美,美并不专为人而存在的结论,可对传统信条的迷信与怯懦使他不顾事实、自相矛盾地申辩:"美只存在于人类的社会生活之中,离开人类社会,在动物界……都无所谓美。美是对人而言,对人而存在的。"

最值得肯定的是汪济生。汪氏在其洋洋洒洒的美学专著《系统进化论美学观》(1987年)中,不仅对达尔文动物美感论中的有价值的部分作了详尽的发挥和发展,而且颇为犀利地批判、扬弃了其中的不足。首先,汪氏反复强调,五觉快感都是美感。其次,汪氏明确指出:美是属于"动物体"的,它包括人但又不限于人。其论证的精彩,不妨取视觉美一段为例。

动物机体部的基本需求中,食欲是几乎首当其冲的,而我们就可以在动物求食的活动中发现视觉美感活动的基本形态。……虫媒花植物当然首先是以它能为昆虫提供食物而吸引昆虫的,可是为什么虫媒花又会越发展越美丽……呢?原因看来……就是:昆虫在寻找到食物时,不但先注意花的可食性,而且还像一位被富贵生活娇宠坏了的绅士一样,要选择那些对视觉也有愉悦美感的食物。这样,在这些"昆虫鉴赏家""蜂蝶审美专家"的挑剔之下,这场自然选择运动,使那些更美丽的虫媒花植物博得青睐,获得授粉的优势,繁衍不绝;而那些比较不美丽的虫媒花植物便受冷落,缩小了传宗接代的规模……所以,我们说,自然界色彩缤纷夺目的异卉奇葩,是昆虫动物鉴赏家们辛勤劳动的成果，又是它们非凡审美趣味的证明。

在动物体机体部的基本需求中，性欲几乎是仅次于食欲的。而我们也可以在动物性欲满足过程中，找到渐渐渗透进去的视觉审美活动的形态。按一般的概念来说，性活动，只要活动双方具有性生理机构不同的条件就可以了。可是情况并不如此。异性双方，还要从对方的色彩感觉（引者按：该书后来又讨论了音调感觉）上进行美感的比较和选择，从而使毛色愈美的鸟兽愈能多获得繁衍子孙的机会，也愈能保持和发展美丽的性状……所以，我们可以说，今天我们所看到的千奇百异的美丽鸟兽，在某种意义上，是鸟兽经自己审美鉴赏选择后的作品。

我们也要指出植物和动物在繁殖中审美选择活动的不同性质。植物，尤其是虫媒植物，虽然也是在繁殖活动中越来越美丽，但这种美丽却不是它们自己审美力的结果，而且动物对它们审美的结果。动物则不同。动物自身的愈益美丽，却是它们自身审美能力的证明，只不过它们是通过异性体相互之间的选择来进行的。[19]

上述材料都向我们印证着一条真理：美并非人独有的专利，鸟兽虫鱼也有美。如果你看过科教片《瓢虫》，如果你有幸看过或听说过关于音乐有助于鸡的生长的报道，你就会对此更加置信勿疑。

然而，前人有几点意犹未尽，需要我们进一步作出阐明。

第一，所谓"动物有美"，只是说，动物有自己的快感对象，并不是说动物有人类所使用的那种术语的"美"字。"美"是人类用以指代、标志快感对象的一个符号，正如不同的民族所使用的"美"字音节、写法都不一样而无害为一指一样，我们可以设想，动物肯定有指代快感对象的信息或音节，不过我们人类听不到或听不懂，但它作为一种符号与人类的"美"字在功能上是一样的，所标志的实体在质上也是相同的（同为快感对象）。

第二，既然美是"普遍快感的对象"，而快感的本质在于对象信息契合感官的结构阈值，则不同物种的动物其感官具有不同的生理构造和不同的接纳对象信息的结构阈值，它们所拥有的美也就不一样。因此，达尔文说人类与低等动物拥有的美是"同样的"显然错误。比如人眼人耳能够看到、听到的是一定波长、频率之间的光波与音波，低于其下限或高于其上限都眼不能见耳不能闻，而看起来最悦目的光波与音波，其阈值更有限。而猫却能看到人所看不到的，蝙蝠却能听到人所听不到的。所以猫、蝙蝠的视听觉愉快对象肯定与人不一样。鸭子喜欢钻阴沟觅食烂鱼臭虾（味觉），熊猫吃那坚硬的青竹津津有味（触觉），狗看到生肉骨头便摇头摆尾，常常使不能接受的人们大惑不解。这说明了，不同的物种具有不同的审美尺度，因而具有不同的美。关于这庄子似乎早有先见之明。他认为，物适其性即美[20]，各物的本性不一，其所契合的对象（即美）也就不一，所以，"毛嫱、丽姬，人之所美也，鱼见之深入，鸟见之高飞，麋鹿见之决骤"。[21] "《咸池》《九韶》之乐，张之洞庭之野，鸟闻之而飞，兽闻之而走，鱼闻之而下入，人卒闻之，相与还而观之。"[22]同时，我们也应注意到，动物的美与人类的美有时也有交叉、重合、包容的一面。"令蜂蝶留恋不舍的鲜花，也正是令人类心醉神迷的"。令雌类鸟虫兽喜爱的雄类美丽的羽毛、色彩、美饰，也正是人类所欣赏的。这种"共同美"现象的产生或许是由于人与这些动物的感官结构阈值相互交叉所致。然而我们应当指出两点。一、有时某类动物的形态、色彩、声音被人类认为美的，在动物自身看来也许不美的；二、有时某类动物的形、色、音人类认为不美的，在动物自身看来也许是美。一句话，应破除以人的审美尺度为中心去评价动物界审美选择的现象。由此，我们就可以理解：生物界那些在人看来不够美的雌类何以会与美丽的雄类一同遗传下来。难道雌类对雄类有审美要求而雄类对雌类则没有？也许，雄类恰恰认为现在这个样子的雌类就是美的。

六、美与真、善的联系与区别

美虽然不是人的专利，但无可否认，人类的美是发展得最为充分、最为丰富的。

这是基于这样一个事实：人是有意识的动物。尽管"意识"是不是人区别于动物的根本特性尚有争议，如海克尔指出："高度进化的猿猴、犬、象等等的意识和人类的意识只有程度上的区分，而没有本质上的差异。"[23]但人的"意识"功能发达得使人成为万物的主宰足以说明，人的"意识"具有其他动物意识所不可比拟的规定性。在这种意识的指导下，人类产生了反映对象本质的"真"与反映人与人之间相处的行为准则的"善"，当一种对象引起人的道德理性（善）与哲学思考（真）满足时，必然会带来相应的情感愉悦。这种千姿百态的"真""善"之美，就是动物界所没有的。

真、善、美的联系就在于，既然美是"愉快的对象"，而"真的形象""善的化身"都能"普遍有效"地引起人的感觉愉快和情感愉悦而成为"愉快的对象"，因而，"真""善"与"美"相通。古人常称"意趣""意味"，今人常说"美德""美誉""美好的情操""知识的美""智慧的美"等等，就是证明。卡西摩多形象奇丑，但一颗善良的心灵却使他的丑陋的外表焕发出美丽的光彩，摇动了少女艾丝美拉达的心旌；一个人相貌平平，但武装了知识之后的充满机智的谈吐常会令人倾心刮目，都是常见的"善"转化为"美"，"真"转化为"美"的审美经验。所以美育学教导人们："以美引善"，"以美启真"。

然而只看到美与真、善的联系，看不到三者之间的分别，"美"也就失其为"美"了。尽管"美"包容着"真"与"善"，但并不等于"真"与"善"，在外延上，"美"比"真""善"大得多。明白些说，有些既非"真"亦非"善"的东西却可能是"美"。比如一道彩虹、一湾流水、一缕花香、一组乐音、一片山石，等等。它们既与"真"无关，亦与"善"无涉。欣赏它们，既不需调动道德思考，又不需调动真假判断，但却能普遍地唤起人的审美愉悦，你无法否认它们是美。这种美，就是只关事物形式不关事物内容的"纯形式美"，康德叫它"自由美""纯粹美"。的确，美的特殊性、独立性全由这一部分美的显现。美育学讲的"以美怡情"，就是指的这种美。可惜的是，我国美学界过分强调了真、善、美的统一性而忽视乃至消融了美之为美的独立性、特殊性，因为反"唯美主义""形式主义"而忽视了对普遍引人愉快的纯形式美的规律的研究，放松了教导民众对纯形式美的感受能力的培养。

"纯粹美"与"真、善的美"比较起来，"纯粹善"基于人类共同的感官知觉结构，因而往往呈现为超越时空界限的"共同美"。"真、善的美"则基于不同阶级、不同国度、民族、区域乃至不同时代的人们的不同是非意识与道德意识，因而这种形态的美是最有争议的。

从人类的美与动物界的美的关系来说，人类"真、善的美"是动物界不存在的,唯有人类的"纯粹美"与动物界的美可能存某种交叉状态。

七、美的主客观之争在此消失

美的主客观之争在美学史上一直纠缠不休。中国现代美学史亦然。蔡仪强调美是客观的,吕荧强调是主观的,朱光潜声称:美是主客观的统一。其他如高尔太则可归入吕荧的阵营,李泽厚、蒋孔阳、王朝闻等虽然重新阐释了美的客观性,又补充说美离不开人的主体而存在,实质上与朱光潜一个样。其实,说美是客观的,有些美恰恰是主观的,如"移情"之美;说美是主观的,有些美恰恰是客观的,如星星彩虹的美,桂林石钟乳的美,不可能说看到时它就存在,看不到时它就不存在,作为美它是种客观存在;那么,美是主客观的统一?不错,确有些美是这样。如一根斜直线,人们普遍感到它静中有动,这种动静相生的美就与主体对重力的认识紧密相关,这种美可以解释为是"人的本质力量的对象化"。但像星星的美你却只能说它是客观的,像"移情的美"(如"情人眼中的西施"的美)你又只能说它是主观的,总之,有的美你无法说它是"主客观的统一",这时,当代西方美学家拉克斯梯尔"有的美是客观的,有的美是主观的"[24]的论断想必会激起你的共鸣,但以此作为美本质解释又陷入了二元论。真令人莫衷一是。

而在"美是普遍愉快的对象"这个定义中,延绵不已、纠缠不休的美的主客之争就豁然冰释。你看,星星的客观美是一种"普遍愉快的对象","移情"的主观美(或者说直觉、想象创造的美)也是一种"普遍愉快的对象",那些"主客观合一"创造的斜线的静动相生之美乃至一切"实践"之美,不同样是"普遍愉快的对象"吗?

八、与桑塔亚那的区别

我们关于美的定义,想必会使人感到与桑塔亚那"美是客观化了的快感"的定义无异。其实,这当中的区别大着呢。

桑塔亚那是这样界说"美的本质"的:"我们觉得,我们的判断不过是对一种外在存在,对外界的真正美妙的感知和发现。然而这种想法却是十分荒谬的和矛盾的。我们知道,美是一种价值;不能想象它是作用于我们感官后我们才感知它的独立存在。它只存在于知觉中,不能存在于其他地方。""美是一种感性因素,是我们的一种快感,不过我们却把它当作事物属性。"

"当感知的过程本身是愉快的时候,当感知因素联合起来投射到物上并产生出事物的形式和本质概念的时候,当这种知性作用自然而然是愉快的时候;那时我们的快感就与此事物密切地结合起来了,同它的特性和组织也分不开了,而这种快感的主观根源也就同知觉的客观根源一样了……快感就像其他感觉一样变成了事物的一种属性。我们把这种属性同其他在知觉过程中不是这样结合的快感加以区别,而称之为美。"[25]这一切向我们表明了什么呢?一、"美"是主观的;二、"美"是一种功能性概念,即把"美"当作"美感",当作我们所反对的形容词"愉快"加以界定和使用,这是我们不能同意的。

后来,桑塔亚那又加了好多规定性:如美的"快感必不是事物的功利作用,而是对事物的直觉";"官能的快感不同于审美的知觉"[26]。这里显然残留着西方传统美学关于美感不同于一般快感,而是只涉及视、听觉的超功利快感思想的痕迹,我们也与此大相径庭。

要之,我们的定义较之桑塔亚那有着自己的更为丰富的规定性。

为了更有助于人们理解我们的定义,不妨对本定义的要点再作一简单归纳:

1.美是一种快感对象。不管这种对象是客观本有的,还是主观创造的,还是主客观合一的。一种对象只要能引起主体感觉性的愉快,它就是美。

2.美是普遍快感的对象。引起快感的就被认可为美,快感的本质是主体感官结构阈值对外界物质信息的契合,是主客观的一种协调,主体生理构造相同,感官结构阈值相同,契合、协调的对象也就相同,于是美呈现出一定的稳定性与客观性,美总是能普遍有效地引起主体的快感。

3.美是具有感觉功能的物种——动物生命体普遍快感的对象。因而,美不仅为人而存在,动物也有美。不同的物种有不同的审美尺度,因而有不同的美。

4.美的统一性不在对象自身的结构、质素、规律,而在引起主体快感的普遍有效性。

5.主体感受的"美"即"愉快","美感"与"快感"相通。

6.美与真、善既相统一又有区别。

注释：

[1]《英华大辞典》，时代出版社1965年版，第100页。

[2]转引自朱光潜：《悲剧心理学》，张隆溪译本。

[3]桑塔亚那：《美感》，蒋孔阳主编《20世纪西方美学名著选》，复旦大学出版社1987年，上，第282页。

[4]参李曼普：《当代美学》，光明日报出版社1986年，第139页。

[5]转引自科林伍德：《艺术原理》，中国社科出版社，第40页。

[6]杨国华：《现代派文学概说》，华东师大出版社1989年版，第34页。

[7]《读者文摘》1990年第2期。

[8]《读者文摘》1990年第2期《幽默的中国人》。

[9]弗洛伊德：《文明与它的不满意》，转引自朱狄《当代西方美学》，人民出版社1984年，第25页。

[10]汪济生《系统进化论美学观》北京大学出版社1987年，第12页。

[11]汪济生《系统进化论美学观》北京大学出版社1987年，第12页。

[12]汪济生《系统进化论美学观》北京大学出版社1987年，第176页

[13]《人类原始及类择》，转引自普列汉诺夫《论艺术》，曹葆华译，生活读书新知三联书店1973年，第8页。

[14]《人类原始及类择》第一册，第147页。

[15]《物种起源》，商务印书馆1981年版，第125-126页。

[16]如在《物种起源》中说："最简单的美感，就是说对于某种色彩、声音或形状所得的快感。"转引自普列汉诺夫《艺术论》，第126页。

[17]如在《人类原始及类择》中说："我们和下等动物所喜欢的颜色和声音是同样的。"转引自普列汉诺夫《艺术论》，第9页。

[18]周钧韬：《美与生活》，黑龙江人民出版社，第55-56页。

[19]汪济生：《系统论进化论美学观》，北京大学出版社1987年，第196-198页。

[20]详见祁志祥：《适性为美——庄子美学系统管窥》，《华东师大学报》(社科)1989年第4期。

[21]《庄子·齐物》。

[22]《庄子·至乐》。

[23]《宇宙之谜》上海人民出版社1974年版，第170页。

[24]转引自朱狄《当代西方美学》，人民出版社1984年，第212页。

[25]蒋孔阳主编：《二十世纪西方美学名著选》复旦大学出版社1987年版，上册，第279页。

[26]蒋孔阳主编:《二十世纪西方美学名著选》复旦大学出版社 1987 年版,上册,第 283 页。

原载于《学术月刊》1998 年第 1 期

审美与生活的同一
——在阐释中理解当代审美文化

潘知常

审美与生活的对立，是传统美学的基本特征。然而，在当代审美文化之中，对于审美的生活化与生活的审美化的强调却成为其不可抗拒的历史进程的两个方面。审美的生活化意味着审美被降低为生活，生活的审美化意味着生活被提高为审美。而审美的生活化与生活的审美化的集中体现，则是当代审美文化的诞生。

一

当代审美文化的一个重要特征，就是走向了生活的审美化与审美的生活化，也就是审美与生活的同一。

传统美学（以西方为代表）尽管见解纷纭，然而在以压抑非审美活动、非审美价值、非审美方式、非艺术为前提，把自己列入与物质王国所发生的一切完全相反的自由王国这一点上，却是始终一致的。它通过"审美非功利说"切断了美与生活之间的联系，使得美与生活完全对立起来，彼此成为互相独立、各不相关的两个领域。

当代审美文化对于审美的生活化与生活的审美化的强调却成为其不可抗拒的历史进程的两个方面。就前者而言，审美的生活化意味着审美被降低为生活。审美开始放弃了自己的贵族身份，不再靠排斥下层阶级的代价来换取自身的纯洁性，同时也从形式的束缚中解脱出来。于是，审美内容、读者趣味、艺术媒体、传播媒介、发行渠道，都在发生一场巨变：过去美和艺术只与少数风雅的上流人物有关，现在却要满足整个社会的需要；过去美和艺术是沿着有限的渠道缓慢地传播到有限的地方，现在却是把美和艺术的各种变化同时传播到全世界；过去美和艺术的选择要受到权威、传统、群体的限制，现在对于美和艺术的选择却更自由、更广泛、更为个体化；过去美和艺术所要求于每一个人的是"什么是美？"而现在美和艺术所要求于每一个人的则是："什么可以被认为是美的？"过去美和艺术所塑造的是一系列固定不变的形象，现在美和艺术所提供的则是一系列瞬息万变的影像……西方把这种情况比喻为"无墙的博物馆"。"博物馆"在西方历来是展示审美精品的殿堂，阿多尔诺曾比喻说：博物馆是艺术作品的家族坟墓，可见博物馆正是传统审美的象征。现在，它的围墙没有了，这意味着审美与非审美的界限的消失。从当代艺术的发展历程中，这些都不难看到。例如当代艺术家不惜把垃圾变废为宝，处处"化腐朽为神奇"，直接在现成品的基础上加上一些设计，就构成了所谓偶发艺术。再进一步，加上环境效果的安排，又构成了所谓环境艺术。然后再把这一切扩大到室外、街头、大自然，通过对对象的加工，使得人们对它另眼相看，于是又产生了大地艺术。在这当中，审美逐渐生活化的痕迹清晰可见。再如当代艺术的从远离大众媒介到大量运用大众媒介，从反感工业机械到与工业机械结合，从重视原作的价值到重视复制品的价值，从强调主观感情到重视客观世界，其中，审美逐渐生活化的痕迹同样清晰可见。审美与非审美的界限的消失还可以从当代艺术流派本身看到，例如波普艺术，传统艺术无论怎样转换，哪怕是根本看不懂，人们往往还是会承认它是艺术。因为它毕竟是固守着生活与艺术的界限，毕竟只是在象牙之塔内创作。而波普艺术的通过东拼西凑把生活中的废品拼贴在一起，就很难被承认为艺术了。因为这里看到的完全是生活本身。然而，这正是波普艺术的成功之处。它打破了艺术与生活的界限，冲破了传统的绘画界限，并且把它从狭隘的圈子里解放出来。

就后者而言，更为值得注意。生活的审美化意味着生活被提高为审美。当代美学开始冲破传统的与生活彼此对峙的藩篱，向生活渗透、拓展。在当代美学看来，现实世界无所不美，因此传统美学的通过在生活与美之间划道鸿沟的方式来把美局限于一个狭隘的天地的做法是有其局限性的。这一点，可以从维也纳建筑师汉斯·霍利因所设计的具有后现代美学风格的阿布泰伯格博物馆看到：在阿布泰伯格博物馆，人们从都市化的入口大厅来到的一处厅堂，是博物馆的咖啡厅。若非在一面墙上有一扇巨大的方窗，这只是一个普通的地方。窗外是雄伟的建筑和美丽的自然风景——古树环抱的悬岩上的一座哥特式教堂。这扇窗成了周围景色的一个巨大的画框。这里主导的感觉形式无疑是经过精心设计而成的，是整个博物馆中最重要的形式。它把外部世界变成具有审美价值的世界——这是通过博物馆的角度取得的。真实由此变成为一种故意造就的场景，哥特式教堂成了它自身入画的影像。显然，这意味着在建筑师的眼睛里整个世界都具有着审美价值。而这在传统美学乃至现代美学中都是不被重视的。这无疑与审美观念的转型相关。正如杜夫海纳所发现的"环境本身就包含着一个艺术的活动领域，公众在想到城市规划之前就已经接受了这种观念。"[1]于是，美与生活，审美与科学、技术第一次携手并进，开始了全新的美学探索。传统的美学与艺术的外延、边缘不断被侵吞、拓展，甚至被改变。一个不折不扣的美学扩张的时代诞生了。美学将是任何东西，而且可能是任何东西。这样，就必然导致美与科学、美与管理、美与商品、美与包装、美与劳动、美与行为、美与环境、美与生活的相互渗透……导致科学美、管理美、商品美、包装美、劳动美、行为美、环境美、生活美……的诞生，企业形象的设计、美容、化装的风行、橱窗装潢、霓虹艺术、时装表演、健美比赛、艺术体操、冰上芭蕾——美学就是这样一下子结束了自己的高傲与贵族偏见，从传统的作茧自缚中脱身而出，成为一只从坚茧中飞向街头巷尾（"艺术就在街头巷尾"）的飞蛾。

  而审美的生活化与生活的审美化的集中体现，则是当代审美文化的诞生。文化作为独立的研究对象，应该说，是20世纪的特定的研究对象。而文化进入美学研究的视野，则大体是20世纪50年代以后的事情。这就是我们开始逐渐熟悉起来的所谓"当代审美文化"。当代审美文化，发展到当代形态的以审美属性为主的文化，意味着人类文化在20世纪50年代出现的一种整体转型。其中的"当代形态"，是一种历史的描述。指的是50年代以后文化自身的形态得以充分地展开。这主要包括内容与内涵两个方面。从内涵的角度说，传统文化可以说是一种精英的、印刷的、教化的、男性的、传统的、本土的、意识形态性的文化，而在当代，它则在内容方面从精英文化中拓展出大众文化，在功能方面从教化文化中拓展出娱乐文化，在性别方面从男性文化中拓展出女性文化，在时间方面从传统文化拓展出当代文化，在空间方面从本土文化拓展出世界文化，在性质方面从意识形态文化中拓展出非意识形态文化，等等。从内容的角度说，传统文化只一种狭义的精神文化，而在当代，它却由于商品性与技术性的空前介入，渗透到了社会的每个角落，成为整个社会的象征。其次，其中的"审美属性"，则是一种逻辑的定性。它是指当代文化开始从传统的以满足人类的低级需要为主（审美、艺术因此被独立出来，作为专门的对高级需要的满足的一种文化类型而存在）转向了既满足人类的低级需要又满足人类的高级需要（审美、艺术因此而不再高不可攀），甚至去满足人类被越位了的商品性与技术性（媒介性）刺激起来的超　需要（审美、艺术因此而成为空虚的类像、媚俗的畸趣），在此基础上，当代审美文化面对的显然就不是美学上的老问题，而是新问题。这个新问题是：人类生存的新的可能性如何、新的人文要求如何、新的生存要求如何、新的审美追求如何。也因此，当代审美文化就把审美的生活化与生活的审美化所体现的美学问题集中表现为：文化的审美化如何可能？

二

当代美学从审美活动与生活的对立走向同一，原因极为复杂。但就根本而言，则有外在与内在两个方面的原因。

首先，是外在方面的原因。市场经济高度发展条件下审美活动的回归自身，以及审美者的物质需求必须通过审美活动本身来解决，无疑是一个重要的原因。这使得审美活动必然要把自身降低为现实生活，走上审美的生活化的道路。同时，物质需求本身随着社会的发展也越来越蕴含着美学含量，也是一个重要原因。这使得生活本身必然要把自身提高为审美活动，走上生活审美化的道路。"食必常饱，然后求美；衣必常暖，然后求丽；居必求安，然后求乐"。[2]物质生活的改善，精神生活的充实，必然导致生活质量的提高，也必然导致对审美活动的追求。人人都开始从美学的角度发现自己、开垦自己，发现生活、开垦生活。结果，生活成为一门艺术，或者说，被提高为艺术。

其次，是内在方面的原因。可以从两个方面来讨论。第一，从美学内部来看，是作为美的集中体现的"艺术"的自我消解与自然美、社会美的相应崛起。正如约翰·拉塞尔指出的：在当代美学，"艺术"已经不再独立存在，这"主要是作为现有价值保证的艺术的社会作用的信念崩溃了。20世纪中叶的观点是：既然大多数已接受的价值观是有害的，那么维护这些价值观念的艺术就不再是艺术了。""艺术杰作的高雅概念本身具有某种自我恭维的因素，这也是事实"。爱因斯坦的相对论之后，"如果物质不再是物质，如果我们脚趾踢到石头不是真正的固体，那么我们将选什么东西作为真实的标志呢？作为独块巨石的名作——字典上的解释是：'一块单独的石头，尤其是一块体积巨大的石头'，——如果这种'单独的石块'其实质不是它外表所在，那么它就有必要贬值。"[3]由此，传统美学的以"艺术"来抵御生活的带有明显局限性的审美主义的做法不再有效。

还可以换个角度来看，在当代美学看来，事实上，当"艺术"自身被消解之后，就只能回到生活。以现代绘画为例。康定斯基发现，以画框作为"艺术"的边界其实意义并不重要，因此正着放、反着放都可以，这意味着不需要具体的形象就可以使人们激动。这样一来，架上绘画的边界就被冲破了。由此出发，人们会很自然地去联想：既然画中的抽象物可以感动人，那么画外的抽象物呢？应该也可以感动人。何况，在世纪之初现代绘画刚发现自然界是锥体、球体和柱体的构成时，就应该意识到，这一切在架上绘画中是根本无法体现的，只有在画外环境中才能实现。"过去，艺术是一种经验，现在，所有的经验都要成为艺术"。[4]进而言之，绘画中的艺术形象无疑无法进入生活，因此绘画长期以来总是傲视生活本身。

然而抽象物却是可以被搬入生活的。这实在是当代美学的重大发现。一旦意识到这一点，就不难发现，在两度空间中上下驰骋的架上绘画实际已经严重限制了抽象艺术的发展，限制了审美空间的拓展，再不迈出这个虚假的两维空间，就必定是绘画的灭亡。因此，艺术家不再只是在画布上体现抽象物，而是直接在生活中体现抽象物。甚至，人们会用工业生产的方式去大规模生产抽象物（这使人想起包豪斯学校的创造）。这样，架上艺术被环境艺术、设计艺术取代就是必然的，二维空间艺术被三维空间艺术环境取代就也是必然的。而这就导致了艺术美向生活本身的倾斜。这里，值得一提的是设计意识的出现。在我看来，当代艺术的真正贡献与设计意识密切相关。假如说艺术创造是对于画布的美化，那么工业设计就是对环境的美化。由此我们可以说，在当代美学中艺术固然是自我消解了，然而假如因此推动着现实生活进入了艺术的殿堂，应该说，那也不是一件坏事。

不难想象，既然"艺术"本身已经自我消解，显然精英艺术对通俗艺术的排斥也就成为不可能，大众艺术就应运而生。不过，要强调的是，这里所讨论的审美与生活的同一是指的当代美学中的一种普遍现象。因此，与在狭义的后现代主义美学中出现的打破雅俗分立还稍有不同。具体来说，在狭义的后现代主义美学，所谓反艺术、反文学、反戏剧、反审美、反传统的艺术，所谓从雅到不能再雅（马尔库塞所谓"小圈子里的艺术"）到俗到不可再俗，从唯美艺术到废品艺术，虽然从客观上看是回到了生活，但是就其本意来说，却并非意在回到生活，而是着眼于破坏传统形式、规范、法则。换言之，实际上是一种拒绝解释、拒绝交流的作为反文化和抗文化而存在的颠覆力量，是用故意捣乱的方式来维护自身的地位，是对审美活动自身的特殊价值、功能、标准、理想的全面失落的反抗，因此主要是针对现代主义美学的把艺术的形式主义、孤立主义、表现主义被推演到极端（物质文化的丰富使得个体心灵只能通过远离物质文化的丰富的方法来发展自己）这一现象，是对把审美活动绝对封闭化、自律化的反抗，是在以扭曲的方式嘲笑扭曲的社会，揭示当代社会、当代人的精神危机，因此不能和审美与生活的同一简单地等同起来。

在美学外部，是审美活动的独立性的消解以及审美活动的向生活的渗透。在这里，最为内在的奥秘就是审美活动"功利性"的提出。这无疑与先在的美的消失与生活美的出现密切相关。就前者而言，"今天的美学继承者们已经是一些主张审美态度的理论并为这种理论作出辩护的哲学家。他们认为存在着一种可证为同一的审美态度，主张任何对象，无论它是人工制品还是自然对象，只要对它采取一种审美态度，它就能变成一个审美对象"。[5] "传统美　学把'审美'的东西看作是某些对象所固有的特质，由于这些特质的存在，对象就是美的。但我们却不想在这种方式中探讨审美经验的问题"。[6]这意味着：先在的美已经不复存在。这一点，在当代的几乎所有美学家那里都可以看到，例如阿思海姆从"知觉模式"到"万物皆表现"到"万物皆美"，贝尔把"有意味的形式"解释为"能激起审美情感的形式"，等等。审美活动的前提从美转向审美态度，审美态度成为美的决定者。先审美活动而存在的美不存在了，美之为美的客观标准不存在了，美的绝对性不存在了，美与非美的界限也不存在了。美的普遍有效性不再决定于对象（理性），而是决定于态度（非理性）。审美态度就是普遍有效性的根据。就后者而言，审美活动从与生活对立走向同一，至关重要的是生活美的应运而生。传统美学对于生活美是竭力压抑的。在它看来，生活美是分散的、不纯粹的。然而，这只是从艺术美来考察生活美的结果。在当代美学看来，艺术美与生活美之间不能够以存在领域的宽窄以及内容的深浅来界定，而应从它们之间存在方式的特殊性的角度入手。事实上，艺术美代表着审美活动的一极即非功利性，生活美则代表着审美活动的另外一极即功利性。关于艺术美，人们十分熟悉，它一般为虚构的、欣赏的，是审美活动的二级转换即审美活动的物态化表现，是一种纯粹形式。即便是借助物质材料，例如绘画的颜料、雕塑的石膏、大理石，也只是用来传达信息，充其量也只是美的载体。生活美就不同了。它是功能的、实用的。现实对象就既是材料又是本体，在其中，实用功能与审美形式是彼此交织的。

进而言之，生活美本来就是审美活动的应有之义。它构成了审美活动的真实的一极。审美与生活的对立只是生命活动在特定社会中的一种特定的表现，在人类之初，物质活动与精神活动混淆不分，审美活动也厕身其中。后来物质活动与精神活动两分，审美活动被通过艺术活动的方式部分地独立出来，但是审美活动不能总是停留在艺术之中，因为这也会限制审美活动的发展。于是随着物质活动与精神活动的再次合一，审美活动也就从艺术活动扩展到物质生产之中，从而进入全部社会生活。生活美就是此时的必然产物。

三

由此我们看到，正如有学者指出的，人们经常说"适者生存"，然而在"适"中求得生存，却是人与动物所共同具有的。只有"美者优存"，在"美"中求得生存，才是人所独有的，也是人之为人的根本规律。审美活动的诞生，正是"美者优存"的具体表现。美与人类生命活动同在。在此意义上，根本不存在功利性的审美活动并不存在，真正存在的只是功利性或多或少的问题。生活美的诞生，正是在此意义上成为可能。它是对审美活动的边缘地带的新拓展，也是对审美活动的内涵的深化。正是它，把"爱美之心，人皆有之"这一理想真正变成现实。

当然，在当代美学对于审美与生活同一的强调中，也会出现某种严重失误。这就是从泛美走向俗美，从通俗化走向庸俗化。通过走向审美与生活的同一，不但不能转而成为对于审美与生活的对立一面的否定，而且还要意识到这本来就是着眼于抬高生活（从而着眼开拓美与生活之间的边缘地带），从而在更深刻的意义上着眼于抬高审美本身，然而一旦审美与生活根本不分，却可能出人意料地在抬高生活的同时降低了审美，可能播种的是龙种，收获的却只是跳蚤。因为审美与生活之间毕竟存在着鲜明的差异。

在这里，最为重要的是：审美活动可以走向泛美但是却绝不可以走向俗美，可以走向通俗化但是却绝不可以走向庸俗化。所谓庸俗化，是一种从内部出发的对于审美活动的错误理解。它把审美活动简单地理解为一种生活中的技巧、方法、窍门，类似于所谓交往的艺术、讲演的艺术、语言的艺术，等等。它意味着一种轻松、潇洒、逗乐、健忘、知足、闲适、恬淡、幽默的生活态度，对苦难甘之若饴，在生活的任何角落都可以发现趣味，意味着"过把瘾就死"，"跟着感觉走"，而且"潇洒走一回"。在它看来，既然严酷的现实无法改变，那不妨就改变自己的心理方式以便与之相适应。因此，承认在现实面前的无奈就是它的必然前提。然而，假如作为一种应付生活的而并非针对审美活动的生活态度，它或许无可指责。但是作为审美活动，这却存在着根本的缺憾。因为它无视人类的任何罪孽和丑行，充其量只是对于生活的抚慰、抚摸，只是教人活得更快活、更幸福的生活的调节剂，只是对精神的放逐，而不是对精神的恪守。但是审美活动之为审美活动，其最为本质的东西，就是昆德拉所疾呼的去"顶起形而上的重负"。在生活中可以现实一点，可以不去与生活较真。这无疑是一种聪明的生活策略，但是在审美活动中却不可能如此。审美活动永远不能放弃自身的根本内涵。审美活动永远要使人记住自己的高贵血统。安娜·卡列尼娜为什么要自杀？俄狄浦斯为什么要把眼睛刺瞎？贾宝玉为什么要出家做和尚？唯一的理由是：只能如此。"当每日步入审美情感的世界的人回到人情事物的世界时，他已经准备好了勇敢地甚至略带一点蔑视态度地面对这个世界。"[7] "艺术家的生活不可能不充满矛盾冲突，因为他身上有两种力量在相互斗争：一方面是普通人对于幸福、满足和安定生活的渴望，另一方面则是残酷无情的，甚至可能发展到践踏一切个人欲望的创作激情。艺术家的生活即便不说是悲剧性的，至少也是高度不幸的。……个人必须为创作激情的神圣天赋付出巨大的代价，这一规律很少有任何例外。"[8]

因此一旦简单地完全把审美与生活混同起来，就会导致误区。例如，审美与非审美的界限不复存在，审美的客观标准不复存在，审美的相对稳定性也不复存在，等等。所谓泛美，则是一种从外部出发的对于审美活动的理解。其根源，在于商品性与技术性（媒介性）的肆无忌惮的越位。在当代社会，由于商品借助技术增值，技术借助商品发展，无可避免会出现误区：消费与需要相互脱节，生产与消费也相互脱节，结果不再是需要产生产品，而是产品产生需要，欲望取代激情，制作取代创作，过剩的消费、过剩的产品，都纷纷以过剩的"美"的形象纷纷出笼，整个世界都被"美"包装起来（阿多尔诺称之为"幻象性的自然世界"），以致幽默成了"搞笑"，悲哀成了"煽情"，审美的劣质化达到前所未有的地步，甚至成为美的泛滥、美的过剩、美的垃圾……人人都是艺术家，艺术家反而就不是艺术家了；到处都是表演，表演反而就不是表演了。一方面是美的消逝，一方面是美在大众生活中的泛滥。美成为点缀，成为装饰，成为广告，成为大众情人，美就这样被污染了。这无疑也是十分值得警惕的。[9]

注释：

[1]杜夫海纳主编：《当代艺术科学主潮》,刘应争译,安徽文艺出版社1991年版,第10页。

[2]《墨子》。

[3]约翰·拉塞尔：《现代艺术的意义》,陈世怀等译,江苏美术出版社1992年版,第398、399页。

[4]贝尔：《后现代社会的来临》,王宏周等译,商务印书馆1986年版,第529页。

[5][6]乔治·迪基。转引自朱狄：《当代西方美学》,人民出版社1984年版,第241、242页。

[7]贝尔：《艺术》,周金环等译,中国文艺联合出版公司1984年版,第198页。

[8]荣格：《心理学与文学》,冯川等译,三联书店1987年版,第140-141页。

[9]对此,可参见我的《反美学》(学林出版社1995年版)"生命中不可承受之轻"一节,此处不赘。

原载于《浙江学刊》,1998年第4期

论当代审美文化向功利性的回归

姚晓南

摘　要: 如何界定审美文化的功利性,成为20世纪90年代以来审美文化研究的焦点问题。传统美学的功利观,更多关注的是美和审美活动的独立性,其审美文化的内涵相对而言是狭窄的。而当代审美文化与现实生活的相互融合,大大扩展了审美文化的内涵,其生活化、实用化、技术化、商品化及其与大众生命活动的同一性特征,宣示了审美文化向现实社会生活的功利性回归。这种回归,是美学的进步而不是退步。

关键词: 审美文化　传统美学　技术美学　功利性

发轫于20世纪90年代的审美文化研究,如一股劲风,吹起了二百多年来传统美学厚重的帷幕,把美学研究从哲学的、思辨的、"高雅艺术"的象牙塔中,引向了对文化的、感性的、大众的日常审美活动的关注,从而形成了审美文化与现实生活相互融合的特征。这使一个古老的话题——功利性——又鲜明地凸现出来。引人注目的是,面对当代审美文化中的功利性问题,人们产生的是两种截然不同的态度。一种看法认为:审美文化是整个文化中超越功利的那一部分,即审美文化是文化中以"非功利的目的为目的"的部分[1];一种看法则认为:当代审美文化最为核心的巨变,是"从超功利性到功利性","就审美活动而言,当代审美文化带来的则是对于功利性的强调"[2]。因而对于当代审美文化研究来说,对功利性的态度,关涉到美学是否承认当前最为生动活跃的大众审美文化的存在,是否承认审美与生活的融合,是否承认美的艺术与现代科技以及市场经济的联合等等。这些问题,恰恰是当代审美文化最为基本的问题。就此而言,对于功利性的承认与否,以及如何界定审美文化的功利性,成为当代审美文化研究的一个焦点。

1

自康德以来，审美超功利论成为传统美学的一个标志。康德在《判断力批判》中把审美的非功利性作为审美的第一个契机："美是无一切利害关系的愉快的对象。"③随后的黑格尔则以"美学即艺术哲学"的界定，进一步把美和艺术从感性生活中独立出来，从而使审美无功利学说成了与古典艺术相对应的、与美和艺术的自治主义相适应的传统美学的权威性话语，对此后美学思想的发展产生了深远影响。

作为一种意识，美和审美最早是产生于功利性活动之中的。原始民族所创造的文化，完全是功利性的实用文化，但其中包含了审美的、艺术的内容（如原始岩画、图腾、巫术礼仪的活动等）。也就是说，早期人类的审美活动不是一个独立范畴，而是与功利、实用紧密结合在一起的。随着社会的发展、分工的出现，审美和艺术活动才逐渐与社会实用物质活动有了界限。为了在理论上把美的审美活动进一步从实用活动中独立出来，18世纪欧洲美学家们作了种种努力。康德之前的夏夫兹博里就曾从伦理学角度认为艺术欣赏经验中产生的赞赏、快乐和爱，都是作为与我们自身利害关系无关的东西而出现的。康德完善并发挥了夏夫兹博里的学说，指出"利害关系"或"利害性"是与对象的"存在"相联系的，如果审美判断里夹杂着哪怕极少的利害感，就会偏爱这事物的存在，所以美是无一切利害关系的愉快的对象。夏夫兹博里和康德的审美超功利学说，的确揭示了审美活动的某些本质特征，如美的对象常常具有与真善无关的相对独立的审美价值，带有某种超越特征。正是从这个意义上说，传统美学作为一门学科得以真正走向独立。

然而，审美的超功利性理论，是建立在审美活动的完全独立，建立在古典艺术对实际生活的高度超越基础之上的。就文化意义而言，超功利论美学所代表的审美文化其内涵是极其狭窄的，它仅限于知识分子心目中的"精英"文化。事实上，近代以来，随着工业大潮的涌动、科学技术的突飞猛进，文化的概念被大大拓展。特别是进入20世纪，科学精神日益显露出对文化的一些固有理论如宗教、文学等的冲击，技术化广泛渗入文化的各个领域。其中最为突出的是文化传媒的革命性变化：广播、影视、新闻出版、广告的现代化，以及最新的计算机多媒体技术和网络技术，彻底改变了几千年来的文化传播方式，使得文化从"精英"的书斋里走向了大众，使得审美由少数人的专利变为大众的生活形式，使古典的较单纯的艺术审美扩展为渗透于生产、自然、社会日常生活各个方面的现代审美文化。这些变化包括了如下的内涵：1.审美形式的多样化；2.审美主体的大众化；3.审美对象、审美过程与功利性的重新融合。可以说，审美文化内涵的扩展，构成了当代审美文化研究与传统美学的显著差异。

传统美学的超功利意识，还导致了它的另一个偏狭：排斥了对实用美的研究。无论是自上而下的哲学美学（或者黑格尔所说的"艺术哲学"），还是自下而上的心理学美学，它们关注的只是超越于实际物质生活的、人类精神领域的审美现象。然而审美文化所包含的，不仅有精神文明范畴的审美现象，还有物质文明范畴的审美现实，后者与社会人群的功利性活动是紧紧结合在一起的。因而实用美是审美文化系统中的一个重要的子系统。实用美多体现为实用品的美和工业产品的美，这种美也会在生产过程中表现出来。科学技术越是发展，美、艺术与技术的结合就越广泛，物质生活、生产过程、产品的设计和使用中的审美因素也就越突出。比如现代工业产品的设计和生产中，审美价值已成为产品除价值和使用价值之外的"第三价值"，在许多情况下，审美价值给产品带来的利润甚至超过其他价值所产生的利润。这里审美性是与实用功利性融汇在一起的，它属于物质文化范畴。现代美学的一个分支——技术美学的崛起，更是无可争辩地证明了传统美学排斥实用美研究是偏狭的，是自己束缚了自己。

我国当代审美文化研究中，固守审美超功利性论者还进一步从批判大众文化的角度重申了传统美学的上述思路。他们通过介绍和引用西方一些关于审美文化的理论，彻底否定了现代科技及其所导致的现代大众文化包含有审美因素的可能性[④]。这种把审美文化仅仅等同于文学和艺术（传统意义上的艺术），排斥其他任何与功利有关的文化形式的极端化观点，显然是对20世纪以来审美文化发展与变革现状的漠视。事实是：进入20世纪下半叶，科学技术的飞速发展，促进了人类生活方式的极大改变。一方面，作为审美形式，传统的文学艺术已不能完全适应人们不断更新的生活方式和不断加快的生活节拍。历史早已证明：不适合时代人群需求的事物，终将为人们所冷落（当代诗歌和长篇小说读者的流失即是一例）。另一方面，传统的文学艺术愈益不能满足人们多元化的审美需求。于是连文学作品本身也不得不与大众传媒联姻，影视作品、MTV、广播小说等成为文学艺术的新载体；艺术"设计"思想的深入人心，以及艺术性设计的广泛渗透，使昔日深藏于艺术之宫的美术作品日益转化为大众用品，科技和工业产品也因之逐渐艺术化。上述变化，表明传统文学艺术已经不能独立代表审美文化，同时也说明即使是传统文学艺术，也开始向现实生活中广大民众的审美需求审美功利性回归。因此，用道德理想主义和为艺术而艺术的审美主义拒斥文艺的市场化、实用化、商品化，因反对功利性而一味否定审美文化与大众文化与日常生活的融合，至少是一种迂阔的学术守望。

2

要认识当代审美文化中的功利性问题，我们有必要区分与审美有关的功利意识的几个层次。我认为，审美的功利性可分为三种不同层次上的含义：

第一种含义指的是审美的潜在功利性。这种功利性不以对象的存在以及与存在相联系的利害关系为主导，而主要是审美主体美感心理目的的满足，是主体情感的移情作用。对于审美的潜在功利性，美学界似无分歧，纵使是康德本人，也曾从"美是道德的象征"这一命题上，承认美具有满足人的鉴赏趣味，使人精神愉快的功利价值。

第二种含义指理性主义的工具论。鲍姆加登虽然第一次赋予美学以独立学科的地位，但他关于美是"感性认识的完善"的观点，仍然把美感与认识等同起来，认为审美活动从属于认识活动，美只是一种低级的认识方式而已。后来的普列汉诺夫则把审美工具论极度强化。而新中国成立后几十年的文艺史中，也曾将审美工具论发展到登峰造极的地步，审美活动因此失去了独立性，成为政治斗争、意识形态的附庸。这种单纯工具论所代表的功利主义当然应该反对。

审美功利性的第三种含义是指审美的实用性和功能性。所谓审美的实用性和功能性，是指审美对象或审美活动所产生的实际效用。实用性与实用美相联系，功能性与功能美相联系。实用美是人类生产和生活各方面活动所追求和肯定的美；功能美则是物质产品中所寄寓的审美意识的体现。就现实的实践活动而言，首先要实用（符合实践目的），然后才可能称其为美。而一件实用物品，也必须具备实用功能，美才有所附丽。譬如一辆造型精美、装饰豪华的小汽车，如果引擎设计不合理或故障频出，它就决不能成为一辆美的车。正如古希腊苏格拉底所言："任何一件东西如果它能很好地实现它在功利方面的目的，它就同时是善的又是美的。否则它就同时是恶的又是丑的。"[5]在人类的早期，美与实用同一，在社会生产与科技高度发达的今天，美与功利又趋于融合。所不同的，前者是无意识的，后者则是人类的有意追求。因此，我们所说的当代审美文化向功利性的回归，主要就是指审美的实用性和功能性所表现出来的这种功利性。

在当代审美文化研究中，无论人们对功利性看法如何，一个不争的事实是：审美文化已超越了传统美学的艺术审美小圈子和心灵体验的抽象思辨范围，而进入到文化的、大众生活的广阔领域，使审美活动趋向于生活化、实用化、通俗化和商品化，使审美逐渐成为当代人一种普通的生存状态。这就是当代审美文化的显著特征。这种变化，不是美学观念自身演变的结果，而是当代社会生活的演变、现代科技的发展、市场经济的转型所导致的必然结局。

就其属性而言，审美文化既包括精神文明领域的审美文化，也包括物质文明领域的审美文化。当代审美文化向功利的回归，在这两大领域均得到了充分的表现。

考察精神文明领域的审美文化，我们首先看到，传统的文学艺术样式日渐式微，艺术文化从纯审美的、非功利的圣地泛化到大众文化之中，文艺活动愈来愈显示出功利性极强的消闲娱乐功能。消闲娱乐曾长期被美学家们斥为低层次的审美活动，然而，如果我们从当代人审美活动与生命活动趋向同一性的角度来看待此现象，便很难再简单地区分审美活动的高雅与通俗。正如文艺作品皆产生于生命的涌动，都是生活的现状使然，而生命的表现以及源于生活本身的审美需求很难有高雅通俗之分,因此,诸如卡拉 OK、迪斯科、影视作品的欣赏(有人称为"快餐文化"),这些最为典型而又极为普及的审美与生命活动的融合形式,或者说大众消闲娱乐活动,其审美性恐怕也不能以一句"低俗文化"一言以蔽之。

其次,我们也看到,当代文化和审美本身也正在走向商业化和消费化。其具体表现为两方面:一是艺术品已强烈地市场化和产业化;二是艺术活动或审美活动被商品化。与传统美学的艺术哲学特征所不同的,当下的审美文化是具体的、形而下的、生动活泼的,它可以是一种具体的艺术形式,也可以是一种日用品、一种生活时尚、一种室内装饰风格等等准艺术或非艺术形式。事实上,当前的艺术创作、艺术家、大众的审美活动都在逐步进入市场经济体制之中。这就说明,一方面,文化或审美正在变为消费对象,另一方面,在向消费转化过程中,文化和生活也在审美化。这何尝不是社会的一种进步!

当代审美文化向现实功利的回归,更为鲜明和突出地表现在物质文明领域。苏联美学家鲍列夫指出:"整个世界及其整个过程,人和人的一切活动,人的全部文化及其产品,从它们对人类所具有的价值方面来看,都是具有审美意义的范围。"⑥鲍列夫根据对美学发展进程的考察,认为不仅是艺术,而且按照美的规律掌握世界的其他一切形式,其中包括功利—实用的形式,都在进入美学注意的范围。而这种"功利—实用的形式",就是当今发展方兴未艾的实用美学或技术美学。技术美学是实用美学、工业美学的总称。从技术美学的角度看,审美活动干脆就是直接的合功利性。如果说传统美学的无功利审美是建立在形式美之上,那么技术美学追求的则是功能美与形式美的统一。换言之,体现实用性的功能美是技术美的内在结构,形式美只是技术美的感性直观显现。这就是技术美的本质特征。技术美学产生于科学和工业技术高度发展的 20 世纪,它研究劳动过程中的审美关系,研究劳动产品的创造与欣赏的美学问题。它远远超出艺术审美范畴,在广泛的物质文化背景和社会历史背景上,从整体到局部、从宏观到微观地研究劳动美学、商品美学、城市美学、装饰美学等等,涉及生产、生活各个层面。技术美学在实践上,把技术提高到艺术的高度,又把艺术返璞归真地与技术结合起来,使实用功利向着审美升华。技术美学还使美学真正从理论的象牙塔中走出来，走向市场、走向经济、走向生活。因此，审美文化研究向功利的回归，正切合了当代大众期望新时代的生活走向实用境界与审美境界相融合的要求。应当说是美学的进步而不是退步。

我们承认当代审美文化的功利性的同时，并无意否定美和审美所具有的非功利性一面。但是在社会生活无时无处不在的大文化审美中，如果以总体上的超越性来拒绝和否定现实生活中的实际的审美活动与审美需求，则无疑会使美学研究日益变得狭隘和空泛。本文肯定审美文化的功利性之目的，首先在于强调"功利性"并不是美和审美的反动，并不是美和审美的庸俗化；其次针对当代审美文化研究中的"超功利论"主张，意在说明：审美文化是一个实用与审美高度融合的形式，其中不大可能存在纯而又纯的超功利部分，因而要想从中硬性区分出"以非功利的目的为目的"的那一部分，无异于要在学理上否定整个当代审美文化。而事实上，作为一种社会存在，审美文化的大众化、通俗化又是无论如何也否定不了的。

注释：

①《走向21世纪：艺术与当代审美文化学术研讨会综述》，载《文艺研究》1995年第6期。
②潘知常：《审美观念的当代转型》，载《东方丛刊》1996年第1期。
③康德：《判断力批判》（上册），宗白华译，商务印书馆1985年版，第48页。
④参见滕守尧《大众文化不等于审美文化》，载《北京社会科学》1997年第2期。
⑤《西方美学家论美和美感》，商务印书馆1980年版，第19页。
⑥鲍列夫：《美学》，中国文联出版公司1986年版，第39页。

原载于《华中师范大学学报》，1998年第3期

美学大势与人学

欧阳友权

摘 要：21世纪将是美学多元归宗的时代，这种归宗的基本价位取向是归于人，归于人学，或曰归于人学美学。这一结论的得出不仅是基于中外美学发展的自身趋势，更是基于世纪之交的社会现实对美学的需要。首先，社会发展需要美学关注人的生存世界；其次，人更理性需要美学关注人的意义世界；最后，科技文明需要美学关注人的情感世界。

关键词：美学 人学 中华美学

如果说20世纪是美学"群雄割据"的时代，那么，在即将到来的21世纪，我们将迎来美学多元归宗的时代。这种归宗的基本价值取向便是归于人，归于人学，或曰归于人学美学。作出这样的理性判断并非是空穴来风，而是基于我国美学发展的理论大势，也基于社会发展对美学理论走向的现实规范。

理论视界：中华美学的人学脉动

由于中国古代思想文化的人文传统，中国古典美学一开始就融贯了浓郁的人学精神。中国几千年的美学，从本质上说是一种人文美学、人伦美学、人化美学、人学美学。儒家美学蕴含的人伦谐和、"天地之间立其心"的仁义之道，以及通过涵养德行的善来达成天人合一、知行合一的美的思想，便是典型的经世致用的人学美学。道家美学在其"道法自然""虚极""静笃"的背后，潜流着的则是一条哲学人类学意义上的美学大川——在中国古代，是老庄之道家，率先完成了中国古典哲学从宇宙论向存在论的转向，道家思想也成为一种关于人的现实存在的本质和可能性的终极关怀。庄子倡导的那种人与天地并生、与万物齐一、与造化同在、与日月同辉的审美境界，使美学真正成了至高无上的形上人学，也使人的存在成为哲学人类学意义上的美学。由儒道两家美学演化而来的楚骚美学、汉代经学美学、魏晋玄学美学、佛教禅宗美学、宋明理学美学，以及明代心学美学等，无不以人学美学为其筋骨，无不是人的美学旋律的"卡农变调"。

近现代以来，国学大师王国维第一次运用近代西方哲学与美学思想深入地研究中国艺术，从而拉开了中国现代美学的帷幕。尔后，朱光潜、宗白华对中西美学的整合性研究，完成了中国近代美学向现代美学的理论转换。新中国成立后，马克思主义美学在中国获得了长足的发展，20世纪50至60年代的"美学大讨论"和80年代的"美学热"，表明美学在当代中国的广泛基础和空前繁荣，也表明了美学与现代人的心灵契合、与现代人学的血脉相同。纵观20世纪的中国美学，呈现出这样几个鲜明的人学特点。

一是中学与西学合璧，不失人文传统。近现代社会西学东渐的巨大影响，从总体上改变了中国现代美学研究的格局，美学研究从命题、范畴到理论、思想等，都呈现出与西方美学接轨之势。不过在外来美学的冲击下，中国美学固有的人文传统和人学精神并未出现断裂，中华美学以人为本，讲天人和谐、神与物游，重气韵生动、澄怀味象，以心灵感悟达迁想妙得的人文美学传统，仍然得以继承和弘扬。

从方法论上开此中西合璧先河的当首推王国维。王国维受康德、叔本华、尼采思想的影响，最早运用西方的科学方法和美学理论研究中国的小说、诗歌和戏剧，不过他最终还是"中学为体、西学为用"，骨子里流淌的仍是中华人文美学的血脉。这在他的《红楼梦评论》《人间词话》《宋元戏曲考》等著作中有突出表现。另一位代表人物是现代美学家宗白华。宗白华一生以清淡玄远的生活态度和"不黏滞于物的自由精神"在美学研究中追求一种哲理、感情与审美经验的有机结合。他从许多西方美学家如康德、叔本华、尼采、歌德、斯宾格勒、海德格尔等人那里汲取思想营养，又潜心体味中国的艺术精神，特别是庄子的散文、魏晋的人格美及中国诗、书、画音乐的艺术意境，从而形成了自己的生命哲学和情理交融的审美观。世界性的眼光、西学的方法与国学的深厚根基，使宗白华成为光大中华人学美学的一代宗师。此后的钱钟书、王朝闻等人的美学成就，是这一派美学精神的洪波和流响。

二是启蒙与救亡并举，让人的美学中融汇时代精神。20世纪的中国面临思想启蒙与民族救亡图存的双重使命,这种时代精神的律令直接左右了美学的发展,使得这个时期的中国美学呈现出介入时政、关注民生、体察国情,以"格致"代"慎独"、以"时运"成"名教"的新特点。从早期康有为"上感国变,中伤种族,下哀生民"的"诗教"观,梁启超小说救国、"熏""浸""刺""提"的"世运"说,到辛亥革命后蔡元培提出的"以美育代宗教",鲁迅《摩罗诗力说》提倡"个人暨邦国之存"的"为人生而艺术",郭沫若在《走向人民的文艺》中对"人民本位艺术"的呐喊等,都是启蒙与救亡的时代主题在美学观、艺术观中的体现。特别是以毛泽东美学为代表的马克思主义美学理论在中国兴起以后,美学更是被纳入到了呼啸前行的社会革命大业中,成了它的一个组成部分。不过需要予以廓清的是,20世纪中国美学发展的这一势态,并没有阻断中华美学的人学血脉,而是美学在步入人学的途中走出的一条新的道路,是人学美学的新发展。这是因为,一方面,"人的解放"是20世纪中国的时代强音,启蒙与救亡相互促进无不是基于人的解放与发展,又归于人的解放与发展,美学研究感应与切合这一时代精神,恰是美学的题中之义,是美学研究给予美学与社会的双重贡献,而不是美学对其本原主题的游离;另一方面,这些社会学美学研究本身仍然体现了对于人的本真生存状态和对于人的价值理性的一往情深的关注。比如,蔡元培"以美育代宗教"的主张,既是他"教育救国"思想的体现,也是他注重人的精神、道德培养的人学观的体现,他的《美育与人生》的文章,便是最早倡导以人为本的素质教育的宣言。鲁迅先生反对"超功利""超阶级"的艺术游戏,其目的亦在于有益于人生,在于"涵养吾人之神思"。因为它认为"诗文也是人事","文艺是国民精神所发的火光,同时也是引导国民精神前途的灯火"。再如中国的马克思主义美学,从它诞生之日起,就呈现为对于人民大众生存解放的现实关怀和对于人的精神健全的终极关怀。从早期马克思主义者如李大钊、陈独秀、恽代英、萧楚女的美学主张,到中国化马克思主义美学的杰出代表毛泽东、周恩来、邓小平的美学思想,都秉承了马克思主义美学关注人、关注人民、关注人生的一贯思想,是20世纪中国"美学—人民—社会"三位一体的生动写照。

三是学派消长,归于人学大势。美学是新中国成立以来人文社会科学中最为活跃的领域之一。它所形成的不同学派的彼此消长，不同观点间的相互辩论，堪称同时期科学研究自由争鸣的楷模。经过20世纪50年代中期的美学大讨论和1978年以后持续十余年的"美学热"。美学界形成了许多不同的观点或学派，其中影响最大的主要有这样四种：一是以吕荧、高尔泰为代表的主观派，即认为美是主观的，美的本质属于观念形态范畴；二是以蔡仪为代表的客观派，即认为美的本质存在于客观事物之中，在于客观事物的典型性，不以人的主观意志为转移；三是以朱光潜为代表的主客观统一派，认为美的本质存在于主观与客观的关系之中，四是以李泽厚为代表的客观社会派，主张美是客观性与社会性的统一，美的本质是人的本质力量的对象化。其他还有如"和谐论""自由论""实践论"等，可以看作是这四种主要流派的理论延伸或观点演化。就理论动机上看，上述四派都力图依据马克思主义来考察美的本质，就具体论述来看，每一派都不同程度地有着合理的因素。但时至今日，四派之影响已有大小之分，认同者亦有多寡之别。这种"大小""多寡"分野的依据或曰原因是什么呢？窃以为，它们是以美学之于人的介入程度为依据的，是以人学大势为依归的。大凡是贴近人本、疏瀹人伦、澡雪人性、与人的生命实践相联系的美学体系或理论观点，便往往会显出价值认同的强势和长久的理论生命力，而那些疏远人性、淡化主体、漠视人本的美学理论，不仅会显得干巴、枯燥和教条，而且会落得一份"高处不胜寒"的冷清。进入20世纪90年代以后，人们对于美的本质问题引起的门户之争已日渐厌倦，即又对以美感经验为中心来研究美和艺术的美学研究新思路产生认同，对审美心理过程、审美心理要素、美感层次及其心理机制等审美心理学问题大感兴趣。近十几年来，陆续出版的大批审美心理学专著，以及不下数十部审美心理学方面的译著，不正是美学走向人学的沉沉足音，是人学美学研究的理论回响吗？

现实视界：美学与人学的时代融通

美学是时代妈妈的儿女，是思想者的理性之箭在生命时空留下的投影。因而，省思美学的走势离不开对理论面貌的总体洞察与诠释。我们说美学将归位于人学，或曰归于人的美学，不仅是基于中外美学发展的自身趋势，也是基于世纪之交的社会现实对美学的需要。

首先，社会发展需要美学关注人的生存世界。美，是人类生存的阳光；美学，则是这种阳光朗照下的澄明境界。处于21世纪门槛前的人类将面对怎样的生存世界呢？可以说，当今的世界是一个以解决人类自身境况为母题的时代，人的问题已成为社会聚焦，也成为美学的聚焦。

譬如，我国建设社会主义现代化的中心问题是人的现代化，人的现代化可以引领、推动和支撑社会的现代化进程，我们实行社会主义市场经济体制，首先是为了调动人的积极性和创造性；社会主义精神文明建设的目标就是要培育一代又一代有理想、有道德、有文化、有纪律的公民；现代企业制度的建立，取决于企业员工自身素质的提高；党的建设的关键，在于造就一批高素质的领导干部队伍；我国在改革开放中日渐突出的问题是人的素质、人的价值取向、人的全面发展、人的观念转变，以及人文精神、人伦传统、人才观念、人的心理承受能力等等许多与人有关的问题。这些都将促使人的自我觉醒和自我反思，都在呼唤对于人的理性思考和理论回答。美学作为一门基于人的感性生存又关涉人的心灵自由的人文学科，理当踏着时代的节律走进人的生存世界，担负起关爱人的心灵又塑造人的精神的职能，并在回答人的审美生存的理论导向上有所作为。再从生活方式上说，现代社会，人类的生存正发生日新月异的变化。大众化的审美文化如天女散花般布满生活的各个角落。传统的街头秧歌、劳动号子等可以照玩不误，新型的电子游戏、声像光盘等，犹如文明时空的一只仙鹤带着新奇和便捷瞬间落入我们眼前。这时，美已成为一种文化，一种时尚，一种生活方式和生命形式。人们在把美和艺术纳入自己的生存视野的同时，也不愿让美学只成为在书斋里把玩的琥珀扇坠，而要让它成为现实生活中绰约芳姿的艺术美神。在人的生活愈来愈趋于审美化、艺术化、娱乐化的今天，美学走进人的生存世界，实际上就是走进人本身，即走进人的生命世界、精神世界和理性世界。这时候，美学走向人学，不仅是必要的，而且是必然的。

其次，人类理性需要美学关注人的意义世界。就世界范围看，20世纪是人类物质财富大丰收的时代，却又是人的精神世界大裂变的时代。生产力的巨大进步带来的物质财富与心理情感的严重失衡，两次世界大战的深重灾难造成的人类对于理性可靠性信念的长久怀疑，工业化大生产带来的资源枯竭、环境污染、生存根基破坏，以及现代社会滋生的核威胁、艾滋病、毒品泛滥、居高不下的犯罪率等等，使人类对于生存世界的恐惧，对人类前景和命运的担忧与日俱增。这时人们会发现，物质的殷实和丰赡远远补偿不了人类精神家园的花果飘零、满目疮痍，生命的享乐与苟欢支撑不了生命意义世界的坍塌与缺失，理想火花的寂灭和生存必然性信念的消退，逼着人类重新审视自己的理性逻各斯，重新寻找生命的伊甸园，重新编织意义的纤索以拉住那走向深渊的人类列车。一些哲学家、思想家、美学家纷纷从理论上献计献策，从各种不同的角度揭示人类新的生存本质，用思想的大纛和价值理性的砖块在"掘墓人"的脚下树起一座座理论的界碑。我们看到，从叔本华到克尔凯郭尔，从德、法生命哲学到弗洛伊德主义，从萨特、海德格尔的存在主义到法兰克福学派，从人格主义到新黑格尔主义，从舍勒、兰德曼等人的哲学人类学到马斯洛的人本心理学，都把理论思维的触须对准人本身，致力于研究人的本性、本质，人的价值和地位，人的自由和尊严，人的利益和幸福，人的理想和前途，希图通过对人的更深入的认识来开辟一条新的人类生存与发展之路，通过构建生命意义的支点来沟通自然界的必然与生命界的自由。正是在这里，美学找到了自身的用武之地：美学所具有的精神对物欲的超越、理性对感性的超越的本性，使它可以澄怀味象、含道应物，更超然地把握人的精神世界；美学所具有的客观合规律、主观合目的、对象合形式、主客观相感应的思维特点，可以使人涤除玄鉴，乘物游心，更好地调解人与自然、主体与对象、自由与必然之间的矛盾，重建生命的意义世界；美学所研究的"理性的感性显现"（黑格尔）、"无目的的合目的性"（康德）、"大音希声，大象无形"（老子）等，可以促使人收回目光，省思自我，体悟生命，更敏锐地洞悉人的心灵世界。如此看来，人类愈是渴望认识世界，就愈是需要更深入地认识自身；人类愈要解决好社会问题，就愈得首先解决好人类自身的问题。美学之走向人学，正好顺应了这一思想大势，适应了现代社会人类关注自身的时代母题。

最后，科技文明需要美学关注人的情感世界。现代文明社会是物质文明与精神文明的高水平统一，现代文明人也应追求物质、情感与人文精神的完美统一。然而，现代社会不同程度存在的科技文明对于人们健康心态的干扰，物欲横流对于人们纯洁灵魂的侵蚀，财富膨胀对于人们情感世界的淡漠，社会化大生产对于人的个性的消融等，容易造成"物"与"人"的关系错位，经济魔杖与人伦亲情的怒目相向，金钱追求与道德追求的南辕北辙，物质殷实与精神贫瘠的鲜明反差等等。现代科学技术的无所不能、无坚不摧和科技产品的无奇不有、无处不在，容易使人们在沉迷于科技的安适、惊叹于科技的神奇的同时，忘却人自己的存在和价值，忽视工具理性对价值理性的蚕食，淡化生命世界中情感满足的重要性，结果便是人文精神的失落，人成了富有的精神乞丐。世界上许多发达国家出现的科学主义与人文精神的矛盾，已经诱发了一系列精神危机和情感危机，如道德沦丧、亲情隐退造成人与人之间的欺诈与防范；层出不穷的社会丑恶导致人道的偏向和人性的异化；物质对精神的占有、科学对情感的压抑形成生活条件与生存质量、物质环境与生命心境之间的不协调等等。

就在人类面对车水马龙、光怪陆离的现代生活而精神无所适从、感情无所依傍时，美学女神正好乘虚而入——它那"明月松间照，清泉石上流"般宁静与清纯的品格，可以使现代人暂时摆脱声光电化的变幻与喧嚣，在这里寻找一片灵魂的绿地，它那晴空白鹤、啸鸣九天的超脱，可以使人在精神上走出物欲的怪圈，走进崇高与雅致的境界，而它那理性的澄明和感情的律动，又可以使现代人得到心灵的洗礼和情感的净化。所以，美学走进人学，实际上是让美学走进现代人的生命世界，走进现代人的感情世界，在这种情况下，现代人借助美学这个"生命的美神"，可以实现更高的人文价值追求，美学也可以通过对人文理性与人文情感的关注而增强自身的人学蕴涵。

原载于《湘潭大学学报》，1998年第4期

爱便是美

杨修品

提　要：美是什么，是多年之争，作者以多年的艺术实践和美学研究，得出"爱便是美"的论断。

关键词：爱　美　关系　绝对　相对　极限　永恒

1

毕达哥拉斯说："美是数的和谐。"赫拉克利特说："美是对立面的斗争。"古希腊的两位哲人，对美的定义截然不同。孔夫子说："里仁为美。"苏格拉底说："诚实和道德是一致的。"同时代的两个人，观点多么相似，世界的东西方，形成了对称。普罗提偌，把灵魂交给上帝安排，他虔诚地说道："无欲便是美，神便是美。"热爱生活的人们，决不压抑自己的感情，"愉快便是美"是他们的生活宗旨。柏拉图坚定地认为世界是理念的反映，世界是理念的影子。艺术模仿世界，所以"艺术是反映的反映，影子的影子"，然而并不因为这位思想大师的讨厌，艺术就停止了脚步。"美是实物世界的属性"赫拉克利特是唯物的；"美不是物体的属性"休谟是唯心的。一个认为美在客观世界中，一个认为美在观察者的意识中。国家经济充实，人的精神充实，是孟子的理想，"充实之谓美"——儒家学说是入世的，是重在社会功用。世间万物，随时在变，一切事物，相对地看，美丑没有标准，美丑没有界线，"道可道，非常道，名可名，非常名"——老庄学派是出世的，是思辨哲学。许多金科玉律的出现，是追求美的极致，"完整便是美"使传统派作了几千年不懈的努力。人们终于发现"完美"是不可能的，不完美还有想象的余地，于是喜欢不平衡、不对称、不完整，"残缺便是美"。大家都在研究美是什么，艺术是什么，只有康德提出：美不是什么，艺术不是什么，"没有关于美的科学，只有对美的批判；没有艺术科学，只有艺术批判"。他并没有否认美和艺术，而是把她提到了更高的层次，把她从人间升华到哲学的天国里去。卢克莱茨说："艺术是模仿，艺术产生于人的要求"。柏克说："美是生理和心理的规律。"谢林说："美是理想和现实的相称，特殊与自己的概念一致。"黑格尔说："美是理念的感性显现。"作为启蒙者的车尔尼雪夫斯基，讨厌学究式的理论，反感贵族的病态做作，于是他大声疾呼："美是生活。"随便否定别人是轻率的，一味盲从也是糊涂的。历史上各人不同的经历，带来了不同的结论，而各种不同的定义对于他们自身的特定环境都是正确的。美，是一个可爱而顽皮的精灵。她变幻莫测，从没有固定的形质。人们踏遍了世界，走遍了历史，问道："美呵，你在哪里？"她答道："我在你心里。"人们都在追求美，他们只得到美的一吻，美便淘气地从他们怀抱里溜走了，人们又在不断地追索着，这纷乱杂沓的脚印，构成了一部美学史。

2

说某一事物美，是因为自己的喜爱，爱才觉得美。汉尼拔越过阿尔卑斯山，迦太基人认为美；西比阿奋力反击，罗马人也认为是美。军人夸耀他们的战刀；舞女显示自己的姿色。美，到处呈现，人们只可能把自己的所爱来说明美。因纽特人、印第安人，用野兽的牙齿穿成别致的项链。在胸前晃荡着的是他的光荣战史，兽牙的多少，便是他们征服兽的多少；兽牙的大小，就是对手力量的大小。这项链是征服兽的标志，这项链是勇猛的象征，这是力量的美。金手镯、钻石戒指、华丽的衣着、贵重的摆设，所谓珠光宝气，闪烁着财富的光辉，所谓富丽堂皇，是钱的化身，货币价值越高，就越觉得美，财产的展览，货币的炫耀，这是财富美。久离家乡，又看到家乡的特产，就觉得特别亲切。朋友的朋友，很快会成为自己的朋友。恋人喜爱梅花，自己也不知不觉爱上了梅花。情感的延伸和转化，形成了移情美。有人爱听京剧，有人酷好评弹，有的人又热衷流行音乐，听惯了轻音乐的，觉得交响乐太累。喜欢交响乐的，又觉得小曲太单调。四川的辣椒山西的醋，山东人离不了大葱。所谓地方口味，也是不同的习惯，习惯支配着审美，这是习惯美。刚离开沙漠的人，见到第一棵小草，感到特别青翠。过腻了五彩斑斓、灯红酒绿的城市生活，来到幽静的山村，就有一种特殊的轻松，换换口味，是新颖美。《茶花女》的上演，轰动了巴黎，使当时的女郎都模仿剧中玛格丽特的装束。为了君王的宠爱不惜忍饥挨饿，减肥并不是现在才有的时尚，君王和美姬都逝去了，只留下"楚王好细腰，宫中多饿死"的诗句。时髦的旋风，把人们卷进疯狂的追求，过眼的烟云，一时的风尚，掀起了如痴如醉如疯如狂的时髦美。舞台上的绝招，体操中的高难度，观众都为之喝彩，喝彩的实质是难。在一根头发上刻诗词，在鼻烟壶的内壁作画，以常人难以做到的艰辛，奉献出常人难以达到的，以难易为审美尺度的功力美。对面是美神在召唤，下面是死神在等待，杂技演员在一根悬空的钢绳上，换来观众的喝彩。悬崖跳水、徒手攀登、吞刀、吐火、锯人、飞车，微笑着的脸庞，伸进张大的老虎嘴里，血淋淋的打斗片、恐怖的死，裹胁着观众的猎奇、惊险、紧张中的美感，是刺激美。收藏家的癖好，就是爱天下仅有，爱海内孤本，爱奇货可居，爱自己有而别人没有，物以稀为贵，这是稀有美。

3

之所以爱它，是因为它美，美才引起了爱。组成美的一切因素是平等的：没有美的字、丑的字；没有美的色、丑的色；没有美的音、丑的音。只有美的组合、丑的组合。如果认为读书是读字的话，那么，读完一本字典，岂不是读完了所有的书。所谓诗，就是把恰当的字，放在恰当的位置。所谓绘画，就是把恰当的色，放在恰当的位置。所课音乐，就是把恰当的音，放在恰当的位置。诗的美，在于字与字的组合关系；绘画的美，在于色与色之间的组合关系；音乐的美，在于音与音之间的组合关系。看关系、听关系、想关系、好的关系才能引起人们的爱。演出是台词、动作、表情、音响、灯光……之间的关系。感染，则是演出与观众之间的关系。景色是山、川、树、屋的关系；演说是讲和听的关系；正确是行动和效果的关系；友情是相互尊敬的关系；战争是相互消灭的关系；生产是人与物的关系；政治是人与人的关系……

…世界是存在与思维的关系。

4

　　爱情之神也是美丽之神,她就是古希腊的阿芙洛狄忒;广义的美也是广义的爱,它就是我的阿芙洛狄忒。同是一幅画,有人说美,有人说不美,爱决定了美。同是一个人,爱一幅画,不爱另一幅画,美决定了爱。因为爱它,才说它美;因为它美,才引起对它的爱。谁是因?谁是果呢?在纸上画一条竖线,是先有左边,还是先有右边?画一个圆圈,先有里面,还是先有外面?爱和美不是因果关系。历史的长河是:……爱——美——爱——美——爱……它们是螺旋式的上升,只有截取一个片段,一个具体的事例,才能用因果关系来表达。因果关系才有短暂的意义。后来的爱已不是原来的爱,后来的美也不是原来的美。爱在不断地丰富,美在不断地提高。古人说:"一粒沙子包含着世界。"美的原因包含着整个世界,爱的原因包含着整个世界。甲乙两地之间的一条路,如果从甲到乙叫"来",那么从乙到甲就叫"去"。它们同是一条路,是同一关系,是方向不同的同一关系。人对物的关系如果是"爱",那么物对人的关系就是"美"。我爱大海——大海对于我是美的。人们爱鲜花——鲜花对于人们是美的。你爱酒——酒对于你是美的。人类爱和平——和平对于人类是美的。他爱听奉承——奉承对于他是美的。我爱它——它是美的。爱是从我说过去,美是从它说过来。爱和美都是我和它之间的关系。甲爱乙,乙对甲是美的。丙不爱乙,乙对丙是不美的。丙不爱乙,不能说明乙对甲不美。乙对丙不美,也不能使甲不爱乙。说它美,是指的我爱;说我爱,是指的它美。这方面美,那方面不一定美。爱其中一部分,也就是一部分美。这样看不美,那样看却可能美,不同的看法,有不同的美。爱是关系,美是关系,爱和美是不同方向的同一关系。有的把美和美感混了起来,有的把美和美的事物混了起来,我要把美清理出来。客观存在是美的事物,主观意识是美感,美是主观和客观的关系。美不是事物,美不是意识,美是事物和意识的关系。事物自身不会美;意识自身不会爱。美只有通过人的爱来表现;爱也必须由物的美来显现。没有人的感觉,没有爱,美在哪里呢？没有具体的物和事，爱什么东西呢？爱不是自生自灭的情感；美不是客观事物的属性。物体的长短可以由尺子量出；物体的温度可以由温度表测出；物体的重量可以由秤称出；事物的美，却找不到一种工具和仪器测出。美没有客观标准，爱不是主观经验。如果说美有客观标准的话，那仅仅是一群主观标准的和。否定了爱便否定了美；否定了美便否定了爱。爱便是美。真、善、美，三位女神来到人间，首先敲开人们心扉的，是美。世上许许多多的事物来了又去了，而久久留在人们心中的，还是美。美与丑是一对孪生姐妹，能在一对又一对的孪生姐妹中分辨出美来，这个过程，就是把自己变成美人的自我塑造。法律，是教人们不敢做坏事；美育，是教人们不愿做坏事。美育是使人爱：爱祖国，爱真理、爱劳动、爱自然、爱生活、爱全人类、爱人的人就是美人。如果全人类都充满了爱心，如果全人类的心灵都是美的，世界就变成了天堂。

5

人有各自的爱，就有各自的美。人类有共同的爱，就有共同的美。艺术风格和个性说明有各自的美。相互学习、研究，传统的形成说明有共同的美。个体的美是相对美，共同的美是绝对美。相对美是对具体事物的比较，绝对美是在抽象研究中的推理。一切都美，就是一切都不美。美就失去了意义。不承认绝对美，相对美也就消失了。绝对美是相对美的总和。相对美是无穷的，所以绝对美就只是一个永远达不到的极限式的概念，所以它是不存在的。绝对美有许许多多的相对美为基础，所以它又是存在的。绝对美既存在又不存在，是不存在的永恒，是永恒的不存在。古人说："不可能两次进入同一条河流。"绝对美就是这条河流。在不同时间，不同地点，个人每次进入的河流则是相对美。相对美是因人而异，因时而异，因地而异，因事而异。这无数的相对美汇成的绝对美就是一条流动的河。直觉判断很简单，用术语下定义却很难。对美所下的定义都只可能是"模糊集合"。美的研究，是在相对与绝对之间探索。美的创作，是在相对与绝对之间捕获。艺术家以绝对美要求自己，而他又只可能以相对美出现。无穷无尽的相对美，组成了绝对美，而又在绝对美制约下存在。相对美在向绝对美靠拢的过程中，又派生出许多新的相对美。相对美在不断地增加，绝对美的极限也在不断变化。绝对美为相对美引路，相对美又把绝对美推向前。

原载于《云南师范大学学报》，1998年第4期

关于义利关系的哲学思考

刘青琬

摘　要：义利关系是经常困扰和束缚人们思想的问题之一。长期以来，人们认为义利是对立的，无法统一，但在今天社会主义市场经济体制下，规范的经济行为为义利统一提供了可能。

关键词：义利关系　义利统一　利益原则

在中国的文化传统中，义是一个兼跨伦理关系和物质利益关系领域的术语。[①]义在和利相对举形成一对矛盾对立项时，则是一个处理经济利益和普遍利益关系的中心概念。自古以来，义和利的关系的争论即"义利之辩"，是经常困扰和束缚人们思想的问题之一。在今天我们推进社会主义市场经济体制建设的新形势下，对义利关系来一番新的审视和界说，对科学地解释和正确地处理义利关系是很有现实意义的。

一、关于"义利之辩"的回顾

两千多年来的义利之辩有一个共同的偏向：重义轻利。这一偏向有其积极的一面，但同时也有其负面效应。张岱年先生说得好："儒家反对追求个人私利，强调道德理想高于物质利益，对精神文明发展起了积极推动作用。虽未排斥公共利益，但也不重视道德理想与公共利益的必然联系，其结果未免脱离实际，陷于空疏。"[②]这种义、利的脱节和过分对立的思维定式，主要是由古代的经济生活条件决定的。低下的社会生产力、"五十衣帛"、"七十食肉"[③]的理想生活模式和有限发展的理论体系，使人的生存、发展和完善的条件很难得到满足。如不对利进行节制，后果不堪设想。发展、改善物质生活条件又谈何容易？所以执着于"用世"的古代学者只好在义利的对立上不断加大力度，以期在历史给出的条件下对世道、人心进行规范，求得社会的和谐。孔子认为，义对于人生价值的意义更为重要。他说："不义而富且贵，于我如浮云。"④他排斥不义的富贵是可取的，但限于当时的历史条件，他没有也不可能提出"义"和"富贵"能否统一以及怎样统一的问题。人们更熟悉的是他的"君子喻于义，小人喻于利。"⑤他认定人们对于义和利的理解和落实是被身份和社会地位决定的。孟子认为："王何必曰利，亦有仁义而已矣！""上下交征利，而国危矣。"⑥他看到了争利的危险性的一面，但把义与利很鲜明地对立起来，反对言利，这对后世产生了很大的影响。董仲舒的理论提升则更进一步，有"夫仁者，正其谊（义）不谋其利，明其道不计其功"的命题。⑦当然，古人也有"人非利不生，曷为不可言"，⑧"既无功利，则道义乃无用之虚语耳"等言论，⑨但呼声微弱，不占主流。况且只是主张可言和应有，离义、利的统一毕竟还有一段距离。

新中国成立以来，我们有过重视人民群众物质利益的实践，也发生过只算"政治（道德）账"、不算"经济账"的偏失。从总体来看，在理论上对义利关系的诠释，还没有脱出重义轻利的窠臼。社会主义市场经济的建设，既否定了自给自足的自然经济模式，又摒弃了高度计划的产品经济模式，为人们经济生活的发展和进步提供了广阔的前景，也为我们研究义和利的有条件的统一，提供了较为成熟的时机。在"发展"的基点上看待义利的关系，比起过去在"静止"层面上"袖手变心性"的论争义和利，将会令人耳目一新。

二、义利可以兼得

财富的积累推动着道德的积累。社会主义市场经济本身蕴涵着人类的道德精神，对社会主义道德体系建设会产生积极而深远的影响。下面以经济行为为重点，谈谈义利具体的统一。

利益原则是市场经济的基本原则之一，利益欲是市场经济发展乃至社会发展、进步的内在驱动力。在一般的意义上反对这个观点的人不会太多。但是，从伦理角度看待经济行为，历史评价和道德评价的二律背反就很容易发生。人们努力全面认识问题，但又常陷入"片面的深刻"。

在义利统一问题上，有一种"领域说"，认为在经济领域主要讲利，在其他社会领域主要讲义。有一种"主观客观说"，认为在经济行为中，主观上所追求的利，客观上是对社会有好处的，因而也是义。

"领域说"之所以是错误的,就在于它将义利割裂开来,从而也就阻断了义利统一的道路。"主观客观说"之所以错误,就在于它把利简单地等同于义,抹杀了二者的界限,有庸俗之嫌,会被见利忘义、唯利是图之辈拿来利用,以售其奸。

经济行为不是无规则游戏,藐视、破坏规则的行为将使大家都得不到规则的好处。自由放任的经济行为,是现代资本主义也不赞成的。为了使社会主义市场经济健康有序地发展,国家制定了一系列的经济法律规范,我们还有许多较能适应于经济活动的道德规范。我们只要不忘社会主义生产目的,具体经济行为符合社会主义国家的法律规范和道德规范,并在这个前提下取得了良好的经济效益,就是义利兼得,就是功德圆满了。如果一个企业在满足了上面条件的基础上,积极参与和推动整个社会的发展与进步,或扩大生产规模、安排劳动力就业,或扶持困难企业(包括合并、兼并)、开发落后地区,或慷慨解囊、捐助公益事业那就更应受到肯定和称赞。

目前,我国的社会主义市场经济体制正处在发育的早期阶段,社会经济秩序在某些方面或环节上存在着无序和混乱,出现了假冒伪劣产品、不守信誉、欺诈行为等等现象,败坏了社会主义市场经济的声誉,也使一些人产生了种种困惑。其实这些并不真正是市场经济的负面效应,而是正常的经济秩序受到了破坏所致。整个社会应旗帜鲜明地依法制止上述不正当经济行为。

质言之,经济效益的取得要以贯彻社会主义生产目的、遵守规范为大前提。竞争是直接和经济效益相联系的。竞争是决定企业效益的关键因素。这一观点不但为理论所认可,也被实践所证实。

从社会主义价值目标来看,市场竞争机制的引入在伦理上的合理性、正当性,主要在于它能比较有效地促进资源的合理配置,提高经济效益,调动全社会成员的积极性和主动性,增强经济活力,从而达到"发展生产、消除贫穷"的目标。同时,它有利于人们摆脱由于生产力水平低下和几千年自然经济所形成的依附观念,促进自主、自立意识和进取精神的形成和发展,从根本上改变我们的传统文化中对协调性道德强调太过,对进取性道德注意不够的偏颇。将"争"引入义的范畴进行"磨合",不但有利于调动经济活动的积极性,而且如果引导得当,操作到位,还有利于"四有"新人的培养。

传统文化是很注意"贵和"的,这当然有助于社会生活、人际关系的和谐,但若在经济领域简单地引进,设想什么售者要价一千,买者多给二百的君子国的生意,仅仅是古代文人的浪漫情怀,未免太理想化,因而在现实中绝少见到。

我们应义无反顾地强调公平与合法的竞争,舍此不能提高社会的劳动生产率,也违背价值规律。讲效益不讲竞争,无疑是一种失败。

我们同样也应义无反顾地强调贵和,因为它是不当竞争的约束因素。舍此不能体现精神文明。贵和的样板是儒商。儒商在中国,乃至在世界上,已成为中华文化孕育出的商人形象。他们有良好的文化教养和职业道德,人际关系和谐,商务活动文明而又精明,经济效益良好,他们较好地处理了贵和与竞争的关系。

总之,联系经济效益和竞争研究义利有条件的统一,一方面应肯定经济主体追求利益的合理性,调动人们劳动的积极性;另一方面又要约束人们合法与合乎道德地去追求利益,谴责唯利是图的拜金主义。

三、关于义利对立的化解

众多企业经济效益的竞相提高,必然从根本上提高整个社会的劳动生产率,加快社会主义现代化的步伐,竞争——效率——效益,是社会主义市场经济条件下极其重要的因果链条。但是,这样一个链条,并不直接有效地保证整个社会的发展和进步。整个社会的整体发展和进步离不开公平。在效率和公平统一的问题上,正确的观点是:效率优先,兼顾公平。在这里应重点说明什么叫做公平。

首先,我们讲的公平是在效率基础上的公平,决不是无条件追求无差别境界。其次,公平不仅仅局限于经济领域,它涉及全部社会资源和社会福利的配置:财富的占有、收入的分配、权力和权利的获得、声望和社会地位的状况、享受教育和选择职业的机会等。再次,公平不仅仅指一种结果,更重要的是机会的均等,特别是发展机会的均等。最后,公平是对市场缺陷的一种补偿和对竞争过度的一种制约,它要求建立社会的约束机制。这种约束机制和以竞争为手段的利益激励机制共同作用,求得社会的均衡发展。

总之,公平的机制应有利于提高和维护资源的配置效率和劳动效率。事实表明，公平和效率具有正相关关系。强调公平，而忽视甚至牺牲效益，经济发展就会失去活力，这无异于奖励"懒惰"，又回到改革前的"大锅饭"状态，完全失去了公平的意义。强调效益，忽视公平，将导致贫富差距悬殊，两极分化，这就离开了社会主义本质的体现——共同富裕，会影响社会稳定，经济也难以持续发展。这也就取消了公平。但应指出，共同富裕（或体现公平）只是一个最终目标，其实现是一个过程，不能设想一步到位。目前应承认某种差别的合理性。为了最终目标，人为牺牲或缩短过程在思维方法上是错误的，在实践上是有害的。

经济生活并非社会生活的全部，在经济领域起作用的市场交往形式，对于社会而言，并没有普及的意义。在社会的政治生活、家庭生活、精神生活中，起主导作用的是非市场交往形式，这种形式凝结了人类文明进步的成果，是极其有价值的。

在政治生活领域，应大力提倡服务意识、公仆意识，也就是把革命功利主义摆在首位。要坚决反对市场规则的越位、侵蚀。若在这方面让市场交往形式大行其道，权力寻租，权钱交易横行无忌，我们曾经担心过的"变颜色"就会真的发生了。

在家庭生活、精神生活领域，应提倡"仁爱"精神，追求和谐、高雅、文明，反对利己主义和极端个人主义。即使在企业内部也不能只按市场交往形式来建立人际关系，企业也需要用非市场交往形式的团体精神来增强凝聚力，发展企业文化。

在下面一些极端的情况下，坚持舍利取义是必要的：有损职工身心健康，浪费资源，污染环境的企业，应马上下马，破产倒闭也在所不惜；走上文化市场的文艺单位，要坚持社会效益，顶住金钱诱惑，千万不能干污染精神生活环境的缺德事，也不能只追求利润，推出格调低下、思想贫乏的平庸之作，而应以优秀的作品鼓舞人；面对严重自然灾害和重大生产事故，有关机关、单位、个人应救人第一，而不能置人生死于不顾；特困企业职工、下岗职工应对国家政策法规有正确的理解，下决心克服困难，不能消极等待，自暴自弃，更不能滋生事端，影响社会稳定。

总之，在全社会范围内化解义利的对立，求得二者合理的统一，是研究义利关系的一个重要的、不可或缺的方面。在义利极端对立而不能两全的情况下，舍利取义更是必要的。

注释：

①采陈启智说，见《儒家义利观新诠》，载《新华文摘》1994年第3期

②张岱年：《文化与哲学》第6页，北京大学版出版

③⑥《孟子·梁惠王上》

④《论语·述而》

⑤《论语·里仁》

⑦《汉书·董仲舒传》

⑧李觏《文集·原文》

⑨叶适《习学纪言》

原载于《河北师范大学学报》，1997年第4期

美与"自由"关系的反思

封孝伦

一段时间以来,"自由"成了比较通行的关于美的似是而非的本质规定,成了一个言美必谈的概念,听起来很动人,用起来很顺手,但细考起来却有许多问题。

1."自由"作为美本质是权威定论

"自由"于美学有这么大的影响,是因为主张这概念作为美本质的人都是中国当代受人尊敬的美学巨腕。而且"自由"这个概念,极大地满足了20世纪80年代以来中国人走出文化束缚渴望自由的强烈愿望。

李泽厚在1962年说:"如果说,现实对实践的肯定是美的内容,那么自由的形式就是美的形式。就内容言,美是现实以自由形式对实践的肯定;就形式言,美是现实肯定实践的自由形式。"[1]这个时候,他所提到的自由,还是对美本质特性的一种解释。1980年,他干脆把美定义为"自由的形式"。后来他在解释"自由"时说:"真正的自由应该是种行动力量,而这种力量之所以自由,正在于它符合或掌握了客观规律。只有这样,它才是一种造型改造对象的普遍力量。"[2]这句话我们可以理解成:自由是符合规律的行动力量,它在改造对象之前就在大脑里形成的那个形式就是美。

高尔太认为:美是自由的象征。他说:"美的形式是自由的信息,是自由的符号,或者符号信号的符号信号,即所谓象征。"关于自由与美的关系,他说得很明确:"美是自由的象征,所以一切对于自由的描述,或者定义,都一概同样适用于美。如果说自由是目的,那么同样可以说,美是目的。如果说自由是手段,那么同样可以说,美是手段。如果说自由是手段和目的的统一,那么同样可以说,美是手段和目的的统一。"[3]

蒋孔阳说:"美的形象,应当都是自由的形象。他除了能够给我们带来愉快感、满足感、幸福感和和谐感之外，还应当能够给我们带来自由感。比较起来，自由感是审美的最高境界，因此，美都应该是自由的形象。"[4]

刘纲纪认为：美感是自由的愉快。"所谓审美的愉快，不是别的，就是康德首先指出的'自由的愉快'。在这种愉快中，我们深深地体验着我们作为和动物不同的社会的人所应有的生存发展的欲求同自然和社会的客观必然规律的统一。我们摆脱了物质功利追求对人的压迫，也摆脱了社会伦理道德规范和客观必然规律对人的强制和束缚，我们在对象的直观中感受到人是自由的，从而产生了有时会达到如醉如痴那样一种境界的喜悦。这样看来，那被我们称之为'美'的东西，它不是人的自由在人所生活的感性现实的世界中的表现又是什么呢？"[5]

杨辛、甘霖编写的《美学原理》认为："美是在劳动中、在实践中自由创造的结果。""正因为人能在自己创造的对象中'直观自身'，即看到了人类的自由的创造劳动，……因而在对象中感到自由创造是珍贵的，能引起人的喜悦。"在这本教材中，"自由"概念开始呈现，但还不是作为核心概念，只是作为"劳动"的修饰语。

叶朗主编的《现代美学体系》，侧重从审美的角度来阐述美的哲学问题。强调"审美就是一种自由的体验"，理由陈述了四点：首先，在审美感兴中，时间是永恒（无限）的；其次，在审美感兴中，空间也是无限的；第三，审美感兴不属于理性认识，而体现了非理性认识的特征，理性认识受到逻辑的束缚，而非理性认识则不受这个束缚；第四，审美感兴具有本质的超越性。它类似于宗教，"因为宗教本质上也是一种超越性的体验"。从以上举例我们不难看到，"自由"是或显或隐，或直接或间接地作为美的本质定义出现的，而且频率很高，20世纪80年代初期以来，一直是中国美学的主旋律。

2. "自由"的内涵无定论

几乎每个哲学家都有对于"自由"的界定。"自由"这个概念的内涵十分混乱。

卢梭的《社会契约论》里，第一章就用一段有力的话开头："人生来自由，而处处都处在枷锁中。一个人自认为是旁人的主子，但依旧比旁人更是奴隶。"表面上强调自由，实际上他所重视的、他甚至牺牲自由以力求的是平等。卢梭认为,在从自然状态向前发展的过程中,个人不能再自己维持原始独立的时候,为了自我保全就有了联合起来结成社会的必要,"我们每人把自己的人身及全部力量共同置于总意志的最高指导之下,而我们以法人的资格把每个成员理解为整体的不可分割的一部分"。每个公民分担"总意志",但是作为个人来说,他也可以有与"总意志"背道而驰的个别意志。但按照社会契约,谁拒不服从"总意志",都要被逼得服从。卢梭称为"他会被逼得自由"。

罗素幽默地说:这种"被逼得自由"的概念非常玄妙。伽利略时代的总意志无疑是反哥白尼学说的;异端审判所强迫伽利略放弃自己的意见时,他"被逼得自由"了吗?莫非连罪犯被关进监狱时也"被逼得自由"了?[6]

康德的意见也很有意思。康德最有名的二律背反有六个[7],其中有一个就是关于自由的。这是康德最关心的问题。他的办法是把世界分切为现象界和自在之物。人因此也分成现象之我和自在之我。于是他说,人在现象界无自由,但在自在之我中却有自由。这样,讲人既有自由又没有自由,并不矛盾。叔本华对此大加赞赏,从这里出发他写出了自己的意志哲学。但是人们可以问:既然自在之我有意志自由,而且决定现象之我,又通过现象之我表现出来,那为什么一个自由意志只能表现为全无自由?其实康德就不断谈到,即便这个自由意志,也不是可认识的,它对人而言是必然的,我们不知道为什么会如此。[8]

黑格尔的意见对我国美学界影响甚大,他认为:"自由"是心灵的最高定性。按照它的纯粹形式的方面来说,自由首先就在于主体对和它自己对立的东西不是外来的,不觉得它是一种界限和局限,而是就在那对立的东西里发现它自己。就是按照这种形式的定义,有了自由,一切欠缺和不幸就消除了,主体也就和世界和解了,在世界里得到满足了,一切对立和矛盾就已解决了。"他认为,"自由"有感性的和理性的两个层次,"饥,渴,倦,吃,喝,睡眠就足以例证感性需要范围里的矛盾和矛盾的解决。但是在人类生活的这种自然需要范围里,这种满足在内容上还是有限的、狭窄的;这种满足还不是绝对的,因此它无止境地引起新的需要,今天吃饱睡足,饥饿和困倦明天还是依旧来临"。就是说,在感性的范围里,人还是不自由的。"所以再进一步走到心灵的领域，人就努力从知识和意志，从学问和品行里去找一种满足和自由，无知者是不自由的，因为和人对立的是一个陌生的世界，是他所要依靠的在上在外的东西，他还没有把这个陌生的世界变成为他自己使用的，他住在这世界里面不是像居在自己家里那样。"他说，"人们往往把任性也叫作自由，但是任性只是非理性的自由，任性的选择和自决都不是出于意志的理性，而是出于偶然的动机以及这种动机对感性外在世界的依赖。"[9]按照他的意思：出于理性的选择才是真正的"自由"。黑格尔所说的自由特别强调对立统一，强调自我的内心感受。有对立，但你不感到强迫，你就是自由的。罗素曾讥讽黑格尔的自由说："这是一种无上妙品的自由。这种自由不指你可以不进集中营。这种自由不意味着民主，也不意味着出版自由，或任何通常的自由党口号，这些都是黑格尔所鄙弃的。当精神加给自己法律时，它做这事是自由的。照我们的世俗的眼光看来，好像加给人法律的'精神'由君主体现，而被加上法律的'精神'由他的臣民体现。但是从'绝对'的观点看来，君主与臣民的区别也像其他一切区别，本是幻觉，就在君主把有自由思想的臣民投到狱里的时候，这仍旧是精神自由地决定自己。"[10]举实际的例子说就是，一个人被抓进监狱，只要他觉得精神是自由的，他就是自由的。世界上最为自由的人原来是阿Q。

萨特的意见：人的本质是自由，自由是选择。你选择了什么，你就是什么。"人之初，是空无所有；只在后来人要变成某种东西，于是人就照自己的意志而造就他自身。"并认为，"每个人仅仅在他反对别人的时候，才是绝对的自由的。"萨特实难说明，人的哪一种选择是不受决定的。"反对别人"，别人就成了"自由"的一个决定因素。雅斯贝尔斯说："我们所谓个人自由，是指独立思考，根据自己的见解行动。""自由就是为了自由。"[11]其实"自己的见解"就是受制约的，当"自由"成了一个规定的目标，它也就成了行动的限制。

19世纪后期的德国哲学家弗里德里希·包尔生说："首先区分自由的两种含义：一是心理学意义上的意志自由；一是形而上学意义上的意志自由。前者意味着能够按照一个人自由的意志做出决定和采取行动（选择的自由）。后者意味着意志或特殊的决定本身没有任何原因。"他指出："在通常说话中，自由意志这个词只是在第一意义上使用。一个行为，当行为者的意志是它的直接原因时就被称作自由的，而当它是一种外在力量（或者是直接受到身体上的强制，或是间接地受到恐吓或谣传等）引起时，就被称作是被决定的。在后面这种情况中，意志实际上不是决定的原因，但是在此有一个从温和的说服到不可抵抗的强制的众多层次，因而也相应地有一个从完全的自由到完全地被决定的逐渐过渡。"就是说，如果他是被"温和地说服"的，他拥有较多的自由，如果他是被"强制"的，他就是被"决定"的。也就是说，希特勒把他的士兵送上战场，如果他是"温和地说服"他们去的，他们是自由的，如果他是强行地命令他们去的，他们就是不自由的。包尔生认为，"心理学意义上的自由之存在是无可怀疑的，但是否意志在另一种意义上（按指：形而上学意义）也是自由的问题却惹出了无穷无尽的争论。形而上学的自由的捍卫者争辩说：意志本身并不是由原因决定的，而是自己的决定的最后的、再无其他原因的原因，它绝对独立于受因果律支配的世上事物的发展过程。"我们实在难以发现，人的什么意志行为是不受什么原因决定的。正如包尔生所说："一个人或一个人的意志是怎样产生的呢？就我们所知，他的生命是在时间中开始的。这个开端没有任何原因吗？或者是他自己选择的结果吗？这看来是不可能的。人跟动物一样，是通过自己的父母被怀孕而产生的；他在身体和精神上都跟他们相似，继承着他们的气质、欲望、感觉和理智能力，就像继承着他们身体的特征一样。他还接受了他所属的民族的肉体和精神的性质，作为他的自然天赋。至于对一个人的毕生都发生着一种潜在影响的性别，也是被决定的。虽然其原因我们尚不知道，但没有一个人会断言这是本人选择的结果。"[12]就是说，人的所谓形而上学意义上的自由并不存在。

尼古拉·别尔嘉耶夫关于自由的意见比较别致。他说："必须反复强调：人是矛盾的生存，时时都在同自身争斗。人拼命寻找自由，对自由的渴求常常勃发强烈的冲动；但另一方面，人却又极易做奴隶，且喜欢做奴隶。显然，人是主人，也是奴仆。"他认为："人有三种状态，即三种意识结构，我把这分别称为'统治者'、'奴隶'和'自由人'。统治者与奴隶相互依存，它们不能各自独处。自由人为自由生存着，有自己的质，同它的对立物没有对应性关系。""在客体化世界中，人也许仅能成为相对的自由人，而不能成为绝对的自由人。……以为自由是必然性的结果,实在大谬不然。那样的自由不是真自由,它只算得上必然性的辩证中的一项因素。因此,也可以说黑格尔并不明白什么是真自由。"他明确指出:"人的劳动不自由。人不能从劳动中体认真正的自由。相对地说,也许手工艺者和知识分子的劳动稍有自由,但这仍受隐匿的暴力奴役。"这和我们的"自由"观大相径庭。我们认为劳动就是自由的体现,他认为劳动不自由。尤其值得一提的是他并不认为美感具有自由的特性。因为"美感的诱惑是被动性的诱惑,是精神丧失了主动性。美感过程甚至很可能发生在被动的反映中,而不伴随精神的主动性,审美型的人即是被动性的人,他欣赏且关注被动性。他是消费者,不是创造者。……一句话,美感诱惑使人做旁观者,不使人做参与者"。"美感诱惑与奴役总把文学界和艺术界导向堕落。在艺术周围的人,更多的是消费者,而不是创造者。其实这种虚伪的氛围本身已向我们证明:人已失却精神的自由,正在受奴役。追究起来,这归咎于人灵魂的复杂化和精致化,归咎于人长期被动地反映生活,归咎于无止境地崇尚美感生活,视它高于人们的日常生活,高于人民大众。然而使人更可怕的还是,伴随着人失去自身,人又建构出可怕的自我确信"。别尔嘉耶夫并不认为人人都享有自由。他说:"如果以为中档次的人爱自由,以为自由一蹴而就,这是一种误解。获取自由其实非常艰辛,处在被奴役的位置上反倒轻松得多。爱自由、求解放仅是那些具有高质的人的标志,只有那些人的内心才不再是奴隶。"[13]这样说来,如果美是自由,能进行审美活动的人就少得可怜。然而事实不是这样。

F.C.S.席勒的意见:"如果人的自由是实在的,这个世界便实在是非决定的。这点很容易证明。""接着我们要面对一个可能在读者心中早已在反复考虑的异议,……读者们会趋向于问:'只有人是自由的并形成宇宙其余部分的一个例外,这点是可以相信的吗?如果宇宙其余部分是决定的,人岂不同样可能会是决定的吗?'",[14]这个有趣的问题,作者并未作出有说服力的回答,事实上它无法回答。

约翰·杜威的意见:"第一,自由不只是一个观念,一个抽象的原则。它是进行一些特别工作的力量、实际的力量。没有一般的自由;所谓概括的自由。如果有人想要知道在一定的时间自由的条件是什么,他就要考察一下哪些事情人们能够做，而哪些事情他们不能够做。当人们一开始从实际行动的观点来考察这个问题时，就立即明白了：对自由的要求是一种争取权力的要求，或者是掌握尚未被掌握的行动权力，或者是保持和扩张已有的权力。第二，实际的权力的掌握总是在一定的时候所存在的权力的分配情况。如果你不询问某一个人或某一集团的人们的自由对别人的自由的影响，你就不能讨论或测量这个人或这个集团的自由。第三，自由是相对于既有的行动力量的分配情况而言的，这意味着说没有绝对的自由，同时也必然意味着说在某一地方有自由，在另一地方就有限制。在任何时候存在的自由系统总是在那个时候存在的限制或控制系统。如果不把某一个人能做什么同其他的人们能做什么和不能做什么关联起来，这个人就不能做任何事情。"[15]就是说，人的自由是与别人的自由相关联的，人是依赖别人获得自由的。那么，人究竟是"依赖"的还是"自由"的？

洛斯基认为："自由概念，即任何活动或活动者不受任何条件约束的自由概念。摆脱一种条件，可能就摆脱不了其他条件；例如，摆脱书报检查的政党报纸，可能在自己论断和评论中要受本党纲领的约束。因此，否定的自由概念常常又是相对的概念：在一些方面是自由的，在另一些方面是不自由的。"[16]

3.自由，人类的美好愿望

自由，从近代以来，一直是人类一个美好的愿望。它不但鼓舞着人们改造自然，更为重要的，它一直激励着人们改变旧的社会制度，使得社会更为文明，更为现代化。自由这个概念，不论在西方还是在中国的革命斗争中，都曾经产生过巨大的影响和积极作用。

匈牙利诗人裴多菲的诗句一直脍炙人口："生命诚可贵，爱情价更高。若为自由故，两者皆可抛。"曾经激励着许许多多革命志士为自由而斗争。

把自由作为一种行动纲领和政治目标，作为一种思想体系和世界观明确提出来的，是近代资产阶级。从那时候开始，争取自由的思想浪潮席卷了整个世界，把无产阶级也动员了起来，共同冲击黑暗中世纪的思想罗网。列宁说："我们清楚地知道，全世界的资本担负过创造自由的任务，它推翻了封建的奴隶制，创造了资产阶级的自由，我们清楚地知道，这是一个有世界历史意义的进步。"文艺复兴时期，欧洲新兴的资产阶级扯起"自由"的旗帜，向封建宗教的黑暗统治发难：人的思想应该有充分的自由。接着，18世纪声势浩大的法国启蒙运动，法国新兴的资产阶级高举"自由、平等、博爱"的旗帜，向封建势力发起了一次又一次冲锋，使自由的旗帜开始在大地上飘扬，自由的口号日益深入人心。[17]在20世纪初年，中国提倡德先生（民主）和赛先生（科学），自由尚不是主要奋斗目标。到20世纪中叶，"自由"成了一个与独裁统治作斗争的武器。到了20世纪末，自由不但成了与文化专制主义作斗争的武器，而且成了美学的一面旗帜。这是一面动人的旗帜，让人不忍心对它的真实性表示怀疑。但学术与情感是两回事。学术需要理性的真诚。

4."自由"与"美"存在矛盾

如包尔生所言，自由有两种，一种是心理学意义上的自由，一种是形而上学意义上的自由。美是自由的话，是哪一种自由？

美学所说的自由是不是形而上学的自由？即人的存在不受任何决定论因素的影响这样一种自由。这样的自由，不可能有。因为人的任何存在都是受决定的。只要我们承认人是一个物质存在，他的存在就是受物质生存与发展的规律决定的。只要我们承认物质第一性，人的精神活动也是受人的物质存在决定的，我们就可以明白，人的任何精神活动并不是天马行空，无所依傍，无拘无束的。

如果说美的自由是心理学的自由，是指个人按照自己的意志采取行动。这符不符合审美中的实际呢？在欣赏黄果树瀑布的美时，能不能说它的美是按照我们自己的意志采取行动？能不能说它的美实质上是体现了我的自由？如果能这样说，我们何不把它放在自己家门口天天欣赏，而非要跑这样远的路不可？有的人甚至是千里迢迢而来。我们感到太阳很美，能不能说它的美是我们按照我们自己的意志采取行动？冬天我们盼望它，夏天我们回避它。我们碰巧觉得它美的时候，是因为我们自由吗？对于太阳我们真有自由的话，为什么不能让它随我们的意愿，招之即来，挥之即去？欣赏奔驰小车，能不能说它的美是我们按照我们自己的意志采取行动？似乎可以，因为它是人类为了自己的需要创造的。但我们进一步思考，制造小车如果真能按照我们自己的意志行事，我们真该把它设计成不用任何燃料，不用任何公路也可满地球奔驰的交通工具，以免汽车排放影响人类生存的废气，以免公路的建设毁坏良田。

艺术作品的美，似乎充分体现了人类按自己的意志行事。然而在艺术作品的创造中，我们有什么样的内容可以不遵循事物本身的法则而变得美的呢？汤显祖让杜丽娘死而复生，仿佛是自由了，但汤显祖也只能依据人的情感愿望来进行塑造，如果他自由到让杜丽娘随心所欲地干她不该干的事情，这个戏就不美了。人与蛇不能谈婚论嫁，文学作品中可以，有许仙和白蛇的故事为证。然而在这个故事中，蛇不过是一个符号性的前提，是白素贞可以，而且有能力爱许仙的一个设定。没有这个设定，所谓琼楼玉殿、治病救人、盗仙草、起死回生，都不可能办到。但表现在审美形式上，仍然是人与人的婚爱。如果真的在形式上让一个人搂着一条蛇睡觉亲吻，生一窝小蛇，就让人恶心，绝不会有任何美感。对于蒲松龄笔下的狐仙也是一样的道理。

最需要讨论的是我国最为流行的一种说法：自由是规律性与目的性的统一，是人掌握了规律改造世界为自己的某种目的服务。这个说法是根据恩格斯的两段话阐释而成的。恩格斯在《反杜林论》中说："自由不在于幻想中摆脱自然规律而独立，而在于认识这些规律，从而能够有计划地使自然规律为一定的目的服务。""因此，意志自由只是借助于对事物的认识来作出决定的那种能力。因此，人对一定问题的判断愈是自由，这个判断的内容所具有的必然性就愈大；而犹豫不决是以不知为基础的，它看来好像是在许多不同的和相互矛盾的可能的决定中任意进行选择，但恰好由此证明它的不自由，证明它被正好应该由它支配的对象所支配。因此，自由是在于根据对自然界的必然性的认识来支配我们自己和外部自然界；因此它必然是历史发展的产物。"[18]这两段语录，我理解，其实是对杜林和黑格尔绝对自由观念的反驳，并不是在给自由下经典性的定义。即使是在下定义，也有再思考的余地。其中有两个概念值得注意，一个是"借助于"，一个是"支配我们自己"。借助于什么又反过来支配我们自己，能说这是自由吗？说人类掌握了规律是自由，我们也可以反过来说，规律掌握了人类。如果人类真有"自由"，没有规律制约和支配，不是更自由吗？一个被许许多多规律支配着的人类，是"自由"的，这从语言逻辑上讲，有点文不符实。硬要把这种状态说成是"自由"也无不可，就正如我们一定要把"驴"界定为"马"也没有什么不可以。但我们所注重的，仍然是事物本身的具体内涵，而不是一个称谓或符号。说我们人类利用规律去实现自己的某一个目标，又为何不可以说，自然向我们显示某种"规律"以利用我们去实现自然的某一个目标？从数十亿年微生物进化的历史来看，人类不过是生物发展的一种形态，一个链环，是生命进化中的一步阶梯。是生物获得了某种成功而不是人类获得了自由。

我们常常说，我们掌握了规律就获得了自由。事实上在有些时候有些方面，我们掌握了规律也不能获得自由。太阳会熄灭，这是规律，我们有没有叫太阳不要熄灭的自由？地球将会变得不适于人类生存，我们有没有改变这个规律的自由？在这样的规律面前，与其说我们支配了规律，不如说规律支配着我们。

进一步联系审美实际来说，如果"规律性与目的性统一是自由"，美的本质内涵就是这种自由的话，悲剧怎么解释？恩格斯说：悲剧性冲突是"历史的必然要求和这个要求的实际上不可能实现"。"必然要求"是规律，"实际上不可能实现"是目的性受阻，规律性不能和目的性相统一。这也等于说，悲剧的本质是不自由。对罗密欧与朱丽叶之死，我们是体验到了爱情的自由还是不自由？悲剧的美恰恰就是不能按照我们的意志行事，就是对我们的意志的沉重打击。我们体验到的是不自由，但我们体验到了美。

人是被规定好了的生命存在，老子早已想透其中道理："吾所以有大患者，为吾有身，及吾无身，吾有何患？"[19]人要生，是一个大的规定；人要死，是第二个大的规定；人要吃饭、结婚生孩子，是第三个大的规定。人的一切行为，正是在这样的规定之下进行，从总体上看，人类，地球，太阳，宇宙，都是一个个被规定的存在。规定者是谁？是物质发生、发展、消亡的规律。

人的本质不是自由，而是不自由。人追求的不是自由，而是协调。卢梭的自由是一种协调，杜威的自由也是一种协调。把社会看成一个大系统，这种协调就是系统优化。只有优化的系统才能使各个子系统受到更少的耗损而产生最大的系统值。

英国美学家瑞恰兹认为：人"在各个方面基本上都不是一个精神生灵，人是一个利益系统"。[20]这是正确的。人的生存不是追求一种抽象的"自由"，人是从他的生命存在出发，为延续、发展其生命而努力。或许可以说，人有相对的自由。但是，只要我们说美的自由，是"相对自由"，立即就陷进了数千年前苏格拉底陷入过的理论怪圈。就好比说某个人"相对高"，我们也可以说它是"相对矮"。相对于矮它是高，相对于更高它是矮，那它究竟算是高还是算是矮？不能定论。这个题目，在柏拉图的《大希庇阿篇》中，早就论述过了。姑娘对于猴子是美的，而对于上帝是不美的。那么姑娘是美的还是不美的？

即使是相对自由，也不是人追求的最终目的，而是生命得以生存发展的模糊条件。人之所以追求自由，是希望生命获得充分的满足，得到充分的发展。人如果没有生命的需要，所谓"自由"也就没有意义。自由和人的生命需要相比，自由是手段，生命是目的。有时候，为了生命的需要，人可以放弃自由而选择自由以外的其他东西。罗素就曾经说："自由是卢梭思想的名义目标，但实际上他所重视的、他甚至牺牲自由以力求的是平等。"[21]照某些存在主义哲学家的观点，"他人就是地狱"，[22]只有在最孤独的时候，才最自由。但是，人常常惧怕孤独，因此，正如弗洛姆所说，人"逃避自由"。人总是通过一定的方式与世界建立联系，"只要个人尚未完全割断这个把他与外界连接在一起的'脐带'，他便没有自由"。在"自由"状态下，人们"失去了给予他们安全的那些关系（束缚），那么，这种脱节的现象将使自由成为一项不能忍受的负担。于是自由就变成为和怀疑相同的东西，也表示一种没有意义和方向的生活。这时，便产生了有力的倾向，想要逃避这种自由，屈服于某人的权威下，或与他人与世界建立某种关系，使他可以解脱不安全之感，虽然这种屈服或关系会剥夺了他的自由"。[23]

没有自由的时候，美依然存在。比如，当江姐和许云峰壮烈牺牲的时候，自由在他们面前彻底地消失了，观众和读者，也并不因此获得了精神上的自由，但我们仍然觉得这出悲剧是美的，这两位英雄是美的。再比如，《红十字方队》中的江南，患了白血病，作为一名军医大学的优秀学生，她即使知道了病情和治病的某些规律也不能获得生的自由，她在我们迫切地希望她活下去的期待中香消玉殒，我们同时也体验到了人的生命的不自由，但我们仍然觉得，这个形象是美的，这部作品是美的。自由的失去，并不一定妨碍美的存在，自由的得到，并不一定就美。

结论：美与自由没有必然联系。

注释：

[1]《美学论集》，上海文艺出版社 1980 年版，第 164 页。

[2]《李泽厚哲学美学文选》，湖南人民出版社 1985 年版，第 446 页。

[3]《论美》，甘肃人民出版社 1982 年版第 35 页。

[4] 蒋孔阳《美学新论》，人民文学出版社 1993 年版，第 188 页。

[5] 刘纲纪《关于美的本质问题》，《美学与艺术讲演录》，上海人民出版社 1983 年版第 98 页。

[6] 罗素《西方哲学史》下册，238、239 页。

[7] 康德在《纯粹理性批判》中提出了四个二律背反：一，正题：世界在时间上有开头，在空间上有界限；反题：世界在时间上没有开头，在空间上没有界限。二，正题：世界上一切复合物都是由单纯的部分构成的；反题：世上没有单纯的东西，一切都是复合的；三，正题：除了自然法则的因果作用外，还有自由的因果作用；反题：没有自由，一切都依据自然法则的因果作用发生；四，正题：有一个绝对必然的存在（指上帝），作为世界的原因，或作为世界的一部分；反题：世界之内或世界之外，都没有绝对必然的存在者。在《实践理性批判》中提出了一个：正题：追求幸福便产生德行的心灵；反题：德行之心必定导致幸福；在《判断力批判》中提出了一个：正题：鉴赏并不基于概念，所以趣味无争辩，无需论证，无需别人同意；反题：鉴赏基于概念，所以不同的鉴赏之间总有争吵，争吵就是想求得别人同意。

[8]《康德文集》，改革出版社 1997 年 7 月第 1 版第 5—10 页。

[9] 黑格尔《美学》第一卷，商务印书馆 1979 年版第 124—126 页。

[10] 参见罗素《西方哲学史》，商务印书馆 1986 年版第 284—285 页。

[11]《存在主义哲学》第 337 页，楼志豪《自由纵横谈》湖南教育出版社 1987 年版第 141、205、2079 页。

[12]《伦理学体系》，中国社会科学出版社 1988 年版第 383、385、386、389 页。

[13] 尼古拉·别尔嘉耶夫人《人的奴役与自由》，贵州人民出版社 1994 年版第 41、42、211、212、221 页。

[14] F.C.S.席勒《人本主义研究)，上海人民出版社 196 年版第 8 氏 97 页。

[15] 杜威《人的问题》，上海人民出版社 1965 年版第 89 页。

[16] 洛斯基《意志自由》，三联书店 1992 年版第 2 页。

[17] 楼志豪《自由纵横谈》湖南教育出版社 1987 年版第 9 页

[18]《马克思恩格斯选集》，第 3 卷第 153、154 页，人民出版社 1972 年版。

[19]《老子》第十三章,引自《老子新译》,上海古籍出版社1985年第二版第87页。

[20]安纳·杰弗森、戴维·罗比等《西方现代文学理论概述与比较》,湖南文艺出版社1986年版第70页。

[21]罗素《西方哲学史》下册,商务印书馆1986年版第237页。

[22]参阅黄颂杰、吴晓明、安延明《萨特其人及其"人学"》,复旦大学出版社1986年版第225页《个人和他人》。

[23]弗洛姆《逃避自由》上海文学杂志社1986年第1版第119、2、12页

原载于《贵州师范大学学报》,1998年第4期

美学研究的新进展

王世德

我认为，改革开放20多年来的美学界总的主流是有很深广的进展，而不是趋向混乱和冷寂。这个进展体现在：一方面，坚持基本理论研究，使之更符合实际，能有效地指导审美实践，促进人类心灵和世界的美化；同时，另一方面，使美学面向现实，加强应用，广泛深入到自然山水、旅游、社会道德、文艺（诗歌、小说、美术、音乐、书法、戏剧、电影、电视、建筑、园林）、生活中的服饰、餐饮烹饪、美容美发、室内外装修等美学的研究和创建，使美学能真正促进社会精神文明建设和审美意识、情趣、素质、品德的提高，这两个方面相辅相成、齐头并进，都取得了扎实可喜的成绩。

在基本理论研究方面，克服过去存在的脱离实际、玄虚空谈的缺陷及对马克思主义肤浅、片面的理解，例如，将机械唯物论简单地套用到美学上，认为美是客体固有的永恒不变的性质，美感就是对它的理性反映。用这种观点去讲美，是永远不可能讲清楚美的本质和规律的。美学不仅应该运用反映论，更重要的是应该扎根在"价值论"的基础上，美是符合和满足人类不断变化的审美需要的一种意义和价值。美体现在客体上，但标准只能是主体的审美理想。人类审美活动的产生、变化、发展及其本质和规律是可以讲得清楚的，而且，讲清楚了也能促进人类审美水平、能力的提高，促进人类自身和世界的美化。美学实际上就是研究感性审美活动特征和规律的"审美学"。

从研究"美"转到"审美上"，是新时期美学理论研究的新进展。美学有重大战略意义的转移，新时期美学理论研究可喜的新发展还表现在吸取了很多西方美学思潮中合理的、精彩的见解，它们不但与马克思主义观点不矛盾，而且还丰富、更新我们对马克思主义的理解，两者互补，可以相得益彰。在新时期，出现了很多新的美学观和美学思想。生命美学，就是其中最值得重视的一种。我在 1991 年就读到了青年美学家潘知常的专著《生命美学》，之后又读到了杨春时等青年美学家的有关论文，现在又读到了四川文艺出版社出版的青年美学家范藻的新著《叩问意义之门——生命美学论纲》，他对生命美学观作了纵深的新开拓，建构一个理论体系，作了新探索。

我赞同和欣赏该书提出的"生命美学观"这一新的美学思想。我认为它的提出是有现实针对性的；它现在能获得很多人的赞同，也不是偶然的。它针对的是，过去很长时期（甚至包括漫长的封建社会）忽视个体生命的自由解放，片面强调社会群体规范的现象，甚至在很多情况下，假借了虚假的"社会集体"的名义，压抑和扼杀个体生命的自由解放。马克思主义十分重视个体生命的自由解放。马克思和恩格斯都认为，人类社会的上层建筑和意识形态都是以个体生命的存在和发展为前提和基础的，人类的一切奋斗（包括革命和阶级斗争），也都以个体生命的自由解放和全面发展为最终目标。没有全人类的自由解放，也不可能实现所有个体生命的自由解放；压抑和扼杀个体生命自由解放的社会，自由解放也只是一句空话，它绝不可能真正实现。

我在 1983 年 5 月出版的《马克思逝世一百周年文集》中发表论文《马克思论审美活动的产生和发展》，其中就摘引了马克思、恩格斯合著的《德意志意识形态》中的一段话："任何人类历史的第一个前提无疑是有生命的个人的存在。"（马克思恩格斯全集（第三卷），23 页）。恩格斯在 1887 年写的《卡尔·马克思》和 1883 年发表的《在马克思墓前的讲话》中，两次着重论述了马克思一生中两个主要的重大发现，即唯物史观与剩余价值。关于唯物史观，恩格斯说："马克思发现了人类历史的发展规律，即历来为繁茂芜杂的意识形态所掩盖的一个简单事实：人们首先必须吃、喝、住、穿，然后才能从事政治、科学、艺术、宗教等等活动……人们的国家制度、法的观念、艺术以至宗教观念，就是从这个基础上发展起来的。因而，也必须由这个基础来解释。"（马克思恩格斯全集（第三卷），第 574 页）。

审美活动，当然也应该放到这个历史过程中去考察、认识、解释。人类的审美意识和审美要求，是在物质实用功利要求的基础上产生并逐渐超越实用要求（这里仍潜伏着实用要求）而发展的。马克思在《1844 年经济学——哲学手稿》中说："人的万能正是表现在他把整个自然界——首先就它是人的直接的生活资料而言，其次就它是人的生命活动的材料、对象和工具而言——变成人的无机身体。自然界是人为了宴乐和消化而必须事先准备好的精神食粮。"（马克思：1844年经济学——哲学手稿，49页，人民出版社，1979）。马克思还直接论述人的审美感官和审美能力的产生和发展："社会的人的感觉不同于非社会的人的感觉。只是由于属人的本质的客观地展开的丰富性，主体的、属人的感性的丰富性，即感受音乐的耳朵、感受形式美的眼睛，简言之，那些能感受人的快乐和确证自己是属人的本质力量的感觉，才或者发展起来，或者产生出来……五官感觉的形成，是以往全部世界史的产物。"（马克思：1844年经济学——哲学手稿，79页，人民出版社，1979.）。人类为了生命的存在和发展，必须通过劳动改造自然界和社会，按照不断发展的物质实用要求和精神审美要求，实现个体生命和社会群体相和谐统一的全面发展、自由解放、幸福富强的美好理想。

我把这篇纪念马克思逝世一百周年的论文，收入我的《文艺美学论集》（重庆出版社，1985.）并列为第一篇论文，后来我又改写充实，编入我的专著《审美学》（山东文艺出版社，1987.）。我把自己的美学专著题名为《审美学》，第一编定为"审美论"，就从马克思论"人类历史的第一个前提无疑是有生命的个人的存在"说起，并论述审美活动怎样产生和发展，然后从"价值论"的基石上确定："美是符合人类主体进步理想的感性形象的价值和意义，审美理想的终极目标是为了实现个体生命与社会群体和谐统一的自由解放"——就是基于以上的认识，也是基于这样的认识，我赞同和欣赏"生命美学"的美学观和审美思潮，赞同和欣赏范藻这部专著，能使"生命美学"这种美学观和美学思潮向纵深广度拓展，并努力建构出一个理论体系和学术框架。

该书文笔流畅，语音优美，富有诗情和哲理，并能将丰富的材料和见解努力组成一个理论体系，从引论"生命的困惑"到结论"生命的意义"，首尾呼应，自成一体；中间共有七章，依次论及生命美的要素、价值、内涵、特征、表现、环境、养成等，每一章都有自己的见解，而非人云亦云或老生常谈。如第一章作者将生命美的要素概括为：体验——生命美的感性生成；发现——生命美的主动寻求；创造——生命美的不竭动力；自由——生命美的最高境界。这四个要素也不是随意罗列，而是针对生命美化的过程依次递进、提升。又如第三章作者将生命美的内涵概括为：劳动——生命美的保障；艺术——生命美的享受；思想——生命美的升华；信仰——生命美的寄托。作者条分缕析地指陈、分析生命美的构成要素、价值意义、基本特征、现实表现、生成环境和养成方式等，其中每一部分里面又进一步列出它的具体内容，如第五章，生命美表现在形貌、言行、气质、人格这四个方面。"气质"一节是这样论述的：气质，生命美的魅力，它又体现在：外与内：充内形外；形与神：以神传形；美与丑：化丑为美。对此作者都作了多层次、多角度的分析。

其次，在行文上，作者努力追求诗情、画意、哲理三位一体的审美效果，从章节题目用语到具体内容语音，讲究整散结合，注重铺排气势，对偶、比喻、借代、排比、反复等修辞格交错运用，每章每节的开头都有两三段颇有"美文"意味的哲理散文；在行文的过程中，作者不时投入自己的情感，使文章富于理性的激情和诗意的哲理，从而一扫美学理论著作晦涩难懂、玄妙抽象的文风。

怎样认识生命的"社会关系"，我觉得这是理解生命美学的关键所在。生命美学的主题词是"生命美"。在充分、合理地肯定生命的自然性因素外，生命要获得社会价值还必须超越自然性，由知识领域前进到道德领域。再升华至境界，这是就个体生命而言；然而人的生命之所以有意义是在社会群体性的交往中实现的，"社会关系的含义是指许多个人的合作"，它意味着生命美不但是"主体性"的，更是"主体间性"的。生命美的实现不仅仅是个体生命的孤芳自赏，更应该是自我与他人、个体与社会的和谐融洽的百花争艳（杨春时：文学理论：从主体性到主体间性，厦门大学学报，2002.）。对生命美的"主体间性"和生命美学的中心词"自由"应该如何理解？马克思和恩格斯曾做过这样的论述："只有在集体中，个人才能获得全面发展其才能的手段，也就是说，只有在集体中才可能有个人自由。"

生命美学观的可贵之处，就在于它不是生物主义的。它所着眼的不是生物性的生命，而是有社会意义的生命，是生命的社会意义。范藻在"引论"中说，哀莫大于心死，人的精神不能死亡。人不要行尸走肉般地活着，不要麻木、消沉、庸碌无为，人的生命要追求真善美，追求自由解放、充实丰富。范藻在"结论"中说：我们"强调生命的感性体验、要求回归生命的个体本身、看重生命的生长过程，但绝不是要把人的生命降低到动物的水准、将生存返归到原始的状态、将生活定位于感官的享受"，而是"要站在时代前沿，代表先进生产力的发展要求，代表先进文化的前进方向，代表最广大人民的根本利益"，对生命"文而化之，美而育之"。文和美是"化"和"育"的对象、标准、动力和理想。生命自由不是放任自流，而是朝着真善美的理想目标前进的人类历史的发展方向。它要克服现实中的缺陷和丑恶，克服物质文明进步带来的破坏生态环境和"异化"现象。它是对感性存在的超越性体验和感悟，对终极目标的不断接近。目标永远不可能最后达到，而可贵的美正是在趋向目标的奋斗过程中。

我最欣赏和赞同的是，范藻并不认为他这部论著已经完成了对生命美学的探索，更不是完成了美学研究的新拓展，而只是在这进展中的一种努力，有待自己和大家（甚至包括后代）继续探索的一种努力。

我们都心甘情愿和愉快欢欣地作这种努力。

原载于四川文艺出版社出版范藻的《叩问意义之门——生命美学论纲》一书的代序

生活美学：21世纪的新美学形态

仪平策

审美文化的崛起与发展，已成为中国自20世纪末以来最普遍最突出的文化景观，它以一种从未有过的规模和力度，毋庸置疑地进入并影响了我们的日常生活。对此，美学界虽看法参差，毁誉不一，但总的来说，是忧患者、批判者居多，而肯定者、赞赏者较少。多数学者认为，审美文化在世俗领域、市民阶层、大众社会中的深广发展，美和艺术在感性、通俗、表象化、娱乐化层面的狂欢，总之是向日常生活界面的回归，标志着"人文"理想的一种退场和缺失，意味着"崇高"精神的一种沉沦和堕落。言语之间，大有视为洪水猛兽之意。但显而易见的事实是，这种来自所谓知识"精英"阶层的忧惧和批评是苍白的，当代审美文化依然按照它固有的轨迹和自身的"逻辑"蓬勃向前。这就明白地告诉我们，现有的美学话语、理论体系在应对当代审美文化的挑战方面是无力的和失效的，它同当下审美文化实践实际上呈一种隔膜脱节状态。它所习惯的"贵族化"学术姿态使之在新的艺术现实、审美存在面前，只能选择本能的抵御和盲目的指摘，而不是理性的认知和积极的介入。对此，中国当代美学已到了自觉反思自己并尽快做出调整的时候了。

为此，本文提出"生活美学"概念，以同当下审美文化实践的发展指向相对应。作为一种新的美学形态，生活美学是以人类的"此在"（existence）生活为动力、为本源、为内容的美学，是将"美本身"还给"生活本身"的美学，是消解生活与艺术之"人为"边界的美学。它所谓"生活"，不同于车尔尼雪夫斯基所说"生活"，因为车氏尽管将美学的重心从"先验理念"拉回到"现实生活"，但他所理解的生活总体上依然是一种抽象直观的、生物学意义上的生活，是一种等同于"活着"的"生活"。我们所理解的"生活"，指的则是人类在历史的时空中感性具体地展现出来的所有真实存在和实际活动；

它既包括人的物质的、感性的、自然的生活,也包括人的精神的、理性的、社会的生活,是人作为"人"所历史地敞开的一切生存状态和生命行为的总和。因此,它不是脱离了人的"此在"状态的抽象一般的生活,而是每一个人都被抛入其中的感性具体寻常实在的生活。所以,所谓生活美学,也就是将美的始源、根柢、存在、本质、价值、意义等直接安放于人类感性具体丰盈生动的日常生活世界之中的美学。在生活美学看来,美既不高蹈于人类生活之上,也不隐匿在人类生活背后,而是就在鲜活生动感性具体的人类生活之中。当然,美也不等同于世俗生活本身。本质上,美就是人类在具体直接的"此在"中领会到和谐体验到快乐的生活形式,是人类在日常现实中所"创造"出的某种彰显着特定理想和意义的生活状态,是人类在安居于他的历史性存在(即具体生活)中所展示的诗意境界。总之,脱离了人类生活世界的"美",无论它是对象的属性,还是主体的感受,实际上都是一种绝对的抽象,是一个"无",是根本不存在的。正如海德格尔论及"真理"时所说的:"唯当此在存在,才'有'真理。……此在根本不存在之前,任何真理都不曾在,此在根本不存在之后,任何真理都将不在"[1]P272。因为"在最源始的意义上,真理乃是此在的展开状态"。[1]P268 就是说,"此在"与"真理"是源始本然地统一着的。其实,同真理一样,"美本身"和"生活本身"在本真的、源始的意义上也可以说是天然一体,浑然不分的。再进一步说,在人类生活本真的、源始的意义上,审美与功利、自由与现实、主体与客体、高雅与通俗、感性和理性等等也是天然一体浑然不分的。从这个角度看,生活美学是无分精粗、不拘雅俗、消解对立、人人共美的美学,是承认一切个体审美权利合法性的没有高下贵贱等级差别的真正"文化的'民主化'"[2]P180 的美学,是真正的人类学美学。在它这里,那种由少数垄断着美学资源的所谓"人类灵魂工程师"向大众群体进行君临式启蒙宣教的传统美学霸权机制,将被颠覆和消解。在这个意义上,生活美学是敞开"此在"、普照生命、拥抱人类、快乐众生的美学,是真正落实美学特有的人类终极关怀使命的美学。

作为一种新的美学形态,"生活美学"的产生绝对不会是源自某种个人化的玄思妙想,也并非一个偶然的学术事件,而是美学学科发展的一种内在要求,是现代思维范式的美学产物,在中国也同时是传统文化资源和当代审美文化的必然发展指向。

首先，生活美学是与现代人类学思维范式相对应的理论产物。

任何一种新的美学理论、美学思想的产生，从根本上说，除了现实社会的内在需要之外，还与思维范式的创新和突破息息相关。笔者认同这样的观点：即大致说来，与人类文明三次大的变革相对应，人类思维范式也经历了三大阶段，即古代农业文明阶段的世界论范式、近代工业文明阶段的认识论范式和现代"后工业"文明阶段的人类学范式。[3]世界论范式追问的是，世界何以存在？也就是偏于从对象的角度，思考世界存在的原因和根据。认识论范式追问的是，人类能否认识世界的存在？也就是偏于从主体的角度，反思人类认识的可能性和知识的合法性。但是，无论是世界论范式，还是认识论范式，都有一个基本的思维定式，那就是都将对象和主体分离开来，将客体世界和人的认识分离开来，前者忽略了主体的存在，后者则将世界的存在"虚置"起来。显然，二者贯彻的都是一种主客对立的二元论思维模式，体现的都是一种抽象和绝对的存在论。作为对这两种思维范式的扬弃和超越，现代人类学范式的核心则在于将感性具体的人类生活本身肯定为真实的、终极的实在，视为理性、思维的真正基础和源泉。换言之，在现代人类学看来，没有超越人类生活之上的、与人类生活毫无关系的真实实在。人类所有知识都只是对人类生活或在世界中的生活的一种领会，因而它所能达到的也只能是人类世界、人类此在、人类生活本身。无论将什么作为人类生活的完全外在的、异己的客体，对人类来说实际都是不可思议的，都是一个绝对的抽象，诚如马克思所说的："抽象的、孤立的、与人分离的自然界，对人来说也是无"。[4]131 实质上与人类存在、人类生活相分离的任何东西，对人来说都是"无"。

从现代哲学发展看，将人类此在的、具体的生活世界看作知识始源和终极实在，是一个渐成主流的理论趋势。海德格尔就将人类生活世界看作一种"向来所是"的、"未经分化"的"本真状态"，是"此在的基本状况"，是真理、"诗意"等"安居"其中的"大地"，或者说，"安居于大地上"就是真理、"诗意"的"源始形式"。海德格尔将返归生活、回到此在称为"还乡"，"还乡就是返回与本源的亲近"。[5]87 这就明确地表露出以有限具体的人类生活为源始本根和终极实在的哲学意向。维特根斯坦则通过语言逻辑批判宣告,一切形而上学均无意义。对于一切说不清楚的"神秘之物"就应该保持沉默。然而他后期认为,他称之为神秘的,虽然是不能说出的,但却是能够表明的东西。他力图用"语言游戏"概念来表明这一"神秘之物"。语言游戏,实质就是生活中的日常语言、自然语言(包括身体符号);它是日常生活的一部分,是一种"生活形式"。他同海德格尔一样,也将世界、语言和生活(此在)视为一体,认为"世界是我的世界这个事实,表现于此:语言(我所理解的唯一的语言)的界限,意味着我的世界的界限",而"世界和生活是一致的"。[6]79 所以,与"我的世界"一体的语言,亦即日常生活,成了后期维特根斯坦哲学的根本,成了他观察、解释世界的唯一依据。他曾说:"我就像一个骑在马上的拙劣骑手一样,骑在生活上.我之所以现在还未被抛下,仅仅归功于马的良好本性。"[7]51 应当说,一如海德格尔,维特根斯坦走向"生活本身"的哲学意向也是耐人寻味的。这表明以人类生活为终极实在的人类学范式已成为现代思维的基本趋向。

以人类生活为终极实在的现代人类学范式与马克思的实践论范式是什么关系?这是需要回答的一个问题。实际上,二者有着内在的、本质的一致性,因为人类"全部社会生活在本质上是实践的"(马克思)。所以,以人类生活为终极实在,也必然是以人类实践为终极实在。不过,这里的"实践"与人们通常讲的物质生产实践还不是一回事。作为马克思哲学基本概念的实践(praxis)是存在论意义上的实践,它可以理解为人类生活或人类活动的同义语,而人们常说的作为物质性生产活动的实践(practice)是认识论、技术论意义上的实践,是主体对客体的一种工具性活动,是验证认识的一种手段。这种物质生产实践在人类生活中具有决定性作用,是一种基础性的实践样态,但马克思却从未将实践仅仅理解为物质生产。作为存在论范畴的实践在马克思那里指的就是一种包含物质实践在内的感性直观的人类活动、人类生活。[3]这一实践范畴的提出,在思维层面上体现的正是一种现代人类学范式。所以把马克思的实践论范式视为人类学范式的开创形态应当是合理的。

人类美学自古至今所发生的变化,实际上正是人类三大思维范式的相应产物。从大的方面说,人类美学迄今主要呈现为三大形态,即古代的客观美学、对象论美学、近代的主体美学、认识论美学和现代的生活美学、人类学美学。古代的客观论、对象论美学，主要将美和艺术视为一种客观的、对象化的存在，美和艺术的价值本体要么存在于客观的自然（形式），要么存在于客观的理念（上帝），要么存在于客观的社会（伦理），总之是客观的、必然的、对象化的；近代的认识论、主体论美学，着重从主体的认知能力、心理体验层面来解释美和艺术，美和艺术的价值本体要么表现为主观的认识（诗性思维），要么表现为内心的愉快（情感判断），要么表现为自由的意志（或生命、直觉、本能等），总之是内在的、自由的、主体性的。古代的客观论、对象论美学与近代的认识论、主体论美学虽立论相反，观点迥异，但有一点是共同的，那就是都将主体与对象、存在与认识、必然与自由、"诗意"与"大地"等对立起来，然后分取一端，各重一面，在思维上都固守着一种非此即彼的二元论模式。显然，这在思维上与古代的世界论范式和近代认识论范式是内在一致的。

以人类生活为终极实在的现代人类学范式，为美学形态突破传统的客观论与主体论、对象论和认识论的二元对峙，在一个更高的现代思维层面上切入审美问题的实质，建立一种现代生活论、人类学美学形态开辟了道路，因为现代生活美学或人类学美学作为对古代和近代两大美学形态的一种扬弃和超越，它从根本上重构（或确切地说是还原）了人与自然、人与整个世界的源始的、本真的关系。它既不再像古代世界论、客观论美学那样将对象世界从人类生活的整体中抽象出去，孤立出去，成为脱离了人、异在于人的外部世界，成为神秘的美的根源、本质之所在；也不再像近代认识论、主体论美学那样将人类生活中的人的"此在"抽离出来，孤立出来，使之成为脱离自然、对抗实在的空洞纯粹的主观精神或生命本能，成为同样神秘的美感根源、艺术本质之所在，而是彻底超越了人与世界（自然、对象）抽象的主客二元模式，将人视为在世界中生活的、此在的人，而将世界看作人类"在世"生活这一整体中的世界。人和世界在人类生活的整体形式中是原本一体、浑然未分的。由此，也就从根本上确认了美和艺术既非远离人类活动的纯然客观性、对象性存在，亦非远离生活世界的纯然主观性、抽象性形式，而就是融人与自然于浑然整体的具体、活泼、直接、"此在"的人类生活，就是人类感性活动、此在生活本身向人类展开的一种表现性方式，一种诗意化状态，是人类生活自身"魅力"之显现。一句话，美和艺术的故乡既不纯在客观外物，也不单在主观内心，而是就在感性具体丰盈生动的日常生活。正如海德格尔所说：人类日常生活作为"在世界之中存在"即"意指着一个统一的现象"，"必须作为整体来看"[1]66。它'源始地'、'始终地'是一整体结构"[1]219。因此，若把它说成是"一个'主体'同一个'客体'发生关系或者反过来"，就是一个"不详的哲学前提"[1]73，其所包含的"'真理'却还是空洞的"。[1]74 所以，作为统一整体的人类生活世界（"大地"）就是真理、诗意的安居之所，是其"源始"和"故乡"，而"诗人的天职是还乡，还乡使故土成为亲近本源之处"。[5]189 这就从哲学层面上明确地确认此在生活为艺术之家，从而表露出一种现代生活美学意向。维特根斯坦在将日常生活视为唯一哲学基础时指出："没有什么比一个自以为从事简单日常活动而不引人注目的人更值得注意。……我们应该观察比剧作家设计的剧情和道白更为动人的场面：生活本身。"[7]5-6 这句话至少包含这样的意思：日常生活作为终极实在不仅是美的本源和基础，而且它本身就是比一般艺术更为动人的美。生活与美是同一的。总之，海德格尔和维特根斯坦等现代思想家都倾向于将感性具体的人类活动、人类生活本身肯定为美的真实本原、终极实在和"动人"形式。这表明在现代人类学思维范式的规定下，现代生活美学或人类学美学的产生是美学发展的必然走向。

其次，生活美学是对近代以来"超越论"美学的一种学术超越。

从美学理论本身的价值取向看，生活美学或人类学美学也是对近代以来已成主流的所谓"超越"论美学的一种学术超越。我们知道，近代以来的美学在一种主客二元的模式中，一反古典美学的客观论、对象论传统，将艺术、审美的价值重心凝聚在"人"自身上，集中在主体论层面，在此基础上建立了一种抽象的"超越"论美学，即将艺术、审美活动中的内在矛盾因素，特别是功利与审美、生活与艺术、形式与内容、主体与客体、感性和理性、现实与自由等矛盾关系截然分离、对立起来，进而认为审美就是对功利的超越，艺术就是对生活的超越，形式是对内容的超越，主体是对客体的超越，感性是对理性的超越，自由是对现实的超越，等等。美和艺术在本质上被看作是对日常世俗生活的一种拒绝。它高蹈于日常生活之上,以冷眼旁观、超然物外的虚静态度对待生活。认为只有这样,才能给人以现实中所没有的自由,才能保证美学的人文关怀使命的真正落实。在这一抽象的"超越"论思维模式中,审美和艺术成了无关利害、独步世外、唯我唯美、绝对逍遥的精神乌托邦,成了人类脱离现实、返归内心、逃避异化、获得自由的主要方式,成了人类主观心情的慰藉物、内在灵魂的避难所、生命本能的伊甸园,甚至于成为"上帝死了"之后人类一种渴望超离尘世安慰心灵实现解脱的"准宗教"。一句话,超越生活远离现实的审美和艺术给了人类以无限自由的绝对承诺。主体、内心、情感、意志、自由、"诗意"在与客体、对象、理性、现实、必然、"大地"的截然对立中逐步走向绝对的抽象和虚空,用海德格尔的话说就是"飞翔和超越于大地之上,从而逃脱它和漂浮在它之上。"[8]189 从康德一直到萨特、马尔库塞等人那里,我们听到的就是这样一种抽象虚幻的超越性、自由性承诺。在我国,自 20 世纪 80 年代始,学术界在反极"左"政治背景中也接受了这样一种"超越"论美学观,审美和艺术的本质也被定位在所谓的"超越"和"自由"上,而将非功利、无目的、超现实等规定为实现这一"超越"和"自由"的根本条件。时至今日,这一"超越"论美学理念依然占据着不容置疑的主导地位,并成为一些学者衡量艺术创作质量、批判当代审美文化的思想利器。

  应当说,近代以来的超越论美学,在高扬审美和艺术的主体性、表现性,突出审美和艺术的独立性、自由性等方面,无疑有着构建之功。尤其重要的是,它使人类对艺术的审美特性和美学规律有了非常深刻的认知。但它的理论导向也有着重大缺憾,其主要表现就是割断了审美、艺术与人类生活的本真性、始源性联系,使之因远远脱离实在而陷入了抽象之思,因过分超越现实而走向了玄虚之境,因极端诉诸内心而造出了荒诞之象。在美学理论开始偏好心理经验、主观解释而拒绝客观实在、生活内容的同时,艺术也开始变得恍惚迷离、晦涩难解,开始变成少数人所创造、"圈子"内所垄断的神秘之物,与日常生活世界越来越疏远了。与此同时,审美、艺术领域的"贵族"气质与"平民"口味、"精英"品格与"大众"风尚、"雅"与"俗"之间的分别和对立也日益严明地呈现出来。艺术越来越迷恋贵族化、精英化、

"纯粹"化，越来越摒弃平民社会和通俗风味了。这就是近代超越论美学及其规约下的审美和艺术领域所呈现的基本景观。正因如此，扬弃"超越论"，走向此在，回归生活，使美学在克服片面中跃进到一个更高阶段，便成为一种学术必然。生活美学于是就应运而生。

生活美学一方面将超越论美学所拒绝的此岸现实日常生活，重新设定为审美和艺术的始源根基故土家乡，视其为审美的血脉所在、艺术的本体所归，另一方面则在扬弃了超越论美学非此即彼思维的绝对性和缺乏生活内容的抽象性的基础上，又将其所强调的审美的主体性、自由性等从少数精神"贵族"那里解放出来，还给了每一位生活者，还给了时刻创造着自身生活的大众，即如福柯所言，让每一个体的生活都成为一件艺术品[9]。也就是说，生活美学从根本上否定了超越论美学所迷恋的二元对立理论模式，在人类的日常生活世界里将功利和审美、现实与自由、艺术与非艺术、感性和理性、主体与客体、高雅和通俗等人为设置的断裂关系还原为源始本真意义上的天然一体浑然无别之关系。美学从片面抽象的主观世界真正返回（上升）到原初的丰盈具体的生活世界，从而完成自身的理论更新和完善，实现自身的学术飞跃。

再次，生活美学是当代审美文化发展的理论旨归。

20世纪90年代以来，中国美学界发生的最为显著的转变，无疑是审美文化及其批评全方位、多层面的崛起和发展，并在较短的时间内占据了美学话语的中心。与此同时，新中国成立以来一直处于正统和主导地位的本质主义、体系主义美学研究方式至此开始走向沉寂退居边缘。对这一重大转折，笔者曾将其描述为中国当代美学已从"建构"阶段走向"解构"环节的标志[10]。也就是说，新中国成立以来的美学研究，主要偏重于美学理论的基础性、逻辑性、体系性建构，因而特别重视美、美感和艺术问题的原理性构架，重视对其本质、对象、形态、功能等基本问题、基本概念的思辨探讨。这可称之为一种本质主义、体系主义研究方式。但这一研究也至少有两大弊端：一是总体上局限于纯概念、纯理论的抽象思辨，美学远离生活、远离此在。二是从理论范畴到研究方法基本以"西方"为圭臬，缺乏深厚的民族资源和当下的实践基础。20世纪90年代以来审美文化的深广发展，则打破了这种原理研究、体系建构的绝对正统地位，将美学关注的重心从美和艺术问题的本质、概念、逻辑层面转向生活、存在、经验层面。本质主义、体系主义的研究模式逐步遭到疏淡和扬弃。美学开始超越"纯粹",以一种"泛化"的开放姿态和从未有过的平和心境走出书斋,返归生活,拥抱实践,回到实在。大凡一切感性的、具体的生活实存、文化事象,如两性文化、电子文化、大众文化、音像文化、服饰文化、广告设计、市场营销、社会犯罪、景观旅游、历史文物、传统遗俗……,莫不成为美学接触、介入的对象。美学的这种具体化、平民化、普泛化、本土化趣尚,已经成为当代审美文化研究的重要景观。相对美学本质主义的体系建构来说,这种景观无疑是一解构形态。

但本质主义、体系主义研究模式的消解,并不等于美学本身的消解。实际上,从远景预测的角度讲,这种审美文化研究似乎正是本质主义美学向生活美学演变的一个过渡和中介,是生活美学即将产生的一种现实准备和实践演示,也许这种准备和演示尚有种种缺憾,但毕竟让我们依稀看到了未来生活美学的发展曙光。当前,审美文化正在向更加市民化、普及化、生活化、艺术化方向发展,出现了诸如环境艺术、人体彩绘、游戏文化、陶吧、唐装、蹦迪、DV[①]等一些值得注意的新征象。这些新征象将艺术、大众、市场、性感、休闲、世俗、审美、享乐等因素掺和在一起,很难将彼此分得清楚。它至少昭示着传统意义的艺术与非艺术、雅和俗之间界限的趋于模糊,表征着审美与现实、超越与此在、艺术与生活的逐渐融合。它让我们看到,审美和艺术越来越切近地走向了世俗大众,越来越亲密地接触着日常生活。这种现象意味着什么?难道除了预示着美学向日常生活世界的敞开与回归,预示着一种与超越论(或本质主义)美学迥然异趣的新的美学形态——生活美学的呼之欲出,还会有别的答案吗?

需要特别指出的是,这一审美文化现象,与所谓"后现代"语境还有某种联系。笔者从来就不认为中国已真正进入后现代社会,这一点确定无疑。但从"后现代"与"后工业"相关这一点看,中国当代,特别是20世纪90年代以来的审美文化,随着市场化、商品化、高科技等的高速发展,又确实出现了某些与"后现代"语境相近的特征,诸如艺术与商品的对接,文化、审美的视觉化趋势,大众趣味对意义深度的消解,"雅"与"俗"界限的打破,官能化、感性化的愉悦模式,等等,皆与所谓"后现代"症候相近相关。

这表明，拒绝承认当代中国在某种程度上已出现"后现代"因素恐怕不是一种实事求是的科学态度。那么，"后现代"语境中的美学文化应是怎样一种形态？杰姆逊认为："到了后现代主义阶段，文化已经完全大众化了，高雅文化与通俗文化、纯文学与通俗文学的距离正在消失。……后现代主义的文化已经从过去的那种特定的'文化圈层'中扩张出来，进入了人们的日常生活"。[11]129 丹尼尔·贝尔指出："后现代主义反对美学对生活的证明……。后现代主义溢出了艺术的容器。它抹杀了事物的界限。"[2]99 瓦尔特·本杰明也谈到，在"后现代"的作者\读者系统里，"作者与大众之间的区别正失去其基本特征。……文学的标识现在不是建立在专门化训练基础之上，而是建立在多种学艺（polytechnic）之上并从此成为公共财产"。[12]153 这些论述都指出，后现代语境中的审美文化是非专业的，是没有作者与读者、专家与大众、纯粹与通俗、艺术与非艺术等明显区别的，文学艺术只是人类生活的公共财产，是日常生活所展示的一种适当形式。在这里，人类日常生活成为后现代主义所认可的唯一实在。理由显然是，"从根本上说，后现代主义是反二元论的"，[13]170 而只有在日常生活世界，才会真正消解非此即彼的二元论思维。这表明，后现代语境在驱动审美文化发展的同时，也为生活美学的产生提供了值得重视的时代氛围和现实背景。

最后，生活美学的产生以得天独厚、丰富深刻的传统美学文化资源为根基。

无论是古典的本体论、对象论美学，还是近代的认识论、主体论美学，从根源上说，都基本是西方哲学架构和思维模式的产物。我国近、现代，特别是新中国成立以来的美学，从其秉承本质主义、体系主义的理路看，也主要是西方美学（尤其是德国古典美学）的一种搬演和模拟。中国传统美学思想在这里反而成了"他者"，成了一种论证西方美学理念的"材料"。20世纪末中国涌现的大众审美文化潮流，除了市场化、商品化、高科技等原因外，我曾指出其中也有着传统文化的因素，是中国传统市民趣味的一种当代"复活"形式[10]。但那不过是传统文化趣尚的一种自发的"复活"。21世纪生活美学的建构，将为传统审美文化提供一种现代批判基础上的自觉"复活"形态，由此使中国美学真正成为建立在本土文化资源基础上的、能够独立地参与世界性美学对话和交往过程的民族化美学。无疑，这将是中国美学真正走向成熟的标志。

中国传统文化资源丰厚渊深，其中最合生活美学精髓的主要有二：

一是"执两用中"的中和思维模型。这一思维模型包括两方面内涵，一方面是承认世界普遍存在着两两相对的矛盾性，强调要始终抓住矛盾的这两极、两端、两面……《左传》中说"物生有两"（昭公三十二年）；《周易·系辞上传》中讲"一阴一阳之谓道"；《论语·子罕》说"叩其两端"；《老子》称"正言若反"（第四十章）；邵雍在《皇极经世·观物外篇》中说"元有二"；张载在《正蒙·太和篇》中讲"天地变化，二端而已"；王安石在《洪范传》中说"道立于两"，"皆各有耦"；程颐在《遗书》中说"道无无对"（卷十五）；朱熹在《朱子语类》中讲"虽说无独必有对，然独中又自有对"（卷九十五《程子之书》）等等，这里所贯穿始终的可以说就是一种"耦两"思维，"二端"思维。需要指出的是，这里所涉"耦两""二端"，即矛盾的两方面虽时常有主次、轻重、大小、强弱之分，但在逻辑上却互为前提，彼此确证，并立相应，缺一不可。中国古代文学中大量最具民族特色的骈文、对联，以及中国人常说的"无独有偶""好事成双"等表示吉祥美好的成语俗话等，都源于这种根深蒂固的"耦两"思维。另一方面，更关键的是，中国人注重"耦两"思维，却反对将"两"（矛盾的两方面）抽象地分离、对立起来，更不主张用"两"中的一方压抑、否定另一方（即孔子所反对的"攻乎异端"），而是要求矛盾的两方面应不偏不倚，无过不及，在对立两极之间达到彼此均衡、恰到好处的中间状态。这即《中庸》所记孔子讲的"执两用中"（第六章）之义，也是"中庸""中和""折衷""持中""守中""用中"等概念的基本精神。《周易·系辞上传》说"阴阳不测之谓神"；程颐《遗书》中说"独阴不生，独阳不生。偏则为禽兽、为夷狄，中则为人。中则不偏"（卷十一）等等，推崇的都是矛盾双方的持中不偏、和谐如一。"中"作为人格、生命、审美的最高境界，亦即最高的"道""常""极"，实际上就是"两"所本所归的"一"，即矛盾双方的中和统一，其理所涉皆不出"一""两"关系。邵雍在《皇极经世·观物外篇》中说"太极一也，不动；生二，二则神也"；张载在《正蒙·太和篇》中说"两不立则一不可见，一不可见则两之用息";叶适在《进卷·中庸》中说"道原于一而成于两。……然则中庸者,所以济物之两而明道之一也"(《别集》卷七)等,这些论述都是非常有代表性的。他们强调的"济两明一",就是克服"两"(矛盾双方)的分离状态和片面性质,使之实现中和不偏、浑然如一的理想境界。所以,"执两用中"和"济两明一"的意思是一样的,都是既注重"二元"又强调"归一"。这种传统的思维文化资源,对 21 世纪中国的生活美学或人类学美学超越西方二元对立思维,建设真正民族化的现代美学形态,是特具参照意义的。

二是"道不远人"的审美价值范式。我们知道,在中国,"美是什么"的本体论探讨一直不占主导,或者说,这种探讨是融解在"美应当是什么"的价值论思考中的,审美价值论才是传统美学的理论核心。尤其儒家经典《中庸》提出的"道不远人"(十三章)命题,均讲究道与器、真与俗、本体与存在、天国与人间等等的圆融不分,浑然一如。这种哲学文化观念,就直接形成了中国特有的审美价值论范式,或美学的"人学"品格,即"美"之"体"与"人"之"用"的相生不离。具体说,在中国美学中,"美"(或审美之"道")既不在"人"之外的纯然"物性"(或质料、形式)世界,更不在"人"之上的超验的"神性"(或理念、绝对精神)世界,而是就在活泼泼的"人"的世界中,在日常现世的人生体验和人伦生活中。在根本的意义上,美就是一种富有意趣充满福气享受快乐的生存形式,一种同"人怎样活着才更好"的考虑直接相关的人格理想(儒)和生命境界(道)。在这个意义上,中国的传统美学既不归于经验主义的科学,也不归于超验主义的神学,而是一种充溢着"人间性""在世性"和生活味的"人学"。它以"天堂"即在"人间"的话语方式,彰显着中国传统审美价值论的基本构架,表征着中国人对自身的日常生活及其理想状态的绝对关心。毫无疑问,这一"道不远人"的审美价值论范式,这一将审美胜境与人生乐境统一起来的传统精神,与现代生活美学在学理上虽不尽同却极为相通。它必将为现代生活美学在 21 世纪中国的产生提供丰厚博深的本土文化资源,从而真正实现美学当代性和民族性的统一。

参考文献：

[1]海德格尔.存在与时间[M].北京:三联书店,1987

[2]丹尼尔·贝尔.资本主义文化矛盾[M].北京:三联书店,1989

[3]王南湜.论哲学思维的三种范式[A].南京:江海学刊[J],1999,(5)

[4]马克思.1844年经济学—哲学手稿[M].北京:人民出版社,1979

[5]海德格尔.人,诗意的安居[M].上海:上海远东出版社,1995

[6]维特根斯坦.逻辑哲学论[M].北京:商务印书馆,1962

[7]维特根斯坦.文化与价值[M].北京:清华大学出版社,1987

[8]海德格尔.诗·语言·思[M],北京:文化艺术出版社,1991

[9]李银河.福柯的生活美学[A],广州:南方周末,2001,11,(30)

[10]仪平策.中国的艺术大众化与"后现代"问题[A],桂林:东方丛刊[J],1993,(1)

[11]杰姆逊.后现代主义与文化理论[M],西安:陕西师范大学出版社,1987

[12](美)查尔斯·纽曼.后现代氛围[A],王岳川、尚水.后现代主义文化与美学[M],北京:北京大学出版社,1992

(13)(美)约翰·W·墨非.后现代主义对社会科学的意义[A],王岳川、尚水.后现代主义文化与美学[M],北京:北京大学出版社,1992

注释：

①原文Digital Video,是目前技术上最成熟的民用视频产品。人们用DV等装置拍摄身边的事物,记录令自己快乐、感悟的方方面面,以供自娱和与他人分享

原载于《文史哲》,2003年第2期

从生命美学看审美价值的主体回归

赵伯飞　韦统义

(西安电子科技大学人文学院，陕西　西安　710071)

摘　要：西方传统美学的知识求美导致了西方传统美学面对失去精神家园的尴尬。生命美学对审美价值的主体回归就是对以上情况反思的必然结果。生命美学有其深刻的人文精神内涵。审美价值向生命主体回归是美的本质，美是生命自由体现的最好阐释。

关键词：生命美学　审美价值　价值主体　回归

希腊古典哲学家普罗泰戈拉（Protagoy as）说："人是万物的尺度。"审美活动是人的精神活动，自然也是以人为主体、以人为尺度。然而，长期以来在西方传统美学价值精神的导引下，人成了事不关美的旁观者。在追求对美的完美知识表达中，美越来越远离鲜活的审美的人，审美活动相应地也就成为没有生命本体作为价值起点和价值归宿的漫漫迷途。生命美学立足于生命的体验、聚焦于对生命价值的观照，使审美的主体与审美对象相沟通，消解了以传统的西方审美方式求美而导致的价值主体的缺失。生命美学使审美思想的表达在知识与生命之间达到了内在的和谐，从而体现了美学基本的文化品格。所以，笔者认为生命美学是对审美价值的主体回归，是对主体价值的弘扬。

一、西方传统审美理论的误区是生命美学产生的必然

以古希腊理性精神为历史发端的西方传统美学秉承理性的文化传统，把人与自然截然二分为审美主体与审美客体，借助概念、判断和推理的逻辑工具，以概念、符号为载体构建了一套体系严谨、逻辑严密的形式论美学体系。这种以理性精神为导引的求美方式将本属于人的"想象力游戏"（非逻辑过

程）化为了主体与客体对立的知识活动。在主客体对立中，理性的人从概念出发推演出了合乎逻辑、合乎知识表达规律的美。然而，这种建立在知识距离上的美却使美成为一段段知识的断片，背离了美是想象力游戏的初衷，美成为完美知识表达的产物。正是在这种物的完美性中，西方传统美学日趋远离了鲜活的审美本体——人，审美的人沦落为理性的工具，美亦远离了人，美成了文明异化的产物。在对生命活动的遗失和对生命精神观照的欠缺中，西方传统美学滋生出一股主张以非理性、荒诞为主体的思潮，希冀以此为中介找回超越主体与客体的距离，实现在找回"自我"中，找到美的真谛。然而，这种依然建立在概念、判断和推理的理性工具之上的非理性，究其实质是一种"理性"，只不过是非理性的理性而已。相应地它要消解的强大的理性主体也因失去了内在的依赖而土崩瓦解，内在理性的消解，也从根本上消解了外在的对象世界，美最终与"人间烟火"擦肩而过，以致于美学失去了其最终的落脚点，即关心人的生命活动并提供自由的启示，实现生命的自由表现及其精神的归宿。

正是在这样的历史条件下，21世纪初西方出现了以狄尔泰（Dilthey, W.）、西美尔（Simmel, G.）为代表的生命价值哲学美学，在我国20世纪90年代出现了以潘知常等为代表的以生命为本体、以对生命的价值观照为归宿的生命美学思潮。尽管他们存在着许多不同点，但他们对生命价值的张扬则是共同的。狄尔泰等高举生命意识和生命价值的大旗，把自然科学与精神科学作了科学的"划界"，追本溯源，把生命作为人类历史发展与人类精神活动的主宰，作为精神科学真正的研究对象[1]50。潘知常高举生命价值大旗，以生命体验作为基础的"工具"，来穷尽活生生的生命意义和本质，实现了最终意义上的审美主体与客体的沟通，为精神活动的价值与意义的构建创造了条件[2]30。生命美学已在重构美学的价值精神中迈出了重要的一步，那就是实现了美学探索的外在精神和内在灵魂的和谐，即知识性的表达与生命性的阐释达到了和谐。

生命美学的出现是对西方传统美学价值精神反思的产物，西方传统美学的价值无涉的中立价值精神只能导致西方传统美学成为一种失去生命本体依赖的逻辑推理，在知识的求美中最终失去美。其表现就是西方传统美学坚守审美主体与审美客体的"距离",以理性思维为工具,把审美活动与认识活动等同起来,认为审美活动只是一种理性思维的形象阐释,而没有能够意识到审美活动应该是一种特殊的生命活动,是人的生命的自由表现。所以在这种远离生命本体的知识活动中,人日益失去了自主、独立和个性,生命主体消解了,意义最终也消解了,这也是人文精神陨落的最好见证。理性主体的消解为非理性主体的伸张提供了一个契机,于是以叔本华(Schopenhauer, A.)、尼采(Nietzsche, F.)等人为代表的非理性主体出现了。然而,令人值得回味的是在理性主体不能承担起张扬生命价值的职责时,人们认为无理性的主体才堪此重任,而不是回归到审美是一种生命运动,是彰显生命价值的富于想象力的游戏的认识。无理性主体的存在尽管把审美提高到了要解决消解主体性的基础主客二分的层次上,然而,它自身也消解了外在的对象世界和内在的理性世界。在德里达(Derrida, J.)的"人死了"(作为非理性的人死了)中,人又失去了内在的根本依赖[3]320。至此,理性的世界是无意义的,非理性的世界也是无意义的。西方传统美学所坚守的知识求美,在论物的美而不是论人的美中探求美的本质,终将引致美的蔫萎。

二、从生命美学看审美价值的主体回归

生命美学是对生命价值的观照和弘扬,是人文精神的本真显现,是人本主义思想在美学领域的延伸。生命美学立足于生命活动,通过生命活动、生命的自由表现来揭示生命的价值、人的价值,确证人的本质力量,体现出对必然、对有限的超越,并借以发现、找到自己的本真、彼岸,从而寻求精神的慰藉和心灵的归宿,实现为人的意义和为人的价值。所以,生命美学始终肯定生命作为审美的最高价值原则,实现了对西方传统价值无涉精神的超越,体现了美学的人文价值准则,根本扭转了西方传统美学和处于经院困境中的我国美学的理性价值准则,那就是知识是人的审美工具,是审美的外在,是人的审美价值、审美理想的承载,而不是美的主体。生命美学正本清源,真正为美学找到了源头,审美是对生命的确证。人、生命价值才是美学真正尺度。审美只有从这里起步才能找到美的本质和审美活动的意义。

生命美学的生命本体论使美学真正建构在"自我"之上,使美学有了自己真正的立足点和基础,这就为揭示生命、生命的价值作为审美的最高原则找到了现实的依据,为审美活动之所以为生命活动找到了真正的依赖。我想这也正是潘知常在生命美学中所反复强调的审美活动不是"人如何可能审美",而是"审美活动如何可能"(审美活动如何为人类生命活动所必须),"美如何可能"(美何以为人类生命活动所必须),"美感如何可能"(美感何以为人类活动所必须)的根本原因。这样,建立在无限丰富复杂的生命运动之上的审美活动具有了广阔的自由空间,使审美的广度和深度得到了更大程度的展拓,这也使人的价值、生命的价值具有了更为深刻的内涵和意义。而且,生命本体的确立,对在审美活动中人的价值主体的确立和主体性价值的回归具有本质的决定意义,是马克思主义关于"任何人类历史的第一个前提无疑是有生命的个人的存在"[4]24的论述的很好运用。

生命美学肯定了生命作为审美的最高准则的同时又把生命作为审美的尺度与手段,使生命美学具有了鲜活的价值主体,其基本途径就是审美的人与审美对象相沟通的生命体验。因为生命体验作为人的一种精神性活动是主体人的体验。它消融了主客体的对立与距离,使主客体高度相合,物我同一,真正使生命价值主体在体验中自由,在体验中超越,从根本上揭示了审美活动是生命的自由表现,是对价值主体人的回归。

三、从生命美学看审美活动的生命主体价值体现

生命美学把审美的人从知识活动的羁绊中拉出来,恢复了鲜活的人是审美的评判者,使人不再是审美价值无涉的中立者,而是生命活动和审美活动的参与者。在人的生命活动中人们实现了审美的过程,实现了在有限中超越无限、在在场中超越不在场,体现了审美是生命自由体现的高贵品质。从而使传统美学中被概念、符号所压抑的审美的人最终解放出来,从而成为审美活动的当然主角,符合审美活动的本质即是价值活动的判断。

首先,审美活动从本质上说是一种价值活动,所以审美活动具有价值活动的一般属性,即价值是客体对主体的效应。正因为审美价值是审美客体对审美主体的效应,所以审美主体成为审美价值活动的主导,而审美价值的主体效应则固化了审美客体内在的美的客观性。审美活动在体现审美价值的主体性的同时,又体现出审美的主体性价值即人化自然。审美活动在满足人的需要中实现对主体的效应,亦使客体主体化即自然人化。无论是人化自然还

是自然人化，从本质上说，人最终成为审美价值的评判者，审美价值的主体性即在于此。审美价值的主体性通过审美活动实现，对价值主体——人的精神观照来实现其主体性的归宿，找到价值主体的彼岸和精神的家园，满足人对自身的归依感的要求。

其次，审美理想是审美价值主体性的集中体现。有了审美活动便有了人们的审美理想。人们在与自然、社会的奋争中，审美理想集中地体现为人对自由的渴望和对有限的超越。自由的渴望是以主体的觉醒和主体的确立为前提条件的。自我意识的主体确立才使"想象力自由游戏"具备了存在的现实条件和可能，才有了审美主体的自由表现，这也进一步使人走向了自然的对立面。人化自然，使人与自然从混同走向分裂，使人类产生出极为鲜明的两极特征，即对自由的日益深刻的要求（精神的、物质的）和对精神归依感的认同，二者在美学的殊途同归就是通过审美实现生命的自由表现和生命价值的精神慰藉，体现出审美价值主体性的要求，所以审美在于实现价值主体性的需要。这也正是生命美学所体现出的文化品格。

最后，实现审美价值主体性的基本途径之一是生命体验与实践。在生命的体验与实践中，审美价值主体得以揭示审美的内在运动过程，把握审美精神世界的复杂与神秘，在生命的律动中体验生命的价值和意义，获取生命的智慧和勇气，体悟、领会、理解并获得生命的本质，体验作为对主体自身本质和存在确证的范畴，不仅确证了审美这种精神活动的价值主体，而且有效地实现了主体与客体的沟通，在客体主体化和主体的对象化（审美意象的过程）中完成了对主体和客体的超越。另外，体验作为一种与生命活动密切关联的经历具有原因与结果、出发点与终极点相同的直接同一性，这无疑对于体现审美活动的生命主体价值，实现审美主体精神、心灵的自由与超越更具有积极意义。这也正是生命美学将生命体验作为揭示审美本质的基础工具的原因。

综上，我们认为生命美学是对西方传统美学价值反思的结果，是对人文精神的弘扬，是人本主义的体现，是对生命价值主体性的肯定与回归，也是我们重新审视审美价值的崭新视角。

参考文献：

[1]王岳川.二十世纪西方哲性诗学[M].北京:北京大学出版社,1999.

[2]李咏吟.走向比较美学[M].合肥:安徽教育出版社,2000.

[3]潘知常.美学的边缘在阐释中理解当代审美观念[M].上海:上海人民出版社,1998.

[4]马克思,恩格斯.马克思恩格斯选集:第一卷[M].北京:人民出版社,1980.

原载于《西北大学学报（哲学社会科学版）》，2002年第4期

生命美学再认识：美学自律与审美自律

赵伯飞，韦统义

（西安电子科技大学人文学院，陕西西安 710071）

摘　要： 生命美学被认为是"中国当代美学第五派"。生命美学产生于实践美学并对实践美学有所超越，真正地恢复了美学自律与审美自律，还美、审美于人。

关键词： 生命美学　实践美学　自律

我们认为生命美学具有这样的总体认识框架，那就是以生命为本体，以生命体验为手段，以寻求实现生命自由为归宿的美学思潮。它产生于实践美学又对实践美学有所超越，真正恢复了人的审美地位，使美成为人的一种生存方式，同时也使自由成为人的生命活动的基本内容。当然，要客观地、公正地、忠实地理解生命美学，要求我们必须以科学、认真的学术态度去理解和把握来自实践美学及其他美学学者对生命美学的认识，从而根本上把握生命美学对美学自律和审美自律的恢复。

一、生命美学与实践美学的论争

20世纪90年代伊始，生命美学与实践美学之间由于美学取向的差异，在《文艺研究》《学术月刊》《光明日报》等著名报刊上展开了旷日持久的争论，并且取代自20世纪50年代开始的美学界四大学派之间的论战而成为20世纪90年代中国美学界最为重要、最为引人注目的论战之一。双方论战的问题主要在于如下几个方面：

第一，关于生命美学的定位。生命美学是否等同于西方的生存哲学或后实践美学中的生存美学。生命美学认为它与西方生存哲学和后实践美学中的生存美学根本不同，它有自己的历史渊源。

第二，生命美学认为实践美学对于马克思主义实践原则的阐释存在严重偏颇，体现为它对于马克思主义的实践原则的理解有误，对审美活动的特殊性理解有误。而生命美学这一新的理论取向则可以较好地解决这两个问题，从而把美学研究进一步推向深入。

生命美学认为实践美学对于马克思主义实践原则的阐释本身所存在的严重偏颇体现为：实践美学只强调实践活动的积极意义，却看不到实践活动的消极方面；实践美学在对于实践活动的阐释中片面地强调人之为人的力量；实践美学存在着夸大实践活动作为审美活动的根源的唯一性的缺憾等。[1]

第三，生命美学认为，生命美学并非是实践原则的"倒退"，而是扩展了实践美学的指导原则，使实践美学真正具有了审美的起点。实践美学的失误，除了表现在对于马克思主义的实践原则的理解的偏颇之外，还表现在对于审美活动的特殊性的理解的偏颇上。换言之，即实践美学并非研究的全是美学问题，即它研究的是审美的前提而不是审美活动本身。生命美学认为审美活动不是求知活动，不是在寻求对"人如何可能""审美如何可能"的必然把握，而是审美活动如何可能、美如何可能、美感如何可能，强调审美活动作为以实践活动为基础的人类生命活动中的一种独立的"以生命自由表现"为特征的活动类型，并以此作为美学研究的基点。[1]

第四，生命美学认为审美活动不同于实践活动，而且审美活动的出现恰恰在于实践活动的有限性。对于实践活动，史可扬认为实践活动中目的自身的无限性和活动本身的有限性是它无法克服的巨大矛盾，理论活动固然超越了实践的有限性而进入无限性，但这种无限性是非主体性的无限性。它并不指向人类最高目的的实现，而是以对客观必然性的解释为本质特征的，这里就因而出现了人类活动的无限目的性与理论活动的游离于这一目的之外的矛盾，这两大矛盾召唤着一种既能超越实践的狭隘和有限性，又能以人类自由全面发展为最高目的人群活动，审美活动因此应运而生。[2]

二、实践美学及其他美学学者对生命美学的认识

实践美学论者认为：人的生命的活动永远保存在自然感性和社会理性的对立统一中，人的生命运动是在人的社会理想与自然感性之间既对立又统一的相互作用中才得以确证。只有超出了感性生命的局限，从"意志和意识"

上反观生命时，才有真正地属人的生命存在。因此，只有用理性来审视和透析感性生命的被异化时，才有希望真正地从精神上摆脱这种异化。美学作为一种反对"熵增"、反对异化的手段，只有建立在理性的基础上，才能帮助人们走出迷途。感性生命的升华和现代灵魂的拯救，只有在理性精神的指引下才能完成。那种醉心于"破除对象性思维"的生命美学，它之对于西方非理性主义生命美学的认同和赞赏，不正是对作为生命存在特征的"意志和意识"的消解吗？[3]

学者张玉能在《实践美学：超越传统美学的开放体系》一文中指出：潘知常对实践美学的评价："中国当代美学已经取得了空前的成就。这主要表现在它把实践原则引入认识论，为美学赋予人类学本体论的基础，并且围绕着美是人的本质力量的对象化（'自然人化'）这一基本的美学命题，在美学的诸多领域做出了令人耳目一新的开拓。"[4]存在着认识上偏颇。他认为：第一，它仅仅指出实践原则的局部意义，而有意模糊了实践观点给哲学和美学带来的革命性变革。第二，这种肯定是以偏概全，以静代动，并未把握到实践美学的实质，因为它把"人类学本体论"当作实践美学的重要理论贡献。其实，人类学本体论不过是实践美学中李泽厚派的一个观点，并未成为实践美学的各派共识。[5]此外，学者陶伯华、刘纲纪等对此也提出了自己的看法。

杨恩寰教授在《实践论美学断想录》一文中认为：生命美学有两个重点：一个是建立在自由（本性）生命基础上；一个是审美只是这生命自由本性的"理想"实现，而非现实实现。生命美学这两个问题不解决，仍叫人捉摸不透。作为审美活动的那个"理想"是什么意思？自由本性的"自由"又是什么意思？这两者均超实践而又超理性，不得而知。[6]

阎国忠教授在评价生命美学时说到：生命是个最富抽象的概念，以这样的概念界定审美活动不免显得过于空泛，即便是在生命活动之前加上"最高"也是如此。是什么意义上的"最高"？为什么它是"最高"？与它相对的最低、较低的生命活动又是什么？为什么正是这个"最高"的生命活动，而不是从最低的一直到最高的"生命键"成为人达到理想个性的中介？所有这些问题都尚未得到解答。[7]

学者陶伯华指出：生命美学中那些最新潮、最极端的命题，例如："自我的自由的选择，无疑就是审美活动本身"（潘知常）、"人类生命存在，才是人类一切活动最古老、最基本、最扎实、最有力的根源"（封孝伦）、"以人 是一切自然关系的总和代替人是一切社会关系的总和，这才是对人的本质原理的更合理的规定"（刘成纪）、"美属于生命的最高境界的诗意存在"（颜翔林），都不过是李泽厚的"后马克思主义"已说过的一些命题的发挥罢了。它是与李泽厚后期的主体性实践美学一脉相承，渊源相共，即把实践限定为审美活动的根源，把实践以外（或与实践活动"不重叠"）的东西（或"心理本体"或"自由生命"）作为理解审美特殊性的根据等等。[8]

此外，有学者指出生命美学追求的是现时时空的精神相对自由，是审美的乌托邦等。

上面列举了一些有代表性的对生命美学的认识与看法，限于篇幅及本文的立意，本文不作评价。对上述看法，读者可仁者见仁，智者见智。但是以笔者所见，生命美学的提出对于活跃我国美学界深入探讨的气氛，对美学问题研究的深化是有重大意义的。

三、生命美学的再认识（价值内涵）

生命美学作为"中国当代美学第五派"，尽管存在的时间还不长，也还存在这样或那样的缺陷，甚至理论建构中也存在某些矛盾之处，"但它在激活生命美学与实践美学双方的理论智慧，在推动中国美学的世纪转型以及在把一个充满活力的中国美学带入21世纪方面所禀赋着的内在功能，却已经和正在显示出来。"[9]客观地认识生命美学的意义远比求全责备要好得多，而且要更有利于中国当代美学的发展，有利于中国当代审美文化的建设。

生命美学的发展与完善符合当今世界美学发展的大势即走向人学。生命美学立足于生命本体，着眼于生命体验去观照人的生命运动和人的精神的自由实现，从本质上来说是对人的关注是对人的意义世界的关注，是对人的主体价值、人的主体性的高扬。生命美学以生命为其本体，对人做出了正确的判断，即人既有理性的一面也有感性的一面；人的生命既有生物生命的症状，又有精神生命的人类特征，还有社会生命价值的高蹈；克服了理性传统所把持的美学所具有的疏远人性、淡化主体、漠视人本的尴尬，真正还美与人，使论人的美成为其高贵的文化品格。

生命美学立足于生命运动，而不仅仅在于实践领域，真正地走进了人的生存世界，走进人的生命世界、精神世界和情感世界，拓宽了审美的空间和阈限。在肯定人的生物生命的满足的同时，关注人的精神时空和精神的自由，还心灵于自我的空间和私语的地带，使人真正体验到了精神自由的实现，这对于实现人的完整性，实现人的终极价值、完成对人的终极关怀，无疑有着重要的作用，并最终体现出人文精神的理想。

生命美学以实现审美的精神自由为己任，主张在超越中实现审美自由，这对于克服时下的有限、不完备、不如意、不理想，实现无限、完整、理想有了坚定的精神支柱，这对于实现人对现实的实际功利目的的超越、调解人与自然、主体与对象、自由与必然之间的矛盾——理性的压制、技术主义的猖獗、工具理性的奴役，重建生命的意义世界无疑有着重要的作用。

生命美学立足于对人的正确认识，把人放在自然界的大家庭中，既把对人的关注摆在一个重要的位置上，又不把人作为世界的中心、万物的主宰，使人在生命的运动中与万物保持亲密的接触，在"仁者乐山，智者乐水"中与物达到天然和谐、物我同一的美妙境地。在观山乐水中提高人的乐生情趣和丰富、完美人的情感世界。这对于当下缓解人与自然尖锐地对立，因环境破坏而招致自然强烈地报复，实现人与自然和谐相处的整体之美无疑有着极其重要的作用与意义。

此外，最根本地在于学者陶伯华所指出的：包括生命美学在内的"后实践美学"作为中国传统美学向现代美学转型中的重要一环，其最大的历史功绩是颠覆了传统实践美学在中国美学界长期占据的主导地位，以非常有说服力的论证揭露它把对于审美"性质"的研究偷换为对审美活动"根源"的研究，其结果就是，在实践美学那里，真正的美学问题甚至从来就没有被提出，更不要说被认真地加以研究了。因而，传统实践美学充其量是对美学有关问题做出了历史的和社会学的解释。[8]

据此，我们认为生命美学的最大价值在于对美学自律的恢复和恢复审美的自律。

参考文献

[1] 潘知常.生命美学论稿——在阐释中理解当代生命美学[M].郑州:郑州大学出版社,2002.42-47.

[2] 史可扬.审美活动与人的全面发展[J].人大书报资料·美学,1997,(8):27.

[3] 王建疆.超越"生命美学"和"生命美学史"[J].人大书报资料·美学,2001,(5):25.

[4] 潘知常.反美学[M].上海:学林出版社,1995.231.

[5] 张玉能.实践美学:超越传统美学的开放体系(之一)[J].云梦学刊.2000,(2):57-65.

[6] 杨恩寰.实践论美学断想录[J].学术月刊,1997,(6):65-68.

[7] 阎国忠.中国当代美学论争述评[M].合肥:安徽教育出版社,1996.498.

[8] 陶伯华.生命美学是世纪之交的美学新方向吗[J].人大书报资料·美学,2001,(10):35.

[9] 阎国忠.关于审美活动–评实践美学与生命美学的论争[J].文艺研究,1997,(1):14.

原载于《陕西教育学院学报》,2003年第2期

生命的宣言与告白
——"生命美学"述评

肖祥彪

(湘潭师范学院中文系,湖南湘潭 411201)

摘 要:应运而生的生命美学,选取了独特的理论视角,从人本身出发,从生命活动出发,以审美活动作为研究的中心,具有原创性、深刻性和当代性的理论品格。作为刚刚诞生的新理论,它还显得不够成熟,但经过学术的砺炼,它的成熟是完全可以预期的。

关键词:生命美学 美学论争 审美活动

1

在20世纪的后20年里,中国社会发生了一场巨大而深刻的变革:党的工作重心的转移,带动了整个社会经济轴心的运作,中国社会以艰难而坚定的步伐从传统社会迈向现代社会,这就是学术界普遍称之的"社会转型"。在这种转型中,传统的价值体系受到影响,观念转变,经济实利主义趋于上升。美学作为人类精神的导航者,理应担当起重建精神家园的责任,然而当代美学由于对社会现实的疏离,却显得苍白无力。王德胜指出:"经典美学在今天甚至不能说明最普通而又简单的流行艺术现象。"[1]张皓认为,"在当今世界美学讲坛上几乎没有中国自己的声音","这是一个令人痛心的事实"。[2]面对这样的社会现实和美学现状,社会和学术界普遍发出了实现美学转型,建设现代形态的美学的呼声。季羡林说:"既然已经走进死胡同,唯一的办法就是退出死胡同,改弦更张,另起炉灶,建设一个全新的美学框架。"[3]刘纲纪指出:我们"要在研究人类社会实践发生的巨大变化的基础上,大胆设想,勇于创造，回答当代和未来的美与艺术究竟是什么这个现实的、迫切的、重大的问题"[4]。正是这样一种时代的感召和学术重建的迫切需要，以潘知常为代表的"生命美学"作为"后实践美学"中最有影响的一支应运而生了。

2

生命美学的建设是从对实践美学为主流的当代美学的反思开始的。潘知常在20世纪80年代中期和90年代初先后发表了《美学向何处去》[5]《为美学定位》[6]《建设现代形态的马克思主义美学体系》[7]等文章，对中国美学的现状进行分析，发出了建设现代形态美学体系的呼声。之后，他对实践美学进行了深刻的反思和批判。

1994年，他发表《实践美学的本体论之误》[8]，指出实践美学的"盲点"和"有限性"存在于它的理性主义以及在此基础上提出的"实践"原则和"美是人的本质力量的对象化"这一美学命题中。文章对实践活动进行了分析，认为"实践活动与审美活动是一对相互交叉的范畴，既相互联系，更相互区别"，并具体列举了两者之间的五个方面的不同，通过比较分析，潘知常得出结论："在美学研究中，以对前者（实践活动）的研究作为对后者（审美活动）的指导，是可以理解的，但若作为后者研究的起点和归宿，则是错误的。"在此，潘知常指出了实践美学的根本性失误。①

潘知常并没有就此止步。在2001年发表的《实践美学的一个误区："还原预设"》[9]一文中，进一步分析了造成实践美学这种根本性失误的原因。在面对现象与本质、个别与一般、主体与客体、变化与永恒、超越与必然等种种尖锐对立而束手无策的时候，人们习惯地以为"现象、个别、主体、变化、超越都是第二位、派生的，都可以也必须还原为本质、一般、客体、永恒、必然，并且因此而使自身得到合理的阐释。然而，"遗憾的是，通过还原以取消矛盾一方的实际意义，通过对立、矛盾的逻辑展开而最终把复杂的多元世界还原为一元世界，这无论如何都只是一个美丽的幻想"。正是因为陷入了这种"还原预设"的误区，实践美学才始终没有找到美学的独立的研究对象，才一直坚持认为审美活动就是把握必然的自由。其实，必然的自由与超越必然的自由两个方面是同时存在，无法彼此还原也不允许彼此还原的，而"在实践美学看来，超越必然的自由即自由的主观性、超越性固然重要，但是却必须被把握必然的自由即自由的客观性、必然性所决定，也只是对于把握必然的自由即自由的客观性、必然性的反映。于是，把前者还原为后者，就成为实践美学的必然选择"。

可以说，潘知常真正抓住了实践美学的致命失误，并且以强大的逻辑力量对之进行了深刻的分析。尽管如此，由于美学取向的根本差异，20世纪90年代以来，生命美学与实践美学之间还是在《文艺研究》《学术月刊》《光明日报》等报刊上展开了持久的论争。对此，阎国忠认为："与五六十年代那场讨论不同，当前美学的论争虽然也涉及哲学基础方面问题，但主要是围绕美学自身问题展开的，是真正的美学论争，因此，这场论争将标志着中国（现代）美学学科的完全确立。"[10]在争论过程中，潘知常始终以学术的精神、宽容的态度处之。潘知常认为，"当我们面对这场论战之际，就必须超越生命美学或者实践美学之间的谁是谁非，把目光转向美学提问方式的转型和美学问题的转型这一根本问题上来，以求得在论战中的共同的美学收获"。[11]这种学术的精神和宽容态度在学术界赢得了普遍好评。

3

在对当代美学的反思中，潘知常深切地感受到也深刻认识到当代美学注重对象世界，"在世界之外思考"而忽视了人类自身的失误，认为它是一种"无根的美学""冷冰冰的美学"。这种认识自然使潘知常的目光投向人、人类本身，人的"生命活动"作为核心范畴自然显露了出来。

1990年，潘知常发表《生命活动：美学的现代视界》[12]，提出了"生命美学"的基本构想。这是生命美学诞生的宣言，更重要的在于"它是生命的宣言，生命的自白"。它标志着人的生命活动本身，审美活动本身第一次纳入了美学的视野并成了美学研究的中心对象。对于美学而言，这是一次由传统到现代的转变。正是这种转变，促成了"真正的美学的问世"。无疑，这是美学的节日。对于人而言，这是人的生命活动在美学领域的首次发现，正是这发现，才使生命活动的真正意义得以显现。更无疑，这是生命的节日。在这节日的庆贺中，潘知常的人仁之心、人爱之心昭然。

《美学的重建》[13]是上文的进一步说明，它阐述的是美学研究的中心为什么要实现从对象世界到人类本身、从实践活动到生命活动的转移。潘知常认为，建立在理性原则基础上的当代美学，突出"人类中心"和主客体的二元对立，强调以实践活动包括审美活动对于世界的把握，以一个外在于人的对象作为研究对象，是以人类自身的生命活动的"遮蔽"和"消解"为代价的；而"实践原则并非唯一原则，而只是根本原则。人类的生命活动确实以实践活动为基础，但却毕竟不是'唯'实践活动。因此，我们应该把目光拓展到以实践活动为主要组成内容的人类生命活动上面来，从实践原则转向人类生命活动原则"，这种"拓展"和"转向"，使我们能够从更为广阔的角度来考察审美活动；鉴于实践活动只是审美活动的基础性存在却并非审美活动本身的差异，我们应该"找到一个在它们之上的既包含实践活动又包含审美活动的类范畴，然后在这个类范畴之中既对实践活动的基础地位给以足够的重视，同时又对以实践活动为基础的其他生命活动类型的相对独立性给以足够的重视。毫无疑问，这个类范畴应当是人类的生命活动"；与之相应，美学的研究中心也就无疑只能是相对独立于实践活动的审美活动，在此，审美活动被正当地理解为"一种以实践活动为基础同时又超越于实践活动的超越性的生命活动"。

在确立了生命美学的原则和研究中心之后，潘知常对审美活动的本体性及其内涵进行了充分的论证和阐释。这体现在《审美活动"如何可能"：审美活动的本体论内涵及其阐释》[14]《对审美活动的本体论内涵的考察：关于美的当代问题》[15]《向善·求真·审美：审美活动的本体论内涵及其阐释》[16]等系列文章中。

审美活动"如何可能"，或者说审美活动以何种方式使自由生命的实现成为可能，审美活动的方式何以能够成为人类生存的最高方式，何以能够禀赋着本体论的内涵，这是生命美学所面临的最深刻也是最难问答却又必须回答的问题。对此，潘知常是从审美活动与现实活动的区别着手的。人的生命活动是一种以对文明与自然的矛盾的超越为主导的活动，不同的生命活动类型分别实现着自由的基础、自由的手段和自由的理想。现实活动（实践活动、理论活动）"是一种人的现实本性的现实实现的生命活动，它所创造的从生产关系到政治制度到文化形态和思维机制到深层心态等体现着人的外在价值"；审美活动"是一种自由本性的理想实现的生命活动，它所创造的成果体现着人的自身价值"。自身价值是人的最高价值，具有"人之为人的生成性"；外在价值是人的次要价值，具有"人之为人的结构性"。生成性的自身价值"无所不在但又永不停滞，始终在创造的过程中跋涉"；结构性的外在价值"作为正在生成着的自身价值的最新成果，构成正在进行的自由的生命活动的一部分，或者作为已经完成的自身价值的既有成果，反过来阻碍着正在进行的自由的生命活动"。因此，"人的生命的超越方式虽然是作为人的自身价值的生成性和作为人的外在价值的结构性的对立统一，但要使生命不断超越，则必须以作为人的自身价值的生成性为动力和主导方面"，"人的自由生命的理想实现就只能通过作为人的自身价值的生成性来完成"。这种作为人的自身价值的生成性就是我们所讨论的作为生命超越方式的审美方式。

在《美丑之间：关于审美活动的横向阐释》[17]《荒诞的美学意义：在阐释中理解当代审美观念》[18]《丑是如何可能的：审美活动的本体论内涵及其阐释》[19]三篇文章中，潘知常对审美活动作了横向的展开讨论。首先，按照实现人的自由本性的理想的不同方式，把审美活动划分为肯定性和否定性两种类型。肯定性的审美活动是指"在审美活动中通过对自由的生命活动的肯定上升到最高的生命存在"，它包括崇高、喜剧、美（优美）等类型；否定性的审美活动是指"在审美活动中通过对不自由的生命活动的否定而间接进入自由的生命，最终上升到最高的生命存在"，它包括丑、荒诞、悲剧等类型。接着，潘知常从生命的角度对这些类型作了全新的具体阐释。潘知常认为，崇高是对于凌驾于社会律令、理性律令、现实律令之上的生命有限的征服；喜剧是通过对丑的嘲笑而企达对于生命的终极价值的绝对肯定；优美是外在的一切已经失去了它高于人、支配人、征服人的一面，内在的自由生命活动因为没有自己的对立面与自己所构成的抗衡而毫无阻碍地运行而产生的审美体验；而丑则是对于生命的有限的固执，是生命的意义的丧失，生命的可能性的丧失；所谓荒诞，无非是对于生命中的理性限度和非理性背景的意识，它提示我们放弃理性的意识，从而重新走向生命；悲剧是命运对于人类的欺凌，是自由生命在毁灭中的永生。

　　对于审美活动，从本体论内涵的考察到基本生命活动类型的分析，从纵向的层面的分析到横向的具体类型的描述，潘知常已经作了较为深入而全面的探讨；并且，这些内容在《生命美学》《诗与思的对话》《审美哲学》三部美学专著中得到了更为系统和完备的阐述。至此，生命美学的理论大厦已赫然耸立在当代中国的美学领域。

4

　　生命美学诞生之后，立即在学术界引起了强烈的反应。这其中，虽然也不乏建设性的批评或误解，但更多的是热心的支持和赞扬。阎国忠指出："潘知常的生命美学坚实地奠定在生命本体论的基础上，全部立论都是围绕审美是一种最高的生命活动这一命题展开的，因此保持理论自身的一贯性与严整性。比较实践美学，它更有资格被称之为一个逻辑体系。"[20]刘成纪说："生命美学作为一种试图切近纯美的理论形态，它比实践美学更亲合于艺术，更贴近于中国古典美学的诗性本质。"[21]颜翔林认为，生命美学实现了美学"思维与话语的双重变革"[22]。刘士林认为，生命美学"第一次为美学研究开辟出一大块独立的学术空间"，"第一次为美学研究开辟出一大块独立的方法空间"，"代表着当代美学研究的新方向"。[23]也许是 英雄所见略同，与此同时，成复旺、罗坚、黎启全等许多学者分别从中国传统文化、中国古代美学等角度发掘了中国美学的生命精神，[24]从另一方面丰富了生命美学的内涵，使生命美学具有了更强劲的发展态势。

　　之所以如此，是因为生命美学有着独特的学术品格和理论特性。这表现在，第一，原创性。在哲学基础上，中国当代美学与西方古典美学一脉相承，是建立在理性主义原则上的。西方现代美学有着强烈的非理性、反理性色彩，而生命美学既不是理性的，也不是非理性的，而是超理性的。在研究对象上，西方古典美学与中国当代美学把世界、美、美感作为认识把握的对象，西方现代美学虽然强调生命，但很大程度上是对生物意义上的生命的把握，生命美学却从人的生命活动出发,将审美活动作为人的自由本性的理想实现,作为人的生命的最高活动,研究审美活动的本体性内涵和规定性。第二,深刻性。与搁置对象世界从人本身出发的研究中心的选择相联系,生命美学研究人,既不是浅层的人的生物性,也不是深层的人的社会性,而是对人的生物性和社会性起着根本规定作用的人的生命性。②从横向的角度看,从生命出发,将人置入与所有动物与植物、天地与自然、有机物与无机物的广泛联系中,与那种割裂这些联系的高傲的"人类中心主义"相比,胸襟是多么博大,这就是潘知常强调和追求的"大智慧"。第三,当代性。从人本身出发,从现实生活出发,这是生命美学两个基本的立足点。正是这样的出发点,潘知常特别注重当代审美活动、当代审美观念的探讨,与那种高高在上,不食人间烟火的美学理论形成了鲜明的对比。[25]

参考文献:

[1]呼延华.美学转型:转向何处[N].中华读书报,1997-4-16。

[2]张皓.世纪之交的困惑与中国美学的复归[J].武汉教育学院学报,1998,(1)。

[3]季羡林.美学的根本转型[J].文学评论,1997,(5)。

[4]刘纲纪.建设具有鲜明中国特色的美学体系[J].武汉教育学院学报,1988,(1)。

[5]潘知常.美学向何处去[J].美与当代人,1985年创刊。

[6]潘知常.为美学定位[J].学术月刊,1991,(1)。

[7]潘知常.建设现代形态的马克思主义美学体系[J].学术月刊,1992,(1)。

[8]潘知常.实践美学的本体论之误[J].学术月刊,1994,(12)。

[9]潘知常.实践美学的一个误区:"还原预设"[J].学海,2001,(2)。

[10]阎国忠.关于审美活动:评实践美学与生命美学的论争[J].文艺研究,1997,(1)。

[11]潘知常.再谈生命美学与实践美学的论争[J].学术月刊,2000,(5)。

[12]潘知常.生命活动:美学的现代视界[J].百科知道,1990,(8)。

[13]潘知常.美学的重建[J].学术月刊,1995,(8)。

[14]潘知常.美学活动"如何可能":审美活动的本体论内涵及其阐释[J].学习与探索,1997,(3)。

[15]潘知常.对审美活动的本体论内涵的考察:关于美的当代问题[J].文艺研究,1997,(1)。

[16]潘知常.向善·求真·审美:审美活动的本体论内涵及其阐释[J].河南师范大学学报,1997,

(2)。

[17]潘知常.美丑之间:关于审美活动的横向阐释[J].郑州大学学报,哲社版,1997,(2)。

[18]潘知常.荒诞的美学意义:在阐释中理解当代审美观念[J].南京大学学报,哲社版,1999,(1)。

[19]潘知常.丑是如何可能的:审美活动的本体论内涵及其阐释[J].益阳师专学报,1999,(2)。

[20]阎国忠.走出古典:中国当代美学论争述评[M].安徽教育出版社,1996。

[21]刘成纪.生命美学的超越之路[J].学术月刊,2000,(11)。

[22]颜翔林.思维与话语的双重变革[J].学术月刊,2000,(11)。

[23]刘士林.生命美学:世纪之交的美学新收获[N].光明日报,2000-9-5。

[24]成复旺.美在自然生命:论中国传统文化对美的理解[J].美学,1999(2);罗坚.生命的困境和审美的超越:庄子美学的生命意义[J].美学,1999,(2);黎启全.中国美学是生命的美学[J].贵州大学学报(社科版),1999,(2)。

[25]潘知常.美学观念的当代转型[J].东方丛刊,1996,(1);从"镜"到"灯":关于审美活动的当代转型[J].天津社会科学,1997,(3);从再现到表现:在阐释中理解当代审美观念[J].东方论坛,1998,(1)。

注释：

①对此,杨春时在《超越实践美学》,《走向"后实践美学"》两文中表达了相同或类似的看法。

②有的学者认为生命美学是一种"倒退",原因就是弄错了生命与人之间的规定与被规定的层次关系。

原载于《荆州师范学院学报》，2003 年第 3 期（社会科学版）

新世纪美学基本理论建设的几点思考

——从马克思出发

章 辉

美学基本理论的建设表现在美学根本问题言说方式的更新、美学命题阐释范围的扩大以及美学新概念的提出上。新世纪中国美学应该吸收东西方的美学思想遗产,从对经典的阐释出发,面对现代人的生存处境,建构具有现代性的学科理论。

一

马克思的《巴黎手稿》对当代中国美学的基本观点、概念范畴和理论逻辑产生了重要影响。经典的生命存在于解释中,除了美学界近半个世纪对《巴黎手稿》的解读外,我以为马克思的这本书中还有如下之点可以作为我们新世纪美学基本理论建设的思想资源。

(一) 个人与社会的关系问题是哲学的基本主题。在个人与社会的关系问题上,马克思的意见是辩证的:一方面,个人是社会的存在,个人总处在一定历史关系和社会条件下,"只有在集体中,个人才能获得全面发展其才能的手段,也就是说,只有在集体中才可能有个人自由"。[1]另一方面,个人的自由是一个历史过程,是历史发展的最高目标。在其他文献中,马克思说:"人的依赖关系(起初完全是自然发生的),是最初的社会形态,在这种形态下,人的生产能力只是在狭窄的范围内和孤立的地点上发展的。以物的依赖性为基础的独立性,是第二大形态,在这种形态下,才形成普遍的社会物质交换,全面的关系,多方面的需要以及全面的能力的关系。建立在个人全面发展和他们共同的社会生产能力成为他们的社会财富这一基础上的自由个性,是第三个阶段,第二个阶段为第三个阶段创造条件。"[2]马克思非常重视个人,他说:"人们的社会历史始终只是他们的个体发展的历史,而不管他们是否意识到这一点。"[3]个人与社会的关系问题是一个历史哲学的问题,是只有在历史领域才可以解决的问题,本来超出美学之外,但由于审美活动关系到个人的自由,这就与美学联系起来。在现实领域,社会性优先,个人是社会性的存在;在价值领域,则是个体性优先,个人的生存价值是社会的最高目的。在《巴黎手稿》中,马克思偏重论述人的社会性,这造成了实践美学对个体性的忽视。实践美学以现实的实践活动为出发点,即以社会性优先,而后实践美学以个人的生命存在为出发点,个体的自由问题就进入其美学视野。因此,后实践美学更符合美学的人文取向,因为美学的根本问题是个体的自由以及生命的有限与无限如何可能的问题。

(二)东方美学被称为生命美学。东方审美思维以有利于生命的事物为美,以表现旺盛生命力的事物为美。车尔尼雪夫斯基也提出过"美是生命"的命题。但在特定历史时期,创造新的生活成为主流意识形态,它被翻译成"美是生活"。但"美是生命"显然比"美是生活"更具有人本主义意味和深度。马克思对美与生命的关系也多有论述,他说,"人则把自己的生命活动本身变成自己的意志和意识的对象,……有意识的生命活动直接把人跟动物的生命活动区别开来",[4]"我的劳动是自由的生命表现,因此是生活的乐趣,我在活动时享受了个人的生命表现,我在劳动中肯定了自己的个人生命"[5]"劳动是生命的表现和证实"[6]等等。因此,美与生命的关系需要深入研究。现代西方生命美学要解决的是现代化进程中人在异化现实中的生命自由如何可能的问题,这对于现代性进程中的中国美学具有重要的启示意义。

(三)马克思说:"只有音乐才能激起人的音乐感;对于不辨音律的耳朵说来,最美的音乐也毫无意义,音乐对它说来不是对象,因为我的对象只能是我的本质力量之一的确证。""对我来说任何一个对象的意义(它只是对那个与它相适应的感觉说来才有意义)都以我的感觉 所能感知的程度为限。"[7]也就是说,对象和主体互为前提,没有审美主体就无审美对象,主体因为有对象才成为对象性的存在,审美对象与审美主体互为条件,它们存在于审美活动中,这就是马克思的审美现象学。马克思的审美现象学思想与杜夫海纳非常相似。杜夫海纳认为，审美对象既是自在的又是为我的，"因为客体既是通过主体存在，同时又在主体面前存在"。[8]实际上，审美对象是自在的，又是为我们的，还是因为我们的。美不是对象性的客体，美存在于审美活动中。马克思的现象学美学思想正可以成为我们走出古典客观论和主观论美学视阈的有效资源。

（四）马克思把哲学从抽象的理念转移到人类的生活世界，这与当代西方的现代性批判哲学具有同步性。海德格尔说："形而上学就是柏拉图主义。尼采把他自己的哲学标示为颠倒了的柏拉图主义。随着这一已经由卡尔·马克思完成了的对形而上学的颠倒，哲学达到了最极端的可能性。哲学进入其终结阶段了。"[9]马克思在《神圣家族》中批判了形而上学，并认为自己的唯物主义"把人们的注意力集中到自己身上的时候，形而上学的全部财富只剩下想象的本质和神灵的事物了。"[10]因为形而上学脱离了人的存在，脱离了人类世界。马克思认为，人的现实生存状况及其解放与自由如何可能是哲学要解决的问题。马克思思想与后现代思潮可互补的地方在于，马克思以对政治经济的思考预示了资本主义的终结，后现代思潮则从知识观念、社会秩序、意识形态、语言文本层面对资本主义进行批判。因此，从现代性视角发掘马克思美学的意义，把马克思的思想与人的存在的自由联系起来，是美学思想的重要生长点。

综上，从个体存在的自由如何可能的角度阐释马克思美学的现代生命意义，应该是我们新世纪美学基本理论建设的一条途径。

二

中国古代有美无学，有美学思想而无美学思想体系。美学作为现代形态的学科建制最初由西方传播过来。新世纪中国美学的思想资源应是中国古代、西方、东方以及20世纪中国美学遗产。新时期美学理论的概念范畴基本来自西方古代特别是德国古典美学，这表现在以实践美学为原理体系的美学教材中。比如，美的本质问题遵循客体性思维，把美先在地客观化，对象化，然后去追寻美的本质，于是提出美的本质是什么这样的问题。比如美感问题，许多人认为，美感作为一种意识是对客观存在的美的反映，美感作为心理活动包含理解、想象、感觉、知觉等因素，这种心理学的科学分析使审美心理学与普通与心理学无法区别开来。再如认为美是真善的统一，是认识活动和伦理意志活动的中介等观点都来自德国古典美学，特别是康德和黑格尔。在对20世纪西方美学进行了深入研究后，新的美学基本理论在审美活动的接受论中必须引入个体的审美解释这一环；在审美活动的意义论中，必须引入审美活动的超越性这一维度；在审美活动的生成中，应实现存在论转向即把审美活动视为个体与环境打交道的一种方式；在审美活动的起源中应引入精神分析的欲望升华说等。

在当代西方思想中，现象学的存在论转向对于美学研究具有重要启示，这就是审美活动这一概念的提出。海德格尔的存在论认为，人与世界打交道的方式是多种多样的，人以不同的方式与事物打交道，事物就显示出不同的面貌。我们以日常态度对待事物，事物就是上手的器具；以理性分析的态度对待事物，事物就是认知的对象；以审美态度对待事物，事物就是审美对象。现实事物与人的关系具有多种可能性，只有与人的特定活动联系在一起时，它才表现出特定的客体属性，因此，纯粹客观的审美对象是不存在的，审美对象只能出现在主体以审美态度对待事物时，也就是说，审美主体和审美对象出现于审美活动中，审美活动是先在的，美的客体和审美心理等都是对审美活动的理性抽象。因此，美学应该从哲学人类学角度研究审美活动的性质、功能和生命意义。在审美活动论提出后，美学理论再也不可能认肯美的客观性，因为对象的存在依赖于主体，也不可能对美感心理进行经验性的分析，因为意识总是指向对象的意识。在审美活动中，主体不以理性抽象对象，是自由而无为的，对象也不以其单一属性与主体面对，而是以其完整的生命存在形式呈现出来，主体面对的是一个生命体，这就有了解释学美学的"视阈融合"，后现代的对话美学以及马丁·布伯"我你"关系本体论的提出。

美学基本理论的建设不能缺少东方美学思想遗产。长期以来，我国学界对东方美学智慧缺乏关注和研究，且常常以西方美学的思想框架去定义东方美学，这种状况随着全球化语境的到来应该得到改变。比如，东方审美思维认为，人与自然都是生命，万物的生命活动和情感体验与人类相同，人与自然不存在主体客体的对立，人认识世界的方式本身就是情感体验性的，不需要像现代西方心理学美学所说的那样以主体精神和情感有目的有意识地向自然客体外射和移入，这就是东方美学在自然美问题上的审美同情观。东方自然审美的思想基础是万物有灵观。万物有灵观是原始自然宗教的核心观念，是先民对外界自然物的原初看法。万物有灵观就是把客观存在的自然物自然力加以拟人化或人格化，赋予它们人的意志和生命，进而把它们看成同自己一样具有生命和思想感情的对象，因此，人可以同它们沟通。原始初民相信各种形式的生命在本质上是一体的，可以相互感应，彼此渗透。西方移情说美学的哲学基础是心物二元论，正是有主体和客体的对立，在审美欣赏中主体才需要把自己的生命、情感、人格注入对象，使本来没有生命的自然物情感化和人格化，从而产生审美心境。相比而言，东方自然审美思想经过创造性的转化可以为现代生态美学、环境美学所吸收，成为处理人与自然关系的有益资源。

三

新世纪美学基本理论的建设要继承实践美学的思想遗产，这就是对人的生存的关注。李泽厚说，美学是诗性的科学，是对人的存在命运的思考，这一点在对实践美学的批判中被忽视。同时我们也要吸收后实践美学所开创的视界。后实践美学以批判实践美学的面貌出现在中国学界，后实践美学的思想资源是当代西方现象学、解释学、生命哲学、语言学、符号学等思潮，这就使其在现代性视野中获得了存在的根据。对于实践美学的德国古典哲学的思想背景，后实践美学对中国美学建设而言是一个推动。关注个体生存、阐释审美活动的个体性、非理性、超越性、精神性等是后实践美学的要义，但如果完全抛弃实践活动，抛弃工具本体，将如何解释个体存在的社会基础？审美活动的超越性如何与现实性关联？在审美活动的现实基础上，实践美学比后实践美学有着更为深刻的理论维度。在全球化语境中，各种文化语言的冲突和交融日益激烈，个体的选择日益多样化，那么审美文化的选择是否有多元性？在后殖民文化氛围中，文化平等交流是否可能？如何避免文化帝国主义即强势审美文化对弱势审美文化的宰制？在大众文化的帝国主义意识形态中，审美的超越性和自由性表现在何处？这些都是在后实践美学之后必须考虑的问题。

当代人的生存要处理人与环境的关系、人与社会的关系以及人与自身的关系，这三种关系都与美学问题有关。第一个方面就是环境美学、生态美学所研究的问题。自然全美概念的提出即是对此的回应。超越人类中心主义和生态中心主义，创造人与自然和谐、科学与人文统一的具有建设性的美学理论是人与环境问题的美学解决。第二个方面即是美与真善的关系。新世纪中国美学应该借鉴当代西方美学的现代性视野，即否定美学、批判美学的意义。在我国现代化历程中，审美和艺术活动也具有间离和否定性，也就是艺术审美对人类活动具有反思和批判性。审美活动的理想性、自由性和乌托邦性应该在与现实活动的张力关系中得到阐发。第三方面就是审美活动的个体生命意义，也就是审美代宗教的问题。在现代社会，审美活动是对个体生命意义的自我确证。后实践美学的个体视界转向和当代西方后现代思潮的意义延宕论，后现代解释学的真理观等应该被吸收进新的美学体系中。

美学学科的推进包括这么几个方面：一是美学思想范式的演化，这依赖于哲学思维方式的转换。美学是一门哲学性的学科，哲学思维的变更必然导致美学思想的变化，这一点可以从西方美学的历史看出来，也可以从当代中国美学发展演化的历史现出，比如从反映论美学到实践美学到后实践美学的更替，其背后的哲学根源就是自然物质本体论到实践本体论到生存本体论的演进，美学越来越接近自己的问题域。寻找新的哲学本体始终是美学发展的根本动力。二是美学基本范畴和概念的更新，这必须是在对东西方美学思想深入研究基础上的综合。比如后实践美学以审美活动论代替实践美学的美感论，以美的存在论代替美的本质论，以审美解释代替美的客观性等就是对美学基本命题的推进。三是美学要面对人存在的现实，要对人的存在状况作出审美阐释。近年来审美现代性概念的提出标志着中国美学与中国现代化进程的同步，美学作为超越性的思考与世俗现代化保持着肯定与否定的张力关系。具体说来，当前我国美学学科的问题意识表现在三个方面：其一是美学思想的结构方法问题。从美学思想的组接方法来说，东方美学包括中国美学在内是诗性的非体系非逻辑的结构方式，西方古典美学则是体系性的理论，中国当代美学按照西方古代的本体论方法即从哲学起点遵循逻辑和历史统一的原则建构美学体系。那么，体系性美学的弊端何在？这种体系性的言说方式是否就是最好的结构美学思想的方法？在后现代话语理论看来，表达艺术审美之真理的言说方式是多元的，散文式的西方现代美学，诗意化的中国古代美学都是美学表达真理的方式。如何组织美学思想结构美学体系是中国当代美学应该思考的问题。其二是美学知识的增长应该吸收东西方的思想资源。中国美学思想再也不是填充西方美学体系的资料和佐证，中国古典美学提供了一种审美方式，一种生存方式，一种语言方式。在西方建设性后现代思潮出现后，东方思想更焕发出自己独特的魅力。西方现代美学是对西方现代化历程中人的生存状态的审美观照，我国正走向现代化，西方现代美学应是我们美学思想建设的有益资源。其三是赋予经典以新的生命。实践美学是中国化的马克思主义美学。在传统实践美学那里，马克思的社会实践被阐释为客观的现实的人改造自然的物质活动，实践被赋予与个体存在不相干的客观性。当前中国马克思主义研究者把实践阐释为个体性的生存活动，这不失为经典阐释的新视野，那么从马克思出发，融合现代西方的个体哲学，把个体生存的审美化作为美学研究的主题是美学基本理论建设的题中之义。

参考文献

[1]马克思恩格斯全集(第3卷)[M].北京:人民出版社,1979.84.

[2]马克思恩格斯全集(第46卷)[M].北京:人民出版社,1979.104.

[3]马克思恩格斯全集(第27卷)[M].北京:人民出版社,1979.478.

[4][7]马克思.1844年经济学—哲学手稿[M].北京:人民出版社,1979.50,79.

[5]马克思恩格斯全集(第42卷)[M].北京:人民出版社,1979.38.

[6]马克思恩格斯全集(第25卷)[M].北京:人民出版社,1979.921.

[8]杜夫海纳.美学与哲学[M].北京:中国社会科学出版社,1985.56.

[9]海德格尔.面向思的事情[M].北京:商务印书馆,1996.59-60.

[10]马克思恩格斯全集(第2卷)[M].北京:人民出版社,1979.161-192.

原载于《江西社会科学》，2006年第1期

论当代中国美学的生命转向

李 展 刘文娟

摘 要: 实践美学源于马克思主义实践观并具有认识论倾向,它对人的本质力量的对象化直观有其价值所在,但它的局限在于对生命的狭隘化理解。生命美学的审美基点在于人的生命体验,审美就是生命自由的实现展开、对世界的生存性领悟与具体感受。其理论源头在于传统文化,而其对于西方哲学与美学的借鉴,成就了其现代性品格。

关键词: 实践美学 对象化 生命美学 自我确证 自由呈现

一、实践美学对生命功能的认识局限

任何一种美学都有自己的理论前提,而且这种美学的基本前提决定了此种美学的发展方向。例如黑格尔以绝对精神的理念代替了上帝之后,就始终没有离开过这个观念,并把它贯穿到他的美学中去,创造出了"美是绝对精神的感性显现"这个经典结论。同样,马克思则把这个颠倒了的观念又颠倒了过来,特别是强调实践性,虽然他并没有直接提出关于美的定义,却由实践美学者总结出了"美是人的本质力量的感性直观"。当代生命美学的代表人物潘知常先生,把人类生命本体论作为美学的基本前提,并归结为"美是每个具体生命的自由体验"这个结论。由于实践美学的重大影响以及在国内的敏感性,我觉得有必要从生命入手,以澄清一些似是而非的理论问题。

直接地论述生命的问题是相当困难的,因为生命系统的超巨性决定了我们人类到目前为止都没能够解决好这个问题。然而,实践美学还是给予我们一个切入点:人的本质问题。马克思在《1844年经济学哲学手稿》中明确说:"一个种的全部特性、种的类特性就在于生命活动的性质,而人的类特性恰恰就是自由的有意识的活动。生活本身却仅仅成为生活的手段。[1]53"同时,马克思还论述了人同动物的区别在于他的意识活动,"他的生命活动是有意识的。这不是人与之直接融为一体的那种规定性。有意识的生命活动把人与动物的生命活动直接区别开来。正是由于这一点,人才是类存在物。或者说,正因为人是类存在物,他才是有意识的存在物,也就是说,他自己的生活对他是对象。仅仅由于这一点,他的活动才是自由的活动。异化劳动把这种关系颠倒过来,以至人正因为是有意识的存在物,才把自己的生命活动,自己的本质变成仅仅维持自己生存的手段"[1]53。马克思明确指出人的类特性的根本特征在于自由自觉,生活本身仅仅是生活的手段;这种自觉是由于有意识的存在,他的生活对于这种意识是一种对象,而且对于意识来说,这种对象必须仅仅从属于意识本身成为维持生存的手段才能使得意识不至于沉沦甚至保持自由;这样,意识始终可以保持一种对于生活的自觉的状态。自觉的状态是自由的根本前提,所以人的"自由自觉"就是人的生命的本质状态,也是人的本质力量得以实现的根本前提。实践的范畴就是在这种情况下提出来的,"通过实践创造对象世界,即改造无机界,证明了人是有意识的类存在物,也就是这样一种存在物,他把类看作自己的本质,或者把自身看作类存在物"[1]53。作为革命性的思想家,马克思关注的并不仅仅只是人的类本质的问题,就其现实性上来说,他认为"人的本质是人的社会关系的总和",因而在实际的问题上,他把"实践"引向了更为辽阔与现实的社会领域。

所以,人的"自由自觉"就是生命的本质功能,对于这一点,生命美学与实践美学并没有实质性的分歧。然而,随着立论方向的各自确立,其间的分歧开始呈现出来。这里用陶伯华先生的两个公式揭示出来:1.生命的自由表现 = 审美活动本身 ≠ 生命实践活动;2.自由的生命表现 = 自由自觉的活动 = 劳动、实践。[2]34 当然,陶先生是为了反驳潘知常所谓的理论"逻辑混乱"而提出的,但是生命美学与实践美学的根本分歧确实就在此处。为了说明生命美学与实践美学分歧的根源,我们必须提出马克思的一个重要的命题:"人的本质力量的对象化",这是问题的全部关键。作为人的本质存在,马克思对这一问题的确证方式首先是外向性的,这种外向性确证方式是西方哲学的根本特征。马克思也不例外,他的实践观就是这种思维方式与哲学的产物,故而它的外向性社会实践特征非常明显。马克思说:"随着对象性的现实在社会中对人说来到处成为人的本质力量的现实，成为人的现实，因而成为人自己的本质力量的现实，一切对象对他来说也就成为他自身的对象化，成为确证和实现他的个性的对象，成为他的对象，而这就是说，对象成了他自身。对象如何对他说来成为他的对象，这取决于对象的性质以及与之相适应的本质力量的性质；因为正是这种关系的规定性形成一种特殊的、现实的肯定方式。"[1]82 毫无疑问，马克思对于人性的这种哲学性思考极其卓越，他对于人的本质力量的确认采取了迂回的方式，借助于外在的对象（人化的对象）而肯定了人自身，而且提出了人的本质力量实际存在能力的大小问题。这很符合我们一般的具体感觉，我们没有理由说马克思的理论有错误，这确实是人类对于自己本质的一种确认方式。对此，生命美学并没有否定，只是没有把"人的本质力量的对象化"当成美学命题（情感命题），而看作了卓越的哲学命题（认识论命题）；进而生命美学把实践原则当成生命审美的生活基础，而把超越实践活动的前提——生命活动本身，看成了生命美学的根本原则。

但是，基于马克思认识论的实践美学理论对于审美就特别蕴藏着一种危险：将人分裂为内在世界与外在世界。这种源于理性主义的认识论基于主客观二元对立的前提，但生命美学认为，审美活动的发生实际在更高的层面——生命一元论的本体层面，这是二者的根本差异。何况外在的对象、对象性的现实对于人的本质力量来说是否可以达到一种确认或者回归，存在不可知数，因为这种外在力量一旦超越人的本质力量，就成为一种异己力量，而使人的本质力量不能确认。这正是异化的核心问题。因此，外在"人化"的现实，既可以成为人类的审美对象而作为人的本质力量得到确认，同时又蕴涵着造成人类异己力量的可能，这样，后面一种情况造成的异化，会使得审美不再可能完整与健康。在这点上，秉承马克思实践观而来的实践美学的理解是有问题的。

二、生命美学的基点阐述

当实践美学以实践作为本体建构自己理论的时候，它不但具有前面提到的以理性作为审美的前提性条件的认识误区，还具有浓厚的意识形态因素在里面。它肇始于20世纪50年代的美学大讨论，展开于20世纪80年代的中国美学热之中，20世纪90年代正处于不断的自我完善与自我超越的态势之中。然而，就审美体验来说，它本身具有对于意识形态的超越功能，而这正是美之所以为美的关键，并由此具有相当的批判功能，包括当下有的学者谈到"审美意识形态"这样的概念，只能在有限的意义，即对于艺术本身的评价有审美与意识形态双重功能而言，但对审美本身，二者不能搅作一团。所以作为代表性人物李泽厚的实践美学观，将人类的、人类学、人类学本体论看作实践美学的基础的时候，"强调的正是作为社会实践的历史总体的人类发展的具体行程。它是超生物余类的社会存在，所谓的'主体性'，也是这个意思"[3]48。由此，李泽厚提出了主体性的客观方面：工艺－社会结构与主观方面：文化－心理结构，并提出了人的文化心理结构的"积淀说"，但"主体性心理结构也主要不是个体主观的意识、情感、欲望等等，而恰恰首先是指作为人类集体的历史成果的精神文化、智力结构、伦理意识、审美享受"[3]49。李泽厚先生对于马克思的"自然的人化"理解得相当深刻，问题是：1.将审美的基础放在所谓"人类学本体论"，同样是一种抽象，什么是"社会实践"，则只能是一种抽象，其实马克思早就指出了这点：这是理性思维作怪！[1]47这同审美性质完全不同。2.文化－心理结构，实际是文化的生命过程内化化，心理活动是这种文化的意识化，实质上二者一而二，二而一，文化与心理实质是一个问题。文化－心理结构说肯定了"自然的人化"包括人的感觉器官与精神感觉的人化，这当然非常深刻，但是人化后的感觉器官的自身的感受性，难道就因此而不存在了吗？难道就不存在一种"人化的自然"了吗？马克思并没有否定"人化的自然"与"非人化的自然"。为更好地区别，潘知常作了区分：改造的自然与纯粹的自然，特别是后者，他认为应该是"自然的属人化"，即纯粹的观照对象。他说："马克思早已指出：'人化的自然'与'非人化的自然'这种区别只有在人被看作是某种与自然界不同的东西时才有意义'。因此只有一个'人化的自然'，而没有什么'非人化的自然'。……然而人们忘记了，所谓'非人化的自然'实际上也是'人化的自然'，是人想象、抽象、推论的结果。它事实上并不存在，只有逻辑的意义。"[4]217因此，审美一定是生命肉体在人化的基础上更高层次的人性回归，是一种具体的人的生命感受过程，不是一种抽象的存在。

当我们关注生命美学的时候，就会发现生命美学的基点就在于对人类生命本体的体认，这种确认的完成并不像马克思的本质力量的外向性的回归，而首先在于生命对自我的确认、体验、欣赏的内向性回归。正是通过生命体验的介入，使审美对于主客体二元对立关系的超越成为可能，对外在对象、对象性的现实对于人的本质力量的确认造成的可能性中断，得以避免，从而直截了当地完成人的本质确认，何其简洁！潘知常认为："生命美学强调从超主客关系出发去提出、把握所有的美学问题。在它看来，只有超主客关系中的问题才是真正的美学问题（他们不再是知识论的而是存在论的）。在超主客关系中，本质并不存在（因此也无须加以直观），存在的只是现象，或者，只是相互联系、彼此补充的现象（注：在此马克思所说的人的本质必须加以转换理解为一种存在现象）。当然，现象世界也有待超越，不过，这超越并非超越到现象世界的背后的永恒不变的本体世界，而是从在场的现象世界超越到不在场的现象世界。"[5] 所以，至少对审美而言，面对世界我们不再把自己有限的精力投入到无限的世界中去，而是与世界"和平共处"，通过生命的体验开启人的心灵世界，领悟到人的存在性自我——与整个世界的浑然一体（这绝对不是原始的混沌不分），为自己开启一片"澄明的空间"，也就是"在场"。审美就是对于世界的生存性领悟。这种状态是生命最为自由、美丽、放松的生存状态。同时，潘知常进一步解释："所谓审美活动，无非就是通过超主客关系的体验把其中的无穷意味显现出来而已。与此相关，既然审美活动只是超主客关系的体验，那么他就不再属于认识活动，而被归属于最为自由、最为根本的生命活动；同样，既然从主客关系转向超主客关系，自由也就不再是人的一种属性，而就是人之为人本身。正是自由才使人成之为人，也正是自由才显现出系统质意义上的生命、意味无穷的生命，显现出美。"[5] 在这个意义上，美确实是人的"澄明之境"的呈现，是彼此相互欣赏、友好、享受，而不是对于外在对象的投射、征服、占有。

把生命体验归结为美的基点是极其重要的，它为美学开辟了一个崭新的极为自由的广阔的天地。因为这解决了精神与肉体、主观与客观的二元对立的状态，预示生命本身对于自己的一种拯救努力，而且对于纠正当代文明对人类已经构成的重大异化导向，做出了自己的责无旁贷的选择，确实意义重大。在这一方面，超越美学、生命美学、否定性美学、体验美学以及存在论美学，相互补充，形成了一股颇具声势的当代中国自己的美学风潮。"生存问题总是只有通过生存活动本身才能弄清楚。以这种方式进行的对生存活动本身的领悟我们称之为生存状态的领悟。"[64] 生命美学的根基就在于个体生命的自觉体认，进而完成对于生命本体的确认，由此，更进一步完成对于形上超验性与形下经验性的整合，并真正达到对于人类的属于情感把握方式的审美性掌握世界的目的，从而实现人类的生命与生存的优化而已。

三、生命美学的理论渊源

任何理论的诞生都不会是凭空捏造的，生命美学等当代美学的诞生其理论渊源主要有两个：一、是西方非理性思潮，包括叔本华、尼采的唯意志论、柏格森的生命哲学、弗洛伊德的精神分析学、基尔凯郭尔的孤独体验、存在主义的哲学思潮等等。关于这个文化思潮整个来说，非常复杂，而且他们也并非铁板一块。但有一点，他们强调个体性的存在，强调生存体验，强调现象即本质，强调存在及人的敞开与澄明的"在场"，都对当代中国美学做出了巨大的启示作用。二、传统文化的生命文化资源。由于问题巨大，所以我们只好就生命美学的现代性问题展开，因为生命美学的本质毕竟是现代的。我们着重谈谈这个问题。陈望衡在总结20世纪中国美学的本体论的时候对于生命本体论的代表人物作了大致归纳：1.王国维，基本以叔本华的美学作为基础形成的以生命为本的美学观。2.宗白华，也以生命为本体，是当代美学大师，宗先生对于古典的文化精神可谓深得其壸奥，是在当代特殊的背景下难得的古典精神的继承者。3.张竞生，"性学大师"，鉴于他的实际影响不是很大，这里暂不讨论；4.潘知常。20世纪80年代末，潘知常提出了生命美学。在我看来，潘知常明显地吸收西方的现代哲学的优长，借鉴了现代西方人文社会科学的最新成果，在传统文化的精神基础上创造出了具有现代气息的当代中国美学。[72] 如果剔除各种偶然的因素，真正具有文化底蕴的还是传统古典文化的审美精神，无论王国维、宗白华还是潘知常。

传统文化作为一个整体相当复杂，但作为一种精神的指向又是非常明确的，即通过修身、尽性、知命以完成格物致知（譬如儒家），或者贵生而反对文明（譬如早期道家），或者肯定生命的积极锻炼（道教），或者否定人生意义（小乘佛教），或者和光同尘与普度众生（大道精神与大乘佛教），不一而足。修身尽性的方向性是非常明确的，就是内向性的锻炼，这一点与西方文化的精神指向大异其趣。我们姑且借助新儒家的代表人物之一的熊十力表述这一观点："哲学家谈本体者，大抵把本体当作是离我的心而外的物事，因凭理智作用，向外界寻求。由此之故，哲学家各用思考去勾画一种境界，而建立为本体，纷纷不一其说。……此其谬误，实由不务反其本心。易言之，即不了万物本原与吾人真性，本非有二。"[8]250 在这里，内向性的运用意识成为恢复确认自我的根本手段，根本不需要外在的对象或者对象性的现实，就是意识之我对于存在性自我的确认（有些类似佛学的"能所合一"理论），这是一种体验性的自我存在。生命本体论在此处实际是人性对于存在本身的确认与复归。但这种本体观与西方的本体观并不完全相同，中国式的本体是即体即用的，是既实在又虚在的，并不是像西方讲的单纯的一种抽象的存在，是本体论与功能论甚至方法论的统一。这是中国哲学对于人类美学的一大贡献，审美就是这种自我确认之后的对于世界的体验，是呈现、享受与创造，实践也是这种本质自我确认后的功能产物。

因此，以下两个所谓公式：1.生命的自由表现＝审美活动本身≠生命实践活动；2.自由的生命表现＝自由自觉的活动＝劳动、实践，只有形式逻辑的意义，而在辩证逻辑的意义上根本就不能成立，因为这是一个螺旋上升的辩证过程。如果意识能够做到自觉地于对象进行对象化的确证，那么就是实践美学所说的美学观，如果做不到，审美就是实践美学根本无法完成的事情。当然，内向性只是一条途径，自我本质确定以后就已经无所谓内外了，所谓实践美学的美学类型在这样的意义上看来，不过是"以我化物""以物观我"的传统美学的一种类型（当然，这里有社会内容丰富的自我与相对缺乏的自我区别），至于"以物观物""以我观物""以道观物""物我同观""物我同化"等等，就是实践美学难以想象的了。在这个意义上，传统的意义远比某些人想象得丰富与深远，生命美学与实践美学的论争，就自然而然具有中西文化论争的色彩。

四、有关生命美学的误解

由于生命美学与实践美学的论争，我们可以更清楚地发现当代中国美学发展的理论难点，就自己的视野阅读范围，重新审视以下三个问题：

1.复杂的生命本真问题

"什么是生命?这是在探讨生命美学前必须首先弄清楚的问题"。王建疆先生说:"只有超出了感性生命的局限,从意识和意志上反观生命时,才有真正属人的生命存在。因此,只有用理性来审视和透析感性生命的被异化时,才有希望真正地从精神上摆脱这种异化。"[9]25 然而一部现代西方美学史已经证明理性没有这个能力,但这并不意味要抛弃理性,像西方采取非理性的方式进行反动,我们应该相信人类的发展并不仅仅只有理性与感性,在更高的层次上还可能有更高的东西,譬如智性,是否是理性与感性的更高层次的综合,他兼具有二者的成分并具有另外的一些特质,如灵感、通感,甚至我们现在还不知道的性质等等。西方生命哲学的"生命冲动"同中国传统哲学的生命观是截然不同的,西方生命冲动的无序、混乱导致了非理性的泛滥,但中国的生命哲学的认识是倾向有序的,消除"生命冲动"的,甚至把"生命冲动"视为"妄念",他要求的是能够使人的心灵得以安宁的"真意"。当代美学大师宗白华先生对于中西生命本体有独特的理解,早年受西方影响较大,晚年却回归到中国生命哲学,西方指向基本就是所谓的"生命冲动",对东方文化,宗先生则认为:"宇宙生命是一种最强烈的旋动显示一种最幽深的玄冥。这种最幽深的玄冥处的最强烈的旋动,既不是西方文化中的向外扩张的生命冲动,也不是一般理解的中国文化的消极退让。他是一种向内或向纵深处的拓展。这种生命力不是表现为对外部世界的征服,而是表现为对内在意蕴的昭示。"[10]34 这确实是中国文化的特征,大动若静,就是老子讲得"道"的特征,能体道的人才能开启"众妙之门"。体道同审美有异曲同工之妙,只有这样的"真意"才是自由自觉的属人的最优化的生命存在状态。无论体道还是古典审美,都是人借助这种特殊的手段对于自己生命的确认,这一点与实践对象化并通过对象确认自身并无本质的区别,而且是自觉与具有精神自由性的。

2.关于生命美学的还原问题

姜桂华女士批评当代的美学研究中有还原倾向,认为有企图把人拉到动物的倾向以追求低层次的人与自然的原始混一。她提出:"有必要为审美活动的历史发生寻找先天基础吗?"[11]15 这里,我只是就姜女士的观点予以澄清，审美是有先天基础的，没有先天基础的审美如同没有地基的房子一样，是不可思议的；关键不是有没有先天基础，而是如何解释这个先天基础。人类的生命从他的漫长的历史发展过程来看，确实似乎有他产生的偶然的一面，在人的意识诞生之前人应该是同其他的动物一样，是一种自然的存在；但是，在意识诞生之后这是否可以说是宇宙自然借助人类本身达到对于自己的认识与复归，这在宗教神学、黑格尔的绝对精神甚至马克思的关于自然主义与人道主义关系的论述当中，都可以模模糊糊地发现某种类似。看来意识是一种神奇的东西，但是意识的出现是与语言的诞生有绝对的关系的，没有语言就没有意识，意识是生命对语言的运用与运动，熟悉内省学的人对于这一点应该比较明白。即使这样，也与马克思主义的意识观没有冲突：劳动对语言确实如恩格斯所说起了极其巨大的推动作用，而且劳动同时促进了上肢的解放与下肢的直立行走，而上肢的生理功能现在已经发现与人的大脑的发育有密切关系，这促进了大脑的形成，由此引发了人的本质性存在的形成。现在已经有研究证明，由于大脑的高度发达使神经细胞彼此影响、交叉以至发生质变形成一种非常特殊的物质状态（姑且叫做智性），到现在科学仍然难以解释。譬如中医的经络现象，这种功能性存在，西方的科学理论现在解释不了；而在东方却往往与神秘主义联系在一起，又走向了一种原始愚昧！在佛学里面意识不是全部，为意识后面还有末那识、阿赖耶识，甚至还可以转识成智，达到人类的智力升级，这些都是值得我们研究的问题，而且是美学得以解决的关键问题。劳动、实践、语言、意识、智性是一个彼此相互促进的过程，潘知常先生讲人类爬虫复合体、边缘结构和大脑新皮质的功能是没有问题的，人类的这些结构共同塑造了一种更高级的功能形态，审美或许就是在这儿完成的。

3.古典传统文化中的生命问题

王建疆先生说中华美学史是一部超越生命的美学史和一部超越生命现象的美学史。[19]26 对此，我的看法是王先生对于生命的静止的认识观点、对传统文化与生命美学的关系的认识出了问题。前者在于他不了解生命的发展存在巨大的潜力。对于后者，我们说传统文化的基点与生命现象的研究有关，这点无论老庄道家还是后期发展的道教、传进的佛教，还是平时不太讲命与天道的儒家，都与此有关。但我们并不是说传统文化就是生命美学的发展过程，作为生命美学，是我们当代中国具有现代气息的自己创造的美学，他与传统文化有密切关系，但并不就是传统文化，他对古典的内向型思维方法加以借鉴，对于人与自然的和谐关系作为指向，积极地吸收西方现代文明的发展成果，结合自己的实际创造出具有现代性的美学，无论就其思想、内容、观念、形态、方式等都与古典形态大异其趣，更不用说要返回古代了。由于生命美学的新生的性质，他一直在不断地丰富、发展、修正、完善自己的理论失误，他与超越美学、生存美学、否定论美学、体验美学相互补充而展开，但这个生命体验的基点不能丢，这是这些理论的根本立足之处。但是生命美学绝对不是狭隘个体生命主义，而更如潘知常先生讲的"人类学生命本体"论基础，是宛如孔子讲得"己所不欲，勿施于人"的以己度人的人生心理感受，是宛如孟子讲得"于我心有戚戚焉"的人生彼此的相互理解，更像禅宗讲的青山翠竹、郁郁黄花、鱼跃鸢飞无一非道所表现的充满活力的生命现象本身。现代很多学者已经注意到传统美学的现代性的转化问题，既非西化，也非古化，而是真正的现代审美文化的建构了。

参考文献

[1]马克思.1844年经济学哲学手稿[M].北京:人民出版社,1985.

[2]陶伯华.生命美学是世纪之交的美学新方向吗[J].美学(人大复印资料),2001,(10).

[3]李泽厚.美学四讲[A].美的历程[M].合肥:安徽文艺出版社,1994.

[4]潘知常.反美学[M].上海:学林出版社,1997.

[5]潘知常.超主客关系与美学问题[J].学术月刊,2000,(11).

[6]海德格尔.存在与时间导论[A].海德格尔选集[C].上海:三联书店,1996.

[7]陈望衡.20世纪中国美学的本体论[J].哲学动态,2001,(4).

[8]熊十力.新唯识论[M].北京:中华书局,1985.

[9]王建疆.超越生命美学和生命美学史[J].美学(人大复印资料),2001,(5).

[10]彭锋.宗白华美学与生命哲学[J].美学(人大复印资料),2000,(5).

[11]姜桂华.美学研究的还原倾向质疑[J].美学(人大复印资料),2001,(1).

原载于《泰山学院学报》，2005年第4期

从比较视域看中国美学的基本特色

古 风

中国美学是一种历史悠久的独具特色的美学。这里所说的中国美学,包括中国古代美学、中国近代美学和中国现代美学。中国古代美学是一种传统形态的美学,中国近代美学是一种过渡形态的美学,中国现代美学则是一种开放形态的美学。三者虽有各自的特点,又有一脉贯穿的基本精神。这些基本精神也就是中国美学的基本特色。那么,这些基本特色是什么呢?关于这个问题,从20世纪80年代以来,国内美学界同仁就一直在探讨,也提出了一些观点,诸如西方美学重再现,中国美学重表现;西方美学求形似,中国美学求神似;西方美学尚典型,中国美学尚意境;西方美学偏爱崇高,中国美学偏爱优美,等等。笔者认为,这些看法都有一定的道理,但却不全面,也欠深刻,不能够从根本上把握中国美学的基本特色。因此,1995年,笔者在谈论"比较美学"时,就对这个问题发表过看法,而且还曾经与北京大学哲学系部分美学研究生讨论过。①如今已经过去了20多年,笔者对于这个问题的认识,也有了一些新的拓展和深化。近来,学界关于"中华美学精神"展开了讨论。其实,"中华美学精神"与"中国美学特色"是有内在关联的。因此,研究中国美学的基本特色问题,就能够加深对于"中华美学精神"的理解。这不仅对于中国美学的学科建设具有重要的学术意义,而且对于建设"美丽中国"也具有重要的现实意义。②所以,本文从比较的视域,就中国美学的基本特色,谈谈笔者的看法。

第一,中国美学是以"人与自然的关系"为原点而建构的美学。西方美学与我们不同,它是建立在"人与人关系"③的原点之上。这种差异不是由美学决定的,而是由文化决定的。中国文化从本质上看,是一种农业文化。就是说,农业是中国人的主要生活方式。在长期的农业生产活动中,人们要关心天气、地貌、季节、物候、水利等情况的变化,不仅积累了十分丰富的大自然知识,而且与大自然产生了深厚的感情。天为父、地为母、人为子,形成了"三才"思维模式。人们便用"近取诸身,远取诸物"(《周易·系辞下》)的方法,创造了文字、八卦、宗教、哲学、文学和艺术等丰富灿烂的中国文化。譬如,在文学艺术方面,人与自然的关系成为表现的主要题材,甚至众多的大自然意象成为抒情言志的主要载体和道具,出现了山水诗、山水游记、山水画、花鸟画和山水园林等文艺品种,成为中国文艺的基本特色。歌德阅读中国文学作品时,就很敏锐地感受到了这种特色。他说:"他们还有一个特点,人和大自然是生活在一起的。你经常听到金鱼在池子里跳跃,鸟儿在枝头歌唱不停,白天总是阳光灿烂,夜晚也总是月白风清。月亮是经常谈到的,只是月亮不改变自然风景,它和太阳一样明亮。"④这不仅是中国叙事文学的特点,也是中国抒情文学的特点。屈原的"美人香草",陶渊明的"东篱采菊",谢灵运的"忘情山水",李白的"邀月共饮",中国文人与大自然有着深厚的情缘。他们认为,大自然是朋友,是最美的事物,是可以怡情悦性的审美场所。从孔子时代的"智者乐水,仁者乐山"(《论语·雍也》)开始,中国文人就形成了这样一种审美传统。他们"窥情风景之上,钻貌草木之中"(《文心雕龙·物色》),创作了大量优美的文学作品。因此,在中国诗、词、曲、赋和文(尤其是明清小品文)中,遍布着大量的自然意象;在音乐、戏曲、绘画、书法、建筑、园林等中国艺术中,也遍布着大量的自然意象。如果去掉了这些自然意象,就不会有中国文学艺术了。同时,这也是中国美学的基本特色。中国传统美学就是以"人与自然的审美关系"为原点建构起来的。诸如"情景""意象""意境""物色"等美学范畴,又如"借景抒情""情景交融""神与物游""感物动心"和"借彼物理,抒我心胸"等美学思想,都是人与自然的亲密交往、对话和融合的产物,由此形成了中国美学的一种特色。⑤

第二,中国美学是崇尚自然意象的美学。正如上文所说,由于中西美学的原点不同,因而西方美学重视人物形象,中国美学则重视自然意象。叶朗教授将这种特点概括为:"美在意象。"⑥笔者认为,这种概括是很准确的。"意象"的内涵是"情景交融"。"情"与"意"有关,来源于"人";"景"

与"象"有关,来源于"自然"。因此,"意象"是对于"人与自然"审美关系的高度概括。所以,崇尚"意象"不仅是中国艺术的基本特点,也是中国美学的基本特色。⑦在中国艺术里,形成了以下意象系列:

取之于天:日、月、风、云⑧等;

取之于地:山、川、花、草等;

取之于植物:梅、兰、竹、菊等;

取之于动物:龙、凤、虫、鱼等;

取之于时间:春、夏、秋、冬等;

取之于空间:东、南、西、北等。

只要人们去欣赏中国的诗、词、曲、赋、文、戏剧、小说、绘画、园林等,就会发现这些自然意象无处不在。人的"情"和"意"不是赤裸裸地说出来,而是隐含在这些"象"之中,这就是"意象"。可见它一半与"人"有关,另一半与"自然"有关,是"人与自然"的审美统一。这些"意象"经过几千年的历史积淀和审美淘洗,已经成为符号化和形式化的东西了。虽然每个意象都负载着丰富的文化内涵,但却有基本稳定的"表意"倾向。譬如,朋友结婚,画一对鸳鸯送他们,就表示爱情幸福;老人过寿,画一幅松树送他(她),就表示健康长寿。中国人以自然意象为美,西方人以人体形象为美,两者的美感差异是明显的。正如林语堂所说:"西人知人体曲线之美,而不知自然曲线之美;中国人知自然曲线之美,而不知人体曲线之美。"⑨法国学者雅克·马利坦也说,中国人的审美"兴趣更多的不在人体美,而在风景美和花鸟美。"⑩笔者认为,他们两人都抓住了中国美学的基本特色。

第三,中国美学是重视"神韵"的美学。西方美学重在求"本质",中国美学则重在求"神韵"。在中国美学中,"神韵"是一个很难界定的概念。南北朝时,"神韵"一词只是用在对于人物的审美评价中,指人的气质美和风度美;后来也用在对大自然和艺术的审美中,前者指神态美,后者指韵味美。无论是人的神韵,还是自然的神韵和艺术的神韵,都是指审美对象内在的生命、精神和意蕴。它是通过外在形式如"形"或"象"表现出来的。但是,它与西方美学的"思想""情感"和"意义"又不相同。西方艺术中的"思想""情感"和"意义"是可以用语言来表达的，而中国艺术的"神韵"则是用语言难以表达的。李渔对"神韵"论说得最好。他认为，神韵"是物而非物，无形似有形"，是处于两者之间的东西。它不仅能让"美者愈美"，还能够使"媸者妍"（即丑者变美）。[11]因此，"神韵"在花的香艳里、在鸟的娇鸣里、在美女的媚态里、在艺术的意境里。因此，古人说："山之光，水之声，月之色，花之香，文人之韵致，美人之姿态，皆无可名状，无可执着，真足以摄召魂梦，颠倒情思。"[12]这种东西就是"神韵"。由于中国美学崇尚"意象"，所以一直以来，人们总以为中国人审美似乎只用眼睛，而不用心灵。如美国学者W.爱伯哈德说："中国人是爱用眼睛的人。"[13]这是他看到中国审美文化里有大量的意象时得出的基本判断。其实，他只看到了表面现象。中国人崇尚"象"是为了表现"意"，在事物的"神韵"里获取美感。诸如"美人有态、有神、有趣、有情、有心"，[14]这是关注美女的神韵美；雪"有四美焉：落地无声，静也；沾衣不染，洁也；高下平铺，匀也；洞窗辉映，明也"。[15]这是欣赏雪的神韵美。由此可见，重视"神韵"也是中国美学的一大特色。

第四，中国美学是感性与理性统一的美学。[16]西方学者虽将"美学"看作"感性学"，但实质上是在追求理性，将"美学"作为"哲学"体系的一个部分。这样一来，西方学者或者贬低感性，或者将感性与理性对立起来，并没有从理论上解决感性与理性的关系问题。中国美学则不是这样。它既重视感性，又重视理性。从感性方面看，中国人认为"美"首先是能够满足视觉和听觉审美快感的事物，并将前者概括为"色"，将后者概括为"声"。所谓"色"，本义是指颜色，引申为美女和性爱，泛指锦绣、花卉、美女、绘画、文学等凡是能够满足视觉审美快感的事物；所谓"声"，本义是指声音，引申为音乐和声律，泛指风声、雨声、鸟声、琴声、歌声、读书声等凡是能够满足听觉审美快感的声音。因此，在中国古代美学里，"声色"就是审美对象，欣赏"声色"就是审美活动。当然，并非所有"色""声"都是美的，也有不美的。所以，审美时要有所选择。如清代人汪价说自己：

喜泉声，喜丝竹声，喜小儿朗朗诵书声，喜夜半舟人欸乃声；恶群鸦声，恶驺人喝道声，恶贾客筹算声，恶妇人骂声，恶男子呻嗄声，恶盲妇弹词声，恶刮锅底声。喜残夜月色，喜晓天雪色，喜正午花色，喜女人淡妆真色，喜三白酒色；恶花柳败残色，恶热熟媚人色，恶贵人假面乔妆色。[17]

虽然这只是汪价个人的审美趣味，但也证明了中国人看重视觉美和听觉美的思想，其中也有伦理价值的审美判断。所以，"看"与"听"就是中国人的主要审美行为，看山、看水、看月、看花、看美女、看诗、看画、看戏等，听风、听雨、听鸟声、听曲、听歌、听书、听戏、听美女说笑等。诸如：

楼上看山，城头看雪，灯前看花，舟中看霞，月下看美人，另是一番情境。

春听鸟声，夏听蝉声，秋听虫声，冬听雪声，白昼听棋声，月下听箫声，山中听松风声，水际听欸乃声，方不虚生此耳。[18]

这种审美精神一直传承到当代。有位作家写了一本名叫《九听》的书，就包括听风、听雨、听鸟、听蝉、听鼾、听吆喝、听书、听歌、听戏等九篇作品，[19]显得很别致、很有趣味。由此可见，"美"是具体的和感性的，"审美"活动就是人对于事物的感知活动。汉字"感"，是由"咸"与"心"两个字合构而成。所谓"咸"者，全也。它告诉我们两点：其一，中国人不仅是用"心"去感受审美对象，而且是眼、耳、鼻、口、心全身投入地感受审美对象，一直达到物我不分、情景交融的境界。如庄子梦蝶、李白邀月和黛玉葬花那样，这是审美的最高境界；其二，全面感受审美对象，用目感、用耳感、用鼻感、用口感、用心感，达到目悦、耳悦、鼻悦、口悦和心悦的审美满足。这是一种具有中国特色的"五觉全美"的审美精神。[20]

从理性方面看，中国人没有将审美活动仅仅停留在"感性"层面，而是继续向"理性"层面升华。儒家"感物"，是要将审美活动升华到主体道德（即"德"）的境界，形成了"比德"的美学观；道家"感物"，则是要将审美活动升华到宇宙精神（即"道"）的境界，形成了"悟道"的美学观。虽然二者美学思想不同，但是将美感由"感性"到"理性"的升华，则是相同的。这也是中国美学的一个基本特色。它决定了中国美学是一种不同于西方的美学。西方美学是打碎"美物"求"美质"、即从客体求解的美学，中国美学是观照"美物"求"美感"、即从主体求解的美学；西方美学是立根于"感性"

又背离了"感性"的美学，中国美学则是立根于"感性"又坚守了"感性"的美学，是真正意义上的"感性学"；西方美学是将"感性"与"理性"对立起来的美学，中国美学则是将"感性"与"理性"统一起来的美学。

第五，中国美学是快感与美感统一的美学。西方主流美学贬抑快感，抬高美感，将两者对立了起来。它认为，快感是生理的感觉，是低级的，是动物与人类都具有的本能；美感是心理的感觉，是高级的，是只有人类才具有的能力。中国美学则不是这样。它十分看重快感，甚至认为快感就是美感，美感也就是快感，两者是交叉、重叠和统一的关系。《说文解字》云："快，喜也。"在古汉语中，"快"与"喜"、与"乐"同义，都有喜悦、欢乐之义。所以，在现代汉语里才会有"快乐"一词。因此，在中国美学里，"快感"就不仅是生理的感觉，同时也是心理的感觉。"快"作为一个美学范畴，与"乐""悦""喜""笑"等有密切联系。中国人富也快乐，贫也快乐；达也快乐，穷也快乐；甚至生日快乐，节日快乐，春节快乐，天天快乐，等等，"快乐"成为人们的祝福话语。因此，中国人充满了一种快乐达观的人生精神。这恰恰就是审美精神。儒家的快乐是自信，是超越了个人利害，以"兼善天下"的社会担当为乐。道家的快乐是达观，是超越了生死的纠缠，以"无为顺天"的生活方式为乐。佛教本来具有慈悲情怀，没有多少快乐可言。但是，成为"中国化"的禅宗之后，吸收了儒家的自信和道家的达观，便形成了"大肚笑佛"的宽容乐观精神。孔子说："知之者不如好之者，好之者不如乐之者。"（《论语·雍也》）可见"快乐"是儒家的最高境界，加之道家的"至乐"和佛教的"极乐"，就形成了中国美学的快乐精神，简直可以称为"快乐美学"。不是说中国人的生活里没有不快乐的事，譬如难事、愁事、苦事、悲事等，也是大量存在的。关键是中国人能够以坚毅、豁达和快乐的审美精神予以超越，这是中国悲剧艺术不发达的原因之一。季札以"美哉"论乐与楚襄王以"快哉"论风基本一样，都是审美活动。金圣叹有一篇著名的《快哉论》，列举了人生33种快乐。此说影响很大。后来，张潮感到不满足，撰写了《说快续笔》，又列举出34种快乐。[21]这两篇文字充分表现了中国文人的快乐精神。中国美学对于"快感"如此重视，与西方美学是大不相同的。林语堂对此有专门的论述。他认为，西方人在理性主义精神束缚下畏惧快感，印度人在宗教禁欲主义束缚下也畏惧快感,而只有我们中国人才能够执着地面对快感(快乐)。㉒我们发现,在金圣叹和张潮所谈论的快感中,有生理的,也有心理的;有物质的,也有精神的;有自然的,有社会的,也有艺术的,等等。尽管表现形式不同,但都是快乐的和审美的。再如文学中的"笑话"、曲艺中的"相声"和戏曲中的"科诨"(丑角)等,也表现出了中国美学的快乐精神。近年来,海峡两岸就有不同版本的《快乐颂》歌曲,但最为流行的是庾澄庆演唱的《快乐颂》。其中的主旋律就是"你快乐吗?我很快乐!""快乐其实也没有什么道理","快乐就是这么容易的东西"。这是中国美学快乐精神在当代的延续。所以,从交叉、重叠和统一的快感与美感来看,中国美学就是快乐美学。

第六,中国美学是实用与审美统一的美学。无数事实证明,人类的审美意识起源于原始的物质生产活动,与人类的生活欲望和实用意识密切相关。实用意识是审美意识的奠基石。但是,西方美学从苏格拉底和柏拉图求解"美本身"开始,就有排斥"实用"的倾向。后来,康德干脆将"实用"的奠基石彻底拿掉了,将审美与实用(即功利)对立起来。从此西方美学就走上了"务虚"的形而上的发展路线。中国美学则不是这样。它从一开始就走上了"务实"的发展路线。墨子说:"食必常饱,然后求美。"㉓"食"是实用,也是功利,是人类生存的基本需要。这是"求美"的物质基础。否则,连生存的基础都没有了,还要"美"有何用?!所以,人类先要具有生存的基础,"然后"才能够去进行审美活动。这就是墨子总结出来的"先质而后文"的审美规律。所谓"质",就是实用,就是功利,就是生存的基础;所谓"文",就是装饰,就是艺术,就是审美的活动。实用和审美两者之间的关系不是对立的,而是统一的。因此,墨子才结合吃饭、穿衣和住房的具体生活需求来谈审美问题。这是中国美学的又一个基本特色。它认为,"美"并不是生活之外的东西,而就在生活之中。中国美学家谈论"美"的问题,大多是结合着生活、实用和功利一起谈的。当然,也不是没有例外,如韩非就是将实用与审美对立起来看的。但这只是个别人,不是主流。所以,中国人在吃饭基础上发展出饮食工艺,有了饮食美学;在穿衣基础上发展出服饰工艺,有了服饰美学;在住房基础上发展出建筑工艺,有了建筑美学;在礼乐基础上发展出音乐艺术，有了音乐美学；在文字基础上发展出书法艺术，有了书法美学，等等。中国艺术和美学大都是在实用基础上发展起来的。所以，中国美学不仅不否定实用，反而与实用结合得很好，如诗能教化，乐能观政，文能载道，小说能革命，园林能居住，锦绣能外交，等等。古人对于山水画的审美要求是要能观看，要能卧游，要能畅神。郭熙就认为，优秀的山水画不仅应具有"可望"的效果，还应具有"可行""可游"和"可居"㉔的效果。这就是实用（可行、可居）与审美（可望、可游）统一的美学思想。当然，此处的"实用"（可行、可居）只是想象中的，仍具有审美的性质。因此，汉代的刘安、晋代的葛洪和清代的李渔等人，都是结合日常生活经验来谈论审美问题的。尤其是泰州学派从"百姓日用"和人的欲望出发谈论审美问题，对于晚明以降追求"性灵""情感"和"趣味"的平民文艺思潮的发展产生了重要影响。这是中国美学的又一大特色。

第七，中国美学是具有一套独特的审美方法的美学。西方美学善于用逻辑的方法分析艺术的问题，将美学问题搞成了哲学问题。在审美活动中，他们也是用哲学的方法观照和分析艺术作品，诸如艺术的形式和意蕴等。本来审美是很有趣味的活动，结果却被搞得一点趣味都没有了。这种审美方法影响到艺术创作后，就是将艺术作品搞成了"观念"的传声筒，或者成为某种思想的演绎品。西方现代派艺术的出现与这种审美方法或多或少有一些关联。后来，他们才不得不承认"艺术死了""美也死了"。这似乎是必然的结果。因为，从鲍姆嘉通将美学纳入哲学体系开始，就是犯了一个"悖论式"的错误。美学不应该属于哲学，而应该独立发展！中国美学则不是这样。它没有将审美问题变成哲学问题，没有把美学变成哲学的奴婢，而是让它自由发展。当然，这只是中国古代美学的情形。遗憾的是，西方美学进入中国之后，改变了中国美学的发展方向。在中国古代美学中，审美是一件真正快乐、有趣和美好的事情。孔子赞赏春游，庄子濠上观鱼，都是追求心灵的快乐，是真正的审美。中国古人总结出一套独特的审美方法，这就是"感""鉴""赏""玩"。所谓"感"，就是眼、耳、鼻、口、身并用和全心投入地感受审美对象。譬如读诗，要眼看、口诵、耳听、心想结合，全面地感受诗美，从而获取美感。所以，胡应麟说，诗要达到色、声、情、味"全美"。㉕所谓"鉴"，就是辨别美丑。事物是丰富的，也是复杂的。有时美丑混杂，有时美中有丑，这就需要鉴别。所以，刘昼说："由于美恶混糅，真伪难分，模法以度物为情，信心而定是非也。"㉖所谓"赏"，就是欣赏，沉浸在美的对象世界之中。如孔子听《韶》乐、三个月不知肉味那样陶醉。所谓"玩"，汉语的本义是游戏，也是娱乐。当然，"玩"也有是非、雅俗和高下之别。《尚书》所说的"玩人丧德，玩物丧志"，㉗就是历来被人们所否定的玩法。但是，本文所说的"玩"则是审美的玩。它是人对于自由的追求和高雅的娱乐，用席勒的话说就是"审美的游戏"。如果说，"赏"是陶醉，那么"玩"就是痴情。它建立在"喜爱"的基础之上，是审美主体感情、趣味、韵致和才华的全面投入。作为审美游戏的"玩"是人的本质，也是一种自由的追求、高雅的娱乐和审美的游戏。如席勒所说："只有当人是完全意义上的人时，他才游戏；只有当人游戏时，他才完全是人。"㉘庖丁解牛，玩的是技艺，玩的是能力，玩的是水平；李白赏月，玩的是才情，玩的是韵致，玩的是境界。金圣叹读《西厢》，在雅洁环境里读，在香气弥漫中读，雪景怡人时读，鲜花悦目时读，甚至有美人相伴着读。㉙这也是玩，而且玩得雅致，玩得优美，玩得才情横溢，玩得不同寻常！这就是审美的玩。在中国审美文化中，诸如玩山、玩水、玩月、玩鸟、玩花、玩石、玩瓷等，都是自由的追求、高雅的娱乐和审美的游戏。阅读明清文人小品文，你就能够看到很多富有才情和韵致的玩，也就能够理解中国美学的真正意蕴了。㉚因此，中国文人这些富有才情雅趣的审美方法，在全世界都找不到第二家，这是中国美学的独门绝技。

综上所述，具备了以上七个主要特色的中国美学，就是一种历史悠久的独具特色的美学。它以"人与自然的关系"为原点，它崇尚意象和重视神韵，它将感性与理性、快感与美感、实用与审美统一起来，它具有一套独特的审美方法，等等。但是，本文所论只是中国美学的"基本特色"，而未考察和论述其"全"。片面之处，还请学界同仁批评指正。

总之，中国美学是不同于西方的独特的美学。认识和把握其基本特色，有利于我们树立"中国美学"的旗帜、创造"中国美学"的品牌。我们应该在世界美学的发展现场，贡献中国美学的智慧和成果。

注释：

①参见古风：《21世纪：比较美学的世纪》，深圳大学中国文化与传播系主编：《文化与传播》第4辑，深圳：海天出版社，1996年，第5-15页；《关于"比较美学"的讨论》，《比较文学报》1996年12月31日，第3版。

②参见向云驹："美丽中国"的美学内涵与意义》，《光明日报》2013年2月25日，第1、3版。

③法国学者雅克·马利坦认为，中国艺术乃至于东方艺术是将人"与欲表现的事物打成一片"，而不是像西方艺术那样只是"人和人的主观性"。（《艺术与诗中的创造性直觉》，刘有元、罗选民等译，北京：三联书店，1991年，第24、22页）法国学者让—皮埃尔·韦尔南也认为，"希腊理性不是在人与物的关系中形成的，而是在人与人的关系中形成的"。（《希腊思想的起源》，秦海鹰译，北京：三联书店，1996年，第119页）这两位法国学者的看法，可以印证笔者的观点。

④爱克曼辑录：《歌德谈话录》，朱光潜译，北京：人民文学出版社，1978年，第112页。

⑤参见古风：《中西文化对话中的意境本质》，《外国美学》第15辑，北京：商务印书馆，1998年；《21世纪：比较美学的世纪》，深圳大学中国文化与传播系主编：《文化与传播》第4辑。

⑥叶朗：《美在意象》，北京：北京大学出版社，2010年，第57页。

⑦参见古风：《"意象"范畴新探》，《社会科学战线》2016年第10期。

⑧参见古风《美日》《美月》《美风》《美云》四篇论文，收入古风：《当代文艺美学的多维思考》，北京：中国文联出版社，2004年，第355-369页。

⑨林语堂：《论中西画》，远明编：《林语堂著译人生小品集》，杭州：浙江文艺出版社，1990年，第270页。

⑩雅克·马利坦：《艺术与诗中的创造性直觉》，第27页。

⑪李渔：《态度》，《闲情偶寄》，北京：作家出版社，1995年，第125页。

⑫张潮：《幽梦影》，南京：江苏古籍出版社，2001年，第33页。袁宏道所说的"趣如山上之色，水中之味，花中之光，女中之态"也是指"神韵"而言。

⑬W.爱伯哈德：《中国文化象征词典》，陈建宪译，长沙：湖南文艺出版社，1990年，"序言"，第1页。

⑭卫泳：《谈美人》，刘大杰编选：《明人小品选》，上海：上海古籍出版社，1995年，第3页。

⑮卫泳：《闲赏》，刘大杰编选：《明人小品选》，第49页。

⑯周来祥教授也认同这个特色，参见周来祥：《中华审美文化的基本特征》，《西北师大学

报》2007年第6期。

⑰汪价:《声色移人说》,姜光斗编:《中国古代文人小品》,西安:陕西人民出版社,1997年,第338页。

⑱张潮:《幽梦影》,第32、8页。

⑲参见胡廷武:《九听》,北京:北京十月文艺出版社,2004年。

⑳参见古风:《中国古代原初审美观念新探》,《学术月刊》2008年第5期。

㉑金圣叹论说"快哉",见于其《西厢记评点》卷四之二《拷艳》题下的一篇文字。今人黄卓越将其单独辑出,名为《快说》。参见黄卓越编:《闲雅小品集观——明清文人小品五十家》下册,南昌:百花洲文艺出版社,1996年,第99-102页。张潮文,也参见此书,第323-325页。

㉒参见彭国梁选编:《悠闲生活絮语》,长沙:湖南文艺出版社,1991年,第256页。

㉓毕沅校注,吴旭民标点:《墨子》,上海:上海古籍出版社,1995年,第255页。

㉔郭思编,杨伯编著:《林泉高致》,北京:中华书局,2010年,第19页。

㉕胡应麟:《诗薮》,上海:上海古籍出版社,1979年,第82页。

㉖杨明照校注,陈应鸾增订:《增订刘子校注》,成都:巴蜀书社,2008年,第725页。

㉗周秉钧注释:《尚书》,长沙:岳麓书社,2002年,第131页。

㉘弗里德里希·席勒:《审美教育书简》,冯至、范大灿译,上海:上海人民出版社,2003年,第124页。

㉙林乾主编:《金圣叹评点才子全集》第2卷,北京:光明日报出版社,1999年,第18-19页。

㉚参见吴功正:《明代赏玩及其文化、美学批判》,《南京大学学报》2008年第3期;宋立中:《闲隐与雅致:明末清初江南士人鲜花鉴赏文化探论》,《复旦学报》2010年第2期。

原载于《中国文学批评》,2017年第3期

从"乐感"探寻美学的理论基点

马大康

摘　要：祁志祥的《乐感美学》以丰富的材料和开阔的理论视野阐述了"美是有价值的乐感对象"这一观点，开启了美学研究的新思路。我们应该以"活动"为理论基点思考审美及美，把审美及美视为对那些与人的生命相协调并带来乐感的独特活动，以及在活动中"筛选"和"塑造"出来的独特对象的命名。审美活动是一种意识与无意识、"言语行为记忆"与"行为语言记忆"深度合作的活动，由此入手可以帮助我们揭示审美活动的内在奥秘。

关键词：活动　审美　意识　无意识　言语行为　行为语言

一

美学正面临前所未遇的尴尬境地：一方面，审美从它世袭的文学艺术领地被驱逐，原本独享的特权被剥夺了，以至于不时有学者对文学艺术与审美相联姻的合法性提出质疑和指控；另一方面，成为"流浪汉"浪迹天涯的美却因此四海为家，不仅致使日常生活审美化，甚至竟连认识论也连带着被审美化。当文学艺术有意撇清与审美的干系，当审美混迹于日常生活，以致失去自身的边界，美学确实濒临生死存亡的危机并似乎正在走向终结。正当此际，祁志祥的60万字皇皇大著《乐感美学》问世了，这不能不令人惊诧且钦佩。

祁志祥是以"建设性后现代"方法来实现重构现代美学的雄心的。痛感于"否定性后现代"对美学的解构，以致陷入极端主义和虚无主义，他呼吁美学应该把握以"重构"为标志的"建设性后现代"方法的精髓，"在解构的基础上建构"，而且身体力行，以其切实的美学建设实绩来实践自己的学术抱负。无论是掌握资料的丰富翔实，还是理论视野的开阔深邃，专著都可谓轶类超群、独步一时。

《乐感美学》对历来各种美学观做了简要而深入的批判，既批评机械唯物论美学把美的本质视为一种客观事物固有不变的"实体"，又反对存在论美学和解构主义搁置美的本质问题，乃至"去本质化"的做派，同时，又不简单抛弃各种研究方法及其成果，而是在批判过程中予以厘清，博采旁搜远绍，去伪存真，灵活运用。在专著中，作者就兼收并蓄地利用语义分析、审美心理学、认识论美学、现象学美学、存在论美学，乃至解构主义和后现代思想。审美作为一种人类活动，它与人的特性密切相关，人的丰富性、复杂性决定着审美的丰富性和复杂性。我们不可能从某个单一的理论视角来穷尽人的特性，同样，也不可能用某一特定理论来规定审美及美，任何单一的视角都是对审美及美的恣意宰割，最终致使活生生的审美及美退化为僵死的躯壳。然而，采用多种理论方法和思想又非凑成一个理论拼盘，而需要充分考察理论跟研究对象及其相关层面的适应性，考察诸理论间的兼容性，应该说，《乐感美学》比较自觉地意识到这一要求。用作者的话来说，就是"在解构的基础上重构，在批判的基础上肯定，在否定的基础上建设……就是古代与现代并取，本质与现象并尊，思辨与感受并重，唯物论与存在论结合，现成论与生成论结合，客观主义与主观主义兼顾，主客二分与主客互动兼顾，以美是一种乐感对象为理论原点，按照逻辑与实证相结合的原则重构一个新的'乐感美学'体系，以图为人们认识美的奥秘，掌握美的规律，指导审美实践，美化自我人生提供有益参考"。[1]

理论研究最大忌讳是从理论到理论，并以理论粗暴地裁剪现实，甚至不顾及实际，不顾及常识。即便常识不可避免地包含着谬误，但是，假如理论因此就不顾常识，势必让理论自身堕落为空中楼阁。理论必须面对常识并对常识做出自己的解释。《乐感美学》另一个重要特点就是直面常识，甚至以常识为出发点来进行理论阐释。从常识出发就是从审美感受的实际现象出发。审美和美是离不开愉悦感的，这是不容忽视的共同的感受，是常识，《乐感美学》就以此作为自己的理论基石。美即乐感对象，却并非所有使人愉悦的对象都是美，它还必须有益于生命，也就是说，必须对人有价值，因此，美是"有价值的乐感对象"。论著从"乐感"这一常识出发，一步步进行理论归纳和限定，以严密的逻辑渐次剥露出美的本质，对"什么是美"这一问题做出很好的解答。

专著以"乐感"作为基本性质对美做出界定，这就把美的范围大为拓展了。美不再如西方美学家所说仅限于视觉和听觉，凡是能引起乐感的味觉、嗅觉、触觉等五官感觉都可产生美感。在特别容易引起争议的味、嗅、触觉方面，专著用较大篇幅做出论述，兼及中西文化，儒道佛诸家，以至美食文化、美酒文化、茶文化等等，以极其丰富的文化事实无可辩驳地阐明人的五官感觉与审美及美的相关性，并最终把乐感归结为审美对象的普遍特性，即美的本质。同时，也把专著的中心观点"美是有价值的乐感对象"的创新性揭示出来了："乐感美学"不是"乐感文化"，仅限于对中国古代文化特色的一种概括，也不是指中国传统的美学形态，而是综合中西古今美学理论资源，结合审美实践对美学一般原理的概括。并且"乐感美学"也不是"乐感审美学"，其理论基点和最终目标是"美"的本质和规律，是对美最基本的特质、性能的概括，是在美的本质问题遭逢解构之后的"建构之学"，是美学原理之重构。不可否认，《乐感美学》所做的美学之思，为美学研究开辟了新路径，切切实实地推进了当代美学建设。

除以上所述特点之外，专著还指出"乐感源于适性"，并分别从"主观的适性之美"和"客观的适性之美"对"适性"做了透彻阐释，阐明正是"适性"使客观事物成为"乐感对象"，也即"美"。在阐述"壮美"与"崇高"等一系列美学范畴的联系和区别时，专著也在综合诸说的基础上做出清晰的归纳，进一步厘清了这些美学范畴。

二

当《乐感美学》力图将种种美学方法和审美现象都囊括其中，也就难免造成某些内在的不协调和裂罅，然而，这也恰恰是它的价值所在。一部打磨得极其精致、严丝合缝地符合逻辑的著作，几乎不可能发人深思，相反，正是著作中的某些不协调、裂罅和矛盾，才给读者留下思想的空间，启发读者继续思考，努力去破解疑难。其中一个主要的问题是理论基点的游移。其实，"乐感"本身所强调的是"审美特征"或审美主体的"主观感受"，它表述了审美活动的一种性质，是在审美关系中产生的，是由特定"活动"和"关系"所造成的主体感受，而专著为了贯彻"美学就是以研究'美'为中心的'美的哲学'"[2]

这一主张，不得不把"乐感"对象化为"乐感对象"。但是，"乐"毕竟不同于"美"，"美"早已被对象化而成为对象的某种品质，而"乐"则尚未被对象化，也难以作为对象的一种品质，离开主体、离开活动、离开关系，"乐"就无所附丽了。这就是为什么我们经常惊叹于某个事物"美"，却几乎不会说某个事物"乐"的原因。"乐感之学"理应是"审美之学"，而非"美的哲学"，可是，专著却把"乐感之学"等同于"美的哲学"，于是，"乐感之学"也因而变成"'乐感的对象'的哲学"了，由此造成理论基点的转移。专著就游移于两个理论基点之间。《乐感美学》的作者已经找到打开美学大门的钥匙，登堂入室，触及美学的理论基点，可是，原有的理论观念却又阻碍他彻底转移自己的立足点，以致与原本可以捕捉到得更为丰富、更有深度的理论见解失之交臂。理论基点的游移在论及"美的特征"时较为显著。譬如，专著提出的美的"形象性""客观性"属于对象的特征，而"愉快性"却本应属于主观体验和活动的特征，"价值性"又必须处于主客体关系之中，至于"主观性"则只能针对审美主体而言，而一旦考虑美的流动性，似乎又解构了美的客观性，实际上已经把理论基点转移到审美活动的历史性上。正是在美的特征归纳中，我们不能不感到：宛若中国画似的"移步换景"，专著也因理论基点不稳定而造成诸特征间的逻辑矛盾和相互解构。

假如我们不拘泥于"美学就是以研究'美'为中心的'美的哲学'"这个观念，而是将"乐感"这一理论基点贯彻到底，并再向前推进一步，以"活动"为基点来研究"审美"及"美"，或者如朱立元所主张的"用生成论取代现成论"，肯定"活动在先"，美在审美活动中"动态地生成"[3]，那么，这种美学观是并不会导致"反本质主义"和"虚无主义"，以至于解构美学的可怕后果的。相反地，正是审美以"活动"把主体、客体以及关系都联系在一起，并体现着上述各方面特征：审美活动中的对象必须具有形象性；审美活动过程则必定会带来愉快性；审美作为一种历史生成的活动它是客观存在的，其活动的特征不能不是客观性的，并且在活动发展的历史过程中经过选择和塑造而形成与人相适应且给予人愉悦的对象，这就是美，其特征也就具有客观性，而主客体之间的关系则必然具有价值性；既然审美活动是主客体共同参与建构的，除了客观性，它同时又受到审美主体的影响而具有主观性；当历史境况发生变化，审美活动也势必随之重构而引发审美特征的流动性，以及美的对象特征的流动性。"活动"优先，恰恰是一种唯物主义，而且是历史主义的世界观，它可以更为恰切地揭示审美及美的本质、规律和特征。眼睛紧紧盯住对象，盯住美的本质，把对美的本质的思考作为理论出发点，要么难免落入本质主义的陷阱，要么在描述美的特征的同时又不断消解特征。

我们采用审美是一种"活动"而非"实践"的说法，是因为"实践"有着相对确定的意涵，它一般意指"目的性活动"，不能囊括所有类型的人类活动。只有以"活动"为理论基点，我们才可能真正落实"建构性后现代主义"的思想方法，并根据活动的具体状况，把其他各种研究方法有效地结合起来。人类活动是客观存在的，并且是历史性的，它既不断改变着历史，同时又被历史所塑造。审美就生成于人类活动的历史过程中，是人类活动既分化又融合的成果，由此生成一种具有独特性的人类活动。正是在人类活动发展演变过程中，那些与人的生命相适应并带来愉悦感的活动作为"审美"逐渐分离出来，与此相对应，那些在活动中与生命相协调、令人愉悦的对象就成为"美"的对象。"审美"及"美"就是人类对那些独特的活动，以及在活动中"筛选"和"塑造"出来的对象的命名，也是对其他具有相类似特征的对象的命名。相反，在人类尚未形成语言及意识之前，世界及万物是混沌不明的，并不以"人的对象"的方式存在，更不可能以"美的对象"的方式存在。从这个角度说，美也即人的生命活动的对象化。人在把客观世界作为自己的对象看待的同时，也以自己的生命活动同化了世界，从而生成了"美"的对象。"任何实际的活动，假如它们是完整的，并且是在自身冲动的驱动下得到实现的话，都将具有审美性质"。[4]

我们所说的"活动在先"所强调的是逻辑关系在先，而非时间关系在先，强调在人类"活动"的历史过程中，生成和分化出了"审美"这一独特性活动,同时筛选和塑造出"美"的独特对象,也塑造出能够审美的人。审美、美、审美主体共同生成于人类活动的历史发展过程。人们之所以误认为"美"先于"审美",是因为"美"已经被选择和塑造出来了,它是确定的、客观存在的对象,其他具有类似特征的对象同样也是确定的、客观存在的,它们易于把握,而"审美"却是流动的,非实体性的,难以把握。由于审美、美和审美主体是在历史过程中共同形成的,因此,具有美的特征的对象就极容易引发人的审美活动,共同建构审美"中介",并激起审美主体的审美感兴。这正是某些美学家误以为"美"在逻辑上先于"审美"的原因。

需要指出的是,"美的对象"与"审美对象"不同:前者指客观存在的对象,因具有某些特征而被称为"美的对象";后者则指在审美活动中生成的审美"中介",或曰"审美幻象",它只存在于审美活动中。美的对象是在人类活动历史发展过程中和审美一起被分离出来和被塑造出来的对象,是一种客观存在;审美对象则是在审美活动的当下瞬间生成的,它不仅有客观性,又有主观性,是主客体双方共同建构的,倏忽即逝的。朱立元所说美在"当下生成"正是强调"审美对象"之美,一种飘忽的审美幻象之美,而非预先存在的某些客观特征,也即"美的对象"之美;人们则习惯于把美的对象称为"美",而难以把握审美中介,也即审美对象之美。两种说法很容易发生抵牾,为避免误解,我们特意在此做出厘清。

总而言之,从历史角度来看,"美"只能随"审美"在人类活动发展过程同时产生,它是"生成"的,在人类审美活动产生之前,自然只不过是客观存在,无所谓美不美;而从当下的审美活动来看,"美"则是"预成"的,因为它已然作为客体预先存在着了,又是"生成"的,因为只有在审美的当下,主客体相互作用而建构起审美对象。这是两个不同的考察维度:在历史过程中,美是生成的;在当下审美活动中,美既是预成的又是生成的。不同观点间的论争其实把两种不同视角相混淆了。

人类活动的生成和分化往往并没有形成明显的断裂,存在模糊的中间带,如何划界,如何命名,取决于文化权力,不同文化背景的民族只能依据各自的理解和判断来划分,因此划界方式就不能不存在差异。当然,这种划界并非任意的,却也不是绝对的。这正是中西方对审美及美的规定有所不同又可以相互沟通和商讨的原因。审美及美只能在人类活动发展过程中分化而形成，因此，研究美学也就必须以"活动"作为理论基点，在人类活动发展过程中考察、研究审美及美。同时，也要在"活动"的视野中考察、研究当下的审美及美。人类活动的客观性决定着审美及美的客观性，人类活动的历史性决定着审美及美的历史性。从相对短的时段来看，审美及美具有稳定的性质，但从长时间来看则不能不随文化环境和活动的变迁而发生变化。福西永说："形式是经历了漫长的发展之后才出现的……形式主要不是指线条和色彩，而是一种动力结构（dynamic organization）。这种结构，作为身体对于周围事物做出反应的总和，使世界的实际机理发挥作用。"[5]

在美的不同形态中，由于"形式美"是在人类活动的漫长过程中积淀的，是人类生命活动在历史的不断淘洗中抽象出来的形式结构，它被对象化在物质对象上，与人的生命密切相关，因而往往比"内涵美"更具有稳定性和普遍性。

三

与理论基点的选择相一致，《乐感美学》承认审美活动的二重性：既发生主客体融合，又存在主客体二分的现象，但是，专著更注重主客体二分，并以"二分"作为理论前提。"在审美认识中，主客体既相互交融，又恪守二分，主客体二分不仅是主客体合一的前提，也是检验和衡量主客体交融的审美认识是否正确的依据"。[6]

专著一再强调："在如何对待'主客二分'审美认识方法和理论研究方法的问题上，'建设性后现代'方法论既反对客观主义的'主客对立'，也反对主观主义的'主客不分'，主张兼顾主体与客体，在主客互动、交流、融合中恪守'主客二分'，在'主客二分'的前提下和无伤大雅的范围内包容主客合一，从而为'乐感美学'理论的重构提供有益的方法论保障。"[7]

基于这种认识，专著一方面尝试把现象学美学、存在论美学与认识论美学相调和；另一方面又始终坚持以认识论美学作为专著的方法论基础。可遗憾的是专著尚未深入考察审美活动的具体过程，没有揭橥"主客合一"与

"主客二分"的内在机制，这就无法在不同的理论方法间建立互洽关系，难免造成理论方法的游移和不协调，乃至自相抵牾。

如果我们以"活动"为理论基点，深入剖析审美活动的内在过程和机制，就不难发现：审美活动中的"主客合一"与"主客二分"分别取决于无意识与意识的结构，而无意识与意识则又取决于"行为语言"与"言语行为"的结构[8]。

审美活动其实是最充分、最完整地调动了作为整体的人本身，它把人的意识与无意识潜能都充分挖掘出来，把"言语行为记忆"与"行为语言记忆"都充分激发出来了。审美活动是一种意识与无意识、言语行为记忆与行为语言记忆深度合作的独特的活动。

人的意识是言语行为记忆建构起来的，而无意识则是由行为语言记忆所建构。弗洛伊德就认为，在意识活动中"物表象"必须与"词表象"相结合，离开"词表象"，单纯的"物表象"就只能是无意识。如果用一种更确切的表述则应该是：意识活动离不开言语行为记忆，那些被我们所意识到和记住的事物，其实就是被言语行为所表述和建构的事物，而非客观实在的事物。离开言语行为记忆，单纯的行为语言记忆则只能构成无意识。

意识与无意识之间的区别根源于两种语言（行为）结构特征的差异。行为语言并不专属于人类，所有动物都有它们自己的行为语言，这是一种远为古老的特殊语言。与言语行为不同，行为语言不是以"概念/音响形象"来实施对世界的区分，而是以"形象信息"（并非"视觉形象"）来建立差异性的，因此，从符号特征角度来衡量，行为语言是发育不完善的，它缺乏普通语言的明晰性、独立性和中介性。行为语言总是依附于身体，本身就是身体行为，具有肉身性。人通过行为来连接人与世界，并以行为语言来重构和同化世界，按照行为语言的结构把世界结构化，把人与世界融合为一体，弥合人与世界的间距，以此来把握世界，同时也赋予世界以人的行为特征和生命特征。世界就是人的生命的延伸。正是行为语言的非独立性、非中介性把世界与人自身"融合为一"，并注定它无法把世界作为"对象"来看待，因此也就无法进入以"意向对象"为前提的意识活动，它是混沌不明的，只能构成人的无意识[9]。

人的无意识就积淀着整个人类活动过程所烙下的行为语言记忆，乃至包含着尚处在动物状态的记忆。无意识结构即行为语言的结构，而非言语行为的结构，拉康以普通语言的结构来解释，是对无意识的误释。

言语行为的出现给人类活动带来全新的面貌。把差异性建立在"概念／音响形象"基础上的言语行为，它不仅是明晰的，而且是独立的中介，并不依附于人。言语行为的明晰性、独立性和中介性把人与世界相拆分，创造了人与世界之间的距离，也创造了语言与世界，语言与人之间的距离。世界终于成为人的"对象"，人类的认识能力也因此得到巨大跃进，并且可以离开实存的事物来想象和运思，有力促进了意识和思维的发展及形而上思想的发生。言语行为不仅把人与世界相分离，同时也把人的行为与身体相分离，进而把行为与行为后果联系起来，作为人的反思对象来看待，并为人类行为设定目的，这又极大提高了行为的合理性和有效性，提升了人类理性和实践能力，使"自在"的人成长为"自为"的人。"主体的场所和起源是语言，只有在语言中并通过语言，才可能构成对'我思'的先验理解"。"个体是在语言中并通过语言而被构建为主体的"。[10]

唯有通过言语行为，人才从浑整的世界中分裂出来，才逐渐成长为主体，世界才成为人的对象，成为客体，于是，才有可能进而建立审美关系，构建审美对象。言语行为是人区别于动物界的标志，是人超拔于动物界的关键性因素。言语行为这种把人与世界相区分的特征则决定着只有它才能构建人类意识，同时也决定着意识具有"主客二分"的特征。

在人类日常活动中，意识与无意识、言语行为记忆与行为语言记忆常常是相协同的，但是，审美活动却又有其特殊性。它是意识与无意识、言语行为记忆与行为语言记忆间的深度合作，是双方潜力的充分发挥。审美活动的非现实性（即建构审美幻象）悬置了人的内在压抑，解放了无意识，包括深层无意识，把无意识中的能量充分激发出来了，把行为语言记忆充分激活了；与此同时，无意识能量又推动整个无意识领域和意识领域，激发着言语行为记忆，诱使人构建起形而上的世界。审美就生成于无意识与意识、行为语言记忆与言语行为记忆相互生发、相互激荡的过程，因此享有两种语言（行为）的双重特征。物我合一、无物无我的审美沉醉境界，以及里普斯的"移情说"、谷鲁斯的"内模仿说"、克罗齐的"直觉说"、尼采的"酒神精神",就建立在行为语言结构特征的基础上;审美活动中的生命感和震撼心灵的力量,也源自行为语言记忆与身体的密切关联,以及所蓄积的巨大能量;而主客二分、审美观照、"日神精神",以及鲍姆嘉通的"感性认识的完善"、康德的"反思判断"则与言语行为的结构特征密切相关。持不同观点的美学家往往只强调审美活动某一方面的特征,由此造成理论冲突。

与此相应,那些能够充分激发人的意识和无意识、言语行为记忆和行为语言记忆,且与其相协调的对象,也就是与人的生命相协调并撼动人的生命的对象,是给予人乐感的对象,也即美的对象。

事实上,审美活动中的言语行为记忆与行为语言记忆并非平分秋色,常常是有所偏倚的,这与所处的文化环境密切相关,文化环境既影响审美活动的整体特征,影响文学艺术活动的特征,又影响欣赏者和美学家对审美活动所做的界定和理论概括。或者更准确地说,审美活动与文化环境之间是相互塑造和影响的。甚至可以进一步深入地说,人类文化的根基就扎在两种语言(行为)的基础上,其特征就是由此生长起来的。西方文化的理性中心主义致使学者们更注重审美活动中言语行为所带来的特征,关注主客二分和审美活动的认识性。直至尼采、伯格森,以及后来的海德格尔的存在论美学才注意到审美活动的另一个侧面,强调主客合一,强调审美的体验性。与西方不同,中国文化中的"天人合一"观念就与行为语言的结构特征相吻合,或者说,天人合一观就建立在行为语言结构特征的基础上。这也是中国美学主张物我融合,追求意境圆融的原因。

当我们揭示了审美活动的内在机制,那么,就可以明确在哪些方面现象学美学、存在论美学、解释学美学具有阐释力;哪些方面则要依仗认识论美学或分析美学,各种方法之间又如何建立互洽关系。审美作为人的一种整体性活动,与人的丰富性密切关联,同样需要利用多种理论资源,从多角度予以阐释。只有以人类"活动"为基点,并抓住审美活动中更为基础、更为具体的环节"行为",探讨审美活动的内在心理过程和心理机制,我们才能打开审美活动的奥秘。同时,也只有把美置于审美活动的历史生成中,才能真正洞悉"美的本质":美生成于人类活动,它取决于那些与人类活动(行为)相协调，并能为人带来乐感和有益于生命的那些性质。

四

至此，我们发现：当《乐感美学》把"乐感"作为衡量美的最基本尺度而未将其置于"活动"之中做出明确界定，那就很难避免既造成美的泛化，又带来某种狭隘性。专著提出"乐感"来取代"快感"是有着重要意义的。按我们的理解，"乐感"之为"乐感"就因为它是对感觉对象的感知，它与"快感"的区别就在于活动过程有无构成明晰的感觉对象和意识对象。这一点，专著已经注意到了。作者指出："'美'是主体乐感的对象化、客观化。没有客观对象，便没有外在于主体的'美'产生。"据此，作者把人的机体觉，包括消化系统、呼吸循环系统、生殖系统、排泄系统产生的快感等等排除于审美和美之外，并认为："在这种情况下，主客体处于混一不分状态，主体没有明晰的快感对象（如睡眠解乏的快感、打个喷嚏的快感有何对象）。因而，笔者是不同意把'美'的范围扩大到通过消耗引起机体快感的物质的。"[11]

遗憾的是作者尚未深入一步考察感觉活动，了解造成感知"对象"有无的内在根据，也没有坚持上述衡量标准，以致把所有五官感觉都列入美感，甚至认为动物也有审美。

正如上文所述，审美活动是人的意识与无意识的深度合作，是言语行为记忆与行为语言记忆的深度合作，由此生成了既主客融合，又主客二分的审美活动，也生成了审美对象。在这个过程中，恰恰是言语行为记忆同时参与其间，重新创造了主客体之间的心理距离，最终建构了审美对象。动物虽然有行为语言，却没有言语行为，动物只能用"行为"来表达，而不能用语言"概念"表达。动物的世界就是它的生命的直接延伸，行为固然将动物与外界联系在一起，使动物能够敏捷地应对外来事件，但不能让世界成为动物的意识对象，因而不可能构成审美对象。动物艳丽的羽毛、悦耳的鸣声、健硕的形体对异性的吸引，只不过是一种无意识的条件反射，它借助于行为语言就完成了。同样，并非所有让人产生快感的五官感觉都属于美感，成为美感的必要前提是：不仅行为语言记忆被充分激发起来，同时言语行为记忆也参与其中并充分发挥作用，由此生成了审美对象，这样的感觉才有可能成为乐感和美感。"如果没有语言，机体行动所具有的性质，即所谓感触，仅仅是潜在的和带有预示性的痛苦、愉快、气味、颜色、杂音、声调等。有了语言之后，它们就被区分开来和被指认出来了。于是它们就'客观化'了，它们成为事物所具有的直接特性了。"[12]

有无客观对象并不能最终决定能否形成审美，审美取决于能否构建明晰的感觉对象。具体说，对美食的饕餮所带来的是生理快感，只有当味觉进入"品味"的境界，食物成为感觉活动的意向对象，获得心理层面的乐感，这才可称之为美感。美食所带来的美感是身体快感与心理乐感的融合。就是在品味美食之际，我们对食物不仅实施了"吃"这一行为，同时，言语行为记忆也得到充分激活并介入其中，对滋味做了辨析，使食物在"品尝"过程转而成为乐感对象，成为美感对象，真正体验了"美的食品"。与味觉、嗅觉、触觉相比较，视觉、听觉活动更容易介入言语行为，创造主体与对象间的心理距离，这也是为什么西方美学家倾向于视听觉，排斥味嗅触觉的缘由。

在造成审美及美的泛化的同时，以"乐感"为判断标准，又尚未明确划分"乐感"与"快感"的界限，也很容易造成审美及美的狭隘化。譬如专著虽然对美的诸范畴做了精辟的阐述，但是，把"丑"却遗弃在外。当乐感还跟快感相混淆，我们确乎很难把丑视为审美对象，因为它带给我们的是不快感。唯有言语行为记忆也参与其间，我们与丑拉开了心理距离，同时我们的理性力量也追随言语行为渗入审美活动，从丑的形式中发现深刻的意蕴，得到理性启悟，并从丑的对象上反观人类自身的精神力量，因此获得精神上的慰藉和心灵震撼。

《乐感美学》以汇集百川的宏大气魄构建了自己的美学新体系，并把理论基点安置在"乐感"上，这确实有力地把对审美和美的思考推向理论前沿，为美学建设做出贡献。同时，它也以其勇于直面富有争议的美学难题并由此引起不同观点间的尖锐冲突，启示我们继续前行，努力探索审美及美的奥秘。

注释：

[1]祁志祥:《乐感美学》,北京:北京大学出版社,2016年,第9页。

[2]祁志祥:《乐感美学》,第35页。

[3]朱立元:《我为何走向实践存在论美学》,《文艺争鸣》2008年第11期。

[4](美)杜威:《艺术即经验》,高建平译,北京:商务印书馆,2005年,第42页。

[5](法)福西永:《形式的生命》,陈平译,北京:北京大学出版社,2011年,第23页。

[6]祁志祥:《乐感美学》,第30页。

[7]祁志祥:《乐感美学》,第34页。

[8]关于"言语行为"与"行为语言"的详细论述,请参阅马大康《言语行为理论:探索文学奥秘的新范式》(《文学评论》2015年第5期)、《文学活动中的言语行为与行为语言》(《文艺研究》2016年第3期)和《行为语言·无意识结构·文学艺术活动》(《文艺理论研究》2016年第6期)。

[9]胡塞尔认为,人的意识总是指向某个"对象"并以其为目标的,意识活动的这种指向性和目的性即"意向性"。意向性是意识的本质和根本特征。

[10](意)吉奥乔·阿甘本:《幼年与历史:经验的毁灭》,尹星译,开封:河南大学出版社,2011年,第39页。

[11]祁志祥:《乐感美学》,第68页。

[12](美)杜威:《经验与自然》,傅统先译,南京:江苏教育出版社,2005年,第165-166页。

刊于《人文杂志》,2016年第12期

关于实践观的种种问题

张楚廷

实践一词在中国社会里是高频率出现的。可是，我们对于什么是实践、什么不是实践真的弄明白了吗？我们对于什么人在实践、什么人在实践些什么弄明白了吗？1949至1978年的30年比1978至2008年的30年喊实践的频率更高，喊得更厉害，为什么1949至1978年的30年的"实践"让中国经历了重大曲折？这两个现象之间没有联系吗？问题还远不只有这些。现就几个基本问题作初步的讨论。

一、实践只是物质活动吗

《哲学大辞典》对实践是这样界说的：实践即"人类有目的地改造世界的感性物质活动"[1]1104。这可能是对实践是什么的一个很有代表性的界说。

按照这一说法，拿镰刀割禾当然是实践，做木工活、做钳工活肯定也是实践，建房子、修桥梁、开矿山、打油井等等亦必是实践了。然而，教师做的活基本上不是物质活动，那算不算实践？从第1卷到第3卷花了30多年时间才出版的《资本论》成就出来算不算实践？欧几里得贡献的是一部《几何原本》，他实践吗？作家写小说算实践吗？还有众多的行业的众多的人并不从事物质活动，他们实践着吗？

包括马克思在内的许多思想家早已看到，剩余劳动创造的休闲实际上是创造了人们更多地从事精神活动的条件和机会。如果实践只是物质活动，那岂不是说人们在创造更多不实践的条件和机会吗？

如今，社会已经发展到知识经济、信息经济时代（在一些发达国家，这已是事实），也就是说，人们大量从事的是创造知识、增长信息的活动，而非物质活动。如果实践只是物质活动，那岂不是说如今社会已经在向一个不实践的时代发展吗？

从农业化社会向工业化、自动化、信息化的发展，是人类大踏步的前进，是前进到更充分地运用大脑的伟大历程。人的手足很神奇，但是更神奇的是人的大脑，人的精神，没有后者，仅靠手足，人类不可能有今天，甚至不可能走进文明时代。人类更神奇、更伟大的表现或实践在于它创造了一个文化世界、意义世界、精神世界。

今日之发达国家，从事农业活动的人口只占其总人口的百分之一二，并且，这百分之一二的人也大量依靠的是知识与信息，单靠手足能够创造那么高的生产力吗？

人的精神活动以不同形式依托于一定的物质，但不依赖于物质。不能把依托于一定物质的精神活动也叫作物质活动吧？任何物质活动也依托甚至依赖精神活动，能不能把物质活动都叫作精神活动呢？两者之间的基本区别并不是很难弄清楚的。

人类社会的活动不断扩大到脑功能的发挥上，扩大到精神领域来，这也是人类文明进步的基本标志之一。在这个过程中，物质财富随之更快增长。

知识分子是从事精神活动的，虽然与物质有关，但其活动本身并非物质的。在文明进步的过程中，知识分子的人数与日俱增，中国由1949年的200万知识分子，到现在已有千万知识分子，也就是说，主要从事精神活动的人大幅增加，并且还将继续增加，难道可以说是不实践的人在大幅增长吗？

将实践只视为物质活动，还只视为感性的物质活动，让我们提出的问题实在是多，实际上，问题并不是因提出才有的，而是这种界说本身所包含的，我们只是揭示出来而已。

二、人间只有物质劳动吗

劳动是什么呢？流行的哲学是这样解说的：劳动即"人类特有的基本的社会实践活动"；又一解说则称劳动是"人类凭借工具改造自然物的、使之适合自己需要"[1]742的活动。

关于实践、关于劳动的前述界说来自同一部书。在这部书里，说实践是物质活动，又说劳动是实践活动，且是借用工具改造自然物的活动，这就把劳动明显地视为物质活动了。这种哲学也确实是只视劳动为物质活动的，它进一步解释道："在劳动过程中，人通过劳动资料（工具）作用于自然，改变着自然物的存在形态。"[1]742 把种子播在地里让它长成禾苗，把成块状的木头变成桌椅板凳，把钢筋水泥变成一座座建筑物，改变了自然物的存在形态，这就是劳动，这些新的存在形态大约就是劳动产品。

孔子、老子、庄子、柏拉图、亚里士多德、黑格尔、马克思、恩格斯是不是劳动着的？按照我们这里的哲学，他们都不是拿着工具作用于自然物的，他们是劳动着的吗？劳动有禾苗、桌椅板凳、建筑物等产品，《论语》《理想国》《形而上学》《小逻辑》《资本论》《自然辩证法》等算不算劳动产品？无数的哲学家、思想家、作家、诗人，无数不以自然物为作用对象的知识分子是劳动的吗？

作曲家创作一首乐曲，歌唱家演唱一首歌曲，画家画出一幅画来，这些非物质活动算不算劳动？聂耳、冼星海、齐白石劳动不劳动？

丘成桐花五年的功夫证明卡拉比猜想，有的数学家花 10 年、20 年的时间就解决一个难题，还有一代一代的数学家前赴后继，用百年、数百年的时间去解决一个问题，诸如哥德巴赫问题、费尔玛问题，有些问题甚至延续千年以上，如此艰辛的过程，都不是劳动？这些问题本身并不来自物质活动，去解决这些问题的人们也不是去作用于自然物，更没有去改变自然物的存在形态，他们的活动还叫作劳动吗？

马克思、恩格斯早就指出，人类的劳动有"物质劳动和精神劳动"[2]104。有"精神生产"[2]72 和物质生产，"人们是自己的观念、思想等等的生产者"，那是"思想、观念、意识的生产"[2]72。然而，中国流行的某种哲学将劳动只限定于物质劳动，从而否定了作为劳动的精神劳动的存在。马克思、恩格斯还认为"分工是迄今为止历史的主要力量之一"，这种分工之中正包含有"精神劳动和物质劳动的分工"[2]99。他们不仅恰当地区分了这两种劳动，而且认为是一种分工，一种历史前进的主要力量。

物质劳动的产品是稻米、桌椅、房屋、桥梁、电冰箱，精神劳动的产品是观念、思想、理论、定律、方法论，物质劳动与精神劳动是不同劳动之间的差别，而不是劳动与非劳动的差别；是不同生产之间的差别，而不是生产与非生产的差别，也不是实践与非实践的差别。

事实上，人的物质活动中一般都有精神活动，今日人类的活动尤其是如此了，我们几乎看不到纯物质活动。如果仅仅只是纯物质活动，那么，动物界也有，鸟儿造窝，蜜蜂筑巢，蜘蛛织网，这是可以常常见到的物质活动。人类真正区别于动物的主要是其精神劳动以及在物质活动中也不可缺少的精神活动。人类的物质劳动其所以叫作劳动，就因为在人的这种活动中必含有精神活动，物质劳动与精神劳动是联系在一起的。所以，动物有物质活动，却没有物质劳动。否定了精神劳动意味着什么呢？这个答案还不明白吗？若人只有物质活动，那么"人世间"与"动物界"将没有区别。

三、关于"劳动创造人"

"劳动创造世界"，"劳动创造人"，这些常见于经典教科书的一些命题，也出现在关于实践、关于劳动的同一类流行说法之中。因而，这里的劳动显然也是指物质劳动。这些命题把劳动的地位提到了至高的地位，却只是把物质劳动提到了无上的地位。因而，它并没有提高人的劳动的地位。

按照流行哲学所言之劳动，那么，"劳动创造世界"指的也就是创造了一个物质世界。然而，人类更是创造了一个精神世界。如果人类没有创造出一个精神世界来，没有创造出一个文化世界来，我们这个星球不就跟恐龙时代（中生代）没有多大不同了吗？

这个精神世界不只是由意识、思想构成的。那一座座建筑物中也包含着人类精神，还有那桥梁、那铁塔、那长城、那都江堰都只是一些纯物质形态的东西吗？

只有当我们所说的劳动不限于物质活动时，才能说劳动创造了世界。700万年以前，人类尚未出现，那时也有一个世界，那是劳动创造出来的吗？今日所说之"劳动创造世界"实指今日之世界，尤其是包含了文化、思想、观念等等的精神世界。否则，"劳动创造世界"的命题怎能成立？

"劳动创造人"这个说法更经不起推敲。劳动本身是谁创造的？称得上劳动的活动是人创造的，人创造了劳动；人不断地创造着越来越高级的劳动。当然，人也在劳动中发展着自己、创造着自己，然而，这实质上是人自己创造自己，人凭借各种各样的劳动创造着自己。人在创造语言的伟大活动中创造自己，人在创造文字的伟大劳动中创造着自己，人在创造出无数财富（精神财富和物质财富）中创造着自己。劳动若只是物质劳动、只创造物质，便不可能充分发展自己、创造自己。人在创造了辩证法的过程中让自己更加充满智慧，人在创造了传统伦理的过程中让自己成为有理智的生命，人用自己的理想、追求、执着、向往创造了自己。

"劳动创造人"只有在劳动既包括物质劳动，尤其要包括精神劳动时才是有意义的。然而，更优先、更基础因而更重要的命题是："人创造了劳动。"

人在创造劳动中创造自己，人通过劳动创造自己，人自己创造自己。人能够创造更高大的自己，这是人的真正神秘和伟大之处。并且，人不只是通过劳动，还通过广泛的心理和生理活动来创造自己，例如内省、修养、自制以及各类艺术、体育活动来完善自己，创造自己。以体育、艺术为职业者，这些活动也是劳动，但对一般人则只是完善自身的活动而已。

因此，我们看到，"劳动创造了人"这个话有两方面的缺陷，一是它忽略了更重要的前提："人创造了劳动"；二是人在创造自己时，劳动起了很大的作用，但劳动并非唯一起作用的因素。

"人创造了劳动"，"劳动创造了世界"，这两个命题如果都成立的话，那么，"人创造了世界"的命题也成立。然而，对"世界"我们必须作进一步的说明。

700万年以前的世界不是人创造的，正是这个世界孕育出了人，创造了人，这是大自然的伟大。今天的人们都不应当忘了感恩这个大自然。

有了人之后，世界发生了变化，被大自然孕育出来的人赋予大自然本身以许多独特的性格，从这个意义上说，人改变了世界，或者说，创造了一个新世界。这一切都在于，意识随着人一起来到这个地球上，从而，构造了一个文化的世界、意义的世界和新的物质世界，一个千姿百态、色彩斑斓的新世界。

因而，比较确切地说，是人创造了新世界，同时还可以在一定的意义上说，人所创造的这个新世界又创造了人。但实质上是人凭借世界这个舞台而创造着自己，或者仍然归结到：人创造了人自己。

四、实践、劳动与休闲

似乎关于实践与劳动的这些流行的解说的错误之所在十分明显，若要明白其中的道理也并不困难。然而，为什么会发生这种明显的错误呢？为什么不想想其中的道理呢？尤其，直到现在，许多相关的错误也还没有被普遍意识到呢？为什么还有人对此熟视无睹呢？

实践的地位、劳动的地位被提升得很高很高。真理从实践中来，又为实践服务，受实践检验，在实践中发展，实践支配和决定了一切；至于劳动呢？劳动创造了人，劳动创造了世界，劳动也决定了一切，可是实践与劳动都只是指物质活动。因而，这种哲学也只是把物质活动的地位提升得很高很高而已。

于是，关于劳动神圣、实践神圣的含义也不过是物质神圣而已。当这神和那圣的本义已经被曲解了的时候，它的神圣地位带来的后果与在它被确切理解的条件下的状况相比性质是完全不同的。

一方面说劳动神圣，另一方面却又以劳动作为手段去进行迫害，大规模地进行所谓"劳教""劳改"，劳动变成了惩罚与羞辱人格的基本方式被普遍运用。"劳改""劳教"背后呈现的残忍与恐怖是对"劳动神圣""劳动光荣"的信条的一个莫大的讽刺。

一方面说劳动神圣，另一方面把许多辛勤劳动的教师和知识分子都贬为不劳动、不实践的人，使得整个社会从事精神劳动的人数急剧下降，大大削弱了社会劳动生产力。科学技术水平与世界的距离进一步拉大。

将实践只视为物质活动，将劳动视为实践从而也只限于物质活动，这种观点不仅其本身是错误的，而且还导致了一系列的错误观念和行为，因而它也是十分有害的。与这些错误观念密切相关的是在休闲观念上的错误。仅仅用落后、不科学等来描述这些观念是不够的。

人类在最原始的状态下，很少有休闲，很少有精神劳动。但是，这种最原始的状态早已在改变之中，其改变的历史之悠久也超乎一般人的想象。

"艺术必定先于语言，或者至少与它平行出现"[3]。语言是何时出现的呢？最早的文字在五六千年前，而口头的语言出现在数万年之前，也有研究表明出现在200万年以前。这就是说，艺术也有了千年、万年的历史，而人的艺术活动已非物质劳动，非物质劳动的历史亦千年万年。艺术活动或艺术实践存在的前提在于有了物质劳动之外的时间，权且称之为休闲，因而，艺术活动的前提是休闲的存在。

换句话说，人类的休闲越多，从事精神劳动的可能性越大，而当物质生产水平越高、物质劳动生产率越高，创造的休闲越多，创造的精神劳动的机会就越多，水平也越高。艺术活动悠久的历史表明了物质劳动和精神劳动并存的历史悠久；艺术活动越来越丰富，既表明了休闲的作用也表明休闲对于人类进步的意义。

马克思早已说过，资本的伟大贡献之一就在于它"为发展丰富的个性创造出物质要素"[4]，实质上就是为发展人的精神活动与精神生产创造条件。人们不难想象，所有的精神产品，无论文学、史学、哲学、科学等那一个领域里的精神产品都无不是与休闲联系在一起的，哪个时代创造的休闲越多，哪个时代就可能产生越丰富灿烂的文化。

1976年以前，中国人还处在吃不饱肚子的状态，1978年之后，中国人很快解决了温饱问题，开始向小康前进。此间，物质生产水平日益提高，与此同时，人们的休闲明显增加。至1995年就开始实行每周五日工作制，现在全年的休假天数达到了三分之一。1978年以来的30年，是中国人为自己创造了更多休闲的30年；也就是创造了更好更多地从事精神劳动的条件的30年。

除了农业生产人数的锐减之外，工人生产的状况也发生了深刻变化。"到了20世纪50年代，从事制造和运送工作的人在发达国家依然占绝大多数。到1990年，它们已缩减到占劳动力的五分之一。到2010年，他们将不会超过十分之一。"[5]也就是说，人口的越来越大的比例转入精神生产领域，并带动起更高效率、更为繁荣的物质生产。与此同时，人们的消费结构也发生了根本性变化，文化消费（或精神消费）相对于物质消费的比重越来越高，内容也越来越丰富。这就是人类的进步与飞跃。

五、实践究竟是什么

我们比较充分地剖析了实践、劳动只是物质活动的这种不当的观点，但至此尚没正面地叙述我们的实践概念。

实践一词的字面解释就是很有意义的。实践即实际地践行、实行、履行或实施。践行具有相对的意义，它是对思想的践行，对预先的设想和设计的践行，对目标和承诺的履行等等。在英语里，实践即Practice，亦即实行，它还有练习的含义。汉语的语义表达显得更贴切。

鸟儿造窝，蜜蜂筑巢，蜘蛛织网，它们做来也很精细，甚至令人感叹。然而，它们的这些活动叫作实践吗？它们与人类的实践的区别在哪里呢？区别就在于人类的践行是在意识作用下发生的，这种相对于践行的意识就诸如有目标或有设计或有预想或有承诺（对他人或对自己的），人类的践行也就常常具有自觉、具有创造的特征。正因为如此，实践才是人类特有的。人更可为自己的实践而感动。动物年复一年地做着同样的事情，人类则在意识作用下做着千千万万不同的事情。

因而，我们把实践理解为人在其一定的意识的作用下的实行，亦称之为践行。

实践是一个相对概念，一定实践是相对于作用在其上的一定意识而言的。人的意识广泛作用于自己的践行，因而，实践也广泛地存在。尤其要指出的是，人类的许多精神践行活动也属于实践。

例如，人们经过长期酝酿、构思了一部著作的写作计划，随之进入具体的写作，这个写作即相对于其已有的构思（意识）的实行或践行，亦即实践。音乐家经过反复琢磨而谱一支曲，诗人经过体验、感受而写出一首诗，学生为学好微积分而做成百上千道习题，教师按准备好的教案进入课堂讲授，这都是在一定意识作用下的实行，都是相对的实践活动。

我们常说实践你的主张，实践你的理想，实践你的承诺，这都意味着实践相对于一定的意识（主张、理想、承诺等等）。这种实践或实行或实施，可能是物质活动，也可能是精神活动。

当某种思辨活动是在某种意识作用下进行时，这种思辨活动亦属实践，通过思辨来践行影响于其上的意识或意旨。所以，一定意识作用下的一定意识活动（如思辨）也在一定条件下成为实践，后一意识活动即在践行前一意识，后者便是相对于前者的实践。实践总是相对存在着。离开了这种相对的背景便不能理解实践的真义。

我们常说人类的实践，以区别于动物的行为，而当说到具体的实践时，总是具体到人的，总要看是谁的实践，千千万万的人，是千千万万不同的实践。实践总是一定人在一定意识作用下的一定的践行。

通俗一点说，一定意识与一定践行的相对关系就是想与做的相对关系。不过，这里的"想"包括许多不同的意识活动，构想、预想、设想、理想、猜想等等；这里的"做"也包括许多不同的践行活动，收割、播种、铇铣、劈砍、写作、演讲、吟唱、撰文、发稿等等。

这里的"做"并不总是做在物质上的，这里的"做"并不总是只用手和足的。比如说，根据教案上课、根据写好的提纲演讲，上课、演讲也就是相对的"做"，用的却是口、喉，实际上主要是用脑；根据已有的构思去完成一部著作，后者也是践行，主要也是用脑去完成。

人的行为与动物的行为的根本区别就在于，人把想与做连在一起，动物则不然。马克思说：人类的实践是"变革的实践"[2]59，正因为人的实践（即做）总是与想联系在一起的，所以它是变革的，不断更新的。"动物只是在直接的肉体需要的支配下生产，而人甚至不受肉体需要的影响也进行生产，并且只有不受这种需要的影响才进行真正的生产；动物只生产自身，而人再生产整个自然界；动物的产品直接属于它的肉体，而人则自由地面对自己的产品。动物只是按照它所属的那个种的尺度和需要来建造，而人懂得按照任何一种尺度来进行生产，并且懂得处处都把内在的尺度运用于对象；因此，人也按照美的规律来构造。"[2]46-47 马克思的这些论述，是在比较之中把人类的实践或劳动的特征表述得非常深刻、非常清楚了。

从马克思的论述中我们可以看到人的实践的几个基本特征：第一，人的实践并不都直接从肉体需要出发，人可以从自己的精神需要出发去进行实践；第二，人在实践中处处把自己内在的尺度（亦意识的、精神的尺度）作用于对象，乃至于运用美学的尺度；第三，人能选择任何一种尺度，因而，能自由地面对实践对象，从而人的实践是变革的创造的实践。

我们还要特别作两点说明。

我们把实践理解为人在一定意识作用下的一定行为（践行、实行等），并通俗地说成是想与做的相对之中的做，然而，第一，这里的"做"不一定是物质活动性质的，不一定是运用肢体进行的；第二，这里的"想"不一定只是指认识活动，也包括与认识有关但属于理想、追求、信仰、责任感一类的情意活动，包括广泛的意识活动，一定实践是相对于一定意识而不只是相对认识的。仅仅把实践与认识相对看待是片面的。因而，人的实践可以是在一定精神作用（不只是认识的作用）下的物质活动并产出物质产品，也可以是在一定精神作用（也不只是认识的作用）下的精神活动并产出精神产品。

一个人有了创作的冲动，便写出了一个创作提纲，"写出"即是相对于那个"冲动"的实践；有了这个提纲作为框架或设想，再进入逐字逐句的书写，"逐句的书写"即是相对于那个"设想"的实践；脱稿之后有了明确的出版愿望，再通过种种的操作过程完成出书的任务，这个"出书的操作"即是相对于那个"愿望"的实践。人们在一个一个意识作用下展开着一个一个的实践活动（精神的或物质的），不断地意识着，又不断地实践着，这就是人生的过程，这就是人。

相关的问题还有许多，待后再行讨论。

参考文献：

[1]冯契,主编.哲学大辞典[M].上海:上海辞书出版社,1992.

[2]马克思恩格斯选集:第1卷[M].北京:人民出版社,1995.

[3]吴式颖,任钟印,主编.外国教育思想通史:第1卷[[M].长沙:湖南教育出版社,2002:24.

[4]马克思恩格斯全集:第46卷[M]北京:人民出版社,2002:532.

[5]于光远,马惠娣.劳动与休闲[J].洛阳师范学院学报,2008(3).

原载于《湖南文理学院学报》（常德），2009年1期

心之存在的证明
——罗蒂后现代心灵观批判

严春友

摘　要：摧毁人们对于"心"的信任，是罗蒂哲学的任务之一，然而是否真的摧毁了却值得怀疑。仔细考察可以发现，他对于心的种种解构并不能消除心的存在。社会实践、相互作用不仅不能消除心，反而预设了心的存在，没有心的社会实践是不可思议的，相互作用的逻辑前提是相互作用项，也就是心。罗蒂等人的说法只看到了相互作用的一个方面，即其整体性的维度，而忘记了这个整体又是向个体的内在性敞开的，如果消除了内在性，那么整体性、外部环境便无立足之地。心理活动和现象的连续性、稳定性表明了心的存在和独立性，心不能被归并于任何生理、神经或物理等活动，它是有独立自存性的。坚持心身的区别未必一定导致二元论。从整体论视角理解心是没有错的，但不能以整体代替局部，承认到所有局部（心就是局部之一）的才是整体。以这样的整体论来看，心灵不可被归并为整体和任何其他部分。罗蒂摧毁的不是心，而是关于心的看法。所以，问题应当是我们对于心的认识问题，而不是有没有心的问题。

关键词：心内在生活　心与身　整体论

心的存在，是一个常识，然而要从学理上证明它的存在却不容易。这就是为什么某些哲学家们偏偏与常识过不去，质疑其存在的缘由。传统哲学与常识基本一致，对于传统哲学家而言，心的存在是不言而喻的，他们把心的存在作为当然的前提，他们只是研究它的存在方式，从未提出过其存在与否的问题。可是，到了现代哲学家那里，心的存在成了问题，心渐渐被解构了。有些人还多少承认心以不同于传统哲学所理解的方式存在着，而有些人则干脆说心根本就不存在。前者如丹尼特，他还把心看作类似于草稿那样的东西；后者中最极端的便是罗蒂，他的著作所着力的，就是要把心解构掉。罗蒂说，他的《哲学和自然之镜》一书的任务之一，就"在于摧毁读者对'心'的信任，即把心当作某种人们应对其具有'哲学'观的东西这种信念"[1]。

鉴于此，对于这个问题的阐述很难从正面来进行，因为笔者的观点与罗蒂等人的观点基本上是相对的，之所以谈论这个话题也是由于他们的观点引起的，所以这里采取了辩驳的方式来展开，笔者的观点就贯穿于辩驳之中。我们将主要以罗蒂的各种说法为对象，通过辩驳，来考察其观点所存在的问题，从而确认心在何种意义上是存在的。

纵观罗蒂等人的种种说法可以发现，他们常常混淆了两个不同的问题：心的存在与心的存在方式，由于人们还无法说明心是以何种方式存在或如何运作的，他们便据此否定心的存在。同时，他们混淆了笛卡尔对于心的理解与心的实际存在这两个不同的问题，从而在否定笛卡尔对于心的理解的时候，也否定了心的存在，把笛卡尔所理解的心当成了实际存在的心。

问题的根本症结，不在于心是否存在，而在于我们还不能理解心是如何工作的，不把这两个问题区分开，就容易得出心不存在的结论。所以，笔者只打算证明心的存在问题，而不谈论其工作机制，必须老老实实承认，对于这个问题我们所知甚少；即便偶尔涉及，也只是为了论证其存在。心是否存在的问题是可以回答的，而心怎样存在，却不能回答。

一、有无内在生活

罗蒂等人否认有内在的生活，这是他们否定心的存在的一个重要方面。他们的理由是，所谓的心，实质上只是一种社会实践活动，而且还是一种历史性的活动，不断处于变化之中。因而不存在一个不变的、内在的心的实体；谈论这样的实体也是没有意义的，我们只能谈论外在的东西，也即谈论相互作用。下面我们看一看他们的观点是否成立，或者在何种意义上成立。

罗蒂这样概括维特根斯坦的观点："使事物成为再现的或意向性的东西，是事物在一较大的语境中，即在与大量其他可见事物的相互作用中所起的作用。"[2]

问题恐怕不这么简单，哲学家在这里还是以普遍性的判断（尽管他们否认普遍性的存在）代替了具体的存在，代替了语境，从而忽视了存在的复杂性。事物只能在相互作用中存在，这只是一种泛泛而论，具体分析起来，却不尽然。

这种相互作用（或者说社会性），其决定性的意义主要表现在心的形成过程中，离开了社会，他就不可能成为一个人，从而也就不可能拥有一颗人的心灵。不用说人，就是动物，离开了它们自己的社会，其所谓的天性也会发生改变，会受到其所生活的环境的影响，它们的"心灵"也会与野生动物不同。如果它们为人所饲养，便有近乎人性的表现。反之，人的后代如果为其他动物所扶养，则会表现出兽性，学会的是动物的生存方式。

从这个角度说，相互作用影响事物的存在方式，甚至本性，是成立的；但是，这只是一个总体性的判断，是一个一般性的结论，是从总体视角得出的观点。在这个视角下，我们还可以降低分析的层次，从而因视角的变换而得出不同的判断。

在相互作用中，必定存在着相互作用项，这是相互作用能够发生的前提；而这也就意味着，每个相互作用项都已经是一个独特的存在，它们已经是某种形成了的东西，至少是处于形成过程中的东西，因而必定具有自身的特点，与其他作用项是不同的，每个作用项必定是"另一个"存在物。这种不同表明它们各自已经具有某种性质（或者叫本质也可以，无非是规定它之为"这一个"的东西）。

这种在相互作用之前就存在的东西，也就是事物的内在性，因为它们内在于事物之中，规定或影响着其存在方式和发生相互作用的方式。每个事物有稳定的内在结构，而且与他物不同。同时，每个事物也都隐含着显现自身的各种可能性，这些可能性在相互作用中有可能会展示出来。

由此便导致了各种事物和不同的人在参与相互作用时所表现出的信息不同，作用的方式也不会相同。狗有狗的作用方式，张三有张三的作用方式，李四则有李四的作用方式——尽管它们之间也会因相互作用而改变，但它们各自内在的存在是不能为外在力量彻底改变的。

相互作用者不可能是空白的，空白的相互作用者参与相互作用也是毫无意义的，不可能作用出什么东西来。

心灵也是如此，每个人的心灵都不是空白，而是已经具有了某种性质，具有自我建构的能力，从而不可能完全为外在力量所改变，所同化。于是我们可以看到，无论所受的教育如何相同——哪怕是所处的环境或相互作用基本相同的双胞胎——不同人们的心灵也没有完全相同的，相反，总是千差万别。

可以说，只有从相互作用中才能看出一个人的心灵如何，但不能由此就断言人没有内在的生活；可以说，谈论另一个人的内心生活没有意义（其实有时也未必如此），但不能因此就说那个人没有内在生活。如果没有内在生活，那么人们拿什么来进行相互作用？没有内在生活，外在环境相对于什么而存在？是什么东西在起作用？这是讲不通的。

此外，一旦人的心灵在社会中（或相互作用中）形成，它便具有了强烈的独立性，这种独立性远远超出身体的独立性——你可以了解一个人的身体，却不一定了解他心里的所想；他也可以独立自处一定的时间，而不与他人发生相互作用。能够说一人独处时没有内在生活吗？我们可以说他独处时想什么别人无法知道或证实，但这时他依然具有内在生活是毫无疑问的。虽然说独处时他之所思所想依然与他人和社会有关，但他之所思所想所与他人是不同的，只有他才会这么想、才想这些，这依然无法用相互作用来进行解释。他内心所想的他人与社会，是他的他人和社会，而非别人的他人和社会。

可以说，相互作用类似于场域的作用，或者说，在相互作用中实际上形成了一个场域，因而相互作用具有一种召唤功能，召唤出未有、未知。但这只是朝向整体的一个维度，同时进行的还有另一个维度，即个体性。相互作用不仅不消除参与其中的个体性，恰好相反，在相互作用的同时也在建构着个体性或主体性，并且相互作用之所以能够发生和进行，完全有赖于心的存在，有赖于主体性的存在。没有心的人怎么可能进行相互作用呢？他们以什么进行相互作用？心正是相互作用的立足点：发乎心，又止乎心。相互作用把个体的封闭世界——心打开，使之向他者、向世界开放，同时心又把他者和世界同化，将他者和世界纳入内部世界，构建自身。这便是相互作用中发生的事情。

维特根斯坦、罗蒂等人的说法只看到了相互作用的一个方面，即其整体性的维度，而忘记了这个整体又是向个体的内在性敞开的，如果消除了内在性，那么整体性、外部环境便无立足之地。

我们还可以从另外的角度来反驳罗蒂等人关于没有内在生活的看法：这就是不同人们心理的独特性和稳定性，证明了心的存在。罗蒂说："我们将不会倾向于认为，具有一种内在的生活，一种意识流，是与理性有关系的。一旦意识和理性被这样区分开来，那么人的特性可被看作我主张的那种东西，即一种有关决定而非有关知识的问题，一种有关接受另一人加入团体而非承认一种共同的本质的问题。"[3]

心理活动和现象的连续性、稳定性表明了心的存在和独立性，例如罗蒂本人的心理世界中就有着稳定的和连续的信念、观点，他对于基础和本质的解构、对于偶然性的承认，由此表明他的心不同于他人，从而证明了心的存在，即他有一颗与其他人不同的心灵。而这个心灵是内在的，罗蒂如果不说出他的想法，别人无法知道。罗蒂自己的话也证明了这一点："我本人过去二十年的研究工作一直遵循着今日统称为'后现代相对主义'的观点，这正是20世纪初叶由詹姆士和杜威以'实用主义'名称提出的同一类观点。"[4]这正是罗蒂有心存在的重要证据，因为在这二十多年中其思想观念一直是后现代相对主义的，这种稳定的观念系统的存在证明着心的存在，证明了他的心与其他人不同。他的观点的连续性和稳定性表明，他的心灵并不因其他人的作用而发生根本性的改变，外在的社会实践并没有对他的内心发生绝对性的影响，说明他的心灵具有顽强的自组织性和自洽性。

如果说不存在内在的意识流这样的东西或者心灵，那么罗蒂的《哲学和自然之镜》这本书是怎么写出来的呢？是一个没有心的人写出来的吗？难道罗蒂在写这本书之前内心里没有一些稳定的想法？这些内在的想法、活动，难道不就是内在生活、意识流吗？写书的过程，就是把内在的想法、意识、观念外化的过程；说没有内在的生活和意识流而写出了一本书，是莫名其妙的。从《哲学和自然之镜》的章节安排可以看出，罗蒂在写作之前已胸有成竹，计划好了各个部分应当写的观点和基本内容，罗蒂在说到某个问题的时候也经常说，在后边第几章会有相关论述之类。这些难道不是内在的生活或意识流吗？在写作出来之前，他的观点属于内在的私人领域，只有写出来的时候才成为展示于公共领域里的存在,那个私人领域就是意识流,内在的心灵活动。

我们不能谈论别人的尚未展示出来的内心世界,也无法相信别人对于自己内心世界的谈论,因为我们没有办法进入他人的内在世界,也无法证明别人内心世界曾经和将要存在的东西;但是我们不能因此而不承认内心世界或内在生活的存在,这是两个不同的问题,是不可混淆的。那些显现了的、可谈论的东西,不正是来自内在的不可谈论的、尚未显现的世界吗?我们不知道那里有什么,但可以肯定那里有东西存在,会有存在显现出来,内在的活动或者说心正是这些存在的根源。外在的信息诚然可以激发出内心中未曾有过的东西,但其前提必定是心的存在,对于一块石头,无论怎样美妙的言辞都不会激发出它的思想。

罗蒂转述了塞拉斯如下的看法:"人与类似人的生物的内部应以外部发生的事物(而且特别以它们在我们社会中的位置)来说明,而不是相反。"[5]这非常正确,不过,我们从这同样的前提出发,却得出了与塞拉斯和罗蒂相反的结论:从外部发生的事物中恰恰可以推知心的存在,比如从罗蒂的书中可以推知罗蒂心里曾经想过什么,曾经有过怎样的"意识流"。

从外部进行说明,这只是一个他者的视角,这个视角不能、也不应该代替当事者自身内部的视角。而且,内部的视角是第一位的,是他者视角不该过问和改变的。若是以他者的说明为依据,将其强加于当事者,那么人的主体性将荡然无存。即便罗蒂本人也是不愿意放弃这种主体性的,不然,他为什么要对他的批评者进行反驳呢?他的反驳就是出于其内在的视角,而他人的批评则是他者视角,是"外部发生的事物",然而他却不同意这些说明,这就表明罗蒂不是以外部发生的事情来衡量自己的内心世界,而是以自己的心灵为标准来回应外部反响。

麦尔柯姆说:"正是事实和围绕着行为的环境,给予它表达认知的特性。这种特性不是由于在内部发生的什么东西而产生的。"[6]这种说法实在荒谬,内部没有发生什么的话,为什么同样的环境下不同的人有不同反应?为什么你的观点与别人不同?如果没有内在过程,内在的变化不是外在变化的根源,那么理应对于任何人予以相同的刺激就会出现相同的结果,然而事实却完全相反。

实际上，内在活动或者说意识流具有十分顽强的性质，甚至可以不依赖外部因素而存在和活动，或者与外部活动的表征完全相反，比如表面的友好（外在）掩盖着的可能是内心的反感（内在）；你无法停止自己的精神运动，即使在睡眠中意识也常常在进行着活动。意识总是像河流一样在流淌着，有意识的时候有意识地活动着，无意识的时候无意识地活动着。

罗蒂这本书固然有对外界、对他人哲学思想的应答，但这个过程必定发生在内在的"心"中，是一个内在过程，也就是内在的生活。他的不同于他人的独特观点，恰恰证明了他有内心的活动，而这个内心活动的内容、视角是与他人不同的。若仅仅用外在的实践和外部应答来解释，则不能解释为什么别人面对同样的外界和哲学思想时得出的结论为何与罗蒂不同。

不承认内部，正如不承认外部一样错误。怎么会有无内部的对环境的应答？如果没有内部，就与环境无异，从而就消除了应答者，就会出现没有应答者的应答的谬误；反之，只要承认有外部、环境，就预设了内部、应答者的存在。

二、心与身

现代哲学普遍反对身心的区别，尤其是反对笛卡尔式的二元论的身心观，主张两者的一体性，或者主张心的物质性。

他们反对身心区别的一个理由，是它会导致二元论，进而导致身心的分裂或不能沟通。罗蒂认为，传统哲学家们对于心的种种描述，"其中每一个建议都帮助哲学家去坚持一个心与身之间无法沟通的二元论"。[7]

问题是，身心之间是否存在着区别？在什么意义上存在着区别，在什么意义上又没有区别？如果确实存在区别，就需老老实实承认它，而不能因为会导致什么后果而否定。在下面的论述中我们会看到，区别是存在的。另一个问题是，坚持身心区别，未必就一定得出身心无法沟通的结论，笛卡尔的观点只是身心区别的极端形式，我们还可以从别的角度来看待二者之间的关系；这正如我们承认嘴、食道和肠胃的区别，并没有导致它们之间无法沟通一样。

从某种意义上讲，身心的区分确实是一个语词描述问题，从这个角度说，罗蒂是对的；但这只是一个角度，它不能代替其他角度。罗蒂把它们仅仅看作一个描述问题，不承认本体论上的区别，是难以成立的。

存在是一体的，虽然各个部分有区别，但无法在它们之间划清界限；然而我们的描述却总是有界限的，很多问题是由于描述产生的，可是我们无法不这样去描述。因为，语言的一个重要作用就是区分，否则就没法说话了。这样，当我们注意语言描述的局限的时候，就不至于把语言等同于存在，从而有可能避免一些问题的产生。

在最广泛的意义上，假如我们把这个世界上所存在的一切都归结为物质的话，那么所谓的心或精神现象也是一种物质现象。在这个角度上才可以说，并不存在一种独立于身的心的实体，所谓的心与身体完全是一体的。身包含心，心是身的构成部分；就概念而言，身大于心，心统一于身体，即统一于物质。

然而，当我们这样描述的时候，立刻会出现一个问题，就是身心分离或平行的问题。这样的描述，给人一种感觉，好像心是一个存在于身体中的独立实体。其实不是，大多数情况下这只是出于描述的需要，并不意味着心可以独立于或平行于身体而存在；同时，如果取消了心这个概念，我们就无法言说用"心"这个概念所意指的那些东西。

在描述人的身体的时候，我们区分了很多部分或系统，如神经系统、消化系统、运动系统、经络和穴位、心肝肺、手脚头等等，它们都只是身体的构成部分，它们之间既相互区别，又相互联系和连结，共同构成了身体这个整体。当进行这样的描述时，我们并没有因此而把它们看作各自独立的部分，而是依然把它们看作一个整体。那么，为什么我们把心看作身体的一个构成部分的时候，就成了身心二元论，而把其他器官看作具有不同功能的东西进行描述，没有二元论之嫌疑呢？

无论怎样把心的现象归结为物质的或生理的现象，都不能把它们归结为某种具有实体性的器官，既然如此，为什么不可以将其独立出来加以描述呢？说与心相关的现象是一种物质现象，或者说心的活动是物质性的活动，那只是从更高的范畴、角度对于心的描述，而在这个层次之下，是可以将心的现象与其他现象区别开的，如同可以把各个器官及其与身体整体区别开一样。

现实存在是整体性关联的、相通的，但相通不等于相同，在连续的相通过程中存在着向差异性的过渡，逐渐过渡到在功能和形式上相异的器官，正是这些相互区别的器官和系统组成了整体，因而可以说整体正是由差异性组成的。因此，我们也就可以用不同的概念去描述这些差异性，尽管这些描述可能会带来割裂整体性的危险，但不可避免。

现在我们就看看心与身有什么样的区别，或者说看看哪些现象可以证明心与身的区别。

心具有一种自动的和永动的性质，总体上难以进行自我控制，只要是处于清醒状态，心就永远在活动着，绝对没有什么都不想的时候。这一点那些练习过气功的人应该是深有体会的，要想停止思维是困难的，越想入静，意识活动似乎就越强烈。有时你觉得什么也没想，其实是在忘我地想或忘了想什么。然而，当你这样想的时候，身体却可以没有丝毫活动。即使在睡眠中，心也经常处于活动状态，这就是做梦；梦可以纷繁多彩，活灵活现，而身体却没有什么运动。

心理活动与生理活动相比，不具有可直观性，后者则是可直接观察的。如果一个人不说出来，你难以知道他的想法；即使他说出来，也不能确定其真实性。这些东西我们常称之为观念、思想等，对于别人来说，它们的真实性是需要行为和外在之物验证的；反之，生理活动自身则无所谓真假与否。两者相比，心理现象具有虚无的特点，而生理现象则是实在的。这就是为什么人们总感觉心是非空间性的、不占据空间的原因。从这个角度说，心的存在形式是信息，而不是实在。

大脑是心之所在，是身体的控制系统。大脑当然不是孤立的存在，大脑是整个身体的大脑，也可以说心是整个身体的心，它之运作依赖于全身的神经系统和全部的感受器官，而脑则相当于一个信息处理器。你可以说大脑依然是物质性的器官，但如同任何器官一样，它不能被归结为其他器官，是其他任何器官都不能代替的，每个器官都具有不可替代的功能和特性；这也是一切器官存在的根据，如果可以代替的话，就不需要这个器官的存在了。一旦大脑这个器官受损，身体便失去相关的能力，甚至不是一个人了。比如植物人，就是大脑丧失功能的结果，也即丧失了心的活动能力的结果。植物人这个例证，强有力地证明了心与身的区别：植物人的生理系统基本可以运作，但心理系统却完全瘫痪。

对于心，可以从不同的角度进行描述。比如，心的主要活动方式是意识，或者说意识活动是心的活动的最根本标志，一旦丧失了意识，就不能说还是一个正常的人。弗洛伊德所说的潜意识则属于观念系统，广义上依然属于意识系统，它们是意识内容的一部分，属于没有进入意识的内容而已。观念、知识、价值等都是心的内容，这些内容储藏在人们的内心世界里，而不是储藏在胃、手和脚里。从微观上当然也可以说心是脑神经的活动。所有这些特征或方面，都与实体性的器官功能有异，概括起来为什么不可以叫作"心"呢？

心的根本特点，是控制、支配、协调、信息反馈、决策等等，而身体中的其他部分或系统均不具有此功能。我们不能说是脚在做出决断，相反，决断出自头脑，即心。而这种决断能力来自心的自主性或者主体性，没有自主性或主体性的心灵，是不可能做出决断的。尽管心离不开身体，但不能把心归结为身体，也不能归结为任何具有实体性的生理活动，哪怕是神经细胞的活动。

以罗蒂本人为例来看，他之所以为人所知，在哲学界以至于文化界产生影响，是由于他的生理特征吗？是由于他长得英俊还是长得智慧？显然不是由于任何生理上的特征，而是由于其内在的因素，就是他竭力所反对的那个东西——心灵。罗蒂是以思想或者说心的智慧而非身体作用于社会的，又是由于他的心灵之独特和深度而见闻于世的。无论如何都不能说这是身体的智慧，而是心灵的智慧，我们不能把智慧归属于身体，而只能归属于心灵，心灵便是这些智慧的主体。没有人会说别人的身体很智慧，而是说其心灵智慧。所以，即便从罗蒂所一再强调的语汇方面来说，心这个概念的存在也是必要的，否则智慧便失去了其主词，从而失去依托。取消心这个概念，是一种悖理的做法，那将使与心有关的属性、现象无所归属，零散飘零。主词具有凝聚成整体的作用，也具有划界的作用，心这个概念就是如此，它在物质的海洋里划出一个看似非物质的世界，一个闪耀着灵性的王国。

由上面的论述可以看出，心的世界是具有自足性的，而自足性是事物存在的一个重要标志。这种自足性使得事物自成一体，不能为其他事物所代替，从而表现出种种其他事物所不具有的特征，证明着其存在的唯一性和必要性。因而，在"物质"或"存在"这个大的范畴之下，划分出一个心的范围，设定一个心的概念，就是合情合理的事情了。

某些哲学家之所以主张消除心的概念和心身的区分，是出于对二元论和平行论的恐惧，但问题是，主张心的存在并不必定导致二元论和平行论；再者，即使坚持一元论，其所遇到的问题似乎并不比二元论少。罗蒂说："赖尔和杜威都称赞亚里士多德抵制了二元论，把'灵魂'不看成在本体论上不同于人的身体，正如蛙捕捉飞蝇和蛇虫的能力与蛙的躯体在本体论上没有什么不同一样。"[8]当然可以不进行这样的区分，说灵魂或捕捉昆虫的能力是身体的一种机能，但这只是把局部的概念归属于范围更广的范畴而已，不能因此就取消了这种机能的独特性和自足性。如果我们从整体这个角度向下看的话，我们会说身体是由很多部分和不同的机能和系统构成的，其中就包括心的机能。当我们说身体由许多部分、各种机能和系统构成时并没有导致多元论；同样地，我们划分出一个心的领域，看不出怎样就会导致二元论和平行论，因为这个心的领域并不独立于身体而存在，而是身体的某种机能或活动。

罗蒂又说："提出心是大脑，就是提出我们分泌出定理和交响乐，犹如我们的脾分泌出忧郁的心情。"[9]这确实是荒唐的，难以理解的。可是，我们换成罗蒂的说法，取消心，而说心与身没有什么不同，它们本来就是一回事，那么问题是否就得到解决了呢？依然没有解决，我们可以提出同样的疑问：如果取消了心，说心不是大脑的机能，而只是身体的一种活动，或者说根本就没有心，而只有身体，那么按照罗蒂这里的说法，就等于说我们的身体分泌出交响乐和定理，岂不是一样荒唐？是整个的身体分泌出来的呢还是作为局部的某个器官为主分泌出来的？最终我们还是会追溯到大脑，因为其他器官都不具有思维能力和创作能力。

其实，这些难题只说明了一个问题，那就是我们对于心的实质所知甚少，对于我们如何创作出音乐和发明出定理的具体机制一无所知，因而无法对其进行恰当的描述，倒还不如干脆承认，对于心的理解我们暂时还无能为力来得诚实。这样可以避免我们在这个问题上的错误，也可以避免无谓的争论。

三、心作为一种机能

心，作为一种机能，来自遗传，而不是所谓的社会实践。尽管脱离了社会实践心的机能就不能正常显现出来，但它却不仅仅是社会实践就能够产生出来的，社会实践是否奏效，取决于心的机能是否存在和是否正常。潜在的心的机能，是观念系统能否产生的逻辑前提。在这个意义上，我们甚至可以说心的机能是一种本质性存在，因为对于某个个体来说，它不是生成的，是生下来就具有的潜在能力。

由于心的机能的预先存在，因而凡是人类的孩子，生下来被抛入任何一种语言环境中，都可以自然地学会那种语言，并且懂得这种语言所表达的观念，而动物却不能。这表明，人出生时即有心的机能存在着，而且这种机能具有普遍性的识别能力，能够识别人类的一切语言和各种不同的文化观念。这种普遍性的表现是，它本身是空无一物的，仅仅是纯粹的机能，不包含任何后天的内容，不包含任何知识，因而才能够识别人类的一切语言。如果不是空无的，而是有某种内容的，那么就难以学会一切语言，而只学会其父辈所懂得的语言。由此可以推断，除了它是指向人类的这个方向外，没有任何具体的定向性，没有文化、语言上的方向性。

需要强调的是，这里说的空白只是后天信息的阙如，而非洛克说的"白纸"。先天的心的机能作为一种识别后天人类信息的潜在能力，是具有丰富内涵和奇妙机制的，对于这种机制我们还不能予以说明。

不仅人有心的机能，而且动物也有，只是其性质有所不同罢了。明显的是，不同种类的动物其心智是不同的，其行为方式也有很大差异；而同类动物其心智和行为方式是接近的，甚至是相同的。这说明了什么呢？这说明有某种先天的、内在的东西存在着，规定了它们的智能水平和行为方式。这种内在的东西就是心的机能之不同，它在一定程度上决定了动物的"本质"。

甚至动物也能够识别人类的一些简单语言，比如一些简单的命令句。你可以说那是出于条件反射，是语言游戏的结果，由于在同样语境下重复同样的声音，稍微高级的动物也会由此形成固定的联系。问题在于，你对罗蒂所说的墨水瓶无论重复多少遍同样的内容，都不会引起任何效果。动物由于也有"心"，因而具有一定的理解力。

动物与人一样，也具有可塑性，它的性情甚至野性也是在社会活动中形成的。即使凶猛的狮子，在自幼人工饲养的环境中长大，也会丧失其野性，但其行为方式、理解能力却为其先天的条件所限制，无论怎样驯化，其"内心世界"都与人相去甚远。

这些现象都显示出了一个道理，这就是有某种先天的东西存在着，它的存在不因后天条件的不同而发生根本性的改变；即使改变，也有一定的限度。这种东西，我们不妨称之为"本质"。这种本质使得事物的性质及其变动范围与其他事物之间有一定的分别，从而使此事物成为此事物，彼事物成为彼事物。黄瓜无论大小、也无论是什么颜色，都是黄瓜的味道；黄瓜也绝不会因为外在环境特别好或特别坏而变成另一种植物，结出另外一种果实。外部的环境可以使得黄瓜长得茂盛或者矮小，结果或大或小，结果或不结果，甚至发芽或不发芽，却不能改变黄瓜这种植物的性质。社会活动对于心的机能的作用也是一样，它可以影响人们的观念，但都是以心的机能的存在为前提的。社会活动可以影响观念系统的建构，但不能决定心的机能的有无。设若没有心的机能，或者心的机能是不健全的，那么无论多么优良的社会实践都不能使之成为一个健全的人。

没有社会的作用、后天的教育，心的机能自然不能显现，但不能由此就说作为个体的心是社会实践的产物，反之，心的机能的存在是社会实践之所以能够发生作用逻辑前提。

教育的根本目的，可以说就是心的形成或显现。我们的教育难道仅仅是为了让孩子的身体健康成长吗？不是，而是心智的成长，心智的健全。教育的最终目标是在受教育者的内部世界建立起一个独立的判断系统，这个系统能够做出自主性的决断。这就是以主体性的存在为标志的心智系统，这个系统也可以称之为自我。否则，教育的结果如果是一个没有心的人，那么无论如何都不能说这样的教育是成功的，恐怕也没有任何一个家长认可这样的教育。

这个系统的独特之处或神秘之处，是其具有某种自主选择性，具有自我建构能力。受教育者所处的社会环境区别不大，甚至基本相同，但每个人所形成的内心世界却大相径庭，甚至是截然相反。这种不同是难以用社会环境、社会实践来解释的；当然，也无法单纯用先天的因素来进行解释。事实上，我们还无法解释其机制，不知道这个心或自我究竟是怎样形成的，而只能笼统地说，是先后天因素相互作用的结果。

心的机能必须在社会活动中才可以显现，但在理论上或者说逻辑上是可以与社会活动的内容区分开的，而且也有必要进行这种区分，因为，后者主要是生成的，前者则主要是遗传的。进行了这种区分之后，就不会因社会活动的生成性而进而否定心的机能的预成性，从而将心予以解构。

即使社会活动对于心具有塑造作用，观念主要来自社会，但也不能因此就说，心智的内容完全是由社会灌输进去的，相反，这些观念都是经过了心的重新组织。这个心，不是笛卡尔式的孤立实体，而是一个具有自组织能力的引力中心，它把所得到的种种信息进行重新建构，使之成为自身的"血肉"，成为内心世界的有机构成部分。于是，它们便不再是"社会的"，而是"自我的"。

退一步说，如果不承认存在这种内在的自我世界、内在的心灵，那么，所谓"社会的"东西存在于什么地方呢？你可以说存在于相互关系、相互作用之中，但相互关系一定是不同事物之间的相互关系，而不是空无一物的，空无一物的关系是难以想象的。既然有关系、作用，就存在着关系项、作用项，关系、作用存在于关系项、作用项之间，关系项、作用项是逻辑上在先的。因此，社会性的东西归根结底还是存在于一个个具体的个体之中，而社会关系、社会活动、社会环境只是为之提供了相互作用的机会，从而提供了显现其内在性的场所。这种内在性也就是心或精神。社会活动是内心世界向外的辐射，而心灵活动则是社会向内的凝缩，两者是方向相反的同一种活动。

不过，两个相反的趋向具有不同的性质：向外的方向是赋形的活动，是实体化的活动，可见、可观察；向内的活动则反之，趋向于无形，最终消失于心的空灵之境，渺不可知。

当然从总体上可以说，心的机能其实也是身体的机能；但却不能因此把心等同于身体，从而把心解构掉。证明罗蒂是一位哲学家的，不是因为他长了一副哲学家的身体，而是由于他拥有哲学家的头脑，具有哲学家的思维和思想，使他成为哲学家的是他的心灵。由此可见身体与心灵的区别。身体的机能有很多种，心的机能是其中的一种，是不可归并于其他机能之中的。

四、心是否可被整体论所解构？

罗蒂用来解构传统哲学观点的方法是整体论，因而认为只要使用了整体论的方法或从整体论出发，就可以消解心的存在。所谓整体论，有几个方面的含义，下面我们从这些含义出发，看看它们是否能够将心予以解构。

所谓整体论，其重要含义之一，就是部分与整体之间的互解。"整体论的论证路线认为，我们将永不可能避免'解释学的循环'，这就是，除非我们知道全体事物如何运作，我们就不可能了解一个生疏的文化、实践、理论、语言或其他现象的各部分，而同时我们只有对其各个部分有所了解，才可以理解整体如何运作"。[10]

据此我们可以说，事物根本上不可知，或者不可能有全知，因为我们不可能了解全体事物，正如我们不可能了解事物所有的部分。全体或整体，具有无限性，我们无法完全把握，因而也就意味着我们不能了解一个事物的全部意义。对于心灵现象也是如此，就罗蒂的论述来看，他主要分析了以往哲学家们对于心的看法，指出了其存在的问题，对于心作为一种本体论的现象却鲜有分析，只是提及神经学的一些研究，就得出结论说心不存在，不仅武断，而且于问题的解决也无益。他否定心存在的依据没有达到解释学的要求——对全体的了解和对所有局部的了解。其实，从他的种种分析中我们可以得出的最直接结论应当是：对于心灵的运作机制我们尚不能理解。

整体论并不否认局部的存在，相反，局部是解释整体的主要视角。从前述的解释学循环原理可以看出，它所强调的整体性包含着局部这个视角，只有从整体的各个部分才可以对整体做出解释，整体不能进行自解，如同部分不能自解一样。既然承认了部分的价值，就表明部分具有整体所不能替代的意义，否则它就没有存在的必要了。心灵现象作为身体的一个构成部分或功能，就具有这样的意义，它不能被归结为任何生理现象，甚至也不能简单归结为神经活动——尽管这是心之活动的基础。它难以从物理学、生理学等角度进行说明，一旦从这些角度去进行解释就会得出许多荒谬的结论。这表明了它是一种独立存在，是与物理、生理等活动不能等同的。

所谓独立存在，并不是说它可以脱离物理、生理活动而存在，而是说它不能被归结为这些活动。从广泛意义上说，心灵活动无疑也可以看作一种物理、生理现象，它不能离开物理、生理活动而进行，但它却不能被归结到这个更宽泛的范畴之内，这种归结丝毫无助于对心灵现象的解释。

按照解释学循环所说的道理，既然我们对于心所知甚少，甚至还不了解，那么我们对于人的身体这个整体也就不可能真正了解，因为心是身体中的一个部分；反过来说，我们之所以对于心所知甚少，是由于我们对于身体还不够了解有关。

整体正是以局部的存在为前提的，局部是整体的依托、基础、元素，没有了局部整体便荡然无存。整体固然具有规定局部之性质和使局部之活动成为可能的作用，但任何局部都不能因此而被归结为整体，它们都不能也不应因此而被整体解构，相反都具有自存的价值。整体确实具有某种解构局部或向着解构局部而运作的特性，但在此同时局部也均具有向着自身进行自我建构的与之反向的趋向，从而保持着自存性。由此，心灵活动作为身体这个整体的一部分，便不能用整体论予以解构，犹如不能因此解构掉身体的其他任何部分一样。

局部的意义需要从整体中寻找，反之，整体的意义在局部中才可以实现。在这个意义上，整体与局部是相互建构的。因此，这一解释学原理也就承认了整体与局部之间在本体论上的区别，没有本体论上的区别的话我们就无法区分出部分与整体。因此，把心灵与身体及其他部分进行区别，也就是自然而然的事，这种区别不仅仅是一个语词问题。

在循环解释的活动中，存在着一个解释者。是谁从局部到整体又从整体到局部进行解释？不是手脚，不是肠胃，而是一颗具有解释能力的心灵。心灵的存在是这一解释活动的当然前提；否则就不可能有什么解释活动。这种解释活动恰好证明了心的存在。

心也可以看作一种社会、文化、历史现象，它是在其中培育出来的。可是，要进行培育，就需有培育的东西，否则便无可培育之物；对于一个根本没有的东西是无法进行培育的。培育的前提是要有培育的种子，心的种子便是前文提到的由遗传而来的心的内在机能，有了这粒种子，它才可以在社会、文化、历史的滋养中发芽、生长。所以，罗蒂的下述说法只说对了一半：

"参照社会使我们能说的东西来说明合理性与认识的权威性，而不是相反，这就是我将称作'认识论的行为主义'的东西之本质，这也是杜威和维特根斯坦共同具有的态度。我们最好把这种行为主义看作一种整体论，但它不需要唯心主义形而上学的基底。"[11]基底还是需要的，只是它不一定是形而上学的罢了。每个事物、每个过程，都有其基底，这个基底约束着它的发展方向、方式、发展阶段；这一约束使之成为它自己，而不是成为别的事物，并且是成为此时此地的它自己，而非彼时彼地的它自己。心的基底使得心成为此人之心，而非他人之心。这个心是向社会、历史、文化开放着的，但它又是此时此地此人之心的开放。

这里所说的"说明"，只是一种认识论意义上的东西，它不能代替本体论意义上的存在。"说明"是他者的视角，而不是存在自身的视角。我们的种种理论都不能完美地说明和解释心灵现象，不能由此就推导说心灵不存在，理论与存在之间还是有距离的。理论属于社会、文化、历史范畴，是对有关存在的解释，不能等同于存在本身，理论的问题不能等同于存在自身的问题。这或许就是罗蒂的根本问题之所在。

语境是整体论的一种表述形式，那么它是否可以消解心灵呢？依然不能。罗蒂认为，"图形记符的'意义'不是一种这些记符具有的附加的'非物质性的'性质，而只是语言游戏中和生活形式中它们在由周围事件组成的语境中所占的位置"。[12]

语境只是表明了图形记符（心的产物）是如何获得其意义的，但它并不能否定心的存在，心的存在与它怎样存在是两个不同的问题，不知道怎样存在不等于不存在。

就算图形记符的意义是它在语境中的位置，依然还是存在着问题：是谁在用记符确认它在语境中的位置？为什么要确认这个位置？难道不是一个有"心"的人吗？

图形的意义显然不是图形本身，而是由图形的使用者确认的。如"语言"这个词，其结构、颜色等物质性存在，对于不懂汉语的人来说毫无意义，但对于说汉语的人来讲却是有意义、有所指的，可见物质性存在本身并不能自身确认其意义，而是需要一个理解它的人去确认。这就意味着，物质性存在的意义在其自身之外，是由一个他者确认的。这个他者就是人，一个有理解能力的人，物质性图形的意义是通过他的理解实现的。也可以说这种物质性存在的意义是约定俗成的，是由社会约定的，是所谓的语言游戏，但还是有约定者、游戏者存在。可是，参与约定的人如果没有心，如何约定？物质性存在其意义是人赋予它的，人所以能进行这种赋予活动，是因为他有一颗与语境不同的、具有赋予能力的心灵。

把这种与物质性相脱离或有距离、而与理解者有关的这些性质称之为非物质性的或非空间性的，似乎也未尝不可。尽管从根本上和总体上说，所谓心的现象必定是物质现象，但物质现象与物质现象之间是有区别的，心的物质现象就表现出非物质性的特点——物质性的特征在于实体性，如可见性、可触摸性等，而心理活动虽然可知，但不是实体性存在；心理现象的意义，其存在的根本特点是需要借助于理解。

若是将整体论贯彻到底，那么就可以说只有身体，而没有神经、没有肠胃等等，也没有原子，在这个意义上才可以说没有心灵。在现实中并不存在科学上所说的原子那样孤立的东西，现实中存在的只有狗身上的原子、猪身上的原子；我们也不是以神经和肠胃的方式存在的，或者说我们存在的时候从来没有感觉到有肠胃和神经，更不用说原子了。也没有感觉到有心灵，感觉到的只是"我"和"我"的种种存在。而这个"我"，是把这个整体集中起来的一个东西，有这个"我"才会有对于各种感觉和存在的感受，"我"是一切感受的承受者、表达者。"我"恰恰是整体性的根源，而"我"正是心的另一种表达形式。

即便从罗蒂等人所主张的社会实践、语境、谈话等理论出发，也很难解释与心灵有关的现象，也无法把心灵现象归结为社会实践。社会实践、语境、谈话等等只是揭示了心灵形成的环境和外在方面，却不能把它消解于其中。我们无法根据社会实践、语境等来说明罗蒂何以产生了解构心灵的哲学思想？社会环境怎样决定了他如此思想而不是像其他人一样思想？他同时代的人社会环境与他类似，他们——特别是那些与罗蒂进行辩驳的人——为什么没有产生他这样的思想？这显然要追溯到每个人内在的东西，即心灵——尽管用心灵也无法解释，但用社会实践来解释也丝毫看不出有何更加优越之处，倒还不如用心灵的独特性和自主建构性来解释更有道理一些。

谈话，是罗蒂所主张的整体论的另一种形式，它是否可以取消心的存在呢？依然不能。罗蒂认为可以："一旦用谈话取代了对照，作为自然之镜的心的观念就可予以摈弃了。……一种彻底的整体论不能容许这样的哲学概念，如'理智的'、'必然真确的'、从知识的其余部分中挑出'基础'的、说明哪些表象是'纯所与的'或'纯概念的'，提出一种'标准的符号系统'而非提出一种经验的发现，或抽离出'通贯构架的启发式范畴'。……于是正像奎因详细论证的和塞拉斯顺便说到的那样，整体论产生了一种哲学概念，它与确定性的探求毫无关系。"[13]

问题是，没有了心的人，怎么谈话？谁在谈？与谁谈？难道是鬼在谈？既然是谈话，就必定有谈话者存在。一旦有了谈话者，那么谈话者就是一个具有某种现成性的存在，也就是有规定性的存在，没有规定性的东西是不能存在的。有了规定性就有了确定性。在谈话者那里，存在着确定的东西，这就是前见。一个没有前见的人不可能有可谈的东西，也不可能谈出东西。而前见必定对他的视域产生约束，这难道不是一种确定性吗？可以说谈话谈出什么具体的东西是不确定的，事先谁也不知道，但前见所约束的大的方向却是有某种确定性的。假如罗蒂与一位从未听说过哲学的人谈论他的思想，谈话就不可能继续下去，因为他们的视域没有可以交汇之处，这不妨说是前见的一种确定性。

说哲学与确定性毫无关系，难以讲得通。难道罗蒂在写《哲学和自然之镜》这本书之前，不知道这本书要写什么吗？他的哲学研究难道不是要探求某种确定的结论？知道的话，那就是有确定性的。具体的内容及其表现形式、细节可以说是不确定的，但大的观点、大致方向应该是确定的，基本的章节也应该是确定的；在写作过程中可能会有许多改变——无论是观点还是原先的设想，会生发出很多新的观点，但原先确定的整体视域不会改变。比如罗蒂在《哲学和自然之镜》一书开头确定的解构心的这个任务不会改变。这些具有确定性的东西不是存在于罗蒂的手脚和肠胃之中，而是存在于他的心中，由于形成了一套稳定的观点，使他具有了与众不同的心灵，由此我们才说他是一个思想家。

即便像罗蒂所说的，"心"只是个语言描述问题，也难以把心消解于社会实践、文化和历史活动之中，而必须由相关的专门词汇来予以描述。

如果把心看作一种历史文化现象，那么笛卡尔的心的观念就获得了合法性。就文化意义而言，笛卡尔所理解的作为独立实体的心，确认了个体精神的实体性和独立性，预告了一个个体精神独立存在于世的时代到来。笛卡尔所理解的心灵，是那个时代的产物，是与当时的历史趋势相适应的。

罗蒂对于心的解构实际上是把心看作了一种实体性存在，才存在着解构的问题；假如看作一种文化历史现象，则无解构的必要，那只是不同的时代、不同的人对于与心有关的现象的一种理解而已。罗蒂摧毁的不是心，而是关于心的看法。所以，问题应当是我们对于心的认识问题，而不是有没有心的问题。

总之，整体论并不能解构心的存在，相反，心在整体中得到确认。整体与部分互为存在的前提，脱离了整体的部分与脱离了部分的整体，都不可能存在；整体中的每个部分也都有独立存在的意义。作为整体一部分的心，固然不是笛卡尔所理解的那种独立实体，但归在心这一概念之下的种种性质无法被归于其他部分，也不能归于整体，因而心依然是一种具有独立性的存在。即使从语言上来看，也不能取消"心""身""自我"这些概念，事实上它们在罗蒂的著作中也依然被使用着，由此可见这些概念的用处是其他概念无法代替的。

西方哲学家惯于以实体作为存在的依据，因而得出心灵不存在的结论。罗蒂实际上并没有摆脱他所批判的实体性思维（实质上也是还原论思维），这是他得出心灵不存在结论的根本原因。他没有能够彻底贯彻社会历史文化观点和整体论观点，因而最终还是走向了独断论。如果将社会历史文化观点贯穿到底，那么传统哲学（包括其关于心的看法）将会获得其存在的合法性。

孤立的实体是不存在的，它们只能在相互关系和相互作用中存在，否则便无法理解。因而实体总是与性质、属性相关联，而西方哲学家总是自觉不自觉地把实体与属性、关系孤立开来，从而使之成为神秘之物。比如"A 大于 B"，"大于"既不存在于 A 中，也不存在于 B 中，但你不能说"大于"是不存在的。存在的这种状况就决定了存在性质的多元性质。对于某物是此种性质，而对于彼物则是另一种性质，它们之间是不能相互取代的。也正是由于这个原因，相互作用、相互关系不能消解实体，反之，相互作用是以实体的存在为逻辑前提的，相互作用中显示出的性质是与作为相互作用项的实体的性质有关联的。只是，这样的实体不是传统哲学意义上的具有绝对性的实体罢了。我们的种种判断、事物的所谓性质，都是一种"相对于"，而"相对于"这个词所包含的，一方面是相互关系、相互作用，另一方面则是某些实体。罗蒂对于传统哲学命题的分析，缺少的便是"相对于"，而用自己的视角代替了他人的视角。

从整体论视角理解心是没有错的，但不能以整体代替了局部，这样就不是真正的整体论了，照顾到所有局部的才是整体。心灵活动应该从这样的整体论去理解。整体上看，心灵现象无疑可以说是物质现象，但用任何物理的观点都无法予以解释，这是因为，用物理的观点去解释实际上是用一个局部来解释另一个局部，而不是整体论的解释。神经活动无疑是心灵活动的基础，但神经活动只是心灵活动的微观层次，在那里看到的是纯粹的物理活动，而看不到心理；心理只有在宏观的或社会的层面才得以显示，而其形态却与神经活动有着天壤之别。这个道理如同种子中的信息与其所显示出的实体的信息之间的情形一样。种子中的信息与显现了的实存信息具有同一性，但形态却十分迥异，比如种子中的信息被称为基因，在种子中并不存在一棵小树的实体，长出来却是一棵大树。微观信息虽与宏观信息同一，但形态可以完全不同。心的原理或许与此相同。比如电话，从物理角度看电话中的声音只是一些脉冲或电子扰动，这些脉冲只有在听者和说者之间才产生精神上的意义。

心是否存在的问题，如果追究下去，其实也是物是否存在的问题。心不存在，物也将不存在。在这里，我们不得不回到认识论层面。所谓的物、心、存在、不存在等等，均出自我们的认知和感受，是我们作为一个认识者、感受者做出的判断。在这个意义上，物是依赖于心而在的，因此，如若无心，那么也将无物。

物及其性质，出自不同视域，如若换个角度予以分析，则这些物及其性质也就不存在了。比如汉语中的"月亮"，也只是汉民族从地球上对于这个概念所指示的那个物的一种描述、一种感受；但是，如果从宇宙中的某个角度去看，那么它就不是"月亮"了，而是一直"亮"，这样，"月-亮"的性质也就不存在了。然而显然地是，宇宙中的角度不能代替汉民族的角度，也不能因此就说汉民族的描述是错误的。

整体与部分只是思维的两个不同方向，前者趋向于宏观，后者趋向于微观。同理，心、物也只是描述的两个方向，前者指向虚无，后者指向实在。

注释：

[1]理查德.罗蒂:《哲学和自然之镜》,李幼蒸译,三联书店1987年版,第4页。
[2]理查德.罗蒂:《哲学和自然之镜》,李幼蒸译,三联书店1987年版,第23页。
[3]理查德.罗蒂:《哲学和自然之镜》,李幼蒸译,三联书店1987年版,第32页。
[4]理查德.罗蒂:《哲学和自然之镜》,李幼蒸译,商务印书馆2012年版"中译本作者再版序",第3页。
[5]理查德.罗蒂:《哲学和自然之镜》,李幼蒸译,三联书店1987年版,第164页。
[6]转引自理查德.罗蒂:《哲学和自然之镜》,李幼蒸译,商务印书馆2012年版,第233-234页。
[7]理查德.罗蒂:《哲学和自然之镜》,李幼蒸译,三联书店1987年版,第30页。
[8]理查德.罗蒂:《哲学和自然之镜》,李幼蒸译,商务印书馆2012年版,第53-54页。
[9]理查德.罗蒂:《哲学和自然之镜》,李幼蒸译,商务印书馆2012年版,第56页。
[10]理查德.罗蒂:《哲学和自然之镜》,李幼蒸译,三联书店1987年版,第280页。
[11]理查德.罗蒂:《哲学和自然之镜》,李幼蒸译,三联书店1987年版,第151页。
[12]理查德.罗蒂:《哲学和自然之镜》,李幼蒸译,商务印书馆2012年版,第40页。
[13]理查德.罗蒂:《哲学和自然之镜》,李幼蒸译,三联书店1987年版,第148页。

刊于《河北学刊》，2017年第5期

美从"乐"处寻:《乐感美学》的独到发现

杨守森

摘　要：祁志祥教授在《乐感美学》一书中，以开放的理论视野，辩证的研究方法，传统与现代并取，主体与客体兼顾，既反对去本质化，也反对唯一本质化的理论原则，紧密结合人类审美活动的实际，充分翔实地论证了他所提出的"美是有价值的乐感对象"这一美学原理，建构了"乐感美学"这一新的、富有创见性的美学体系。其论断及相关论述，能够更有说服力地揭示美的本质及人类审美活动的成因，有助于我们更为深入地认识人类审美活动的奥妙，也从整体上丰富与完善了中国当代美学理论。

关键词：乐感与美　乐感美学　创新意义

美从何处寻？美在哪儿？美是什么？这是古今中外许多美学家苦苦探求、做出过各种回答的基本美学问题，涉及的实际上是一般所说的美的本质问题。缘其已有回答，均存罅漏，因而也就成为美学研究领域中的千古难题。20世纪以来，西方不少美学家疑其无解，多已规避；在中国当代美学界，反本质论的美学观，也早已颇具声势。在这样的美学格局中，祁志祥教授仍坚执于建构性的本质主义立场，提出了"美是一种有价值的乐感对象"这一新的命题，写出了煌煌60万言的《乐感美学》，其锐意开拓的胆识与气魄，本身就给人鼓舞，令人振奋。祁志祥在这部著作的开篇即明确表示了对美学领域反本质主义的解构性思潮的忧虑："一味解构之后美学往何处去，这是解构主义美学本身暴露的理论危机。"[1]这的确是值得我们深思的问题，形而上的本质论思维，固存缺陷，但如同西方后现代解构主义思潮那样，彻底反叛罗格斯中心主义，导致的结果只能是不可知论与虚无主义。亦势必导致在人类的某些认识领域，无所谓是非，也无所谓真理与谬误了，乃至人类的认知活动本身，都值得怀疑了。同样，在美学领域，亦会如同祁志祥教授所指出的，如果知难而退，放弃了对"美是什么"的追问，只能"削弱美学的理论品格，造成美学研究的表象化和肤浅化，危及美学学科的存在必要"。[2]祁志祥强调，事实上，无论在艺术创作、社会生活，还是人生修养中，毕竟离不开"美"，因而也就存在着客观的"美的规律"，如果不予以总结探讨，就无法用美学指导人们的生活与实践，就会丧失美学学科应有的使命。正因如此，祁志祥坚信，人们在使用"美"这个术语时，一定是存在统一语义的；人们所面对的"美"的现象，无论是现成的还是生成的，背后是必存统一性的；人们用"美"所指称的各种事物，势必会具有共同属性。

因而"'美的本质'就是可以探讨的，是不可取消的，也是不应该取消的"。[3]祁志祥的这些思辨、见解与研判，无疑是有说服力的，有助于消除人们在探讨美的本质问题时的困惑，有助于促进相关美学问题研究的深入。

先前已写作出版过《中国美学原理》《中国美学通史》，对西方美学亦有深厚修养的祁志祥当然清楚，传统本质论的美学观也存在着如下缺陷：许多学者的视野往往集中于客观事物本身，而误将"美"的存在当作纯客观的物理性实体了，当作客观世界中存在的唯一本体了，从而也就使其研究陷入了机械唯物论的误区。因而，祁志祥在坚守本质论立场的同时，又充分肯定了反本质主义的积极因素，认为"反本质主义告诫我们，美作为一种客观实体、'自在之物'，是不存在的，在美本质问题上不要陷入'实体'论思路，这同样是有积极的警醒意义的"。[4]这样一来，又如何探讨美的本体及本质之类问题呢？祁志祥的看法是：在"美是什么"的追问中，除了指美的实体是什么这类思维误区值得反思、防范之外，关于"美"所指称的各种现象背后的统一性是什么，"美"这个词语的统一涵义是什么之类问题，还是"可以追问的，也是应当加以追问的"。[5]据此而追问的美的本质，当然也就不再是传统美学的本质观力图说清楚的事物的唯一实体属性，而应是复杂现象背后的统一属性、原因、特征及其规律了。综上所述，可以看出祁志祥虽在坚守本质论立场，但与传统的本质论视野已有根本性的区别。对此，祁志祥自己在第一章"导论"中也已特别予以申明，他要奉行的是传统与现代并取，本质与现象并尊，感受与思辨并重，主体与客体兼顾，既反对去本质化，也反对唯一本质化的原则。可以说，这样的理论原则，是值得充分肯定的，既体现了开放的现代学术视野，又可避免反本质主义易导致的相对主义、虚无主义之类偏颇；既可拓展形而上理论研究的路径，又可避免僵滞的机械唯物论的弊端。也正是这样的理论原则，保障了这部《乐感美学》虽基于本质论，但又超越了传统本质论美学的创新意义。

祁志祥正是由开放的理论视野出发，经由深入细致的思考，明确回答了不同于传统本质论的"美"所指称的各种现象的共同属性是什么，"美"这个词语的统一涵义是什么的问题。他的回答是：这共同属性、统一性的涵义就是"乐感"。人们所体验到的"美感"，都必是以"乐感"为基础的。比如人们在面对一棵树、一朵花、一只鸟等许多不同事物时，即使在十分不同的情况下，之所以都会给人以"美感"，都会让人得出"美"的共同判断，关键原因即在于"它们都能给人带来快乐感"，[6]这就足以证明，美的对象，首先是给人"乐感"的对象，"美"实际上是表示"乐感"的"情感语言"。[7]因此，能够使主体产生快乐的"乐感"，当然也就是美的最具统一性的基本特质。与历史上已有的"美是充实""美是生活""美是自由""美是人的本质力量的对象化"之类观念相比，祁志祥所提出的美在"乐感"，应当说是更为切合人类的审美常识与实际审美经验的，也是最具通约性与共识性的。以事实来看，人们的审美判断（美感）的产生，确乎无一不是以"乐感"为前提条件的，世上恐怕找不到不是基于乐感而生成的美感活动。

客观事物何以会给人"乐感"？"乐感"又何以化为"美感"？这是"乐感美学"能否成立的根基。对此根本问题，祁志祥经由深入思考，富有创见性地提出了"适性""主观适性之美"与"客观适性之美"等重要理论范畴，并借助这些特定范畴，详细阐明了"乐感"，以及由"乐感"至"美感"的生成机制。祁志祥所说的"适性"是指：客观对象之所以给人"乐感"，是因其属性"适合"了审美主体之性或自身生命属性，进而也就形成了"主观适性之美"与"客观适性之美"。祁志祥所说的"主观适性之美"，是指因客观对象契合了审美主体的物种属性或在后天习俗中产生的个性需要而产生的一种快乐的美感反应，如体现物种属性的形体、光泽、声音、气味等，体现个性需要的道德规范、是非标准等；"客观适性之美"是指因客观对象适合了自身的物种属性、生命本性而令人产生"乐感"而被视之为美,如凫胫之短、鹤胫之长、山之高、谷之低,虽各个不同,但因各适其性,也就可以给人各个不同的美感。这"主观适性"与"客观适性"之间,有时自然难免存在对立,即有的对象,虽然符合自身的客观本性要求,但未必符合审美主体的本性欲求。祁志祥认为,在此情况下,因人类的理性与智慧,亦会尊重其他物种的生命特征,而承认其适性之美。因而也就可以得出如下结论了:不论"主观适性之美"还是"客观适性之美",均是根源审美主体对客观事物的"适性"感。祁志祥抓住"适性"这一关节点,更为合乎实际地揭示了人们指称对象为"美"的具有统一性的根本原因,同时亦使其"乐感"美学立足于坚实的客观根基,而不至成为玄想臆测。祁志祥所提出的"主观适性之美",其意旨虽近于美学史上的主客观统一说,但据此而进行的论证与阐释,无疑更为清晰透彻,亦更见理论深度。祁志祥对"客观适性之美"的肯定,亦别具意义,这就是:破除了传统美学中的人类中心主义的思维方式与价值立场,为现代生态美学的发展提供了理论支持。由其相关分析,我们还可进一步了然:祁志祥何以既强调"美是什么"是可以追问的,同时又否定机械唯物论所认为的唯一的、不变的、终极的所谓美的本体的存在。其道理在于,在人类的审美活动中,审美主体的"乐感",只是客观对象的某些或某一方面的性质使然,而这性质,显然也就并非是客观对象本身;这被"感"的客观对象,也就并非是美的本体了。虽然,实体性的美的本体不存在,但客观事物是存在的,其性质与能够构成主体审美感觉的"乐感"之间的关联是存在的,因而关于"美是什么"的问题,也就可以由此入手进行探讨了。祁志祥由此入手进行的探讨,不仅为美学研究确立了更为合理的"乐感"这一基点,同时,亦可让人更为清楚地看出一般知识认知与审美认知之间的根本区别,即前者是理性的,后者是情感的;前者客观存在是决定性的,后者客观存在与主体意识同等重要。从中体现出的,亦正是祁志祥所申明的主体与客体兼顾之原则。

对于人类审美活动的奥妙,仅由"乐感"着眼,当然还是有问题的。因为一般的"乐感",虽是"美感"构成的基础,但许多事实证明,并非只要给人"乐感"的对象就是美的对象,如同祁志祥所列举的:"可卡因、卖淫女等等可以给人带来快乐，但人们决不会认同它（她）们是'美'。"[8]可见，美的对象，又绝不等同于一般的乐感对象。他正是据此进而完善了自己的命题："美是有价值的乐感对象"；[9]"'美'实际上乃是人们对于契合自己属性需求的有价值的乐感对象的一种主观评价"。[10]祁志祥所说的"有价值"，是指给人美感的事物，同时必会具备这样的特征，即对审美主体的生命存在有益而无害。祁志祥指出，这价值，具体又体现在五官快感与心灵愉悦两个层面。前者的价值在于，因视觉、听觉、嗅觉、味觉、肤觉等五觉对象契合了审美主体五官的生理结构阈值，从而使之处于一种有益于生命机体的协调平衡状态；后者的价值在于，因外在感性形象契合了审美主体内心深处的情感诉求与道德、科学及其他方面的功利期待，从而可给人以如痴如醉的幸福的"高峰体验"，能够激起人们对审美人生的向往。在祁志祥的命题中，对于"乐感"的"有价值"的这一明确限定，至关重要。人类面对事物产生的基于"乐感"的"美感"，说到底，是一种价值判断，即如强调审美无关功利的康德，也还是从实用功利角度，肯定了"附庸美"的存在，认为崇高之美是"道德的象征"；对于"艺术美"的论述，亦非曾遭批判的"形式主义"，而是亦从价值立场出发，明确强调"艺术永远先有一目的作为它的起因"，只是应按艺术规则，做到"像似无意图的"。[11]事实上，从有益于人生，有益于人的生命存在这样的广义价值观来看，凡没有价值的事物，是不可能让人产生"乐感"及"美感"的。因而祁志祥将"价值"之有无，视为界分"美"与"非美"的关键，是具有根本性的理论意义的。正是依据"价值"之有无，祁志祥认为，诸如可卡因、卖淫女之类，虽亦可给人"乐感"，但或因有害于人的生命机体，或因有违社会的伦理道德，就不能认为是"美"。祁志祥正是通过这样一种"价值"限定，明确划清了一般客观物象与审美对象之间的界限，从而使其建构的"乐感"美学体系，在学理方面更为严密。

由上述两个层面入手，祁志祥还指出，在审美活动中，基于五官的肉体快乐与基于内涵的心灵快乐虽然都很重要，但"追求肉体的快乐及其对象的美，往往导致精神快乐及其对象的美的牺牲；反之，至美的精神快乐常常包含在对肉体快感的克制与否定中"。[12]面对这样一种肉体快乐与精神快乐之间的冲突，审美主体又如何生成"有价值"的"乐感"？对此，他的看法是，人类毕竟不是动物，有着不同于肉体、能够控制肉体、驾驭肉体的崇高的心灵、精神与灵魂，与肉体快乐相比，其精神快乐的价值要大得多。因而在审美活动中，会"以精神快乐为更高追求，要以精神快乐统率官能快乐，从而使自己活成真正意义上的'人'"。[13]祁志祥的这些论述，又深化了其"美是一种有价值的乐感对象"的命题，即"美不仅是有价值的五官快感的对象，也是符合真善要求的心灵愉悦的对象"。[14]

从中外美学史上来看，虽早已不乏从"乐感"角度对美学问题进行的探讨，但尚乏立足于此的深入系统探讨，有的见解且存偏颇，或不无自相矛盾之处。祁志祥则是基于自己的广博阅历，以开放的理论视野，辩证的研究方法，紧密结合人类审美活动的实际，充分、翔实地论证了他所提出的"美是有价值的乐感对象"这一美学原理，建构了"乐感美学"这一新的、富有创见性的美学体系。其论断及相关论述，能够更有说服力地揭示美的本质及人类审美活动形成的原因，有助于我们更为深入地认识人类审美活动的奥妙，亦从整体上丰富与完善了中国当代美学理论。

这部著作，值得肯定之处还在于，其中融汇了古今中外丰富浩繁的美学观念，综合吸取了其中的合理成分，这就使祁志祥关于"乐感美学"的思考，是建立在广博的知识背景之上的，可便于读者在比较辨析中理解其美学观念，把握其独特价值。与传统美学理论所认为的美感源于视觉和听觉不同，祁志祥还特别强调并充分论述了味觉、嗅觉、触觉等都可产生美感的问题，如源于味觉之甘甜，源于嗅觉之芳香，源于触觉之光滑柔软，都会给人快感、乐感，都能介入美感的生成，从而拓展了美学研究的范围。此外，他在论述过程中提出的诸多相关具体见解，亦往往别具启发意义。如针对有关学者提出的将"美学"改为"审美学"的主张，他的质疑是有力的：如果"'美'说不清楚，'审美活动''审美关系'又怎能说得清楚"？[15]其看法也就更为令人信服："美学"不可能为"审美学"所取代，因为"审美"，仍"必须以'美'为存在前提，因此，对'美'的追问是美学研究回避不了的问题，也是美学研究的中心问题"。[16]如在论及黑格尔的美学时指出，黑格尔虽有否定"自然美"的言论，而实际上，他本人也曾意识到自己的看法有些武断，又有"理念的最浅近的客观存在就是自然，第一种美就是自然美"之类论述，且亦探讨过自然美的原因、特征和规律等。这类辨析，有助于人们更为准确、全面地把握黑格尔的美学思想。又如对已为国内学术界广泛认可的源自西方学者的"日常生活审美化"一语，祁志祥认为，由于"审美"涵义的过于宽泛，其原文中的"aestheticization"，译为"美化"更为贴切，并具体指出，作为现代社会生活的特殊现象，这"美化"指的应是现实生活对象客观形式的美化，或生活用品、环境及生活主体的艺术化，而非指早在原始社会就有的客观效应的美化或任何时候都能存在的主观臆造的美化。[17]这些见解，亦有助于我们更为切实、更有效果地从美学角度介入中国当代现实问题的研究。

　　由于美学现象本身的复杂，迄今为止，无论何种美学体系，都尚难完满。同样，祁志祥在这部《乐感美学》中涉及的有些问题，也还有待深究。如他认为，构成对象的普遍、稳定的客观性质的法则，就是"美的规律"。"对于身体没有毛病，生理没有缺陷，排除了主观情感偏见，拥有客观公正的审美心态的主体而言，任何事物只要符合上述规律，就被视为美的对象"；[18]"对于生理没有缺陷，心理没有怪癖的审美主体而言，任何事物只要按这种'美的规律'创造出来，就是美的事物"。[19]我们知道，审美本质上是一种情感活动，而情感的本质就是主观性的，就多见"情人眼里出西施"之类特征，因而在许多具体审美活动中，如何才能做到祁志祥所希望的"排除主观情感偏见"的理想化的客观公正，且怎样才算得上"身体没有毛病，生理没有缺陷"，标准如何确定等，就还需要进一步探讨了。至于作家、艺术家的生命状态与审美心态及创作之间的关系，也是复杂的。要创作出美的艺术，身心健康的"美"的创作主体是重要的，但还要注意到，历史上有不少作家、艺术家，如西方的弥尔顿、贝多芬、拜伦、陀思妥耶夫斯基、卡夫卡、凡·高、安徒生，中国的司马迁、徐渭等，或是有身体残疾、生理缺陷，或是不无心理怪癖的，但他们也照样创作出了"符合美的规律"的伟大作品。对此现象，也还应做出更为科学的阐释。另如祁志祥所论述的，人们认为美的，一定是产生了有价值的乐感的对象，认为丑的，一定是产生了不乐感的对象，这在现实中没什么问题，在艺术中，情况则大为不同。对此，祁志祥虽有明确的区分辨析，但总感觉其"乐感"美学原理，在解释艺术美方面，似不如在解释现实美方面更为普适有效。例如当人们面对罗丹的雕塑《老妓》（《欧米哀尔》)、波德莱尔的诗歌《恶之花》、卡夫卡的小说《变形记》之类作品时，即使施之以祁志祥所提出的"综合审美判断"，也还是不太容易产生如同面对现实中给人美感的事物那样一种能够"普遍令人快乐"的"乐感"，但却无法否定这类作品的艺术价值。即使认为人们面对上述作品时产生的同是"乐感"，亦毕竟与现实性的"乐感"不同，对此不同，似也还有待予以更为充分的分析论证。对于上述相关问题，如能进一步完善，相信所建构的"乐感美学"体系，必会更为坚实，也会更具普适意义。

注释：

[1]祁志祥:《乐感美学》,北京:北京大学出版社,2016年,第1页。
[2]祁志祥:《乐感美学》,北京:北京大学出版社,2016年,第48页。
[3]祁志祥:《乐感美学》,北京:北京大学出版社,2016年,第54页。
[4]祁志祥:《乐感美学》,北京:北京大学出版社,2016年,第16页。
[5]祁志祥:《乐感美学》,北京:北京大学出版社,2016年,第18页。
[6]祁志祥:《乐感美学》,北京:北京大学出版社,2016年,第59页。
[7]祁志祥:《乐感美学》,北京:北京大学出版社,2016年,第60页。
[8]祁志祥:《乐感美学》,北京:北京大学出版社,2016年,第4页。
[9]祁志祥:《乐感美学》,北京:北京大学出版社,2016年,第85页。
[10]祁志祥:《乐感美学》,北京:北京大学出版社,2016年,第2页。
[11]康德:《判断力批判》上卷,宗白华译,北京:商务印书馆,1984年,第157、152页。
[12]祁志祥:《乐感美学》,北京:北京大学出版社,2016年,第67页。
[13]祁志祥:《乐感美学》,北京:北京大学出版社,2016年,第346页。
[14]祁志祥:《乐感美学》,北京:北京大学出版社,2016年,第77页。
[15]祁志祥:《乐感美学》,北京:北京大学出版社,2016年,第47页。
[16]祁志祥:《乐感美学》,北京:北京大学出版社,2016年,第37-38页。
[17]祁志祥:《乐感美学》,北京:北京大学出版社,2016年,第385页。
[18]祁志祥:《乐感美学》,北京:北京大学出版社,2016年,第7页。
[19]祁志祥:《乐感美学》,北京:北京大学出版社,2016年,第181-182页。

刊于《上海文化》，2018年第02期

《林语堂的生活美学》代序

仪平策

丛坤赤的《林语堂的生活美学》一书就要出版了，这无疑是件值得祝贺的好事情。作者要我给这本书写个序，我虽有些为难，但还是欣然答应了。感到为难，是因为我对林语堂研究情况不是十分了解，怕说外行话；欣然答应，是因为自己对"生活美学"这个话题算是有点心得。早在 21 世纪之初的 2003 年，我就发表了题为《生活美学：21 世纪的新美学形态》的文章，后来对这个问题也多有思考。丛坤赤把林语堂研究和"生活美学"联系起来，我感到有些意思，及至读完书稿，就发现作者对林语堂的这种研究很有创见，也很有新意，自己也受到了很大启发，于是就想说点什么了。

林语堂研究是改革开放以来我国学术界一个研究热点乃至一门显学，为什么？原因很简单，随着改革开放的进程，中西方之间的文化比较、思想交流、学术对话多了，对中西方文化之间的矛盾、差异乃至冲突的关注度高了，希望中西方之间求同存异、多元融合的愿望强了。由此，林语堂这个"两脚踏中西文化，一心评宇宙文章"的特殊文化符号的价值便凸显出来，林语堂研究也便日益炽热起来了。学术界这些年对林语堂的研究可谓风生水起，成绩斐然。这一点，丛坤赤的书中阐述得很充分，这里就不细说了。关键的问题在于，林语堂这个自称"只是一团矛盾"（即在中西古今的差异对立中纠缠不清）同时又"以自我矛盾为乐"的文化符号，是如何协调他的"一团矛盾"并"以自我矛盾为乐"的？他处置、解决、统一中西古今种种矛盾的思想资源、学理根基是什么？对此，学者们有很多角度的探讨。有的专意其思想矛盾的结构分析，有的立足于西方文化影响，有的重视中国传统根源，有的注重科学或人文层面的探究，有的偏于哲学或美学层面的思考，等等。这些学术探索都不同程度地深化了对于这个关键问题的理性认知。丛坤赤这本书的独到之处，就是用"生活美学"这一学术视野和理论范畴，来对林语堂这一特殊文化符号进行深层解读和阐释。应该说，用"生活美学"视角来诠释林语堂的"一团矛盾"，丛坤赤找到了一个很恰当也很坚实的学术根基。这是因为，作为生活美学之核心的"审美精神"，正是林语堂走进世界和人生的基本精神。生活美学观念，也正是林语堂所有哲学及文化观念的精髓所在。

说起这个"生活美学"概念来，人们或许不太陌生，比如19世纪俄国车尔尼雪夫斯基提出的"美在生活"说，看起来就很像一种"生活美学"。但确切地说，对"生活美学"这个东西，人们关注、研究得还真不多、真不够、真不深。尽管人们都在这个熙熙攘攘的世界上"生活"着，都在操持、造作、体验、享受着感性具体生动活泼的"生活"，但不知为什么，这么多年以来，却很少有人切入"生活"这个最本体、最本然、最本质、最本相的人类自身世界中来思考、研究、谈论美学。可能一提起"生活"这个东西，人们就会联想到吃、喝、拉、撒、睡这些"低级""庸俗"之事，而"美学"是"高大上"的，是思考、研究那些与道、神、圣、灵、理念、精神、真理、境界、内心、形式等所谓"形而上"世界有关的问题的，是思考、研究优美、崇高、悲剧、喜剧、形象、意境这一类纯粹的审美问题的，所以，"美学"跟"生活"扯在一起，那岂不亵渎了美学？而将"美学"降低至"生活"层面的研究者，岂不是低级趣味？当然，我这样解释"生活美学"研究一直遇冷的原因，也许并不客观，但也不能排除这个可能。毫无疑问，生活美学没有得到应有发展的原因应该是多方面的，比如哲学背景、思维方式、生活状况、学术趋向等，这里就不一一分析了。

进入21世纪以来，生活美学研究在国内学术界渐渐兴起，越来越多的人开始接受、认同这一新的美学形态。这种兴起，大概有两个直接原因：一个是现实层面的，一个是学术层面的。从现实层面上讲，就是随着市场经济和高新技术的迅速发展，人们的生活方式、生活体验、生活环境和质量均发生了很大的变化。于是，审美文化也一改过去主要滞留在精英阶层、学术圈子和城市"小众"里的局面，逐步在世俗领域、市民阶层、大众社会中获得了深广发展，美和艺术在感性、通俗、表象化、娱乐化层面开始进入狂欢模式，并向日常生活界面回归，日常生活审美化的问题逐渐进入人们的视野。在这种情况下，生活美学的崛起便是顺理成章的事了。从学术层面上讲，生活美学应该说是对新中国成立以来一直占据主导地位的"实践美学"的一种超越性的学术反思和理论拓展。关于实践美学问题，人们已经作了很多研究，这里就不多说了。总之，这种实践美学，既是一种本质主义的研究路径，也是一种理性抽象的思维模式。看起来是"实践"，但这个"实践"更多的是一种理论性、思辨性、概念性、逻辑性范畴，与"实践"概念本身所指向的感性具体生动丰富的"生活（实践）"还有很大的距离，甚至有着质的区别。这一点，我在2003年发表的《生活美学：21世纪的新美学形态》一文中已有分辨和厘定。正由于"实践美学"的这一理论局限，从20世纪90年代开始，便出现了所谓"后实践美学"的学术反思运动。标志着这一学术反思运动的理论思潮、理论形态，除了"后实践美学"外，还有文艺美学、审美文化学、生命美学、生态美学等。这些新的美学形态至今仍然方兴未艾。我们所说的生活美学也正是在这一学术反思背景上崛然而兴的。

丛坤赤以生活美学作为解读林语堂的一种学术立场和理论依据，应该说这是一个很好的角度。生活美学的理论特点，简单地说有以下三点：

其一，它就是将"美本身"还给"生活本身"的美学，是消解生活与艺术、现实与审美之"人为"边界的美学。所以这里的"生活"，不同于车尔尼雪夫斯基所说的生物学意义上的"生活"，而是人作为"人"所历史地敞开的一切生存状态和生命行为的总和，是每一个人都被抛入其中的感性具体寻常实在的生活。所以，所谓生活美学，也就是将美的始源、根柢、存在、本质、价值、意义等直接安放于人类感性具体丰盈生动的日常生活世界之中的美学。在这个意义上，美就是人类在具体直接的"此在"中领会到和谐、体验到快乐的生活形式，是人类在日常现实中所"创造"出的某种彰显着特定理想和意义的生活状态，是人类在安居于其历史性存在（即具体生活）中所展示的诗意境界。这不正是林语堂所说的生活的艺术或者生活的美吗？

其二，生活美学跟传统西方美学，跟以本质主义追逐为主的"实践美学"的一个很大不同，就是在思维方式上它是真正的现代思维。它既不再像古代美学那样将对象世界从人类生活的整体中抽象出去，孤立出去，使之成为脱离了人、异在于人的外部世界，成为神秘的美的根源本质之所在，也不再像近代认识论、主体论美学那样将人类生活中的人的"此在"抽离出来，孤立出来，使之成为脱离自然、对抗实在的空洞纯粹的主观精神或生命本能，成为同样神秘的美感根源、艺术本质之所在，而是从根本上重构（确切地说是还原）了人与自然、人与整个世界的源始的、本真的关系，彻底超越了人与世界（自然、对象）抽象的主客二元模式，将人视为在世界中生活的、"此在"的人，而将世界看作人类"在世"生活这一整体中的世界。人和世界在人类生活的整体形式中是原本一体、浑然未分的。由此，也就从从根本上确认了美和艺术就是融入与自然于浑然整体的具体、活泼、直接、"此在"的人类生活，就是人类感性活动、此在生活本身向人类展开的一种表现性方式，一种诗意化状态，是人类生活自身"魅力"之显现。很显然，这种超越了抽象的主客二元模式，而确认了人与世界、主观与客观、外物与内心、审美与生活原本一体、浑然不分的思维方式，不仅在理论的层面上与林语堂的生活美学观互通相合，而且也可以为林语堂自由处置、协调他内心的"一团矛盾"，从思想上解决中西古今之冲突，进而所达到的"以自我矛盾为乐"之境界找到合理有力的注脚。

其三，生活美学无论在学理上还是在思维上，都与中国传统文化、传统美学资源内在相契。中国美学文化在精神上讲究"道不远人"，在思维上讲究"执两用中"，这也正是生活美学基本的思想理念和思维范式。林语堂虽然穿的是洋装，但骨子里其实是个中国人，确切地说，是个典型的现代版传统中国士人。他的哲学观念、美学思想、艺术倾向、生活趣味，虽然夹杂了西方的好多成分，但最终落脚点应该还是在华夏本土，还是在传统士人那里。所以，用生活美学来解读林语堂，应该说是抓住了林氏的思想精髓和文化本源。

丛坤赤人很聪明，又肯用功，文笔也好，所以读她的文章很是愉快。她跟我读博士，写论文，研究的就是林语堂。在这个方面，丛坤赤可以说是下了功夫，颇有心得的。林语堂在当今时代是个很有意味也很有意义的文化符号，对他的研究，有助于中西古今文化的深层解读和双向对话，是很值得去做的一件事情。

时值盛夏，酷热难耐，就写这些吧。希望丛坤赤在学术道路上"百尺竿头，更进一步"！

权为序。

原载于山东大学出社出版丛坤赤著《林语堂的生活美学》一书的代序

身体美学的当代建构意义

王亚芹

(河北师范大学文学院，河北石家庄 050024)

摘　要：作为一种新兴的美学形态，身体美学跳出了后现代解构一切的思维方式，将"身体"翻新后重置入美学的核心，形成了对传统美学的拓展而非解构：通过增强身体经验，促使传统美学走出自律的理论困境；通过提升身体意识、践行身体训练，开拓了传统美学新的研究空间。同时，身体美学"通过身体思考"（Thinking Through the Body）激活了中西方文化中丰富多彩的"身体"资源，为重构美学谱系奠定了基础。此外，身体美学还与生态美学、生活美学等诸多新兴学科领域形成了理论互动，共同影响并建构着国内美学生态的新景观。

关键词：身体美学　具身化　美学生态　美学建构

在当今时代，随着美学"去学科化"的不断发展，很多新兴的美学形态，如生态美学、环境美学、生活美学、身体美学等也开始进入我们的学术视野。但是由于现实环境的介入，这些美学形态中出现的问题大多不是靠某一具体途径就可以解决的，很多已经触及了美学的基本理论视域。而"现实作为一个整体，也愈益被我们视为一种美学的建构"。[1]这是韦尔施提出的美学发展新策略，也是对当前美学基本理论问题的警醒。对此，舒斯特曼则积极倡导建立一门"身体美学"的学科，他把诸多关于身体的零散而集中的理论资源汇集到一个学科框架之中，力图建立一个以身体为中心的知行合一的新兴学科，以此实现对美学理论体系的改造与重构。基于此，我们尝试"通过身体思考"（Thinking Through the Body）来审视这一新兴美学形态与现实文化现象的阐释性关联。探究它对当代美学建构的意义与价值。

一、"拓展而非解构"传统美学

身体美学的提出，既是舒斯特曼对中西方思想史上身体资源的整合，也是对当代西方消费文化的某种程度的迎合。这在西方后现代主义的解构背景下一度被视为一个反传统的新兴学科。但是，舒斯特曼在与中国学者交流时曾明确指出："我事实上是把身体美学视为对传统美学的一个拓展而不是一个解构。……我认为我的观点并不是将一切拆毁的解构主义，而是对美学的拓展。我拓展的方式并不与康德或黑格尔一致……但并不是放弃美学全部的传统和结构。"[2]也就是说，身体美学是对传统美学的扩大与发展，跳出了后现代主义解构一切的思维模式。它将身体与艺术翻新后重置入美学研究的核心，旨在成功地恢复美学作为一种生活艺术的角色。这种"通过身体思考"的方式，对于传统美学的当代建构具有重要的学理启示。

（一）通过身体经验打破审美自律的困境

从西方美学史的角度来看，"审美无利害"长期以来成为我们约定俗成的美学研究的重要标准。按照康德的观点，审美是一种超越功利的、无利害的静观，而且这种审美属性主要"表现为主体心理的自由感受（视、听与想象）"。[3]这种"乌托邦"的思维模式，完全脱离了人类生存的根本性需求。使美学独立建构起一种自给自足的独立世界。自此以降，我们习惯性地将审美视为一种完全超越用途和功用的、具有纯粹价值的抽象概念，美学亦成为一种不依靠任何外在东西的"自律性"存在。但是，美学作为一门人文学科从根本上来讲是研究感性领域的，包含着人的各种感知和经验的综合，特别应该关注和培养我们富有感知能力的、具体化的身体经验。因此，美学研究须向身体回归，才能打破将审美视作纯精神性存在的看法。

对此，舒斯特曼认为，身体"不仅是人类存在的基本维度，而且是所有的人类表演的基本中介……是我们的一切感知、行为甚至思想的必要条件"。[4]他甚至主张人类深层次的无意识是由身体驱动的，通过身体"即便是意识也可以被重新塑造"。[5]在这里，进行理性思考的思想不过是身体的一部分，身体已经被上升到一种心灵存在依据的高度，甚至可以起到重塑心灵的作用，这无疑是在倡导一种"通过身体思考"的模式。需要进一步强调的是，"通过身体思考"并不意味着身体就是一切，也不意味着用身体取代一切艺术、政治、文化、社会、生活中的问题，而是说这种方式使得我们可以通过身体美学来重新思考社会、思考美学及人类自身的存在。

实际上，"通过身体思考"首先是对（身体）经验的理性认知，它打破了西方分析主义美学的思维路径。这一点，舒斯特曼继承了实用主义美学的先驱——约翰·杜威关于经验的主张。首先，他们都承认身体感知是审美和艺术活动的重要组成，也是人类在世存在的本源。正是源于身体的整体机能协调和身体节奏的无止息弹跳，这种身体感知才慢慢累积形成了身体经验，而这种身体经验不仅能调节人类的生理和心灵活动，而且能够弥补人生和现实生活给我们带来的各种各样的障碍和羁绊。通过对这种身体经验进行有意识的系统培养，它就会形成一种兼具思维性与想象性的审美体验，在审美体验的空间中，我们的身体与环境之间会自觉分享和"保持一种对生命至关重要的稳定性……类似于审美的巅峰经验的萌芽"。[6]也就是说，审美活动需要全面调动人的身体的各部分的感官作用，需要身体器官与自身以及外部环境之间的相互协调、相互介入、相互融合。对此，舒斯特曼曾举例说，如果我们检查自身的"身体感官"——比如当我们躺下或安静地坐下时——就会发现，我们其实很难单纯地从肩膀的感官上来感知我们后背的长度或者双脚的方位，这样单独的感知是不完整的、模糊不清的。换言之，身体的感知是一个完整的不可分割的整体，由多个部分合力协调而发挥作用，单个器官的感知和运动是无法实现预期效果的。同时，由于美学本身是离不开生活的，是丰富多彩的，因此重视身体及其经验的作用就成为让美学逐渐"接地气"的不错选择。因为审美或艺术并不是孤立的，而是与身体话题密切相关的。所以，身体的存在可以丰富审美经验，身体美学可以为艺术经验的完善铺开广阔的天地，并在一定程度上有助于现代美学和艺术走出纯自律的理论困境。

其次，通过对"身体经验"的思考，还有助于我们的艺术欣赏和接受，甚至影响我们的审美判断。因为身体感官本身就是一件得天独厚的、具有生命气息的艺术品。人类除了不断进行艺术的创造之外，还需要时刻以艺术鉴赏和美感享受作为其生存的基本条件。也就是说，作为能够直接感知自身能力的身体，它还能够在直接感知中判断我们自己所喜爱的事物的组成部分及其结构，从而产生出人类特有的美感。审美并非理性的认识过程，而是感性与理性相交织所创造的"具身化"的感知过程。我们在鉴赏艺术品时,始终是身体,是"具身化"的感知在向我们说话,在向我们表现对象和得出鉴赏的最终结果。当前大众文化产品的制造者和推销者,正是意识到了这一点,所以他们在设计和推销产品的广告中,才集中力量制造各种吸引眼球的视觉奇观,通过"具身化"的直接感受来刺激我们的感官,进而影响我们的审美欣赏和判断。

此外,"如果我们想提高生活质量(不仅要通过改善艺术和审美经验来丰富我们的生活),而且还有一个重要的方式即增强我们对身体感知的理解与把握并且意识到——身体经验是我们感知、活动和生存的最基本的、必不可少的工具(或媒介)。"[7]可见,身体美学工程的主要目标之一就是通过身体的感知,探索提高身体经验的方法,以便更好地使用自身、追求真正的自我价值,进而提高我们的生活质量。概之,身体美学要求我们通过增强身体感知和经验来进行思考,它"强调的是对经验而非语言的界定:坚持的是艺术在广阔领域中的功能性作用,而非康德主义的审美无功利"。[8]这就充分肯定了身体,尤其是整体的身体经验在美学理论和实践中的作用,在某种程度上跳出了传统美学"自律性"的圈子。

(二)通过身体实践开拓美学研究的空间

一般来讲,在传统哲学美学中,常常把身体意识视为一种理性的抽象逻辑,一种客体性的媒介,或者一种生存的外在工具。然而,在身体美学的知识体系中,人类必须像骁勇善战的勇士之于精兵利器一样,需要更好地了解和认识我们的身体意识,才能应付来自不同社会实践和学科中的挑战。反过来讲,如果我们对于身体意识的认识越清晰,就越能够提高身体的使用质量,越能将它与其他工具更好地配置起来,一同为提升我们的生活和生命质量而努力。按照这种说法,身体意识无疑是应当进行大力培养的。

其实,身体意识并非纯粹精神的东西,它是身体对于周围环境的反映,在很大程度上支配着我们的行为活动。同时,身体意识还包括与人的生理、欲望、情绪等相关的反映,像心跳的加快、呼吸的急促、肌肉的张缩、身体的痛感或快感等等,在审美活动中这些反映都能够得到进一步的升华。所以,我们在进行绘画、雕塑、舞蹈等艺术活动的过程中,常常把身体意识自觉地转化为审美的操作，从而细致入微地进行形体的塑造和审美情感的表达。在这里，情感的喷发与动作的执行完美地融合在一起，分不出精神与肉体、生理与心理的区别。此外，我们也可以通过有意识的训练而实现改善后的身体意识。因为在改善后的自我中，身体已经成为自我愉悦的关键性所在，而不再仅仅是一种谋生的手段或工具。况且，这种改善后的自我并不局限于实践或功能性的事物，而且包括精神性的享受愉悦的能力。这种看似司空见惯的现象却被我们忽视了，就像一般人不会注意到睡眠给我们所带来的心灵快感一样。然而，就目前的情况来看，我们的文化对于身体意识的关注通常是冷漠的。当前大众文化现象中那些强烈的感官刺激，非但没有给予我们心灵的平静与愉悦，反而用人造兴奋的方式逐渐剥夺和掩盖了我们身体感知本来具有的那种能力。而精确的身体意识所带来的身体反思能够帮助我们解决这些问题。那么，如何才能改善和提高我们的身体意识？

对此，舒氏身体美学所开出的药方是：进行身体训练。与传统抽象的职业哲学家不同，舒斯特曼接受了许多具体的身体训练方法，比如亚历山大技法、费尔登克拉斯技法、生物能学，另外还有亚洲的瑜伽、中国古老的太极拳等等。他甚至还做过四年的费尔登克拉斯技法的职业教练。通过对各种不同模式的训练方法的践行，审美感知和审美愉悦能力能得到不同层面的提升。为了进一步证明这种系统训练之后得到改善的身体的作用，舒斯特曼还给出了很多具体事例，在他看来，一个本来感官反映麻木、迟钝的人，如果经常进行有意识的有氧运动和身体锻炼，渐渐地就会提高其身体意识。因为在这个运动的过程中，个体的身体机能处于高标准运转状态，能够刺激脑肽液超常兴奋，整个人都会身心愉悦，看起来容光焕发。不仅如此，舒斯特曼在充分肯定了对身体意识与身体训练的关注的前提下，力倡要使之更加具体化、系统化。因此，在舒氏的身体美学蓝图中，身体的真正价值不在于理论上的超然与静观，而是体现在积极的、持续的塑造和践行当中。我们可以通过各种具体化、规范化的身体训练来增进身体功效，培养一种优雅而和谐的身体举止，并以此来引导和感召他人。而且这种身体的功效，对于那些由于不必要的身体误用而对身体造成的伤害有着重要的抵制和改善作用。所以，"通过增进身体的敏感性和控制力，创造出更健康的、更灵活开放的、更有理解力的、更有效的个人。身体关怀的训练提供了一条通向更好公众生活的有希望的通道"。[9]这才是身体美学的终极追求，也是身体训练的人道主义关怀之真正体现。

舒斯特曼认为："美学研究只有从身体出发才能实至名归地回到真正意义上的感性学。"[10]从这个角度来讲，身体美学可以称之为一种"新感性学"，它意味着对传统美学学科界限的一种突破，具体表现在：一方面，将身体训练方式纳入美学的研究领域，扩展了美学的研究空间，为其发展注入了新的活力。另一方面，身体美学的这种实践性，不是单纯的理论知识的生产，而是如何具体去做，这对于解决现实生活中的问题有实际操作的价值。同时，身体训练又颠覆了传统美学对审美价值与功能的阐释，从与生活的相互联系中进行考量，发现了重构美学的一种可能性。

二、激活中西文化中的身体资源

众所周知，中西方文化中都存在丰富繁杂的"身体"理论资源，但是，至今仍未有系统性的理论梳理与概括；而且缺少一种实践性的东西，使这些理论能够平安"着陆"，接上地气。这两方面既是身体美学努力的方向，也是它对当代美学建构的意义所在。实际上，舒斯特曼最初在提出"身体美学"的学科设想时是非常"羞怯"的，甚至做好了"被奚落"的心理准备。尽管如此，他依然认为身体美学这种新提法，"对于重新组织因而重新激活旧的见识，可以有一种特别的效果"。[11]也就是说，通过"身体美学"这种新名称，或许可以引起人们从更加多元化的角度去认知人类的"身体"问题。

关于这一点，舒氏坦言亚洲（尤其是中国）古典的身体资源对其理论的支持与启发作用。特别是我们传统的医学、武术、太极拳和禅定等身体训练方式与身体美学之间的相互阐释与相互支撑关系。其实，中国传统哲学本身就具有强烈的实践品格，但由于近现代深受西学二元对立思维的影响，国内学界对这方面的关注很少。换言之，尽管身体美学是在西方文化的语境中孕育和成长起来的，但是它却在许多方面都与中国传统的身体观不谋而合，在中国找到了适合其成长的土壤，舒斯特曼甚至还将中国称为其思想的"真正故乡"。应当说，身体美学有助于激活中国美学传统中的很多有利资源，特别是关于身体观的认识和论述，让我们在学习和借鉴西方思想的同时，更加关注本民族的优良传统。因此，中国学界曾一度掀起研究"身体美学"的热潮，与此相关的学术研究成果争相问世，并由此导致了中国古典文化中"身体"资源的复兴。譬如，西安交通大学张再林教授受身体美学思想的启发，认为当前中国传统哲学研究范式的新变革是走向一种"身体哲学"。他的专著《作为身体哲学的中国古代哲学》一书从中国古代的宇宙观、伦理观、宗教观等方面阐释了中国哲学所具有的"身体性"内蕴，以中西方平等对话的姿态建构起了作为哲学本体的中古传统身体观。所以说，只有了解了身体才能真正了解原生态的中国哲学，这种对传统哲学中身体资源的挖掘与探究"必将以其时代性和普世性的性格，与当代方兴未艾的西方后现代主义文化思潮一道，成为正处于历史转型期的今天人类哲学文化建设的重要思想资源"。[12]显而易见，中国传统文化中以身体为本位，主张身心浑然不分、相互贯通的思想观念与西方传统哲学和美学的身心对立、扬心抑身的思想主流截然不同，倒是在很大程度上印证了身心合一的身体美学。此外，张艳艳的《先秦儒道身体观与其美学意义的考察》开篇通过对西方哲学美学关于身心关系的知识谱系的简单考察，并结合当前社会文化中面临的诸多身体问题，为先秦儒道身体观的出场提供了合情合理的立基点。在此基础上经过对先秦经典文本的详细考据与辨析，梳理了道家"超越身心的自然身体观"和儒家"身心一如的德性身体观"，二者的共性在于"以气作底的身／心、形／神一体贯通"，[13]这既是对西方传统二元论运思方式的反驳，也是对中国传统身体观的新阐释，并尝试在对传统的回望中汲取反思当前美学发展的合理性养分。

当然，身体美学在西方学界的受关注程度相比中国低了很多，但是由此引发的对西方传统身体资源的研究却络绎不绝。加拿大学者 Ekbert Faas 提出了一种"从身体出发并以身体为主导"[14]重构西方美学史谱系的全新尝试。无独有偶，近年来深圳大学王晓华教授一直致力于中西方身体资源的重启，其新著从主体观的角度，全面梳理和追溯了西方美学历史长河中的身体意象——即"作为感觉的身体——主体如何建构、书写、表现事物和自身"。[15]其中所涵盖的视域上至古希腊罗马美学中的身体之争，中启中世纪美学中身体意象的二重性，下至后现代主义视角下的身体变形——无一不包。在这种身体主体被遮蔽、贬抑、复兴和高扬的再现历程中，作者重构了西方历史上长期延续的身心之争，拓宽并推动了美学的返乡之旅。类似的关于身体资源的系统梳理与深度析取的研究还有很多，这里不再一一赘述。

需要说明的是，这种对身体资源的拓展和挖掘也进一步证明了当代美学跨界发展的优势。似乎越是跨界，越是能够产生新的思维视角和治理思路。身体美学无疑是开启这新一轮认知与践行之路的开拓者。在这种情况下，从中西方的审美智慧出发（特别是中国古典美学中蕴涵着大量化解西方美学理论困境的思想资源），以一种"外位性"的视角积极参与到美学基本理论的建构中去。这不仅体现了身体美学理论的包容性，也体现了其思想本身的自明性，由此，相关的身体研究也就可以走得更远。

三、建构我国美学生态的新景观

如前所述，就我国学界而言，身体美学的出现具有里程碑式的意义，它不但拓展了传统美学的研究空间，激活了中西方众多的身体资源，而且直接影响并建构着当前美学的生态景观。

如今，随着新媒体技术的进步和消费文化的发展，我们被带入了一个无"微"不至的时代。"微时代"用它比以往更加激烈和更为有力的方式颠覆了传统，人与人之间面对面的具身交往正在被人与装置界面的器物交往所取代。并由此引发了人们在心理、生理、审美和生存方式等方面的疑惑与困境。正如笔者曾经概括的那样："在现代技术催生的网络空间中，传统物理意义上的共同在场已经变得无足轻重。彼此之间获取信息的机会越来越多、越来越虚拟化。身体与自身及其他者共同在场的机会越来越少，视频会议、仿真身体、电子监控甚至整容手术使人与机器之间的'融合'达到了令人叹为观止的程度。"[16]这些现实问题使得思考身体美学问题变得更加有意义。同时，对于这些问题的解决不仅依赖于身体美学研究所采取的主要策略，而且依赖于哲学以及其他相关学科的新发展。因为，当前的身体美学与生态美学、环境美学、生活美学等新近崛起的学科领域之间，除了面临相同的社会文化背景之外，它们在学术理念、研究方法、最终旨归等方面也有异曲同工之处。所以，身体美学与这些新兴学科之间的互通有无，无疑也是学界关注的焦点。

其一，从身体美学与生态美学的关联来说，二者具有某种结构上的"家族相似性"。在身体美学的视域中，身体不只是一种物质性的存在，它是审美活动的主体。其中舒斯特曼对于"共生的身体"的提法特别强调了身体与环境之间的互动关系，使得身体可以像我们的思想一样成为公共的，具有社会性和共享性，并进而影响到更广阔的社会团体和环境之中。这也就意味着，"身体美学策略正是通过一种循序渐进的改良主义方式，通过由外在自我与内在自我——自我与他人——自我与社会的顺序逐步地得到改善，并以此行为来引导和感召他人与社会，以实现'审美共生'"。[17]这种理念得到了生态美学的大力呼应。所以说，从身体的角度论述生态美学是比较合乎常理和易于被人接受的。反之，生态美学研究和生态批评也往往将身体视为其思考的重要理论依托。生态美学认为：身体不仅是人类在世生活的基点，也是我们感知和体验周围环境的前提。所以这种意义上的环境必然包括人的"参与"与"在场"。这就是阿诺德·柏林特所倡导的"参与美学"，它实际上是强调身体体验与环境之间相互渗透的、具有持续在场性的审美原则。同时，身体美学所秉持的身心和谐统一的原则同样适用于生态美学。所以说，"对于良好生态的吁求与审美的联结点在于'身体'的'空间性'所在．良性的空间景观对于身体快感的重建就是对于身体的审美关怀"。[18]随着生态意识的觉醒。人们会越来越认识到自身与环境之间的一体性。这既是身体美学的人道主义关怀之真正体现，也是生态美学所追求的终极理想。

其二，从身体美学与生活美学的关系来看，二者存在着相互启发、相互支撑的融通关系。无论生活美学还是身体美学，都是消费文化背景下催生出来的审美新形态，它们关注的都是对人的身体由外而内的改造，都强调了肉体与精神、身体经验与审美经验、艺术与生活之间的连续性与交互性，其最终旨归都是一种审美的共生主义生活状态。一方面，身体的审美化以各种形式充斥于日常生活之中，是生活美学最直观、最主要的体现，而且身体经验的积累和身体意识的提高有助于提升人们的生活品质。同时，身体美学的理论宗旨是为了复兴哲学美学作为一种生活方式的艺术，这在某种意义上就是在践行生活美学。所以说，身体美学的深入发展能够进一步推动美学的生活论转向。另一方面，生活美学的深入探究，有助于进一步实现更加完善的"现实的审美人"。而对于"现实的审美人"的要求、程度都需要更大的包容性，他们的出场不只是肉身的介入，还需要个体经验、文化和历史等因素的介入，这实际上是追求一种身体与意义的完美融合。简言之，生活美学与身体美学之间的平等对话和深入交流，对于改造和超越传统美学的局限，构建新的多元共生的审美共同体具有积极的启发价值。

由此观之，当下身体美学与环境美学、生态美学等论题都已成为美学界讨论的热点话题，这些新的研究视角不约而同地在美学研究走向多元化这一点上交流汇通。而这个汇通点触发了美学研究范式的转换，并日渐成为美学学科发展的一个新的生长点，突出反映了当今国际美学的某些理论趋向和发展方向，成为中西方美学互通有无与平等对话的"桥梁"，并共同编织着中国美学基本理论体系建构的未来。

结　语

不可否认，身体美学思想还存在不少问题，但是它的发展有助于我们反思当下中国美学基本理论的现实。更为重要的是，身体美学的根本意义不在于告诉了我们一个抽象的美学原理，而是为我们提供了审视当下形形色色的身体问题和美学发展路径的思维视角。在美学返乡的探索中，身体美学还是个未完成的工程，然而这种正在进行时的品格也意味着无限的可能性——一种新的美学体系建构的可能性。

注释：

[1]沃尔夫冈·韦尔施：《重构美学》，陆扬、张岩冰译，上海：上海译文出版社，2002年，第4页。

[2]理查德·舒斯特曼、曾繁仁等：《身体美学：研究进展及其问题——美国学者与中国学者的对话与论辩》，《学术月刊}2007年第8期。

[3]李泽厚：《批判哲学的批判》，北京：人民出版社，1979年，第403页。

[4]Richard Shusterman,Thinking through the Body:Essays in Somaesthetics,New York:Cambridge U niversity Press,2012,P.26.

[5]Richard Shusterm an,Performing Live:A esthetics Alternativesfor the Ends of Art,Ithaca and London:Cornell University Press,2000,P.162.

[6]约翰·杜威：《艺术即经验》，高建平译，北京：商务印书馆，2007年，第14页。

[7]Richard Shusterman,Thinking through the Body:Essays in Som aesthetics,New York:Cambridge University Press,2012。P.x.

[8]Richard Shusterm an(ed),the Rang of Pragm atism and the Limits of Philosophy,Oxford:

Blackwell Publishing,2004,P.14.

[9]Richard Shusterman,Performing Live:A esthetics A lterna tivesfor the Ends of Art,Ithaca and London:Cornell University Press,2000,P.153.

[10]理查德·舒斯特曼、张再林:《东西美学的邂逅——中美学者对话身体美学》,《光明日报》2010年9月28日,第11版。

[11]理查德·舒斯特曼:《实用主义美学——生活之美,艺术之思》,彭锋译,北京:商务印书馆,2002年,第348页。

[12]张再林:《作为身体哲学的中国古代哲学》,北京:中国社会科学出版社,2008年版,第10页。

[13]张艳艳:《先秦儒道身体观与其美学意义考察》,上海:上海古籍出版社,2007年,第119页。

[14]Ekbea Faas,the Genealogy of Aesthetics,Cambridge:Cambridge U niversity Press,2002,P.10.

[15]王晓华:《西方美学中的身体意象——从主体观的角度看》,北京:人民出版社,2016年,第213页。

[16]王亚芹:《消费文化语境下舒斯特曼"具身化"美学反思》,《广播电视大学学报》(哲学社会科学版)2014年第3期。

[17]王亚芹、姜立新:《走出消费文化的"身体"迷思》,《文艺评论》2017年第3期。

[18]刘彦顺:《论后现代美学对现代美学的"身体"拓展——从康德美学的身体缺失谈起》,文艺争鸣》2008年第5期。

刊于《厦门大学学报》,2017年第4期

作为一种生活方式的美学

王洪琛

(西安外国语大学中文学院,陕西 西安 710128)

在当代中国学术格局的演进过程中,美学研究的重要性正日益凸显。继20世纪50年代、80年代的两次"美学热"之后,我们似乎正迎来第三次美学热潮。虽然其确切意义目前尚难以估量,但可以断言的是,这次热潮不仅呼应了消费社会的内在要求—感性化、肉身性的生存状态本是美学的关注重心;而且表征着当代文化人的学术自觉,即纯粹学问逐渐吸引了学者们的研究兴趣。然而,一个不容讳言的事是,在表面繁荣的背后,当代美学研究却在实际上存在着"概念游戏"与"对象空泛"这两大误区。前者使得相关学术著作沉溺于话语的解构游戏,而只是在知识论里兜圈子;后者则使一些研究者无视学科本身的边界,而随意地将"美学式"的命名赋予自己的对象。对于美学的明天而言,这自然是一个令人遗憾的结果。

实际上,这种结果的出现并非空穴来风,而是有着深刻的哲学史背景,这就是弥漫于20世纪初的那场声势浩大的"语言学转向"。这次转向的批判对象是古典美学关于意义本体的常规解释,主要发起人是瑞士人索绪尔与奥地利人维特根斯坦。通过对语言与言语、能指与所指的分辨,索绪尔发现,语言活动与实际世界之间的同盟关系并非如我们素常以为的那样有先天的合法性,而多半是偶然性的产物。一个无法被确认的孤立的语词其实是飘零而空洞的,处于繁杂的形式系统中的语言活动必须以具体的"关系"为基础才具备存在的意义。他由此下结论说,历代美学家所乐此不疲追寻的美的"本质"不过是一场语言的冒险,是终究无解的思想乌托邦。而后期维特根斯坦提出的"语言游戏说"进一步强化了这一冲击的力度。简单地说,这就是所谓的后现代语境下反本质主义的实际境况,是美学的思辨之舟撞见的一个几乎致命的险礁。

然而，值得庆幸的是，这次批判的力度虽然强大，却不足以动摇以柏拉图主义为代表的美学的存在之根。这是因为，"语言学转向"虽然对现代人的观念产生了富于革命性的影响，但已表现出明显的负面作用。随着"转向"裹挟而来的"主义"在解构日常成见的同时也冲击了世界的意义本体，导致我们身不由己地陷入一种"为理论而理论"的陷阱中。在这个意义上，甚至可以说，"转向"不过是又一次理论博弈的产物，它存在着诱导我们放逐理性、走向相对主义的内在危险性。显然，这些都不是我们所要的。如果说人之为人的根本在于理性的清明，借助对美的追寻探究一个意义世界是美学研究的本义，那么，放逐理性将使我们的生活变得支离破碎，走向相对主义则使我们的灵魂无所皈依。因此，有必要重新回到美学的诞生之地，重新把握美学的原初意义，探究作为一种生活方式的美学的内涵。

众所周知，美学的思辨之舟通常奉两千多年前的柏拉图与亚里士多德为自己最杰出的驭手。在柏拉图看来，在变动不居的感觉经验下面，有一种只有理性才能认识的永恒不变的实在，这就是居于超验层面的"理念"。作为万事万物的原型，理念是美的本体，只有借助诗人的回忆才能依稀辨认。因此，柏拉图主义努力回答的终极问题是：美是什么。亚里士多德则借助对经验世界的把握进一步区分了人生在世的三种生活方式，即享乐的生活、政治的生活与沉思的生活。所谓"享乐的生活"以"快乐"为目标，是"多数人或一般人"的价值诉求；所谓"政治的生活"以"荣誉"为目标，是"有品位的人和爱活动的人"的价值诉求；所谓"沉思的生活"则以"德性"为目标，是"自足、闲暇、无劳顿以及享福祉的人"的价值诉求。所有这一切共同构成了生活的样态或面相。因此，亚里士多德主义努力回答的终极问题是：生活是什么。总之，我们可以认为，对"美"与"生活"本质的追问是古典美学的基本问题意识。毫不夸张地说，在漫长的西方美学史上，这也是令后世诸多美学家殚精竭虑的核心问题。而在这个问题的背后，哲人们的终极目标是深刻地理解人生幸福的真义。站在21世纪的边缘，我们必须承认，由于这些问题如此真实而具体，它们对当代人也具有永恒的现代性。在这个意义上，研究作为生活方式的美学就不仅是一种学术思考，更是对个体幸福的追求与把握。具体而言，这一富有意义的回归需要取道于破除理论膜拜、关怀个体生命与弘扬"普世价值"这三条路径。

破除理论膜拜是第一条必经之途。不加节制地信赖理论本是我们思想界的悠久传统。无论是零敲碎打的古典诗论，还是舶来的西方"文论"，我们无不照单全收。而勃兴于号称"批评时代"的20世纪的诸多"主义"，更是被我们当作救世良方迫不及待地吸纳进来。然而，一旦理论的热潮呈现消退之势，一旦冷静下来清点自己的思想遗存，我们才惊讶地发现，这些名目繁多的"主义"不仅没有起到被期待已久的作用，而且还导致美学思辨远远脱离了真实的生活。它们的命运也正如上文提到的反本质主义一样。实际上，不是理论而是理性才值得我们重视与珍惜。这是因为，历史上虽曾有过层出不穷、五花八门的理论，但它们永远只是逻辑演绎的结果，是一个个外在于人的概念系统；而理性则归属于人性本身，是能够体现人之尊严与价值的最内在的标志。

其实，历代思想家早已为我们指出过这一点。且不说康德对启蒙本义的诠释表露出一种发自内心深处的自信：启蒙运动就是人类脱离自我束缚的不成熟状态，从而公开而勇敢地运用自己的理性，单单是柏拉图关于二元世界的划分，就已经建立在对人之理性的肯定基础之上了。所有这些，无不在以一种更贴切的方式告诉我们，如果漠视了理性的声音，关于美的思考就不仅只能在话语符号之间飘荡，而且无法体现人之所以为人的存在根据。换言之，作为一种对感性认识的理论把握，美学判断只有建立在个体理性的基础上，才能走出理论主义的迷障，才能拥有一种直指本心的力度。当然，从另一个角度来看，珍视理性也同时意味着葆有一份对真理的信任与热爱。在人类漫长而崎岖的求真之路上，我们对真理的那一步步跌跌撞撞的靠近，我们在黑暗时代里收获的那一缕缕光明，都是借助于理性的烛照。

关怀个体生命是第二条必经之途。"在这个世界上，除了生命之外，没有任何重要的东西。"英国小说家大卫·劳伦斯的此番断言让我们懂得了一个知识分子的人文立场。但话题显然才刚刚开始。值得继续追问的是，究竟该如何理解人的生命？可以肯定的是，我们通常认为的身体与心理这两重维度并不足以概括人的全貌。这是因为，如果说强健的身体是对感官特征的把握，健全的头脑是对心理世界的总结的话,那么,还有一个重要的维度常会被我们忽略,这就是诉诸个体情感的精神。可以想象的是,失去了对无限高远的精神山峰的攀登,失去了对无限丰富的情感世界的体验,我们终将有成为诗人艾略特笔下的"空心人"的危险。因此,只有身体、心理与精神的恰当结合,才能构成一个完整而立体的人。实际上,这才是生命的本义,是美学思想应该着力关注的唯一对象。也就是说,通过对以文学作品为对象的艺术精神的研究,美学试图发现的是一个情感的汪洋大海,一个以生命的真、善、美为终极理想的浩瀚世界。

因此,这个意义上的美学实在可称为一种人生之学。它不回避对于世俗生活的细致透视,因为正是这种透视构成了生命的基础土壤,使我们得以驻足于一个更加切实而具体的领地。但这同时也意味着一种别样的超越,因为没有对现象世界的超越就没有精神之维的提升。这种来自生活却又超越生活的独有姿势构成了美学的存在方式,是对亚里士多德笔下的三种生活的融通与综合。同样,这个意义上的美学也可称为一种情感之学。这是因为,在人的审美经验中,不仅蕴含着对自然界的秀美风景的领悟,而且还包含有对人世间的感觉经验的归纳,最终实现情与景的圆融合一,为本来坚硬而干枯的世界赋予一种灵性的光芒与存在的意义。

在这趟关怀人生的旅程中,必须着力强调的一个关键词是:个体。在某种程度上,甚至可以说生命就是个体,而个体就是生命。这里之所以作如此强调的理由是,只有从个体人格出发才能真切地体验他人的悲欢,只有在自我实现中才能拥有生命本然的灿烂。正如有哲人曾指出的,你越成为自己,你越接近全人类。这也意味着,在开启美学的思辨之舟时,必须把根基落实于个体的人。然而,长期以来,一个让人扼腕叹息的事实却是,我们常常心甘情愿地在集体主义的怀抱中迷失,常常不由自主地被英国哲学家波普尔所批判的"大词"所笼罩。这导致的直接后果是,当我们日渐陶醉于"解放全人类"的集体梦想时,当我们在"宏大叙事"中无私地抛洒自己的生命激情时,你与我自己的生活却被无情地忽略了,一个个切问近思、体验生命滋味的机缘正在渐行渐远。显然,这不是我们的生活目的,也满足不了我们对幸福的企盼。"美不属于决定化的世界,它脱出这个世界而自由地呼吸",如果别尔嘉耶夫这个善意的提醒还有其价值，那么走出集体主义的桎梏，享受生命内在的自由，就不仅只是一个美学发展的方向，而且正是美学本身，是美学存在的理由。

弘扬"普世价值"是第三条必经之途。弘扬"普世价值"是作为生活方式的美学的存身姿态。如前所述，由于后现代主义在理论界的流行，原本确定无疑的"普世价值"的存在一时间成了一个问题。"上帝死了，一切皆有可能"，这种玩世不恭的说法不仅随处可见，而且已对我们的价值体系产生了难以估量的影响。在这个口号的指引下，消解崇高、解构神圣似乎变成一件光荣的事情，不加任何限制的怀疑主义也成为一些学者奉行不二的学术圭臬。在此基础上，美学研究呈现出碎片化状态不足为奇。但这显然不是我们所期待的美学研究的本义。众所周知，在这个世界上有自明性的东西如正义、良善、公理等存在，这是一切人文学术得以推进的前提。而作为一门探讨人的审美意识、研究人的直觉判断的学科，美学同样需要具备自己的自明性基础，这就是共通人性。换言之，只有承认人性之相通，关于趣味的价值判断才有自身的合法性；只有肯定情感之共鸣，美学的发展才显得空间充裕、意义充足。任何借相对主义的名义消解人性基础的企图，都是对美学的犯罪。因此，必须旗帜鲜明地弘扬人类的"普世价值"，为我们当代的美学研究确定一块更为阔大而宽广的思想土壤。

作出这个判断，并非要否认个体的独特性。恰恰相反，正如我们曾指出的那样，成为一个人就意味着确证自身的独特性，发现自我对于这个世界的意义。而个体生命的基本要素，如感觉、情感、行动与思想等无一不是我之所以为我的独有标志。比如，感觉的敏锐与迟钝、情感的细腻与粗糙、行动的迅捷与滞缓以及思想的深刻与肤浅，所有这一切无不因其贴身性而显得无比私人化。然而，生命的悖论又在于，这些要素又同时构成了价值世界的主要内容，成为我们走出自我、沟通有无的重要凭证。事实的确如此。且不说只有凭借感觉与情感的沟通，才能在"我—你"关系中拥有一份生命的自在。单单是我们永不止息的行动与思想就足以为这个暗淡的世界赋予意义。正如法国作家雨果所指出的，一个深刻的思想抵得上 50 万军队。可以说，正是借助思想的力量，人类才从幽深的洞穴里转过身来，揖别黑暗与蒙昧，最终拥有了精神的启明。实际上，正是它们，共同构成了独特性价值与"普世性价值"之间的张力。而在这个永恒的张力背后，是优美与崇高之间的辩证法，是值得我们无限追寻的人文理想。

总之，失去"美学"的生活，只能是枯燥干瘪的动物化的生存样态；同样，忽略"生活"的美学，也必然会使我们的学术思考在概念游戏中自生自灭。因此，在消费主义时代里，必须鲜明地张扬与肯定原初意义上的美学。这是因为，肯定美学就意味着肯定一种富有意义的生活方式，肯定一种奠基于生活世界、在自由创造中存身的生命态度。从而，不仅为方兴未艾的第三次美学热潮，而且为我们当下的生活确立一块踏实稳固的精神土壤。

刊于《中州学刊》，2009 年第 1 期

"日常审美经验"与"感知星丛"
——生活论美学的"建构性"

杨 光

摘 要： "日常审美经验"和"感知星丛"构成了生活论美学的"建构性"维度，体现出"生活世界"作为当前美学基本理论问题重建之根基的学理价值。借助马丁·泽尔对"显象"与"显现"进行的理论辨析，生活论美学可以对"日常审美经验"进行理论描述和界定。作为具备"特殊可能性"的日常经验，"日常审美经验"既不同于"日常感性经验"和"艺术审美经验"，又具有审美属性，是生活论美学为当代美学理论拓展出的新领域。"日常审美经验"所内含的"感知星丛"观，则为生活论美学反思单一感知霸权提供了价值支点，形成了重塑当代美学"介入"品格的内在契机。

关键词： 生活论美学 日常审美经验 感知星丛 建构性

一、引 言

回归"生活世界"的视野，激活了重构美学的学术冲动。通过还原、扩容和再造一系列的美学基本概念，生活论美学得以构建自身的话语系统，并由此成为当代美学的形态之一。当前，围绕生活论美学展开的讨论已经不少，但多数仍以论证美学向"生活世界"回归的正当性为思考框架，对生活论美学与其他形态美学的根本区别究竟在哪里？美学生活论转向究竟为当代美学带来了哪些值得关注的东西等问题的回答仍嫌晦暗，需要进一步探索。某种意义上，此类问题处于生活论美学的"正当性"问题框架之外。因为，尽管现实生活的改变是激发"生活世界"意识的根本动力，而理论则"以经过修饰和中立化的形式重复着实践"[1]。脱离了美学的理论话语，"生活世界"无法天然地成为美学反思并重构自身的合理支点。在逻辑与历史的双重视阈下，美学回归"生活世界"的意义与价值方可得到较为恰当的定位，生活论美学的学理贡献才能得以呈现。

我们认为，当前生活论美学的"建构性"意义主要体现在其对"日常审美经验"及其领域的理论界定和对"感知星丛"多元感性观的坚持。前者拓展了美学研究的领域，后者则重塑了美学的"介入"品格。

二、日常审美经验：拓展美学新领域

日常审美经验（everyday aesthetic experience）是生活论美学关注的核心，日常审美经验领域是生活美学"开启的一个探究新领域"。[2]该领域非常广泛，汤姆·莱迪（Tom Leddy）指出，生活美学中的审美议题（aesthetic issues）一般针对家庭、日常交往（the daily commute）、工作和娱乐场所、购物中心等领域中的感性审美活动。表面上看，生活论美学所讨论的议题与传统美学所关注艺术、自然、科学和宗教等领域之间的联系不是十分紧密。这种广泛性使得日常审美经验领域的边界通常难以被清晰地划定，从而使得生活美学视野中的审美活动看起来更像是一个"松散的集合"（a loose category）。[3]但如果作为核心范畴的"日常审美经验"无法得到理论层面的界定澄清，生活美学作为一种美学理论发展路径的可能性和可行性就十分可疑，而一个泛化与模糊化的"生活美学"也无法为美学理论的重建提供任何真正有价值的根基。

这一点在"日常生活审美化"争论中体现得很鲜明，支持方强调日常生活审美化现象的出现提出了文艺学美学边界扩展的要求，而质疑方则指出文艺学美学边界的扩展不能是无限的，否则将导致学科对象的泛化和空心化。这一交锋的理论焦点正在于传统美学中艺术美、自然美、社会美等对象领域界限相对清晰，而由于日常审美经验领域的界限模糊，支持论者又没有及时提出适用的概念术语加以辨析厘定。今天来看，如何界定"日常审美经验"这一问题的提出而非实际的解决是日常生活审美化论争所留下的重要学术问题。正是此问题的提出，使得接下来的生活美学讨论得以向更具有建设性的方向开拓，其所指向的是：在明确意识到生活世界的审美实践对美学提出理论阐释的要求之后，生活美学理论要通过自身话语的建构打开传统美学中那些过于封闭和僵化的概念范畴，通过一系列的重构工作实现美学研究领域的拓展。在这一类美学概念范畴之中，"审美"无疑首当其冲。

重构"审美"概念的核心问题是如何处理"感性"与"审美"的关系。美学作为感性学的初始意义似乎使得生活美学对于日常审美经验的关注得到了原初的支持。人们无时无刻不在通过眼耳鼻舌身等器官感受着世界，这个意义上的感性活动甚至在尚未出生的胎儿那里就已经出现了，我们的视觉、听觉、嗅觉、味觉和触觉已经告诉了我们所处环境的一切。因此，"是肉体而不是精神在诠释着这个世界，把世界砍削成大小合意的条条块块并赋予其相应的意义"[4]，并且由各类感官所在身体的整体性提供了我们关于宇宙世界之整体的原初意义，思维层面的"自我"意识也总是与人对自我身体的意识密切关联着。胡塞尔的现象本质直观、海德格尔的"此在－在世"理论、舒斯特曼的"身体－实践"美学都带有这种尼采式探究的感性学色彩。如果美学是以感性感知活动为对象展开的，那么，美学的对象领域实际上原本就不能局限于艺术、自然、科学等几个相对有限的领域，而是人的感官活动所触及的所有领域。而感性感知活动天然地具备日常性和生活性，日常感性领域也应该是作为感性学的美学所关注的对象。相较于日常感性活动，艺术等传统美学领域中的感性活动倒像是非日常的。

在目前的生活论美学对传统美学的反思中，将"审美"的"感性"因素张扬出来以反对以往"审美"阐释中的独断论和理性膨胀是一个普遍现象。比如德国美学家韦尔施认为"审美"是一个维特根斯坦式的家族相似性概念。作为一个具有连贯性而又松散的集合，"审美"既有"感知的、艺术的、美—崇高的"等标准属性，也有"形构、想象、虚构，以及诸如外观、流动性和悬搁的设计等等"状态属性。他认为"'审美'的一词多义既不必加以反对，也不是险象环生的事情，而是可予充分理解的。"[5]依此立场，韦尔施对传统美学中"审美－升华需要的绝对化倾向"提出了尖锐批评，认为这造成了美学"与感觉为敌"的"荒谬特性"，"美学不再承担扩展和揭示感性的重担，而是成了感性的严格组织者"，形成了绝大多数传统审美理论中的反感性独断主义，最终导致美学逐渐变成了一种文化权威从而走向了自身的巨大困境[6]——作为感性学的美学逆转成为"感性的反对者"，甚至成了没有感性的感性学说。

与韦尔施类似，中国学者王德胜提出了"新感性价值本体"，强调"感性意义成就日常生活的美学维度"。他认为美学要想"通过人的生活并且在人的生活中重新构造生活的具体意义"，离不开"新感性价值本体"的确立。由此，他批判中国现代美学中存在的"理性至上"的主导逻辑，指出在"理性至上"的美学"通过认识论方式所构造的生活价值体系里，生活的感性存在始终是被怀疑和提防的；人的感性权利首先不是自主性的，而是被理性赋予的，人作为感性的日常生活主体身份也同样被美学加以拒绝。建立在这种感性与理性关系上的美学，其强烈的认识论指向不仅预设了感性与理性的主从性，而且预设了它们之间的层级性"。但"对于日常生活主体的人来说，感性问题不仅是认识论的，同时是一个生存论问题。尤其在美学范围内，人的感性权利之于人的生存活动更多体现出这样一种生存论的特性。在生存论意义上，人的感性、感性活动与人的理性权利一样具有自主的价值，并且往往更加生动、更加具体"。[7]

然而，传统"审美"阐释中的"感性"沦落并不能简单地被看作是美学发展历程中的一段歧路，恰恰相反，"作为研究感知的独特可能性以及生活过程的独特可能性的学问"[8]，美学的真正确立正是建立在"感知活动"与"审美活动"的微妙区分之上。归根到底，"审美活动"才是美学的真正研究对象，这一对象是具备独特可能性的感知活动，而非所有的感知活动。因此，对于试图激活"审美"概念之日常感性维度的生活美学来说，也应当明确，其"生活"绝非生活过程的全部，而是生活过程中那些具有独特可能性的部分。如果说，生活论美学通过批判传统美学理论中"反感性"独断论与理性膨胀的本质主义倾向，进而要构想"一种不同类型的、多元化的美学"[9]，那么，其必须同时注意到的是，尽管审美"之目的不在于某种特殊的满足，而在于无限可能性的实现"，"但若无特殊的满足，后者也就无从谈起"。[10]换言之，"日常审美经验"并不能标示出所有的日常感性领域，而是指日常感性领域中具备特殊可能性的时空。由这类时空构成的生活领域方才能够作为生活论美学拓展出来的美学新领域，否则，生活论美学所构想的多元美学新形态仍将停留在泛化与模糊的境地。

尽管由"日常审美经验"所标示的领域是松散而广泛的，但对"日常审美经验"进行某些理论界定仍然是可能而且必须的。进而，生活论美学的关注领域，其某些边界也是能够进行理论描述的。在最低的限度上，"日常审美经验"是指以特殊方式呈现出来的感性生活经验，其指向日常感性领域中具备特殊可能性的时空，既不是传统美学理论中由"艺术"所标示出来的那类时空，也不是日常生活中所有感性活动所标示出来的那类时空。

恰如"审美永远具有一种距离感"[11]，从事艺术活动的任何时空（创作或鉴赏）在根本上都要求一种与日常生活时空的"距离"。"为艺术而艺术""不是艺术模仿生活，而是生活模仿艺术"，诸如此类的现代艺术口号是艺术与生活之距离的直接表达；而"抹平艺术与生活的鸿沟"之类的后现代口号则是对这种"距离"要求的间接表达。之所以说后者是对艺术与生活之距离要求的隐语，是因为"艺术"本身必须通过打断日常生活的方式来彰显自身，即使诸如"小便池""布力洛"盒子之类的艺术作品几乎与寻常之物没有了区别。正如丹托指出的，后现代艺术中大量使用的现成品，其能够进入"艺术"时空的必要契机仍然是"变容"（transfiguration）。后现代艺术是寻常物之"嬗变"（transfigure）后的产物，而绝非寻常物自身。如果再考虑到迪基所提出的"艺术制度"理论，那么，后现代艺术作品在根本上仍然不是人们可以在日常生活空间中普遍感知的对象，"博物馆"和"艺术界"毕竟不是生活世界的寻常之所，每天弹奏钢琴的生活也只属于音乐家。当然，尽管艺术与生活的距离无法抹平，但艺术与生活之间也绝非如传统美学所假设的那样存在巨大的"鸿沟"，后现代艺术的当代美学价值也正在于此。生活论美学可以也应该在承认艺术与生活存在着距离，但艺术与生活可以十分贴近的前提下接纳艺术美学。当然，其扬弃的方式是一方面将艺术时空根植于"日常审美经验"的时空之上，同时充分运用对感觉的种种艺术塑造把日常感觉经验拓展为日常审美经验。正如汤姆·莱迪（Tom Leddy）指出的，"很多艺术根植于日常审美经验或由其激发灵感，很多术语常常由艺术美学和生活美学共享。至少是部分地，我们可以用生活美学的视角来看艺术，也可以用艺术的视角来看生活美学"。[12]

目前而言，相较于艺术时空，对所有感性活动时空与日常审美经验时空之间界限的理论描述更为重要。如果日常审美经验时空是具有特殊可能性的感性活动时空，那么究竟何谓"特殊可能性"呢？

讨论一下马丁·泽尔对"显象"与"显现"进行的区分会有所帮助。他认为，感知对象之所以是感知对象，"恰好在于它是按照它的显象来界定的，区别于其他事物。"因此，感知对象与该对象的显象不可分割。对象的显象指"我们可以通过我们的感官在对象上辨别出来的东西"[13]。感知显象既可以"得到认识性的把握，也可以在驻足的感知中当下浮现；它可以被理解成事实间的关系，也可以被理解成诸特质的集聚；它可以通过局部的如此这般存在或者通过显象的各种游戏状态来理解。这两种理解方式都是与显象遭遇的模式，与对象的现象性存在遭遇的方式"。[14]而对于这两种理解之间存在着的区别，马丁·泽尔称之为"实际"与"显现"的区别，"也就是说，一个对象的显象，要么按照实际来理解，要么按照显现来理解"。[15]由此，从感知显象中就区分出两种，一种是感性实际，一种是"显现"。"显现"这一概念就是"审美遭遇的最小化概念"，"是所有审美创造和审美感知的本质性要素"。[16]

审美显现与感性实际都是一个对象的经验显象得到体验的方式，因此，"原则上，能够被感性感知的一切，都可以被审美感知"。[17]但审美显现是某物的感性出场方式的一种模式，审美对象是显现对象。"当某些对象在它们的显现中，从其可通过概念确定的外观、声音或者触感中或多或少地解脱出来，那么，这些对象就是审美的"。[18]因此，审美显现是对象从感性上呈现给我们的独特方式，是"对象诸显象间的游戏"而非"命题式认知过程中感知对象的表面上可确定的现象性的如此这般存在"，审美感知的焦点是"将处于显现中的某物以其显现为目的来感受"，其"针对的是它的对象同时以及暂时的出场方式"。[19]在此意义上，审美显现不同于感性实际。

马丁·泽尔通过感知一个"球"的例子具体展示了审美显现的特殊性，我们在此相对简化地转述。首先，感知一个"球"，它是红色的、带有皮革气味的、硬的、砰砰响的、在草地上的、是属于某个人的等等都属于该"球"之诸显象，这些"球"的显象使得我们将其辨识为"可确定的现象性的如此这般存在"。其次，让我们假设，如果看到球的人是一个侦探，而该球处在案发现场，"球"的诸显象成为侦探用来搜索罪犯蛛丝马迹的各种线索，此"球"的感性诸显象被侦探加以"认识性的把握"，从而"被理解为事实间的关系"和"局部的如此这般存在"。而如果当侦探看到"球"的那一刻，没有首先把它当作犯罪线索（不能排除这种情况），而是专注于这只红色的散发着皮革气味的硬球安静地停在草地上，它兴许属于某个附近顽皮的孩子，进而联想起其童年也有这样一个类似的玩具。在这个"当下"，这个案发现场的"球"就以一种感性上特殊的方式"显现"出来，其诸显象在侦探驻足的感知中当下且同时的浮现，被理解为"诸特质的集聚"和"显象间的各种游戏状态"。在此刻，此"球"从其"可通过概念确定的外观、声音或者触感中"或多或少地解脱了出来，其诸显象成为"显现"，此"球"成为一个审美对象，而侦探的驻足成为审美感知。

在这个简化版本的例子中，可以看到，那个"球"对于侦探的"显现"恰恰属于一种日常审美经验。作为具备特殊可能性的感性时空，其"特殊性"首先在于日常审美经验的对象总是具备个体特殊性的对象，比如这个"球"，各个时刻，这个侦探和这个现场的诸显象。其次，更重要的在于，由"球"诸显象的特殊感性呈现方式从侦探的日常工作时空中划分出来了一日常审美经验时空。此"球"作为审美对象，仅仅存在于这一时空之中，侦探作为审美的人也仅仅存在于这一时空之中。

而其"可能性"则在于：首先，审美感知作为感知的一种独特实现过程而非一种类型，表明了审美感知的范围和感性感知的范围实际上是完全一致的。在这个意义上，审美感知的"可能性"指向着所有感性感知转化为审美感知的潜在丰富性，无论其是日常的、自然的、社会的还是艺术的。所以"审美的领域绝不是并列在生活其他领域之外的独立领域，而是各种生活可能性之一，它可以不断地被人把握，正如人们可以不断地被它把握"。审美根本上是"一种不能脱离人类生活形式来思考的领悟形式"。[20]

其次，根据现象学原理，原则上，此"球"的诸显象是无限的，即事物"有许多可以规定和描述的，但任何描述都不能穷尽对它们的规定"。[21]而在"球"的显现中，"球"作为感知实际被把握的"诸显象"，其在认识或实用维度上的"概念确定性"被再度把握成了感知对象固有的"不可规定性"。因为"审美显现"作为诸显象间游戏的性质,其诸显象在同时性和相互作用下得到感知的方式,使得"认识性的操控变得不可能",审美对象"嘲笑任何描述"。[22]可以认为,在"审美显现"中,感知对象(球)与感知的"多样性"(球之诸显象)这一本性得以从"确定性"中解脱出来并保持着不确定性的"敞开"状态,审美经验时空是存在"无限可能性"的感性时空。

作为我们从感性上领会对象的独特方式,"显现"作为"审美"概念既适用于服装、火车头、草地,也适用于交响乐、小说等对象。[23]可以认为,马丁·泽尔的"显现美学"提供了打通生活论美学与传统美学之间诸多理论障碍的一把钥匙。而对于生活论美学的理论建构而言,"日常审美经验"的理论界定可以从中得到非常有益的启发。其对"显象"与"显现"的辨析与界定内含着对"感性"与"审美"关系的当下思考,使得我们注意到"日常审美经验"作为美学概念既区别于日常感性经验和艺术审美经验又与二者紧密联系的概念特殊性。相应的,日常审美时空作为具有特殊可能性的时空,既在性质上与日常生活时空有所区别,又在范围上与日常生活时空相互重叠。而日常审美对象既在质的规定性上与所有感性对象和艺术审美对象相互区分,又在量的规定性上将二者涵盖。如此,上述意义上的日常审美经验、时空和对象方才共同构成了生活论美学拓展的美学新领域。

三、"感知星丛":重塑美学"介入性"

"我们之所以从日常生活出发,一是因为人们必须生活,或者说必得在日常生活中;第二,同样重要的是,我们不能理所当然地接受日常生活,而必须以批判的观点来看待它。缺少这两个条件,我们就不可能理解它"。[24]如果生活美学的旨归不在于生活的"审美"而在于审美的"生活",那么列斐伏尔的这一告诫对于生活论美学来说就仍然有效。如果说生活论美学将日常审美经验的广阔领域纳入美学研究从而实现对传统美学的改造是一种理论方向上的建构,那么,这一美学话语建构的根本目的却不止于此。其对日常生活的实际介入有着非常明确的价值期待,绝不仅是为了增添一种纯粹学术意义上的研究方向。正如"批判的武器"不能代替"武器的批判",其反面也是成立的。对美学的"批判"也不能代替美学的批判实践,而必须通过美学的批判实践为批判美学提供现实合法性。更进一步地,在"批判性"层面,生活论美学试图恢复的是美学本应天然具有的理论品格,因为审美活动内在的"间性"属性使得任何一种美学的纯正性都不得不在对其所处社会历史文化语境的批判之中彰显出来,恰如美学话语中随处可见的"既非……又非……"之类的语言修辞格所表明的那样,美学凭借其话语自律介入他律性现实环境的契机就存在其中。

以日常审美经验为核心关注的生活论美学,其对审美感知之感性多元具体性的坚持,对日常生活之特殊可能性时空的探索,都使其与日常生活审美化的当代历史语境之间得以建立起"批判式介入"的关系,或者说,"审美化批判"这一"介入"的立场构成了生活论美学的价值观根基。"日常生活审美化"论争中"价值立场"问题是一冲突热点,"食利者的美学""北京二环内的审美"之类的指责均质疑"新的美学原则"之价值立场的暧昧不清。尽管支持论者提出应区别对待"增强美学现实阐释力"的理论诉求和"日常生活审美化现象"的评价立场这两类问题,但看上去这更像是策略式地回避了问题症结。因为,正如理论(theory)的本义是"视角"和"看",任何理论的"阐释力"都是在一定视角下获得的,而"视角"必然有限定,限定性的存在就意味着"立场"的存在,即使是"描述"也无法抹去其潜在的"视角立场"。现在看来,之所以当时的支持者无法正面回答其价值立场问题,根本原因还是在于当时的人们尚无法提供一种关于"生活世界"的美学批判话语,其既不同于"漠不关心"日常生活的"静观"美学批判也不同于为审美化现实提供理论话语资本的各种美学阐释,这为随后生活论美学的批判实践留下了广阔的运作空间。

以"日常审美经验"为出发点,生活论美学对当代日常生活的介入,其"审美化批判"大致在以下两个向度上展开:第一,以"感知星丛"(constellation of sensory)为立场批判当前日常生活中以视觉霸权为代表的单一感知霸权。第二以日常审美经验的"特殊可能性"为基点批判当前日常生活中的"抽象化"倾向,包括两个层面的内容:一是批判日常感性的资本化渗透,二是批判"超美学"等日常符码美学。鉴于后一向度的批判学术界已经有很多讨论，在此我们集中阐述"感知星丛"与单一感知霸权批判。

就第一个向度而言，韦尔施在《重构美学》中提出过一种"走向听觉文化"的美学构想，而且明确地将这一构想与对日常生活细节中"视觉至上"普遍渗透的批判联系在一起。如果忽略其中稍嫌乐观的技术媒介因素，这一美学构想值得引起生活论美学的高度重视。《重构美学》的中译者指出，韦尔施是用"听觉"指代"感性文化"[25]，而非只是单纯地讨论"看与听"之间诸如"持续—消失"、"距离—专注"、"不动声色—被动性"、"个性—社会"等"类型学差异"。尽管对视觉与听觉类型学差异的比较十分重要，但对于生活论美学来说，对这类比较的兴趣不能掩盖对此构想之核心立场的关注，即其中内蕴着的感官多元平等观。如果生活论美学反对传统美学过于僵化封闭的"审美"观，并以保持审美感知的多元可能性为己任，那么，身体诸感官的平衡存在就是其应有之义。借用本雅明和阿多诺的"星丛"思想，基于此概念在处理差异性与同一性关系方面的独特之处，我们认为，"多元感知"（multi-sensory）的存在方式正是"星丛式"的，可以被称为"感知星丛"（constellation of sensory），其构成了生活论美学展开单一感知霸权批判的价值支点。[26]

当代社会中的单一感知霸权以视觉霸权为代表，这已经在视觉文化研究、图像研究、媒介研究等领域得到了充分揭示，"图像社会"和"视觉转向"均指向当前社会文化从宏观到微观各层面所出现的视觉偏向性现象。当代社会生活对"可见性"的严重依赖，其产生原因是多方面的，既有技术动因也有经济动因。在我们看来，生活论美学对视觉霸权的批判首先应当意识到的是，"视觉优先"观念是形而上学思想中根深蒂固的存在。对此，韦尔施进行了如下概括，简单但有力。

亚里士多德的《形而上学》以颂扬视觉开篇，并且以它为每一种洞见，每一种认知的范式所在。新柏拉图主义和中世纪光的形而上学是单纯的视觉本体论，基督教的形而上学甚至以视觉隐喻来阐释神言。当然圣人们也都有了一个漂亮的视觉形象。在后人所谓的"黑暗世纪"的末叶，视觉的优势愈发突出。达·芬奇称视觉为神圣，以它为世界基本真理的知觉；启蒙运动将光和可见性的隐喻推向极致。现代性依然不知有什么较透明更高的价值。"[27]

可以认为"视觉的类型学被刻写进了我们的认知、我们的行为形式,我们的整个科学技术文明"。[28]反观美学则可以发现,作为哲学形而上学的一个分支,传统美学几乎是无可避免地同样落入了"视觉优先"这一形而上学的"陷阱",未能逃脱视觉类型学的"刻写"。传统美学中一直存在着感官等级论,认为"视觉"在诸感觉中是最接近"理性"的感觉,因而特别关注艺术中的视觉体验,以绘画、建筑和雕塑等偏重于视觉感知的艺术活动为美学理论的灵感来源和范型,进而音乐、舞蹈、戏剧和文学等非视觉艺术活动也在视觉优先的感官等级论中被"视觉化"地看待。在此意义上讲,传统美学都是"静观"的美学,诸感官活动在传统美学中被不经意地缩窄为以"视觉"为主导的感官活动,其张扬的不离不即、不沾不滞的审美正是"视觉"的审美,而味觉、嗅觉、触觉之类的感官感觉则被认为是单纯生理反应而遭冷遇。

但是,日常生活中的人是无时无刻不在"参与"着的人,他不是以某种距离感官来把握这个世界,而是沉浸于其生活之流之中。这种"沉浸"式的参与是全部感官感知的投入,是诸感官感觉交互作用的结果,是"感知星丛"的产物,绝非单一感官体验所能提供。相反,单一感觉的作用发挥却不能脱离"感知的星丛"而成立,其原因在于,"感觉的交互作用在所有感知中都是决定性的……单一的感觉之所以能够发挥作用,是因为其他感觉相区别并得到其他感觉的支持。它们是身体获得时间与空间的相互协调的力量,没有这些力量的合作,身体无法获得——始于一种均衡的——稳定性"。[29]换言之,借用尼采的身体观,是身体的诸感官先行分割了世界,并将其在诸感官的星丛式存在下再建立起一个世界。而根据海德格尔的"此在在世"观,"世界"作为先于认知和行为主体的存在,其与"此在"之所以还能够发生关联性,并提供给存在者一个"前理解"语境,其原因正在于"此在"被抛入"世界"的同时首先在诸感官的交互作用下使"世界"得以显露出来。如果美学承认审美与感知不可分割,那么由此,审美感知的基本状况就应该是:"没有任何审美感知被限定在单一感官感觉上面。在某一感官起作用的时候,其他感官也可能同时参与进来,即使它们的参与并不活跃。"[30]

从生活世界出发的生活论美学是建立在对审美感知这一基本状况的清醒

理解之上的美学，"感官星丛"构成了其基本的价值立场。环境美学家伯林特提出过"介入美学"（aesthetics ofengagement）的理论倡议。针对自然审美鉴赏，他指出，"在自然界中，审美主体在一种知觉投入的条件下成了积极的参与者，主体自我与自然的形式和过程形成了连续感，并以此取代了传统美学，传统美学就是一种非功利鉴赏的美学，作为观者的主体与被赋予审美兴趣的环境对象之间保持着明显的距离"。[31]与此相似，日本学者齐藤百合子（Yuriko Saito）在《日常生活美学》中指出生活美学是一种"气氛美学"（aesthetics of ambience），认为"鉴赏是由众多要素构成，与围绕某一经验的气氛、氛围或基调直接相关，这是日常审美生活的重要部分"。[32]"介入美学"和"气氛美学"的提出，均源自环境美学、生活论美学反思以往以艺术为范型的美学并与之区分的理论诉求。其核心在于自然审美和日常生活审美活动的发生不同于艺术审美活动，都不是在由艺术品所营造的纯粹审美环境（如艺术展览场所、影剧院、音乐厅、图书馆等）中进行的。而各类艺术对审美感知再造的影响是构成艺术审美环境的重要部分，基于各类艺术媒介的感知偏向性，各类艺术审美环境往往突出某一感知特征而"屏蔽"其他感知。因此环境美学和生活论美学一旦脱离了这种影响，去考察非艺术环境中的审美感知时，审美感知的"星丛式"存在这一基本状况在其理论视野中反而清晰起来，使得人们意识到对审美活动的参与方式和途径实际上比艺术审美更加自由和多元。对此，齐藤百合子指出，"由于在如何体验非艺术对象和行为方面，传统的和制度化的规定对此是缺乏的，我们也得以自由地使自身真正地参与到审美体验中，以任何我们认为合适的方式"。[33]在介入、参与、连续感、气氛等术语中都隐含着"多元感知"或"感知星丛"的立场。总之，在生活论美学看来，脱离了感知星丛的单一感知所呈现的世界只能是非生活世界，是将生活之流截断之后的世界。

由此反观当前的视觉霸权问题，当世界成为图像之时，当世界被图像式地把握之时，恰恰是世界从"本真"走向"沉沦"，从"总体性"走向"割裂"，从"时空流转"走向"空间化操纵"的时刻，是"审美"消亡的时刻。

注释：

[1]阿多诺:《美学理论》,王柯平译,四川人民出版社1998年,第412页。

[2]Tom Leddy,"The Nature of Everyday Aesthetics," Andrew Light and Jonathan M. Smith(eds.). The Aesthetics of Everyday Life,New York:Columbia University Press,2005,p.3.

[3]参见Tom Leddy,"The Nature of Everyday Aesthetics,"Andrew Light and Jonathan M. Smith(eds.). The Aesthetics of Everyday Life,New York:Columbia University Press,2005,p.3.

[4]伊格尔顿:《美学意识形态》,王杰等译,广西师范大学出版社1997年,第227页。

[5]参见沃尔夫冈·韦尔施:《重构美学》,陆扬　张若冰译,上海译文出版社2002年,第85、89页。

[6]参见沃尔夫冈·韦尔施:《重构美学》,陆扬　张若冰译,上海译文出版社2002年,第14-29页。

[7]参见王德胜:《感性意义:日常生活的美学维度》,载《光明日报》2009年7月14日第11版。

[8]马丁·泽尔:《显现美学》,杨震译,中国社会科学出版社,2016年版,第29页。

[9]沃尔夫冈·韦尔施:《重构美学》,陆扬　张若冰译,上海译文出版社2002年,第108页。

[10]阿多诺:《美学理论》,王柯平译,四川人民出版社1998年,第20页。

[11]沃尔夫冈·韦尔施:《重构美学》,陆扬　张若冰译,上海译文出版社2002年,第19页。

[12]参见Tom Leddy,"The Nature of Everyday Aesthetics,"Andrew Light and Jonathan M. Smith(eds.). The Aesthetics of Everyday Life,New York:Columbia University Press,2005,p.3-4.

[13]马丁·泽尔:《显现美学》,杨震译,中国社会科学出版社2016年,第56-57页。

[14]马丁·泽尔:《显现美学》,杨震译,中国社会科学出版社2016年,第64-65页。

[15]马丁·泽尔:《显现美学》,杨震译,中国社会科学出版社2016年,第65页。

[16]马丁·泽尔:《显现美学》,杨震译,中国社会科学出版社2016年,第52,37页。

[[7]马丁·泽尔:《显现美学》,杨震译,中国社会科学出版社2016年,第34页。

[18]马丁·泽尔:《显现美学》,杨震译,中国社会科学出版社2016年,第36页。

[19]马丁·泽尔:《显现美学》,杨震译,中国社会科学出版社2016年,第56,39,43页。

[20]参见马丁·泽尔:《显现美学》,杨震译,中国社会科学出版社2016年,第34页。

[21]马丁·泽尔:《显现美学》,杨震译,中国社会科学出版社2016年,第58页。

[22]参见马丁·泽尔:《显现美学》,杨震译,中国社会科学出版社2016年,第73页。

[23]参见马丁·泽尔:《显现美学》,杨震译,中国社会科学出版社2016年,第36页。

[24]刘怀玉:《现代性的平庸与神奇——列斐伏尔日常生活批判哲学的文学学解读》,中央编译出版社2006年,第197页。

[25]沃尔夫冈·韦尔施:《重构美学—译者前言》,陆扬 张若冰译,上海译文出版社2002年,第9页。

[26]阿多诺在《美学理论》中有两处提到了"情意丛"和"感性的情意丛",其英文原文为"con-stellation"和"sensuous constellation",可参见阿多诺:《美学理论》,王柯平译,四川人民出版社1998年,第98页,第157页。

[27]沃尔夫冈·韦尔施:《重构美学》,陆扬 张若冰译,上海译文出版社2002年,第215页。

[28]沃尔夫冈·韦尔施:《重构美学》,陆扬 张若冰译,上海译文出版社2002年,第212页。

[29]马丁·泽尔:《显现美学》,杨震译,中国社会科学出版社2016年,第46页。

[30]马丁·泽尔:《显现美学》,杨震译,中国社会科学出版社2016年,第46页。

[31]参见M.巴德:《自然美学的基本谱系》,刘悦笛译,载《世界哲学》2008年第3期。

[32]Yuriko Saito,"Everyday Aesthetics",New York:Oxford University Press Inc.2007,p119.

[33]Yuriko Saito,"Everyday Aesthetics",New York:Oxford University Press Inc.2007,p20.

刊于《厦门大学学报》,2017年第4期

论利益是社会历史发展的最终动力

赵绥生

(陕西工业职业技术学院 人文科学系,陕西 咸阳 712000)

摘 要: 传统哲学教科书忽略了一个十分重要的问题:生产力发展是否也有内在动力?唯物史观理论如果不能对生产力发展这一"动力的动力"做出回答,就没有彻底回答历史发展的动力问题。社会历史发展的基本规律实质上是人类利益关系的运动规律。实现自身利益是人们从事一切社会活动的最终动机。生产力与生产关系矛盾、经济基础与上层建筑矛盾、阶级矛盾的共同实质是社会利益矛盾。经济基础与上层建筑变革的根源是社会各阶层、集团或阶级对社会利益格局调整的要求。离开马克思主义利益思想,离开了利益分析的方法,就无法说明历史发展的最终动力。

关键词: 历史唯物主义 利益 社会历史发展 动力的动力

一、传统教科书理论体系的一个严重缺憾

唯物史观从历史主体"现实的人"出发,从人类生存与发展最基本的条件、"一切历史的第一个前提"——物质资料的生产活动入手,在劳动中找到了破解历史秘密的锁钥:现实的人要生存就必须进行物质资料的生产劳动,这就必然形成一定的生产力。由于人们的生产活动必须在一定的社会关系中进行,所以在一定的生产力的基础上就必然形成一定的生产关系。由此构成了社会历史运动最基本的内在矛盾——生产方式的矛盾,即生产力与生产关系的矛盾。在一定的生产关系即经济基础之上,必然产生相应的上层建筑,由此就派生出另一对社会基本矛盾——经济基础与上层建筑的矛盾。生产力的性质决定着生产关系的性质,经济基础的性质决定上层建筑的性质。由此得出结论:两对社会基本矛盾内部由基本适应到不适应,再到基本适应这样

矛盾不断产生又不断解决的运动，构成人类历史发展的动力，生产力是社会历史发展的火车头，是推动历史进步的决定性物质力量，是社会历史发展的最终动力源泉。

但是传统哲学教科书在阐述历史唯物主义基本原理时，却忽略了一个十分重要的问题：生产力发展是否也需要推动力？生产力永恒发展的内在动力又是什么？如果说社会基本矛盾的运动推动了历史发展的话，社会基本矛盾为什么会不断地解决又不断地产生出来？各个时代的不同阶级、集团为什么会有如此巨大的热情甚至不惜以血流成河的沉重代价去解决这些社会基本矛盾？如果说人民群众是创造历史的主体，是推动历史发展的主体力量的话，人民群众又为什么要推动历史？如果说生产方式是历史发展的决定力量的话，生产方式只是一定历史阶段人们借以进行物质资料生产的具体形式，它自身是无意识的，不可能决定自己采取什么样的形式。生产方式的复杂构成因素中，唯一有思想、有意识的是生产力的主导因素——劳动者，那么，处于一定历史阶段的人们为什么要变革生产方式？如果说阶级斗争是推动阶级社会历史发展的直接动力的话，阶级斗争的真正目的是一定阶级出于推动历史进步的动机，抑或是出于本阶级实实在在的利益盘算？而在没有阶级的时代，社会为什么也能够发展？如果说物质资料的生产劳动是历史发展的根本物质力量的话，同样又会产生一个问题：人为什么要进行生产劳动？

所以，传统教科书关于历史发展动力思想的表达是不彻底的。这在很大程度上缘于苏联哲学理论的影响。影响很大的《联共（布）党史简明教程》、康士坦丁诺夫主编的《历史唯物主义》和尤金与罗森塔尔合写的《简明哲学词典》都否认生产力的内部动力，而把生产力的动力归结为适合生产力发展水平的生产关系的反作用。受苏联哲学对马克思主义解读的影响，我们的教科书理论一向不承认生产力有内部矛盾。这是传统教科书理论体系的一个严重缺憾，是对历史唯物主义理论的严重误读。唯物史观理论如果不能对生产力发展的内在动力即"动力的动力"做出回答，不能揭示出历史主体思想动机背后更深层的经济利益动因的话，那就没有彻底回答历史发展的最终动力问题。

二、"动机的动机"问题的提出及其重大意义

人类的实践具有自觉性的特点。人们的一切活动和行为总是反映着人们的愿望与动机。恩格斯指出，人们所从事的各种社会活动的直接动机是非常复杂的，但是在这些五花八门的目的与动机背后，存在着制约所有时代、所有人的所有动机的共同的最终动机，即"动机的动机"。"无论历史的结局如何，人们总是通过每一个人追求他自己的、自觉预期的目的来创造他们的历史，而这许多按不同方向活动的愿望及其对外部世界的各种各样作用的合力，就是历史。因此，问题也在于，这许多单个的人所预期的是什么。愿望是由激情或思虑来决定的。而直接决定激情或思虑的杠杆是各式各样的。有的可能是外界的事物，有的可能是精神方面的动机，如功名心、'对真理和正义的热忱'、个人的憎恶，或者甚至是各种纯粹个人的怪想。……另外一方面，又产生了一个新的问题：在这些动机背后隐藏着的又是什么样的动力？在行动者的头脑中以这些动机的形式出现的历史原因是什么？"[1]248 社会历史是作为历史主体的人类在自觉的思想意识指导下的实践活动所构成的，所以要解开社会历史发展之谜，就必须追问制约着所有个人、集团、阶层以至阶级表面动机背后的那个"动机的动机"。

在马克思主义产生之前，旧的历史观关于历史发展的动力问题，至多看到的是人的思想动机。至于人的思想动机是如何产生的，这是旧历史观所无法认识的。正如恩格斯所说的："以前所有的历史观，都以下述观念为基础：一切历史变动的最终原因，应当到人们变动着的思想中去寻求，并且在一切历史变动中，最重要的、决定全部历史的又是政治变动。可是，人的思想是从哪里来的，政治变动的动因是什么——关于这一点，没有人发问过。"[2]334 黑格尔的历史哲学超越了前人，认识到历史人物的思想动机并不是历史发展的最终原因，认为在人们的思想动机背后还有更深刻的"原动力"。但是黑格尔的唯心主义哲学，决定了他不能为这一具有重要意义的命题找到正确的答案。虽然如此，恩格斯还是高度评价了黑格尔提出"原动力"命题的意义。他说："黑格尔没有解决这个任务，这在这里是没有多大关系。他的划时代的功绩是提出了这个任务。"[2]363

唯物史观以其独特的社会实践思维方式，从社会存在决定社会意识这一

基本原理出发，对历史观中这一重大问题的解答给出了科学的路径，认为历史主体的动机不能从社会的思想中得到解释，不能从社会的政治关系中去寻找，更不能到社会历史的外部去寻找，而只有从社会的物质生活之中、从社会的经济关系中得到解释。

"动机的动机"问题的解答具有重大理论与实践意义。首先，唯物史观只有寻找到历史主体的最终思想动机，才能回答生产力不断发展的"动力的动力"是什么，从而彻底回答历史发展的最终动因问题。其次，只有准确回答了历史主体"动机的动机"问题，社会历史发展能动性根源才能得到合理说明。再次，只有寻找到"动机的动机"，才能恢复马克思主义哲学独具的以人为本的人文关怀精神，有助于我们在社会历史观中真正确立起人的主体地位，认识到人们是历史的创造者，理所当然的应该是历史发展成果的享受者，人们创造历史只是为了享受其创造成果，从而为以人为本的科学发展观提供马克思主义哲学理论支持。

三、"动机的动机"与"动力的动力"问题的研究进展

从20世纪80年代初开始，在我国哲学界对传统的马克思主义哲学教科书理论体系进行反思的过程中，历史主体"动机的动机"与历史发展"动力的动力"问题就成为被关注的热点问题之一。由于传统教科书对历史发展动力的表述停留在生产力是社会历史发展最终动力的层面上，所以，关于"动机的动机"与"动力的动力"问题的讨论，实际上就聚焦到什么是生产力发展的内在动力问题上。对这个问题近30年的学术争鸣中，大多数学者承认生产力背后还存在着更原始的动力，但是对这种动力的具体认识却有不少分歧。概括起来主要观点有以下十多种：（1）人的需要说；（2）物质利益说；（3）人与自然矛盾即主体需要的无限性与客体自然资源的有限性矛盾说；（4）生产力内部矛盾因素说；（5）综合因素说；（6）人与物的矛盾说；（7）生产方式矛盾运动说；（8）历史性因素说；（9）生产工具动力说；（10）代价动因说；（11）先进生产力与落后生产力之间的矛盾说；（12）科学和物质生产力之间的矛盾说[3]。笔者在2003年完成的学位论文中则提出：人类实现自身需要和利益的愿望与实现程度即生产力发展现状之间的矛盾，是生产力发展的永恒动力。

四、实现自身利益是人类从事一切社会实践"动机的动机"

人是历史的主体,历史是由人创造的。考察社会历史过程就必须考察人的社会实践活动,考察人的社会实践活动就必须考察人从事社会实践活动的动因,考察人的社会实践活动的动因就必须考察人的意志、愿望、目的等思想动机,否则我们就无法真正揭开历史发展之谜。"就单个人来说,他的行动的一切动力,都一定要通过他的头脑,一定要转变为他的意志和动机,才能使他行动起来"。[1]251 马克思主义创始人指出了揭开历史发展之谜的正确途径,就是去探究隐藏在历史人物动机背后的那些构成历史的真正的、最后的动因即"动机的动机"或"动力的动力"。"因此,如果要去探究那些隐藏在——自觉地或不自觉地,而且往往是不自觉地——历史人物的动机背后并且构成历史的真正的最后的动力的动力,那么,问题涉及的,与其说是个别人物、即使是非常杰出的人物的动机,不如说是使广大群众、使整个整个的民族,并且在每一民族中间又是使整个整个阶级行动起来的动机;而且也不是短暂的爆发和转瞬即逝的火光,而是持久的、引起重大历史变迁的行动。探讨那些作为自觉的动机明显地或不明显地、直接地或以意识形态的形式甚至被神圣化的形式反映在行动着的群众及其领袖即所谓伟大人物的头脑中的动因,——这是能够引导我们去探索那些在整个历史中以及个别时期和个别国家的历史中起支配作用的规律的唯一途径"。[1]249

人们的社会生活是丰富多彩的,其现实需求是复杂与多元的。这决定了人们思想的复杂性及理想、愿望与追求的多元性。那么,隐藏在人们各种表面动机背后的那些构成历史的真正的、最后的动因,即能够使广大群众、整个的民族、整个阶级行动起来的最终动因到底是什么?马克思主义揭示了所有这些动机背后隐藏着的最终动因,就是人类对满足自身需要和实现自身利益的追求。"任何个人如果不是同时为了自己的某种需要和为了需要的器官而做事,他就什么也不能做"。[4]满足自身生存的需要,是一切生命有机体的本能和生存法则,关心自身需要的满足,实现自身利益,更是人类这一高级生命的自觉行为。"天下熙熙,皆为利来;天下攘攘,皆为利往"。利益构成人类一切活动的出发点与归宿点,人首要的关怀就是对自身利益的关怀。人类的第一个社会实践活动,"一切历史的第一个前提"——物质资料的生产活动，毫无疑义的是为了满足人类生存的需要，实现人类这一最基本的利益。人们进行任何经济的、政治的、文化的社会实践活动，无论是改造自然还是改造社会，唯一的目的是为了实现自己的利益，使自己的生活更理想。正是为了更好地实现自身利益，才唤起了人们从事社会实践的激情，促使每一历史阶段上的人们"行动起来"；为了更好地实现自身的利益，人类才永不停息地探索未知世界、改进发明生产工具以发展生产力；为了更好地实现自身的利益，人类才永不倦怠地进行生产劳动，创造物质财富、精神财富；为了更好地实现本阶级、集团的利益，人们才不得不采取阶级斗争这一血腥手段来进行社会革命，变革生产方式，变革经济与政治制度。"历史什么事情也没有做，它并不拥有任何无穷尽的丰富性，它并没有在任何战斗中作战，创造这一切，拥有这一切并为这一切而斗争的不是历史，而正是人，现实的、活生生的人。历史并不是把人当作达到自己目的的工具来利用的某种特殊的人格。历史不过是追求着自己目的的人的活动而已"。[5]

五、实现自身利益是生产力发展"动力的动力"

"人的类特性恰恰就是自由的有意识的活动"。[6]人类的一切活动是为了满足人自身的需要，实现自身的利益，使自己的生活更理想、更满意。人类为了生存这一最基本的需要与利益，才进行生产劳动。所以，生产力的形成首先基于人类生存的需要与利益。而人类的需要与利益具有社会性、历史性，是随着社会实践的发展而不断丰富、提高的。为了满足人类不断增加、日益丰富的需要与利益，人类必须不断发展生产力。生产力发展的动力，就在于人类满足自身需要与实现自身利益的要求。

动物和人类都有生存需要，但是只有人类才能够在满足需要的过程中形成生产力，并且在满足需要的过程中不断发展生产力。原因就在于动物只是服从于生命的本能来生存，它只是消极地适应自然界，利用现成的自然界来生存，因此它的生存需要几乎是凝固不变的。而人类一开始其生活就是建立在主动地、自觉地创造自己生活的劳动基础之上的，这决定了人类不同于动物，他总是按照自己的理想来创造生活。正是人类通过社会劳动来创造理想生活的本质属性，使人类在物质资料的生产劳动中必然形成生产力，并使生产力在社会再生产过程中得到不断提高。生产力永远不会停止在一个水平上，因为人类的生活理想永远不会停留在一个水平上。人类的理想生活总是现实生活的产物，每一时代的既定生产力满足并制约着人类一定的现实生活需求即现实利益要求，然而，每一时代的既定生产力又总是不能完全满足人们现实生活需求，因为人们在现实生活基础上，总是会产生出比现实更高的生活理想即需要和利益要求。解决现实生产力水平与人类理想生活之间矛盾的唯一途径，就是不断深化对世界的探索和认识，不断改进生产工具，提高生产力。当生产力的发展使得人类理想的需要与利益得以实现以后，在新的现实生活的基础上，人类又会产生更高的需要与利益要求。人类对理想生活、理想社会、理想世界的追求是永远不会停止的，这就决定了人类实现自身需要与利益的愿望与实现程度之间的矛盾是永远不会消除的。生产力的发展不断满足着人类的现实需要与利益，同时又创造着人类更高、更理想化的需要与利益。生产力的不断发展推动了人类理想的需要与利益不断变为现实，而人类更高、更加丰富的理想化需要与利益又推动着生产力的进一步发展。正是人类满足自身需要、实现自身利益的现实要求与这种需要和利益的实现程度之间矛盾的不断解决，又不断产生，才构成了生产力发展的永恒动力。没有人类对自身需要与利益的追求，就没有生产力的发展。人类实现自身利益的动机，构成生产力发展"动力的动力"。

六、生产方式内在矛盾的实质是社会经济利益矛盾

人类的物质资料生产活动总是在一定的生产方式下进行的。生产方式就是一定水平的生产力与一定形式的生产关系的统一。生产力与生产关系构成生产方式的内在矛盾，也构成社会最基本的矛盾。生产关系一定要适应生产力的性质与发展水平是人类历史发展的根本规律。生产关系与生产力之间从基本适应到不适应再到基本适应的反复运动过程，实质是社会各阶层、集团或阶级之间利益关系、利益格局不断调整的过程。生产力与生产关系矛盾的实质是社会经济利益矛盾的反映。

生产关系是人们在生产过程中结成的一定的社会关系。生产关系的实质是经济利益关系，更通俗地说就是财产关系。马克思指出，财产关系不过是经济关系的法律用语而已。生产关系主要包括了生产资料的占有形式、人们在生产过程中的地位、劳动产品的分配方式等。从社会再生产的角度来看，生产关系包括了直接的生产过程、分配过程、交换过程和消费过程。生产关系内涵的每一个方面，都反映的是社会各阶层、集团或阶级之间的直接经济利益关系，核心是社会各阶层、集团或阶级以何种方式占有基本生产资料、以何种社会组织形式来进行物质资料的生产、以何种方式来分配社会财富并占有财富、以何种社会形式来交换人们的劳动、以何种社会形式来消费劳动成果等。任何社会所形成的特定生产关系，意味着这种生产关系下的利益格局符合该社会经济上占主导或统治地位的阶层、集团或阶级的利益要求。虽然每一时代各阶层、集团或阶级对这种生产关系即利益格局不可能都是满意的，但这是特定时代各种社会力量博弈的结果。在经济上不占主导或统治地位的阶层、集团或阶级，受制于本阶层、集团或阶级的力量（主要是经济实力），在一定时期内不得不接受这种利益格局。

生产关系必须适合生产力的性质与水平，是生产方式矛盾运动亦即社会历史发展的基本规律。所谓生产关系适应生产力的性质与发展水平，其本质含义指的是社会财富的占有方式与财富分配方式、社会生产的组织形式、社会劳动的交换形式等社会的利益格局，基本符合那个时代社会生产各主要阶级力量的对比状况和利益要求，特别是符合代表那个时代先进生产力与历史前进方向、并且在经济上居于主导地位的先进阶级或政治集团的利益要求。因为这种相对合理的经济利益关系或利益格局，能够较好地调动那个时代各方面历史主体的生产积极性，特别是能够调动代表着该时代先进生产力与历史前进方向历史主体的积极性，从而使得社会资源、生产要素能够得到较合理的配置，社会整体生产力水平能够得到最大程度的发挥，从而使生产关系产生推动生产力发展的积极作用。而所谓的生产关系不适应生产力的性质与发展水平，其本质含义是指社会的利益格局已经不能反映社会发展主要力量的利益要求，特别是不能反映新兴的、代表时代前进方向与先进生产力的阶级或政治集团的利益要求，从而压抑了社会各种生产要素及历史主体的生产积极性，导致社会生产资源配置效率与生产效率低下，社会生产力无法很好地发挥出来。这时，生产关系便呈现出阻碍生产力发展的消极作用。在这种状况下，新兴的、代表时代前进方向与先进生产力的阶级或政治集团，必然提出变革现有生产关系即社会利益格局的强烈要求。当这个新兴的阶级或政治集团积聚了足够的力量与原来占统治地位的集团或阶级相抗衡的时候,社会革命就不可避免地爆发了。所以,生产关系变革的直接根源在于社会各阶层、集团或阶级对社会利益分配关系、利益格局的调整要求。

每一次社会变革后产生出的新的生产关系,总是那些代表着先进生产力与历史发展方向并在经济与政治上占据支配地位的新兴阶级,根据自己的利益原则,选择更能够发挥出生产效率的经济制度与生产组织形式而建立起来的。所以它表现出与生产力的水平基本相适应的特征,对生产力发展产生积极的推动作用。生产关系作为社会的经济制度,建立起来后总是具有相对的稳定性。可是生产力却是最活跃、最具革命性的因素,它每时每刻都在发展。当更具先进性的一代生产工具的应用使生产力发生了质的重大变化,代表更先进生产力的新兴阶级日益壮大起来,成为社会经济的主导力量的时候,原有的生产关系和社会利益格局就不再是推进生产力发展的有效形式,而成为阻碍生产力发展的桎梏。因为这种生产关系依然维护的是原有的统治阶级的利益,在社会利益分配中不能反映新生产力所代表的阶级的利益,从而对新生产力的效率发挥产生压制作用。于是,新兴阶级必然强烈要求变革生产关系,使自己获得社会利益分配的主导地位,从而实现本阶级的利益。当这个新兴的阶级或政治集团积聚了足够的力量与原来占统治地位的集团或阶级相抗衡的时候,社会革命就又一次不可逆转地爆发了。马克思说:"社会的物质生产力发展到一定阶段,便同它们一直在其中运动的现存生产关系或财产关系(这只是生产关系的法律用语)发生矛盾。于是这些关系便由生产力的发展形式变成生产力的桎梏。那时社会革命就到来了。随着经济基础的变更,全部庞大的上层建筑也或慢或快地发生变革。"[7]97

由此看出,生产方式的矛盾实质上是不同社会集团的利益矛盾。一定的生产关系总是代表着一定社会集团的根本利益。生产关系变革的实质就是社会利益关系和利益格局的调整。每一次生产关系的变革,都是代表新的社会生产力的社会集团或阶级,在打破原有社会利益格局,实现本集团或本阶级利益的过程中,使新建立的生产关系即新建立的社会经济制度,能够更好地适应新生产力的要求,从而使生产力的能量得以充分释放。

七、经济基础与上层建筑矛盾的实质是社会经济利益矛盾

经济基础与上层建筑作为另一对社会基本矛盾,其实质是社会各政治集团之间的经济利益矛盾。上层建筑与经济基础之间从基本适应到不适应再到基本适应的矛盾运动过程,实质是社会各政治集团之间社会利益关系、利益格局不断调整的过程。

首先,经济基础与上层建筑矛盾的产生根源于社会经济利益矛盾。经济基础就是该社会生产关系的总和,其实质就是一定社会的经济关系、利益关系。由于私有制的产生,使得社会经济利益关系开始具有了对抗的性质。社会成员在经济利益上的对立与冲突,导致了政治集团——阶级的产生。阶级不过是社会成员中具有相同利益人群的集合而已。所以阶级看似政治范畴,本质上却是个经济范畴,阶级关系的实质是经济利益关系。正因为在阶级社会中各阶级之间利益是根本对抗的,这就决定了一定阶级利益的获取与社会一定利益格局的维持,不得不借助于政治权利与国家意志。于是在经济基础之上便产生了国家、法律等政治上层建筑以及军队、警察、监狱等国家暴力机器。上层建筑是经济基础的产物,上层建筑是为维护经济上占统治地位阶级的利益而组织起来的一种政治力量、政治机构或者政治手段,其神圣使命就是实现本阶级的经济利益,维护本阶级的既得经济利益不受对立阶级的侵犯。

其次,经济基础决定上层建筑,实质上就是社会经济利益格局决定上层建筑的性质,经济利益格局的变化决定上层建筑的变革。在一定社会的生产关系即经济基础中,哪个政治集团在社会利益格局中占主导地位,该社会的政治上层建筑中也必然是由这个政治集团占统治地位。上层建筑反作用于经济基础,是指政治上层建筑最根本的使命,就是维护本阶级占支配地位的社会经济制度即生产关系,即维护本阶级的经济利益,维护业已形成的对本阶级有利的社会利益格局。所谓上层建筑与经济基础相适应,其本质含义就是指执政者的意志、国家权力机构及其一切政令法规,与在经济上占主体地位或支配地位阶级的利益要求完全相一致。所谓上层建筑与经济基础不适应,就是指执政者的意志、国家权力机构与政令法规,不符合在经济上已经取得主体地位或支配地位阶级的利益要求。上层建筑必须适应经济基础的变化,随着经济基础的变革，整个上层建筑或迟或早要发生变革。由于生产力的发展，社会经济关系、利益关系就会相应发生变化，一旦某种社会新兴的阶级力量在社会经济中由过去的非主体地位逐渐上升到主体地位，在社会利益格局中占据了支配地位，那么，原有的上层建筑的性质就必须随之发生变化，国家的性质必须改变，国家意志必须改变，这就意味着社会政治革命，意味着旧的国家机器被摧毁，意味着改朝换代。马克思说："政治国家对私有财产的支配权究竟是什么呢？是私有财产本身的权力，是私有财产的已经得到实现的本质。和这种本质相对立的政治国家还留下了些什么呢？留下一种错觉：似乎政治国家是规定者，其实它却是被规定者。"[8]政治不过是经济的集中反映而已——马克思主义一再强调了一切政治斗争的实质是经济利益斗争，一切政治行为的背后的要害问题就是不同政治集团的经济利益争夺。社会基本矛盾实质上是各阶级利益关系的人格化，上层建筑与经济基础之间矛盾的实质是不同阶级之间经济利益矛盾的反映。

八、阶级矛盾与阶级斗争从根本上说是社会经济利益矛盾

生产力与生产关系、经济基础与上层建筑的矛盾，在阶级社会中是通过代表新的生产力与新的利益格局要求的阶级，与代表旧生产关系利益格局的阶级之间的矛盾与斗争表现出来的。正如恩格斯指出的："这种观点认为一切重要历史事件的终极原因和伟大动力是社会的经济发展，是生产方式和交换方式的改变，是由此产生的社会之划分为不同的阶级，是这些阶级彼此之间的斗争。"[2]704-705

在阶级社会中，先进生产力与落后生产力，先进的生产关系与落后的生产关系，先进的上层建筑与没落的上层建筑，都是通过一定的阶级矛盾体现出来的。先进生产力与落后生产关系之间的矛盾，实质上是代表新的生产力与新的利益格局要求的阶级，与代表旧生产关系利益格局的阶级之间的矛盾。经济基础与上层建筑之间的矛盾，同样表现为代表新的生产力与新的利益格局要求的阶级，与代表旧生产关系与旧利益格局的阶级之间的矛盾。解决生产力与生产关系之间的矛盾，解决经济基础与上层建筑之间的矛盾，实质上是解决对立的阶级之间的利益矛盾，重新调整社会利益格局。由于各阶级之间的利益是根本对立的，任何既得利益集团决不愿意拱手让出本集团的利益，所以只有通过血腥的阶级斗争手段，才能推翻落后阶级的政治上层建筑；只有推翻了阻碍历史进步的腐朽政治上层建筑，才能变革现有的社会经济关系，调整社会利益格局；只有变革了社会生产关系，调整了社会利益格局，才能调动代表新生产力的新兴阶级这一历史主体的生产积极性，刺激经济发展，从而解放与发展生产力。"自从原始公社解体以来，组成为每个社会的各阶级之间的斗争，总是历史发展的伟大动力。"[9]正是在这个意义上，我们说阶级斗争是阶级社会发展的直接动力。

九、简短的归纳

造成传统教科书关于历史发展最终动力思想表达不彻底的原因，在于我们对马克思主义利益思想研究的缺失。而离开马克思主义利益思想，离开了利益分析的方法，就无法说明历史发展的最终动力。

社会发展基本规律归根结底是人类利益关系的运动规律。"唯物主义历史观从下述原理出发：生产以及随生产而来的产品交换是一切社会制度的基础；在每个历史地出现的社会中，产品分配以及和它相伴随的社会之划分为阶级或等级，是由生产什么、怎样生产以及怎样交换产品来决定的。所以，一切社会变迁和政治变革的终极原因，不应当到人们的头脑中，到人们对永恒的真理和正义的日益增进的认识中去寻找，而应当到生产方式和交换方式的变更中去寻找；不应当到有关时代的哲学中去寻找，而应当到有关时代的经济中去寻找"。[7]226 这里，恩格斯所说的"应当到有关时代的经济中去寻找"，就是指到这个时代的经济利益关系中去寻找。

利益是人们从事一切社会活动的最终动机，是生产力与生产关系矛盾运动的根源，是经济基础与上层建筑矛盾的根源，是阶级矛盾与阶级斗争的根源。人类永远不会满足自己已经达到的生活水平，永远在追求更理想的生活，这就决定了生产力的发展永远没有止境。人类实现自身需要和利益的愿望与实现程度即生产力发展现状之间的矛盾，是生产力发展的永恒动力[10]。

参考文献：

[1]马克思,恩格斯.马克思恩格斯选集:第4卷[M].北京:人民出版社,1995.

[2]马克思,恩格斯.马克思恩格斯选集:第3卷[M].北京:人民出版社,1995.

[3]赵绥生."动力的动力"问题研究回顾与反思[J].广东行政学院学报,2006,18(5):85-89.

[4]马克思,恩格斯.马克思恩格斯全集:第3卷[M].北京:人民出版社,1960:286.

[5]马克思,恩格斯.马克思恩格斯全集:第2卷[M].北京:人民出版社,1957:118-119.

[6]马克思,恩格斯.马克思恩格斯选集:第1卷[M].北京:人民出版社,1995:46.

[7]马克思,恩格斯.马克思主义经典著作选读[M].北京:人民出版社,1999.

[8]马克思,恩格斯.马克思恩格斯全集:第1卷[M].北京:人民出版社,1956:369-370.

[9]马克思,恩格斯.马克思恩格斯全集:第22卷[M].北京:人民出版社,1965:506.

[10]刘权政,王永利.当代中国社会利益冲突分析[J].西北农林科技大学学报(社会科学版),2009(1):101-105

刊于《重庆邮电大学学报》,2009年第3期

生活美学的价值取向及其现实意义析论

张 静 赵伯飞

摘 要： 当今中国社会正发生着前所未有的变革，人民对美好生活的向往拓展到现实生活的方方面面，人们的审美活动已经融入社会生活的各个领域。生活美学作为一种新的美学形态应运而生，表明了中国美学正不断走向成熟。生活美学倡导环境审美模式，强调淡化艺术与"非艺术"的边界，注重精英文化与大众文化的相互融合，其兴起和发展标志着在新的历史条件下的艺术新生。生活美学的理论意义在于新的历史条件下的美学重构；社会意义在于有利于"和谐"意识的传达；是人们追求美好生活的助推器，最大限度地满足了人们对幸福理想的追求。生活美学倡导人们以积极和奋斗的心态实现人自身和社会环境的美化，这不仅符合社会发展的需要，也是人们使"幸福生活"变为现实的途径。

关键词： 文化自觉 生活美学 文化渊源 价值取向 时代精神 美好生活

当今中国社会正发生着前所未有的变革，中国人民对美好、幸福生活的向往拓展到现实生活的方方面面，与之相应，人们的审美活动已经融入社会生活的各个领域之中。党的十九大报告有十三个地方提到"美好生活"，"美好生活"成为报告的开篇语，将对美好生活的向往作为新时代的使命和初心，以继续为美好生活奋斗作为报告的结尾等等，这些都以前所未有的姿态展示了在党的领导下当代中国人民的文化自觉与文化自信，充分表达了中国人民追求美好幸福生活的强烈愿望。那么，何为"美好生活"？什么样的"美好生活"才是具体、真实和富有时代价值和文明进步意义的？如何将"美本身"还给"生活本身"？笔者认为，生活美学作为一种新的美学形态的应运而生及其受到人们的关注，不仅表明了中国美学正不断走向成熟，而且表明了中国人民不断坚定文化自信，致力于积极奋斗，不断创造出属于自己的美好生活的决心。

一、生活美学的文化渊源及其学理分析

如果说日常生活审美化是在新世纪探索文艺学学科走向的大背景下突显出来的话题，那么，生活美学则是对日常生活审美化话题的进一步探索和拓展。2010年第18届世界美学大会在北京召开，其主题是"传统与当代：当代生活美学复兴"，这可以视为"生活美学"研究在中国兴起的标志。

综观目前国内外学者对于生活美学的探讨，可以发现这些研究成果主要集中在对生活美学存在的合法性、合理性的分析上，但是学者们对于什么是生活美学以及生活美学的走向、美学转向生活之后的发展前景及其现实意义等问题尚没有细致和明确的阐述，由此也就在一定程度上造成了"生活美学"或美学"生活论"话题本身的泛化与模糊化。

由于深受韦尔施重构美学思想的影响，目前学界一般把日常生活审美化的内涵分为两个方面：一是"表层的审美化"，也就是大众身体与日常物质性生活的表面的美化；二是"深层的审美化"，即认识论的审美化，它可以深入到人的内心世界，这种文化的变化可以潜移默化地改变大众的精神意志。因此，对于更加深层次生活美学的研究，我们需要追根溯源，从中国古典文化和西方哲学美学两方面追溯其文化渊源。

就国内而言，最早正式使用"生活美学"这一说法的是刘悦笛。这一话题起初便引起了学术界的关注，但并没有形成如"日常生活审美化"那样热烈、普遍的学术讨论。2010年，在北京召开的第18届世界美学大会上，"日常生活美学"作为一个专题受到与会专家的普遍关注。另外，"生活美学"的专题讨论也在国内一些杂志陆续展开，"新世纪中国文艺学美学范式的生活论转向"就是《文艺争鸣》2010年第三期推出的一个专栏，该刊随后又相继推出四期与此相关的讨论专题。不少知名学者从不同的角度对生活美学这一话题展开研究。

中国学者在对生活美学进行论述之前，都试图回归传统，为生活美学寻找本土资源，同时也注意放眼国外，为美学走向生活寻求更加贴切的理论资源。首先，就本土理论资源而言，刘悦笛关于中国美学的"三原色"理论有着较大的影响。他曾经撰文指出，中国古典美学可以视为生活美学的原色与底色。中国美学的"儒家生活美学""道家生活美学""禅宗生活美学"是构成生活美学的"三原色"。追溯历史，孔子和老子的美学思想中，就已经有走向生活美学的趋势了。也就是说，中国美学从源头上就体现着"生活化"的取向，并以此为基调形成了历史上生活美学的三次高潮。这一点是中国古典美学最具特色的地方，同时也是新时代重新阐释古典美学最具突破性的新途径[1]。张晶就当代美学面对生活与古典"感兴"做出探讨，他认为，真正为艺术提供源源灵感的是"感兴"，这种"感兴"的外在触媒客体便是日常生活，也正是日常生活将艺术与世人紧紧联系在一起，使艺术之树常青[2]。当然，也有不少学者从个案研究入手深入探究生活美学的古典文化资源，譬如，常康以李贽的"自然人性论"为代表的泰州学派为例，认为要想开启泰州学派的"生活美学"思想，必须将"自然人性论"的"人本主义"回归到"生活美学"这个维度上来[3]。朱立元从实践存在论的角度，表明自己赞同生活美学的心声，他在《关注常青的生活之树》一文中重新对马克思的"现实生活"概念进行阐释，进而再次证明美学直指回归现实生活的本旨，并表示美学远离纯理论的逻辑和圈子，向现实的日常生活敞开大门，回归生活的本真，这就是"实践存在论"的本质。

  不难发现，以上这些研究都是对生活美学思想中中国古典资源的探寻。但是我们更应当看到，当今时代随着社会文化等综合因素的改变，生活美学的思想有了新的变化。电子文化、大众文化、音像文化、服饰文化、广告设计、市场营销、景观旅游、历史文物、传统遗俗、环境艺术、人体彩绘、游戏文化、陶吧、唐装、蹦迪、现代化的街心公园、休闲旅游中心等的大量存在都说明了生活美学在当代中国人的生活中是极为兴盛的。因此，有学者明确表示，在现时代重提生活美学，"不是要颠覆掉经典美学的所有努力，而是要使美学返回到原来的广阔视野"；就是要打破"自律艺术对美学独自占有和一统天下，把艺术与生活的情感经验同时纳入美学的世界；我们再度确认生活美学，不是为了建构某种美学的理论，而是在亲近和尊重生活，承认生活的审美品质"。在此基础上，陈雪虎在《生活美学：三种传统及其当代汇通》中分别辨析了中国三种美学传统,第一种是基于前宗法社会残留于当代的,作为人们追忆与利用传统生活与文化的美学;第二种是基于百年现代中国民众革命斗争的革命生活美学;第三种才是基于当代世界整体语境而在中国迅速发展起来的生活美学。这三种生活美都试图靠近现实,具有一定的现实性,因此也就共存于当今时代[4]。

也就是说,生活美学的研究需要回归传统,也需要放眼国外。从生活美学的国外思想资源来看,从海德格尔的"存在真理"的艺术、维特根斯坦的"生活形式"的艺术到实用主义代表者杜威的"完整经验"的艺术,大都表明了从哲学理论回归人类生活本身的趋向。当然,西方哲学和美学研究者主要从主客二分的视角回归现实生活的本质直观,从感性与理性二分的视角回到现实生活的本真呈现,简言之,就是从西方传统美学的视角回到哲学和美学的"生活论"上来。

当下的生活论转向已经获得了多元化的发展,这更加丰富了生活美学作为美学发展新的增长点的理论基础。

首先,从文化研究的角度为生活美学提供学理依据。例如,陆扬借助雷蒙·威廉斯对"文化"的三种定义,进一步论证文化是特定的生活方式,是普通平常的。他指出文化研究的一个基本方法,即将文化现象作为文学文本进行细致分析,文化研究的对象应该是工业社会和后工业社会内部的生活方式,正是这种生活方式供给文化研究以意义。换言之,我们当前所面临的日常生活正是文化研究的生活论转向的现实根基;而且高科技引导下的网络世界和"赛博空间"等的存在,也一步步瓦解了传统的形而上的美学观念,让美学研究的重点和中心逐渐转向个体和大众,不再只局限于与世无争的"象牙塔"之中。毋庸置疑,当前的消费文化及其表征更多地体现了生活美学的现实,特别是人们对于自己身体、外表的美的追求,在各种传媒力量的引导下,人们追求身体的美化、自我的解放以及艺术化的生活,同时也会面临着如身体的自我解放与身体技术压制、自我的认同与自我的迷失等等悖论,并相应出现一些两难的社会问题。

其次,从生态论的视角为生活美学提供学理依据,从而让人走向"诗意的栖居"。对此,曾繁仁先生认为,城市美学在"美学走向生活"的过程中起着至关重要的作用，而城市美学的关键在于"有机生成论"——天人相和，顺应自然；阴阳相生，灌注生气；吐故纳新，有机循环；个性突出，鲜活灵动；人文生态，社会和谐。这五个方面的原则回归到美学中就是有机性、生成性、生命力与和谐性，只有按照这样的原则，才能真正实现"诗意的栖居"城市，让生活更加美好[5]。生态美学理论的基础原则是"生态整体主义"，这就意味着实现生态论的转向必须破除主客二元对立的认识论，坚持人与自然的和谐协调。而健全的文化生态应该由有机文化的文化因素生成文化网络，这种网络是生态视域内部固有的链条，缺一不可，否则便会导致对文化生态的破坏。

其三，从艺术与生活的关系中为生活美学提供学理依据。当前，"新的中国性"艺术正在指向生活美学，当代中国艺术理论理应在生活美学中重新被重视起来，艺术离不开美学，美学离不开艺术。生活美学不能脱离艺术研究，艺术更需要承担起新的使命，即让人们的生活更加美好。换言之，当前的艺术没有必要继续保留其高高在上的位置，艺术与生活应该保持更加紧密的互动关系。学者们真正需要思考的问题应该是艺术如何让生活更加美好。总体来说，很多学者们都认真思考了什么才是真正应该关切的美学问题。

当然，不少学者也意识到，生活美学也存在着很多挑战，首先就是"学"与"术"之间的张力，也就是审美实践要求与美学学术要求之间的张力。我们说生活美学意在将美学回归日常生活，重新发现生活中的审美价值。那么如何实现艺术让生活更美好的目标呢？张未民在《回家的路，生活的心——新世纪中国文艺学美学的"生活论转向"》一文中提出，新世纪的美学建构需要"生活的心"，这种"生活的心"是整体之心、包容之心、实用理性之心，是保持了一定的"度"的中道之心。由此，生活美学是建立在深厚的本土传统之上的，当然也需要借助西方的艺术美学观念，拥有"生活的心"并在不断的学习探索中寻找回家的路。

目前，生活美学已经成为全球美学发展的"新路标"之一。对于生活美学的探讨，中国学者们大致从生活美学的中西美学资源、文化理论、生态理论及艺术研究的视角这几方面展开，当然也有其他微领域的研究，多方面的阐释更有利于呈现"文化间性"的多维视野。换句话说，在生活美学这一话题的讨论过程中，诸多学者的不同研究视角和思考立足点很大程度上打开了生活美学的研究大门。在对生活美学不断的探讨中逐渐实现研究视角的具体化，向更多具体的领域汲取理论营养，最后再以贴近生活的方式回馈其中，让人们的生活更美好。正如生活美学的倡导者刘悦笛在2016年首届当代中国生活美学论坛所强调的，当我们的时代，生活越来越美化，我们要的，并非生活的"美学"，而是审美的"生活"。真正将美学研究落实到现实生活中，确切地说是中国当下的现实生活中，才可能发生根本上的创造性，进而建立属于中国本土特色的生活美学理论。诚然，也只有这种本土语境下发展起来的生活美学才能更好地作用在人们的生活中，毕竟美是使人幸福的东西，研究美学的最终目标是为了实现人们"审美的生活"。文学和艺术回归到生活世界本身，应该是未来世界发展的趋势之一，也是中西方文化交流和沟通的一座桥梁。当前中国文化要走出现实困境，就必须实现生活与理论的结合。当代生活美学本身就是一种中国化的美学形态，它所涉及的衣食住行乐等方面对当代人们生活的影响必然是"润物细无声"的。

二、生活美学的价值取向

仅仅在艺术领域中的审美，早已不能满足人们对美好生活的向往。所以，对现实生活的各种体验已成为人们审美的重要资源，生活美学强调的就是不要把"审美"看作是超然于人们生活之外、高高在上的神圣领域，而是要将"审美"真正作为人们生活的重要组成部分。审美时代造就审美的大众，正是基于这样的社会现实，探寻生活美学的价值追求和走向，就显得尤为重要。

1.生活美学倡导环境审美模式。在古典美学中曾经有一些描述环境审美欣赏和环境审美体验的论述，但环境审美模式这个概念却是后来才出现的，它是由当代西方倡导生活美学的学者提出并频繁使用的一个词。他们认为，对于自然与社会发展的过程美的描述，是一种环境审美模式。虽然客观世界的形式美，是主体产生美感的原因，然而，人们对自然环境、社会环境功能规律的认识的过程，也是人们美感产生的重要原因。而且这些美感的生成都通过人类的知觉经验和认知结构发生作用。人们审美维度的变化、人们审美方式的变革和审美体验范围的扩充，均体现在"自然"——"艺术"——"环境"的演变过程中。首先，从产生背景上来看，生活美学之所以倡导环境审美模式，是因为环境审美模式是对自然环境和社会环境审美鉴赏知觉经验模式的性质特点、结构要素、生成机制及理论模型的描述。它既是对现代艺术审美模式在自然景观和社会景观审美中运用的反思重建，也是对当代艺术、自然、景观、环境、生活等领域审美体验和审美鉴赏新模式的阐释与建构。环境审美模式的研究孕育于当代"日常生活审美化"的讨论中。它续接美学史中自然审美模式的相关讨论，针对当代景观感知、景观评估、自然审美、社会审美、环境规划与设计中的审美化倾向，试图对自然环境、社会环境的审美体验和欣赏经验的特点、方式和运行机制进行描述、修正和重释。其次，从研究对象、研究范围和研究内容上看，生活美学之所以倡导环境审美模式，是因为环境审美模式主要从审美接受的角度来描述审美体验和审美鉴赏的知觉经验结构及其各要素的关系。因此，从研究对象和研究范围上来看，环境审美模式是对审美体验和审美欣赏即审美鉴赏过程中的审美知觉经验结构或各要素关系的描述。同时，在环境审美模式中，随着作为审美对象的"环境"概念的扩展，与之相关的感官知觉、经验方式和涉及要素也得以拓展。环境鉴赏的对象不仅仅局限于现代美学意义上的艺术或艺术品，而是涵盖艺术、景观、自然、人类动态生活等广泛意义上的"人类环境"。审美鉴赏的感官也从人们的"视、听"扩展到眼、耳、鼻、舌、身等全面参与的身体联觉。而这些正是生活美学所强调的。从研究内容和结构要素上来说，环境审美模式不仅仅是对环境审美知觉经验过程中所涉及的各个要素及其性质、样态的独立分析，而且是试图对环境审美鉴赏过程中审美经验的结构及诸要素之间关系进行反思与重构。

应该指出的是，当代西方许多倡导生活美学的学者分别从科学认知主义、经验论、心理学、生态学等多个方面对西方美学史中自然环境审美和社会环境审美的经验模式进行了梳理、概括和重构，从而开创性地提出了自然环境和社会环境审美的"环境模式""参与模式""景观模式""生态模式"等概念，这就不仅拓展了美学学科向自然、环境、景观和生活等领域的拓展，也为我们深刻理解生活美学提供了深刻的思路。

2.生活美学倡导淡化艺术与"非艺术"的边界。在人类历史发展的长河中，伴随着社会生产力的不断提高，社会的分工导致了艺术与非艺术之间的区别，艺术不断地从宗教性和实用性的活动转化而来，成为人们诗意栖居的灵魂伴侣。艺术的情感体验与逻辑认知的统一，审美过程中的无功利性，艺术中的"崇高""优美""滑稽""悲剧"等维系美学的基本概念的产生，以艺术为核心的审美，既造就了"美学"历史上的辉煌，同时也有一种潜在的危机，那就是艺术变成了一个孤岛，成为少数人自言自语的场所。这种状况，归根结底是艺术的异化。

然而随着社会的发展，伴随日常生活审美化时代的到来，生活美学倡导要使美的元素渗入到现实生活中的每个角落，使人们的日常生活充满艺术气息。生活美学期盼在人们的日常生活之中，随处可以看到曾经的"非艺术"事物成了艺术，希望越来越多的"非艺术"景观成为艺术景观。实际上柏拉图早就从否定的角度来概括艺术，评价艺术作品是"影子的影子"。夏尔·巴图则从肯定的角度，提出艺术本身就存在于日常生活的世界之中，其基本思想就是艺术和生活具有不可分离性。正如现象学艺术理论家米·杜夫海纳所认为的那样，艺术佳作与素描、乐音与刺耳的杂音、舞蹈与载歌载舞的动作、美声唱法与撕心裂肺的叫喊、艺术家的优秀作品与儿童涂写乱画、艺术与非艺术之间，人们将如何设置艺术的边界？将大众、市场、性感、休闲、世俗、审美、享乐等因素掺和在一起的人体彩绘、游戏文化、陶吧、唐装、蹦迪等现象，到底是艺术还是非艺术？面对如此这般的困惑，生活美学认为传统意义的艺术与非艺术、雅和俗之间的界限早已趋于模糊，审美与现实、艺术与生活已逐渐融合，这就要求对艺术概念的界定做适当的调整，从而淡化艺术与"非艺术"的边界。生活美学倡导在今天的社会生活中，人人都应该是艺术家，正如接受美学的观点——艺术作品是一个开放、等待读者去阅读、填补"空白"的文本。接受美学把"作家——作品——读者"放在艺术审美的全过程进行讨论，认为如果失去了读者，所谓艺术作品仅仅是一张无人问津的"纸张"而已。接受美学实际上就是"读者学"，而每个时代参与对文本进行自由、积极的创造者即广大民众就是艺术家，从这个意义上说，生活美学认为当今社会"人人都是艺术家"。

3.生活美学倡导消解精英文化与大众文化的边界。社会学、政治学在20世纪主张精英的、纯粹精神、"精英"阶层的"文化"理论，强调少数精英人物治理社会。这种理论延伸至文化领域，就是强调精英文化。"文化精英"被认为是具有良好知识背景、从事严肃高雅的文化事业并具有高雅品位的一类人。这类人传播和解释"经典"和"正统"，是新思想、新理念、新知识的创造主体。因此，全球化的今天，各国文化发展的根基应该是精英文化，精英文化发挥着主流价值观的引导作用，承担着培养人们健康的审美意识、鉴赏美与创造美的能力、促进人的全面发展的崇高使命。而大众文化是在当代大工业迅速发展和消费主义盛行的背景下，以电子传媒为介质大批量生产的当代文化形态。大众文化以其产品的商品化、形式的时尚化、传播的数字化、趣味的娱乐化、制作的规范化、审美的日常化为特点，吸引当代大规模的大众共同参与其中，人数之多、地域之广、规模之大是前所未有的。大众文化已迅速壮大成为与来自学界的精英文化并驾齐驱的社会主干性文化形态。

　　长期以来，很多学者以自己研究的是精英文化而自居，陶醉于曲高和寡之中，他们认为高雅精致的必然是"精英文化"，"大众文化"只能是粗野简陋的，所以强调精英文化与大众文化泾渭分明。但是生活美学认为，精英文化和大众文化两者并不相悖。"大众文化"也可以有自己的高贵、优美和崇高，有自己的精品，而"精英文化"也难免俗气、无聊和空洞之作。所以要消解精英文化和大众文化的界限，以社会主义先进文化为引导，努力实现文化建设的"精英性"与"大众性"的统一，共同创造以追求真、善、美为己任的社会主义的先进文化。正如有的学者所说的："精英文化是唯审美的，而大众文化是泛审美的，唯审美是一种审美占有和把持，高高在上，难以亲近；泛审美则是一种大众审美的自足、自在形态，它是个体的亲在，个体的在体经验，张扬人的审美感性。泛审美不是低俗，而是从个体出发的主动的审美亲近。大众文化时代建构了电影的新世俗神话，泛审美作为这一神话的美学载体，是文化的选择，更是美学的必然。"[6]这也正是生活美学之所以倡导消解精英文化与大众文化边界的原因所在。当然，我们在这里需要特别强调的是，现在出现的"娱乐至死""恶搞经典"等现象，已不属于大众文化的范畴，从某种意义上讲，其是对文化的亵渎和犯罪。

　　生活美学视域下的艺术的走向在何方？艺术是出现了转机还是出现了危机？艺术是否会被终结？综合上述分析，生活美学无论是倡导消解精英文化与大众文化的边界,还是倡导淡化艺术与非艺术的边界,说到底就是要打破艺术与生活的分离状态。面对这种情况,有些学者认为艺术"终结"了,但也有些学者却认为这是艺术的真正开始,是艺术的新生。学者曹桂生主张艺术是美的集中体现,它是真善美统一,应该回到生活之中,回到审美[7];刘悦笛则倡导艺术回归生活,艺术回归身体,艺术回归自然,这样才能为艺术的新生提供广阔的发展空间[8];王来阳认为,艺术要重生,就要回到心灵,回到审美[9]。杜威认为,只有人类在不断追求公平正义,在不断消除贫富差距的过程中,将人们在各类艺术场所,如展览馆、歌舞厅、影视院、博物馆、咖啡厅、音乐厅、少年宫、市民中心、会展中心、音乐茶座等地方培养起来的艺术修养和审美能力在人们日常生活的活动中加以运用,艺术才会走出象牙之塔,走出孤岛,走向大众。这种看似是"终结"的艺术,实际上是艺术的新生,只不过是艺术重新回归自身而已。

杜威早就说过,许多对无产阶级艺术的讨论都偏离了要点。他指出,产生艺术的原材料在人类的各种各样的生活之中,艺术在现实生活的源泉中汲取营养,只有为大众所接受的艺术产品才可以称为艺术。当然,杜威是否完全抓住了问题的关键,还可以商榷,但有一点是肯定的,那就是随着社会和科学技术的不断发展,随着日常生活审美化的程度的不断提高,应该给艺术带来新的生存环境,也使艺术具有新生的可能性。这种艺术的新生,正如马克思所说的,必然要"按照美的规律来建造"。[10]

三、生活美学的现实意义

在科学技术迅速发展的今天,生活美学所倡导的生活的审美化和审美的生活化,使审美对象从高雅的艺术世界如博物馆、音乐厅、书画室、电影院转向了人们的日常生活。在咖啡厅里也许人们第一次见到蒙娜丽莎迷人的微笑,在校园中也许人们第一次看到思想者面容,人们的审美经历和美感享受不再是仅仅来源于高雅场馆的艺术赏析,而更多的来自日常生活的环境中,是"眼、耳、鼻、舌、身"等全面参与的身体联觉。所以,可以这样认为,生活美学越来越显示出其强大的生命力。

1.生活美学的理论意义——美学的重构。生活美学是当代审美文化发展的理论旨归,它不仅具有时代特征,而且代表着一种时代精神,这种时代特征和时代精神，就体现在广大人民群众对幸福美好生活孜孜不倦的追求之中。所以生活美学作为一种新的美学理论形态，不仅会对传统审美理论形成某种冲击，而且会对今后美学的发展产生影响。

从某种意义上说，生活美学在审美功利性方面填补了美学理论的空白。生活美学的本质说到底就是强调人们的审美与生活走向同一，这种观点对传统美学关于审美活动的超功利性观点是一种强烈的冲击。在传统美学中，以康德为代表的众多哲学家，长期以来一直将人们的现实生活作为有待改造的对象，生活与审美毫无关系，被搁置于人们的审美活动的视野之外，将审美功利性摒弃在理论研究之外。然而，无数事实已经证明美的根源来自现实生活，美是人类长期生产劳动实践的产物。如果无视历史事实，主观上强行将生活与审美剥离，那么所谓的审美就会走向虚无主义。在现实中，不可能有为审美而审美的现象，而日常生活也不可能脱离了审美。所以，有一点必须明确，就是不论是人们的审美活动还是人们的现实生活，作为人类社会实践活动的形式，不可避免地具有功利性。随着社会的前进，人们更加希望在日常生活中充分地享受到自然美、社会美、艺术美。而传统审美观念中的"阳春白雪"，早已不能满足人们的审美需求，人们期盼着自己的日常生活更具有审美价值，更具有审美意义。所以审美与生活走向同一，就必然成为美学发展的趋势，这些都为生活美学的理论提供了现实的依据。可以说，生活美学使人们的审美与人们的生活在现实中获得共赢，从而使人们的审美活动和现实生活增添了不可言喻的情趣，既可持续发展而又色彩斑斓。进而言之，生活美学的出现正推动着美学理论的创新发展。

生活美学是对传统美学的一种"学术"超越，使美学回归生活。传统美学在主客二元模式思维下，认为超越功利才是审美，超越生活才是艺术，超越内容才是形式，超越客体才是主体，超越感性才是理性，超越现实才是自由等等。在传统美学的这样一种所谓的"超越"思维模式中，人们在唯我唯美、绝对逍遥的精神乌托邦中进行审美，艺术似乎成了人类远离现实、逃避生活的伊甸园。一句话，传统美学远离现实的审美和艺术，远离人们的生活。

应当说，传统美学在突出审美和艺术的独立性、自由性，高扬审美和艺术的主体性、表现性等方面是有建树的，但它的理论割断了审美、艺术与人类生活的本真性，在其指导下，艺术只会越来越迷恋贵族化、精英化、"纯粹"化，越来越摒弃平民社会和通俗风味了。正因为如此，扬弃传统美学，回归现实生活，便成为一种学术必然。生活美学一方面将现实日常生活重新设定为审美和艺术的始源根基、故土家乡；另一方面又将其所强调的审美的主体性、自由性等从少数精神"贵族"那里解放出来，还给了每一位生活者，还给了时刻创造着自身生活的大众，即如福柯所言，让每一个体的生活都成为一件艺术品[11]。也就是说，生活美学从根本上否定了传统美学所迷恋的二元对立理论模式，强调非艺术与艺术之间的相互换位，非审美活动与审美活动之间的相互融合，非审美价值与审美价值之间的相互撞击。关注和追问这些问题，恰恰是美学理论进一步向前发展的标志。

2.生活美学的社会意义——生活的和谐、美好与幸福。和谐、美好、幸福的生活，是人类追求的终极目标，也是美好的人性目标。从古到今，众多的思想家、哲学家、艺术家、科学家都在期盼着这种理想的社会状态。而生活美学在当今时代的社会意义，就是更加突出地体现出人们对美好生活的向往，体现出人们希望尽快实现审美自由王国的迫切愿望。

首先，生活美学有利于"和谐"社会意识的传达，它与每个人的生活息息相关，是每个人的向往，它能最大限度地满足人们最广泛的审美需求和对和谐社会的追求。在当今社会，人们不仅需要高级、精致的艺术美，也需要社会环境与日常生活的审美化与艺术化。无论是生产过程、衣食住行，还是人际关系、生活环境，都在不断地提高审美的意义与地位。正如美国工业设计师W·D.蒂格所以预言的，"一个为人类生活重新设计的世界"正在到来。这种集"实用价值""伦理价值""审美价值"于一炉的社会审美设计，将使人类的生产、生活与周围环境变得更和谐、更美好[12]。

其次，生活美学是人们追求"美好生活"的助推器，它是艺术与整体社会的联系纽带，是构成社会生活开放的平台。在这一平台上，人们的审美对象范围得到了极大的拓展。传统美育，无论在东方还是西方，都局限于艺术教育的范围。如孔子的审美教育仅限于"乐"，即融音乐、舞蹈、诗歌为一体的艺术教育。而在西方，从柏拉图到黑格尔，都轻视或否定现实的社会生活美。所以车尔尼雪夫斯基提出"美是生活"的口号。而今天的生活美学不仅推动了美学理论和美育理论的发展，更重要的是它所蕴涵的社会政治思想和人文精神，成为当代中国人民的一种价值取向。

最后，生活美学最大限度地满足了人们对"幸福"的理想追求。什么是幸福？怎样才能幸福？这是一个永恒的话题。"幸福是一种生活状态，一种人们对生活经验的主观感受，当然也是一种生活价值的评价。相对于每个生活的个体来说，幸福是真切的。当你感到了一种舒适感、一种成就感、一种特别的快乐、一种称心如意的感觉，那就是幸福"。[13]从这个意义上讲，一个健康和积极奋斗的心态就是幸福。而生活美学是"心灵美化"的美学，它正是以致力于促进人的全面发展、丰富人们的社会生活内容、提高人们的审美能力，使人们能够身心健康、精神愉快，从而提高人们的生活质量为目标的美学形态。生活美学倡导人们以积极和奋斗的心态实现人自身和社会环境的美化，不仅符合社会发展的需要，也是人们使"幸福生活"变为现实的途径。正如习近平总书记在2018年春节团拜会上所说："只有奋斗的人生才称得上幸福的人生；奋斗者是精神最为富足的人，也是最懂得幸福、最享受幸福的人；新时代是奋斗者的时代。"

参考文献：

[1]刘悦笛.儒道生活美学——中国古典美学的原色与底色[J].文艺争鸣,2010(13).

[2]张晶.日常生活作为艺术创作审美感兴的触媒[J].文艺争鸣,2010(13).

[3]常康.李贽"自然人性论"审美意蕴的哲学解读——兼论泰州学派的倡导的"生活美学"的当代意义[J].前沿,2010(3).

[4]陈雪虎.生活美学：三种传统及其当代汇通[J].艺术评论,2010(10).

[5]曾繁仁.美学走向生活："有机生成论"城市美学[J].文艺争鸣,2010(21).

[6]安燕."新世俗神话"与"泛审美"[J].贵州民族学院学报,2004(3).

[7]曹桂生.现代主义、后现代主义艺术的终结——对现代主义、后现代主义艺术进行一次系统梳理[J].美术,2004(11).

[8]刘悦笛.艺术终结之后——艺术绵延的美学之思[M].南京：南京出版社,2006.

[9]王来阳.艺术死亡与艺术重生[J].文艺评论,2003(6).[ZK)]

[10][ZK(#]马克思.1844年经济学哲学手稿[M]//马克思恩格斯全集(第42卷),北京：人民出版社,1979:97.

[11]李银河.福柯的生活美学[N].南方周末,2001-11-30.

[12]叶果夫.美学问题[M].刘宁,译.上海:上海译文出版社,1985.

[13]万俊人.什么是幸福[J].道德与文明,2011(3).

刊于《理论导刊》，2018年第5期

美学研究与人学研究

刘谷园

美的本质是什么，是学术界进行了大量的分析的问题。经过人们长期的讨论、分析，近期在学术界已普遍认为，美的本质是一种价值的属性，即"无人无美可谈"；"各类审美对象契合审美主体内在审美尺度的益我、悦我价值，就是人类寻觅了千年之久的美本身"（《"美究竟是什么"最后谈》，《云南社会科学》，1995.5）。这种关于美的本质的认识，就是明确客观事物成为美的事物，是在于客观事物的情形是符合人的审美需求的情形。这样，可以说明客观事物成为美的事物的缘由。

美的本质是在于客观事物符合人的审美需求，美的本质是怎样的一种价值？当今学界还认为，客观中一些事物成为美的事物，美的本质是一些事物符合了人类的生存、生活的需求的价值。人们认识到，人类存在的本质、人类存在的目的是生存、生活的本质、目的。因而，越来越多的学者认同"美的本质是在于客观事物的情形契合人的内在生命尺度"，即认同"生命美学"的理论。人们认为，人类存在的本质是生存、生活的本质，人有理性的审美，而在条件许可的情况下，人也可以有感性生活的美，"生命美学以生命为其本体，对人做出了正确的判断，人既有理性的一面，又有感性的一面"（本书《生命美学，美学的自律与审美的自律》）。生命美学既可以包括人类的理性的审美，又可以包括人的感性生活的美。

人们提问，美的本质可以不可以讨论清楚？我们看到的美的事物是这样令人产生美感，令人神往，因而，美是必然有特定的本质的。如果美的本质不是一个确定的属性，那么，美就不能这样令人神往。而生命美学在各类美的事物上确定美是在于一些事物符合了人类的审美需求的本质。当学术界明确美的本质是一种价值、意义，有价值、无价值；有意义、无意义，这明显是一种规定性。由于人类有生存的本质、有生存的意义,美就有了规定性,所以,美必然是有一个定义的,美是一种意义的本质。这样,在人们认为不易讨论清楚的美的本质的研究上,人们还是确定了美的一种规定性,即"审美的根底是在于人的生命"(《生命美学:世纪之交的美学新方向》,《学术月刊》,2000.11)。人们的审美在有些方面是各有各自的审美尺度的,但在一些重要的审美的方面,人们还是有共同的审美的,例如,人们都以空气清新、水源清洁为美。很少有人以荒凉为美,没有人以含不利物质的污水为美。

生命美学还说明,一些客观事物成为美的事物,是在于事物符合人的审美需求,而人的审美并不仅是一种主观性,而是人的生存、生活的需求形成的审美,即人的审美是"生命活动"、"审美活动",也就是,美的本质就是人类存在、生存的本质,这样,生命美学理清了在美学理论研究上的主客观之争。

美的本质不是仅在审美对象上,人们为什么对一些自然景色产生这样的美感?这是在于,人是美的需求者、设想者,客观事物、自然世界是美的实现者。因而,人们感到客观事物是美的。

生命美学说明了自然界给人类形成的美的方面,没有自然生命给人类形成灵活的、精密的身体,就没有人类的存在,而人的感性生活的美也是有自然生命给人类形成的方面的,美学要概括自然生命很多亿年的发展,给人类形成美的生命的身体的方面,即人类的生命的身体的美是天人合一形成的美。近期学术界提出的身体美学的理论研究就是说明美有自然生命给人类形成的美的身体的方面,美是在于天人合一形成。没有自然生命给人类形成非常精密的眼睛、视觉功能,人怎么进行劳动、生活呢?没有自然生命给人类形成生命的身体,人类怎么生育一代又一代的人呢?所以,美学要概括自然形成的方面,身体美学就是确定美有自然生命形成的方面。生命美学还说明了美学研究的这个方面,人的生命才是最珍贵的,生命美学以人类的生命存在为美学的本体论基础,这样,生命美学就可以确切的概括自然美,认为自然美是天地之美,而不是将自然美归结为形式美。"自然是人类的安身立命之所,没有自然,人类的文明、发展,会成为无源之水、无本之木。自然美是最伟大、最不可超越的美"(倪国栋,《美玉不琢的哲思》,人民日报,2008 年 9

月8日)。生命美学认为自然美是在于自然本真存在的原生态的美,"原生态自然美是由大自然创造的,原生态自然美一旦遭到人为的损坏就再也难以复原"(王柳丽,《转角遇见美》,上海,文汇出版社,2018年5月)。"人类不是自然的征服者,而是依赖自然"(胡友峰,《生态美学对自然美理论的批判与超越》,《内蒙古社会科学》,2019.4)。

生命美学明确一些事物的美是在于符合人的审美,而人以什么为审美尺度?人的本质是什么?人的生存的本质是什么?人生存的意义是什么?"传统哲学,不能说明人生存的意义是什么"(陈裕新,《从意义的观点看人生》,《安徽大学学报》,1997(4))。人为什么有理性的审美?人为什么可以有坚定的信念?这关联到人学理论研究。通过人学研究,不仅使我们搞清楚人的生命的本质是什么,而且还分析清楚人的意识是怎样形成的。当今科学也在研究人的精神意识的本质是什么,并分析到人的精神意识的功能、性质,这对哲学研究人的精神的本质是有重要价值的。认识自我是哲学研究的重要的目标。近年来,科学开展了认知科学研究,意识的原理是21世纪科学面临的一个重要难题。人学研究通过研究人生存的意义是什么,可以直接说明人的意识是怎样形成的。人学研究提出,人的精神的本质是明确是谁的有知觉、知道功能的一个个体,即"我",由于"我"有知觉、知道的功能,即形成了人的意识。"原来,我一直在场。我是活生生的生活于当下的我。我有限,有死。个人本体论的研究对象是我。个人本体论达到了人类哲学史上从未达到过的新的高度"(张龙革,《个人本体论研究——对科学哲学根的探索》,中国社会科学出版社,2014年11月,63页,115页,233页)。

人学研究提出,人类的自我都是相同的,但是,每一个个体的"我"都是一个特定的结构、特定的构造,是唯一的一个存在。由于"我"有知道的功能,因而"我"是不可以设定形成的,"我"也不是可以创造形成的,"我"仅仅是一个可能的存在。"每一个个体的我都是前无古人,后无来者,是不可重复,不可替代的。是一个奇迹"(蓝劲松,《我是谁——论人的本质、结构和特征》)。

美也不是都与人的生命相关,比如观赏的美,等等,生命美学提出的美的原理是,人们看到客观事物是美的,但在美学理论研究上,美不是仅在于客观事物,"仅在审美对象上,找不到美的本质"(常谢枫,《"美究竟是什么"最后谈》,《云南社会科学》,1995.5)。"美是源于人类的审美"(单国华,《美源于主体的需求》,《社会科学》2007.1)。由于人是审美者,而美的实现是由人类不可以创造的自然形成,因而,人们常常说"大好山河""美景天成"。对于自然奇观的美,生命美学认为自然奇观的美是在于自然物质的本真的原生态的存在,只要对人类是无害的,越是原生态自然存在越是美的,因为自然物质的存在,古代的人们不知道物质是从哪里来的,现在的人们仍然认为自然存在这么多的物质是奇特的,人们仍然不知道宇宙中为什么会存在这样多的物质。但是,没有人类的存在,自然物质虽然仍然是奇观存在,但却是没有任何美可谈的。"美是为人而存在的。这是把美归为价值的重要的理由"(潘必新,《审美学引论》,中国社会科学出版社,2015年10月,164页)。自然世界的奇观不仅是在于人们还不了解的自然物质的真实的存在,而且,自然物质的奇观还在于自然物质是这样多量的存在,如果自然物质不是这样的多量,就不能形成太阳这样大的天体,太阳就不能以近百亿年时间稳定的燃烧,人类就不能存在。生命美学对自然美有两个方面的概括,一是自然奇观的美;二是自然界形成适合人类生存的环境,比如辽阔的土地,清洁的淡水等。

美的事物是很广泛的,有观赏的美,也有重要的功利价值的美,比如,地球上长久地保持适合生命生存的温度。美还有人类创作的艺术的美。这是由于,生命美学的生命本体是"我"。"问题转向对于我是谁的追问,一种全新的美学(生命美学)就通过这一追问而深刻展示着自己"(潘知常,《头顶的星空:美学与终极关怀》,广西师范大学出版社,2016年1月出版)。

"人类的心灵含有最深的奥秘"(梅俭华《自我问题研究》,北京,首都师范大学出版社,2019年6月,184页)。"我"是什么不容易研究,但是,我们可以确定,"我"是一个确定的、明确的东西,一是"我"有生存的本质,"我"有生存的意义,因而"我"必然是一个特定东西,"我"才能有生存的意义。二是"我"有一个最确定的事实,就是"我"有知道的功能,我知(知道、知觉)即我在。三是"我"是有情感的。四是"我"是有意志、有信念的。通过研究我们可以确定,"我"是一个特定的、确定的东西,

"我"不是一个不确定的、说不清楚的东西。

"生命美学，不能理解为研究生命审美现象或更狭义的人生审美现象的学问，其本质是以生命为本体的美学"（张俊，《中国生命美学的两个体系》，人民出版社，2020年11月，21页）。

美是什么？
——对于美的本质的分析、讨论

刘谷园

在我们的生活中，存在广泛的美的事物，这些美的事物使人感到美好，使人感到愉快，有些令人神往，有些使人感动。然而，美的事物的美的实质是什么？美是在于什么？这个问题却是人们仍在研究讨论的问题。我们欣赏美的事物，我们需要清楚美是在于什么，使我们更加明确地感受美的事物的美好。弄清美的问题，有利于我们感受美，发现美，创造美。

美的事物非常广泛，我们看到，在一些具体的美的事物上体现出美来。我们分析美的实质是什么，我们就要对这些具体的美的事物进行分析，分析这些美的事物的美在于什么，进而弄清美的实质。下面，我们对自然界、社会生活中一些美的事物，人们创作的艺术作品的美，以及其他一些方面的美的事物，分析美的事物的美是在于什么。

自然美是在于什么？我们分析自然美到底是在于什么，我们先讨论一下人类与自然界是怎样的关系，这对于我们研究自然美到底是在于什么是必要的。

人与自然界是怎样的关系？这显然是有直接的关系的。我们先看一下，太阳对于人类来说，是怎样的？它对人类也有有害的方面，但更重要的却是有利的方面。太阳给地球送来光和热，使地球上保持适合人类生存的温度范围，没有太阳，地球上的温度会下降到摄氏零下二百多度。太阳还使地球上出现白天的光明，照亮整个环境，使我们能够看到美丽的景色。太阳还能使植物生长，由于植物的生长，使地球上保持新鲜的空气。

人类的生存必须有一个合适的环境温度，地球上适合人类生存的环境温度是怎样形成的？地球与太阳要有适宜的距离，距离近些会形成高温，距离远些会使地球上温度过低，以致低到零下几十度、上百度。同时，地球还必须有合适的自转速度，如果自传过慢，也会使夜里温度下降太多。另外，地球上形成对人类适宜的温度还有大气层的保温作用等。我们可以看到，地球上使人类能够生存的适宜的温度，是自然界形成的，是人类永远不能创造的。

自然界还有很多地方，如空气、森林、土地、水、矿藏、等等，对人类有重要的利益，对人类有利的方面远大于有害的方面。

通过上面这些情况我们可以看到，大自然对人类既有利又有害，有利的方面是远大于有害的方面的，人类能够产生，能够生存，一方面在于人类自身的劳动，另一方面依赖于大自然的人类不能创造的一些重要的条件。

人与自然界是什么关系呢？人与大自然是不是征服与被征服的关系呢？自然界某些局部的地方对人类有很大危害，人类要将这些地方征服，但从整个自然界来说，自然界的阳光、空气、土地、森林、水等等，对人类有利的方面远大于有害的方面。没有自然界的一些条件，人类就不能产生、生存，人类对这些地方是认识、利用、改造的关系，使这些地方对人类更为有利。所以，人与自然界的关系是人类在自然界中生存，自然界形成了使人类能够生存的一些重要条件，同时自然界又存在对人类有很大危害的一些方面，人类要将这些地方认识、征服，使人类不受到危害，而人与整个大自然不是征服与被征服的关系，大自然有很多地方对人类有至关重要的利益。

自然美是在于什么呢？美是在具体的美的事物上体现出来的，我们要通过具体的美的事物分析美是什么，弄清美的所在、美的实质。如著名的黄山，它的美是在于什么？黄山，山峰高耸云际，峻拔，雄伟，在山上有时可以看到浩瀚的云海，有时可以看到壮观的日出、日落景象。黄山的美是在于什么？笔者经过研究认为，黄山的美就是黄山的巍峨、高耸、峻拔、清凉、奇、雄浑，云海的洁白、浩瀚无涯，松的翠绿、奇特，日出景象的壮观，艳丽，等等，这些的本身。我们观赏黄山，使我们感到美的到底是在于什么？我们对照黄山景色分析，可以确定，黄山的美就是它的山峰高耸、雄伟、峻拔，云海的浩瀚，日出景象的壮观，艳丽，等等。我们可以看一下人们赞美、描述黄山描述的是什么，"黄山以奇松，怪石，云海，温泉闻名于世"；"奇松怪石，峭岩绝壁，是黄山的风骨"；"壮观无比的日出、日落景象"，等等。这些词语也可以说明，黄山的美就是在于黄山的雄浑壮阔、清凉、清奇，云海的浩瀚无涯，日出景象的壮观等等的本身。由于黄山的美就是上面所谈这些的本身，所以，假如黄山无奇松，它仍有山峰峻拔，高耸，浩瀚的云海的美；假如黄山未出现云海，它仍有山峰雄伟，奇松的奇特的形态的美；假如黄山不很峻拔，但它仍然是很高的，它仍有雄伟、巍峨，云海，日出，日落景象的美。

西岳华山也是很出名的，华山的美是在于什么？华山吸引人们去游览，华山使人感到美的，是由于什么呢？是由于华山非常峻拔、高耸，山体颜色秀美，等等这些的本身。我们也可以看一下人们介绍华山的词语，"华山以奇拔峻秀名冠天下"；"华山，以险峻雄奇闻名于天下"，等等，华山的雄奇峻秀是闻名的，也就是华山使人们感到美的，就是华山的雄伟、高耸、峻拔、奇秀等等这些的本身。

桂林山水的美是在于什么？桂林山水使人感到美，就是由于桂林山水的明净、奇秀，千峰林立，平地拔起，绿水青山等等这些的本身。人们对桂林山水的描述："无数的奇峰异洞，和清澈的漓江相辉映，构成了山青，石秀，水碧，洞奇的绮丽景色。"

还有其他很多名山，我们都可以分析、讨论这些名山的美是在于什么，如雁荡山、九华山、天柱山、泰山、衡山、恒山，等等，这些山为什么出名，我们感到美的是什么？就是由于这些山巍峨、雄伟、峻拔、清秀、清奇，等等。人们对这些名山描述，"天柱山山峻石奇，林茂泉清，飞瀑高悬，幽深瑰丽"；"雁荡山山水奇秀，景色旖旎，以灵峰、灵岩和大龙湫称为雁荡风景三绝"；"雁荡山自古以来就以奇峰，怪石，飞瀑，幽洞，深谷闻名于世"；"北岳之雄浑深险，定会使你赞叹不已"，等等。这些词语说明，这些名山使人感到美，就是由于这些名山的雄伟、壮阔、深、险、奇秀、峻拔、巍峨、清幽、清奇，云海的浩瀚，等等这些的本身。人们对山产生的美感，就是感到这些山高耸、巍峨、清幽、清奇、清秀，等等，感到云海的浩瀚，感到美、感到愉悦。

对于其他很多美的自然事物，我们都可以分析这些美的自然事物的美是什么。如瀑布引人前往观赏，对于一些很高，很大的瀑布，它吸引人们去观赏的，它的美，就是它的非常高，飞流直下，声震如雷，气势磅礴。花朵的美，就是花朵的鲜艳，洁白。大海的美，就是大海的蔚蓝，辽阔无垠，岸边的水明沙净，风光旖旎。一些湖的美，就是在于湖水的明净，碧澄如镜，湖面宽阔的本身。一些鸟的美，是在于这些鸟的灵，娟秀，羽毛的艳丽。一些高大的树木使我们感到美，就是在于这些树木的很高，很粗，有气势，挺拔，茂盛，碧绿。自然界色彩的美，就是在于色彩的艳丽、鲜艳，比如黄色的，红色的，蓝紫色的花朵等等。

总之，笔者对美的自然事物的分析得出的结论是，自然界一些事物的美，就是一些山峰的巍峨、峻拔、清奇、深、野；大海的蔚蓝、辽阔；一些树木的高大、翠绿；一些自然景物的秀丽、绚丽等等这些的本身，这些是自然事物的美的情形，因此各种美的自然事物如高山、大海、花、鸟，树木等等都有其本身的具体的美的情形。人们观赏这些自然事物，对这些自然景物产生的美感就是感到山的高耸、壮观、清幽；大海的浩瀚、蔚蓝，海水的明净；土地的辽阔无垠，等等，这些情形是使人感到愉快的。

江湖的辽阔是使我们感到美的，但在发生洪水时，水面也很大，不但不使人感到美，而且使人痛心。这时很大的水面为什么不美？就是由于很大的洪水给人们带来很大的危害、损失，因而很大的洪水是不美的，是有害的，这时的洪水不是"烟波浩渺，气势磅礴"的，而是来势凶猛，一片汪洋。因此，水美与不美还是在于水本身的情形，即水对人是不是有危害，水是不是洁净，水的面积是不是宽阔，等等。

我们讨论一下，山的雄伟，奇，秀；大海的辽阔；水的明净等等，这些是不是仅是人的评价？我们可以看到，水的清澈实际是水本身的洁净、透明的情形，使人感到水很明净；一些树的茂盛，是在于树本身的繁茂的情形；同样，名山的本身是有峻拔、高耸、秀、幽、奇、深这样的情形的，这些不仅是人的评价，是这些山使人感到高耸、峻拔、清秀、深；瀑布本身是有飞速垂落，力量大的情形的，使人对其产生一种飞流直下、气势磅礴的美感。

山的奇、拔、峻、秀、幽；瀑布的飞流直下；大海的蔚蓝、辽阔，等等，这些是不是外在的形式，把自然美归结为这些的本身，是不是把自然美归结为一种表面的现象，是不是把自然美归结为表面的形式美？山的巍峨、高耸、峻拔；大海的非常辽阔；云海的浩瀚无涯，等等，这些是一种外在的形式吗？水是清澈还是浑浊，树是茂盛还是稀疏，自然环境是幽静还是嘈杂，等等，这些是不是"形式"？显然，这些就是自然事物本身的情形，而不是"形式"。山的峻拔、高耸、雄伟，实际是山的情形，山是大还是小，是高耸还是低，是峻拔还是坡度平缓，是山本身的情形，而不是"形式"。大海的辽阔就是大海的广大的情形，并不是一种形式。所以，自然美是在于风景秀丽、清幽，山的奇、拔、峻、秀，土地的辽阔，玉石的璀璨，日出景象的壮丽，这些就是自然事物的美的情形，不是一种"形式美"。如果名山的巍峨、清幽等等仅是一种"形式"，那么，黄山、华山、雁荡山的美是在于什么？这些自然景色为什么这样吸引人去观赏呢？人们感到美的到底是在于什么？我们观赏名山看的是什么？"华山以险峻雄奇闻名于天下"是什么意义呢？我们可以明确，使人们感到美的，就是山的高耸、巍峨、幽、壮阔，云海的广阔等等这种自然景物的本身。

　　自然美是在于自然界一些事物本身的情形，自然事物为什么有美可言呢？自然有对人类有危害的地方，更有对人类有重要利益的地方。人与整个大自然不是征服与被征服的关系。而自然界存在一些事物，如生机勃勃的动物、植物，多种多样的花、鸟、虫、草、山峰、清泉，提供大量的淡水的江、河，各种各样的对人无害的海洋生物，这些自然事物是使人感到美的事物。自然界由物质形成的千般万种自然事物，其中一些事物，如一些自然景物，一些动物、植物等等，这些自然事物是使人感到美的，从古至今，人们总是观赏各种形态的自然事物。

　　再看一下这个问题，如果没有人类存在，自然界一些事物有无美可言？如果没有人类存在，自然界仍存在山峰、瀑布、云海、日出景象，但有没有美可言？我们先看一下，自然美是不是在于大自然对人类有一些重要的利益，形成一些自然条件使人类能够存在，才有自然美可言呢？假如大自然对人类无有利的地方，也无有害的地方，而自然界仍有这些自然景观，人们对这些自然景观是不是不产生美感？人们还是能产生美感的，还是能感到这些自然景观峻拔、奇秀、壮观、雄伟，色彩鲜艳，等等。所以，自然美并不是在于自然界对人类有重要的利益而有自然美可言，自然美就是在于自然界中一些事物的情形而有自然美可言。

自然美是在于自然界一些事物的情形，但如果没有人类存在，有无自然美呢？我们设想，如果人类不能存在，自然界仍存在山峰、云海、海洋，但是不能有美可言的。没有人的存在，石头等自然事物是仍然存在的，但是，没有人类存在，石头等这些自然事物被高度的知觉、反映出，是不能实现的。而且，无人类存在，自然界存在海洋、云海，高耸的山峰，日出景象，但没有人对这样的自然事物产生这样的感受，没有人感到云海的洁白、浩瀚，山峰的高耸，日出景象的绚丽，没有人对这些自然事物产生这样的审美的知觉、感受，因而不能有自然美可言。只有有人类存在，且人类的文化、科学发展到一定水平，对客观事物的认识达到一定程度，自然界存在各种各样的自然事物，人对这样的自然事物产生这样的审美感受，因而有自然美可言。所以，自然美是在于人类不能创造的自然界存在自然事物，同时还有人类知觉、反映，对其产生这种审美感受的一面。

无人类存在，无自然美可言，有人类存在，如果人们由于条件的限制不能去观赏某处的自然景物，这里的自然事物有无美可言？人类可以存在，这些自然事物是有美可言的，仅是由于条件的限制人们不能去观赏，不能去感受这里的自然美。

自然美就是名山的高耸、峻拔、奇秀、深、险、幽；树木的高大、茂盛；水的明净；花朵的鲜艳等等这些的本身，我们将这些作出一个概括，就是自然美的概括，这个问题在后面再进行分析。

社会美是在于什么？在人类社会生活中，有很多的美的人和事，美是在于什么？就是一些人为了人民的利益，为了集体的利益，而舍掉个人的利益的崇高的情操，高尚的品格，等等，就是拾金不昧的高尚品质，崇高的集体主义思想，勇于战胜困难的顽强斗志，等等的本身。人们崇敬的，使人感动的，就是具体的美的人和事的本身。

艺术美是在于什么？人们创作了大量的艺术作品，其中的一个方面是创作了很多的描写、表现社会生活中的一些人和事的艺术作品，如一些小说、电影，等等。这些文艺作品描写、表现一些人和事，阐明某些哲理、思想。这些艺术作品，其美是在于什么？很多的艺术作品如一些小说、电影，等等，它们很吸引人,人们很想看,很爱看,人们看这些艺术作品,人们要看的是什么?使人们产生很深的感受的,人们要看的就是这些作品描写的人和事。因为在社会生活中有很多使人产生感想,使人产生很深的感受的,使人想要了解的人和事,有很多感人的美的人和事,有很多不平凡的人和事,存在复杂的社会现象、社会问题,因而人们创作一些艺术作品,如小说,电影等等,描写、表现社会生活,欣赏的人们要了解这些人和事,对这些人和事产生认识、感想。这些艺术作品,表现社会生活,如一些作品描写、表现了一些英雄人物的英雄事迹,描写、表现某人有高尚的思想品格,机智,勇敢,见义勇为,等等;有些作品描写的故事情节引人入胜;有些作品描写了一些不平凡的、使人产生感想的人和事;有些作品揭示了一些复杂的社会现象、问题,等等。总之,这些艺术作品,根本的是在于描写、表现社会生活,描写、表现一些人和事,人们对这些艺术作品的审美,根本的是对作品描写、表现的社会生活中的一些人和事进行审美、认识、评价。有时被作品描写的人物的行为、意志、命运深深打动,有时愉悦,有时感动,有时感慨,有时担忧。总之,使人产生情感的,使人产生很深的感受的,是作品描写、表现的社会生活中的一些人和事。所以,这些描写人类社会生活中的一些人和事的艺术作品的真实性是很重要的。

有些艺术作品,描写的人和事经过艺术家的加工、提炼、改造,凝集着作家、艺术家的思考,作品中的一些人物、情节是虚构的,但这些艺术作品根本的仍是描写、表现、揭示社会生活。虽然作品中某些人物、情节是虚构的,但在社会生活中是存在这样的人和事的,因此作品描写的人和事仍是社会生活中的人和事,使人产生感想、使人产生很深的感受的,仍是作品中描写、表现的人和事。通过一些具体的人和事,人们也看到一些社会现象,深刻地认识社会生活。

这些艺术作品,体现出艺术家的高超的艺术创作策略,即高超的艺术性的美,如作品描写的人和事很真实、生动、感人;结构安排严谨、合理;对现实把握得准确;深刻地揭示出社会生活中的某些现象、本质、问题,等等。有些诗词作品词语的精炼,体现出诗词的艺术美。

对于一些描写悲剧的作品,其"美"是什么?人们看一些悲剧作品,根本的仍是看作品描写的人和事的本身。因为人们并不是仅是看使人感到愉悦的人和事，一些悲剧的人和事人们也是要看的，从中得到对社会生活、对一些人和事的了解、认识，产生感想、感受。人们在看悲剧作品时，不是产生愉悦的情感，而是产生感慨、悲伤、同情、沉痛的情感。但人们的这种同情的情感与作品中的悲剧人物的悲痛的情感是不同的，因为悲剧不是发生在欣赏者身上，而是发生在悲剧人物身上。例如，人们对《红楼梦》这部小说中描写的林黛玉有很深的印象，这是由于在那时是有可能有这样的人和事的，读者既对林黛玉很同情，又对她的品行产生美感。有的读者说她有一种"病态美"，实际是病中的林黛玉仍是美的，但她患病是悲剧的，读者和林黛玉本人都希望她会健康起来。

因为这些艺术作品是在于描写、表现社会生活，而社会生活是不平凡的，有很多复杂的社会问题，所以需要艺术创作者能够正确地、深刻的认识社会生活，宣传正确的东西，使人们树立正确的思想，使社会进步。

一些作品，也体现出作家的一些观点、立场，一些作品体现了作家有高尚的品质，一些作品体现了作家关心国家命运，同情人民疾苦，爱憎分明，等等，有些作品体现出进步的，正义的，高尚的思想倾向。

人们创作了大量的工艺美术作品，这些工艺美术作品有作品的造型、结构、材料质地的美，一些工艺品结构精巧、雕刻精细、逼真、生动、光亮、润泽。一些工艺美术品体现了创作者有高超的技艺。

作曲家们创作了很美的音乐作品，这些很美的音乐作品是由于作曲家们创作了很美的音乐的曲调、旋律，给人以美感，这些美的音乐作品有永久的美，不仅是一时的流行。

在我们的日常生活中，存在大量的物品、用品的造型、外观的美，这些物品的形态、材料质地给人一种美感，使人感到愉悦。一个桌子，它的美观是什么？桌子的很平，光洁，质地细密，坚固，色彩适宜，等等这些的本身使我们感到美观、感到愉快，所以，桌子的美观，就是桌子的方正，很平，质地细密，色彩适宜的本身。人们居室的墙壁，在人们经济条件较差的时期，只要坚固就是可以的，在人们的经济条件好些时，人们要将墙壁做得很平，垂直，坚固，色彩适宜。一些质量较好的瓷器制品，这些瓷器制品的美观，就是瓷器的细润、光洁，质地细密，造型和谐的本身。

这些物品的外观的美是不是"形式美"？屋内地面的很平，它不仅有实用的性质，而且，它给人心里上快适、畅快的美感。一些工业产品外观很平，色彩宜人，虽与其内在质量无关系，但这种外观的美也是人们需求的。所以，物品的外观的美，是物品的美的情形，不是一种形式美。但是，物品的外观的美不如它的内在质量重要。

人的体貌的美就是人的身体的和谐、匀称、健壮；皮肤的细嫩、柔韧、红润等等这些的本身。对于某个人来说，人的内在的美，即品质好，健康，聪明，有技艺，等等，重要于他（她）的体貌的美。

上面从几个方面的具体的美的事物分析了具体的美的事物的美是在于什么。我们可以这样说，各种美的事物的美是什么，我们对其有什么赞美、描述的词语，描述这个美的事物的美的词语是什么，这个美的事物的美就是什么。我们可以确定，具体的美的事物的美是在于这些美的事物其本身的情形。美应怎样感慨呢？我们弄清名山的奇秀、峻拔、雄伟、雄浑壮阔、深、幽，水的明净，大海、土地的非常辽阔，海滨的风光明丽，日常生活中一些物品的很直，很平，等等这些是什么，即将美的事物的美作出一个概括，就是美的概括。

一些山的雄伟、奇、秀、幽、深、壮阔；一些物品的很平、很直，等等，这些是事物的情形，还是人的评价？室内墙壁的很平，一些物品的很直等等，这些物品并不是绝对的平、直的，很平、很直是物品的情形还是人的评价？物品在一定程度上是有平、直这种情形的；一些山显然也是有巍峨、耸立、峻拔、秀、幽，岩体坚实、坚固这样的情形的；水是有明净、清澈这种情形的；大树是有茂盛、高大这种情形的，这些不仅是人的评价。水的"明净"、"清澈"，这些是形容词，形容词是表示事物的状态的词，这也说明，山的雄浑壮阔、雄浑深险；物品的很平，很直；水的明净，这些是事物的情形。

一些物品的很平、很直；一些山的峻拔、高耸等等，这些是不是事物的"形式"？桌子的平与不平，是桌子的情形；山的峻拔，是山的峻峭、高耸的情形；山的巍峨，就是山的很高的情形；山的秀是山的外表的秀，但山的秀是山的岩体坚实、坚固，色彩不暗淡的情形，所以山的秀仍然是山的情形。

人们说"华山,以奇拔竣秀名冠天下";"雁荡山自古以来就以奇峰、怪石闻名于世",这也说明,"侧重于形式的自然美是远不能达到这样的美的程度的"(陈晓春,《中国传统本然美学》,《四川师范大学学报》,2002.3)。在宇宙中存在大量的、浩瀚的物质,有了大量的物质的存在,才能有人类的存在,从古至今,人们都认为自然是奇特的,是壮观的,是有生命的,自然景观的美不是形式美。

一些山的雄伟、奇秀、峻拔;一些物品的平、直,这些都可以用"非常""很"等等这些词语修饰,如很平,很直,非常峻拔,非常壮观,非常辽阔,非常细密,非常坚固,崇高,等等。这些词语可以说明,事物的这种情形有程度的性质,我们从客观事物上可以看到,事物的这种情形,如墙壁的平,水的明净,山的高耸、峻拔,土地的辽阔,等等,是有程度性质的。

美的事物的情形应怎样概括?笔者分析的结论是,这种情形是客观事物的程度高的达到某种情形。

例如,土地的非常辽阔,就是土地程度高的达到了广大、远大这种情形;一些山的非常的高,就是山程度高的达到了高这种情形,使人感到雄伟;某人的崇高的品质,就是他的品质程度高的达到了高尚的情形;墙壁的很平,就是墙壁程度高的达到了平这种情形;楼房的很坚固,就是楼房程度高的达到了坚固这种情形。这里所谈"某种情形"的"某种"一词,不是一个不清楚的概念,如同我们所说"某种谷物"的"某种"一词,不是不清楚的概念,而是指这一种或那一种谷物的意义。这里所谈"某种情形",就是事物的这样的或那样的情形。

笔者又受到一位学者这样的提问:山的雄伟、峻拔、奇秀;大海、土地的辽阔为什么美?起初笔者认为土地的辽阔、山的奇秀就是美的,不需要再问为什么美。后来笔者又思考这个问题,才觉得这个问题是很值得研究的。笔者经过分析的结论是,一些客观事物美,其由来、意义、价值是在于客观事物的情形是符合知觉者的知道的优秀的原则的情形。

这里的"知觉者"的概念,就是指高度的知觉自己和客观事物的存在,有利益和精神的需求的"知觉者"的概念。人就是高度的知觉者,高度的知觉自己和客观事物的存在。这里的"知觉者"也是一个普遍的知觉者概念,假设除了人以外还存在另一类有知觉的事物，比如假设石头也有高度的知觉，那么，美对于石头也发生，石头也要观赏美。一些客观事物美，是源于知觉者的审美，是由于知觉者有利益和精神的需求，产生了审美的需求。因此，这里用知觉者的概念，是从原理上说清美的由来、发生。为什么不用"主体"的概念？审美者审美的由来就是由于审美者的利益、精神的需求，利益的、精神的需求从何而来？就是由于审美者是高度的知觉自己和客观事物存在的知觉者，而利益的、精神的需求是知觉者的属性。我们必须明确"知觉者"的概念，才能说明美的发生、由来。可见，用"知觉者"比用主体明了。

一些客观事物为什么美？我们这样设想，如果在客观中无知觉者存在，并且是无知觉者存在的可能，事物有无美可言？是毫无美可言的。没有知觉者存在，什么样的事物美，什么样的事物不美，没有任何标准。因为没有知觉者存在，客观事物完全没有美的意义。从自然美来看，我们设想，如果没有知觉者存在，高山、云海、蓝色的海洋、宇宙中的星球相撞，这些有没有美可言？哪一个美，哪一个不美？没有美与不美的意义，怎样都无所谓美与不美。如果没有知觉者存在的可能，整个自然世界是否存在，以至于是真空的，都无所谓美与不美。我们还可以看一下，大树的很高，有生机，茂盛，这相对于太阳美吗？相对于地球、空气，相对于大树本身美吗？都无所谓美，因为大树相对于这些事物没有美的意义、价值。而在有知觉者存在的情况下，产生了审美的需要，这种审美的需要的由来，就是由于知觉者的利益的需求，这种利益的需求是广泛的，有功利价值的需求，如气温的适宜，淡水资源的充沛，粮食质量好、富裕，还有仅仅是观赏的、赏心悦目的利益的需求，如花朵、山峰的美。这样，知觉者对事物产生了各种审美的原则，对于自然界景物，山以高耸、巍峨、奇、幽为美，树以茂盛、翠绿、高大为美，大海以蔚蓝、辽阔、水明沙净为美，云海以浩瀚、幽静为美，等等，总之，客观事物的美的意义、价值是在于由于有知觉者存在，事物的情形是符合知觉者的审美需求、符合知觉者的优秀的原则的情形。

人们的日常生活中一些物品的美，金、银等金属的美，各种宝石的美，这些事物的美都是事物的情形符合人的审美，符合人的知道的优秀的原则，比如，室内墙壁的美观，是在于墙壁很平、垂直符合人的知觉的畅快的审美需求，墙壁如果不平、有凸起、有小坑，使人感觉不畅快。一些金属的美，就是由于金属坚固，不易损坏，不易锈蚀，金、银等金属的色彩宜人，所以，金属的美是由于金属的情形符合人的审美。而宝石的美主要是在于宝石的天然物的璀璨，人们以天然的实物的璀璨为珍贵。

我们可以明确，美的事物的美，是相对于知觉者的美的意义，没有知觉者存在，客观事物没有美的意义，没有人的存在，自然界的宝石很璀璨但却是无任何美可言的。由于有知觉者存在，什么样的事物美，什么样的事物不美有了美的由来，即知觉者的知道的优秀的原则。在美的形成上，知觉者是产生审美的需求，客观事物的情形符合了知觉者的这种审美需求，即形成客观事物的美的情形；知觉者是美的需求者、设想者，客观事物的情形是美的实现者。由于客观事物的情形是美的实现者，因而，人们说客观事物是美的。知觉者的审美的由来，就是由于知觉者的利益的审美的需求，这种利益是广泛的，有些是很重要的，如自然界的气候宜人，淡水充沛；人的身体的健康，人的住房很坚固。有些不是很重要的，如花朵的鲜艳的美，一些物品的外观的美。

还有这个方面，在人类社会生活中，一些人为了集体的利益、为了他人的利益而舍掉自己的利益的高尚的、崇高的品质、事迹，一些英雄人物为了国家和人民的利益，为了正义而英勇献身的英雄事迹，这种崇高的美是不是在于符合知觉者的知道的优秀的原则呢？对于人来说，如以符合人的利益的优秀的原则为美，什么也没有人能存活下去，或得到某种切身利益更美。为什么人们感到一些英雄人物的英雄事迹是崇高的美？这是由于，知觉者是高度的知觉者，对知觉者自身，有非利益的精神的高尚、品格的高尚、崇高的审美，即精神的崇高的优秀的原则的审美。假如某人拿走了他人遗忘的东西自己去使用，这个人得到利益上的优秀的东西，但是他在精神上却不是高尚的。对于高度知觉的人来说，在精神上是应以高尚为美的，而不能只顾利益的满足而不顾精神、品格的高尚。因此，如某人侵占他人利益满足自己，他在精神上是不高尚的，是不可以的。人们常说，人不能见利忘义；己所不欲，勿施于人，这就是说，高尚的品格、正义是人应该具有的属性，人是有智慧的，是有自己的人格的，知道自己应该有高尚的情操，应该以高尚的精神为美。在我们目前的社会，人们都是宁可自己克服困难，也不去侵占他人利益、侵占国家、集体的利益，而且有很多人为了集体的利益、国家的利益而舍掉自己的利益，这是高尚的品格、高尚的情操。这种高尚的品格、高尚的情操是符合高度的知觉者、符合人的非利益的精神、品格的高尚的优秀的原则的。所以，"符合知觉者的知道的优秀的原则"，既有人的利益的审美，如自然美、生活美；也有人的非利益的精神的优秀的原则的审美，如崇高的情操的审美。人有非利益的精神的优秀的原则的审美，是由于人是高度的知觉者，人是有意志的，人以非利益的高尚的精神为美，总之，社会美之所以美，就是在于人（知觉者）以非利益的精神的高尚为美。

由于社会美是人的精神的审美，因而人们创作了很多的描写、表现社会生活的文艺作品，使人们对人类社会生活中的一些人和事进行认识、评价、审美。

美是在于客观事物的情形符合知觉者的知道的优秀的原则，美的客观性是什么？美的客观性在于，知觉者是客观事物的属性，人类一方面认识客观存在，另一方面人类还有生命的本质、有生活的本质。知觉者有利益的审美需求，知觉者还有非利益的精神的高尚的审美，这是一种知觉者的客观性，所以，美的客观性是客观事物的情形符合知觉者这一客观事物的审美需求的客观性。知觉者的审美是知觉者属性的东西，它不是主观随意的，例如，人们以侵占集体、国家利益为不美，这是人们的精神的属性的东西，不是今天以其为不美，明天又会以其为美。知觉者的审美是知觉者属性的东西，不是随意的，因此，大家有共同的审美观。所以，美的客观性是知觉者的审美需求的客观性，和客观事物存在这样的符合知觉者的审美需求的情形的客观性。

总之，事物的美的由来、价值、意义就是在于客观事物的情形，是符合知觉者的知道的优秀的原则的情形，由于有知觉者的存在，客观事物有了美的价值、意义，以至于重要的意义。

美的概括是，美就是客观事物的程度高的达到符合知觉者的知道的优秀的原则的情形。美就是一些客观事物的情形符合人的利益的属性的审美需要，使人产生快感，这种快感为主体认可即是美感。美就是一些客观事物对于人的广义的价值。

原载于《徽州社会科学》，1992年第1期，1997年第1期

对美学、人学、价值的实质的综合分析

刘谷园

在目前关于美的本质讨论中,一些学者认为美的本质不是讨论不清的,美是有明确的规定性的,美的实质就是一些事物对人类生存、生活的一种价值,"对象契合审美主体内在审美尺度的益我、悦我价值,如天空的明媚"(《"美究竟是什么"最后谈》,《云南社会科学》,1995年第5期)。笔者曾在《徽州社会科学》1997年第1期《美是什么》一文中谈到美的实质是客观事物的程度高的达到符合知觉者知道的优秀的原则的情形,下面再作几点分析。

笔者谈到"知觉者"的概念,是指在美的形成上,审美者的实质是知觉者,人对事物发生审美是在于人是知觉者。人是不是"知觉者"?可以说学术界对人的本质是什么、对人学做了很多研究,其实质就是要说明人区别于其他事物是在于什么。如果美的本质是"审美对象的悦我价值",那么对人的本质的分析也是对美的实质的分析的重要问题。

我们先看一下,学术界为什么会兴起对人学的研究呢?这在于,"人学"确实有很多值得分析的问题,例如人们讨论"人为什么有自我意识",学者们感到这个问题是很值得分析的。人的自我意识也就是人的"内心"的功能。近代科学研究技术日新月异,甚为精密,人们通过科学方面的研究认为"心的功能是全体大用,以简驭繁,应变万千"(《关于"心"的研究》,见《西北民族学院学报》,1997年第2期);"心不是电脑,可是科学界对心的研究越深入时,越觉得心之复杂性远非科学本身所能胜任,而需求助于哲学"。另一方面,讨论人类生存的本质什么、认识自我也是哲学界研究的重要问题。实际上,弄清人的本质是什么、人类的生存的本质是什么,对于从根本上弄清美的本质具有很重要的意义,因为美是对人类的一种价值,而人类的生活也正是美的生活。

　　下面我们讨论一下人的本质、人类生存的本质是在于什么。我们先讨论一下，我们（人的本质）是不是我们生命的身体？我们是不是具有高度思维的、具有创造能力的生物？这样的人的本质就是人是一种能创造的生物，这是不能说明人类的生存为何有意义的，因为我们可以看到，大树等生物虽然生命形态很高级，生命过程甚为复杂，但并不具有生存的意义。对于人，即使将人定义为能思维、能创造的生物也说明不了"人为何有生存的意义"（参阅《从意义的观点看人生》，《安徽大学学报》，1997年第4期）。特别是人为何有个体的生存的意义。人的生命的身体虽然更复杂、更高级，能够思维，但从人类的身体的构成、生命身体的生理机能上说，仍然是自然界的物质的很高级的生命形态。而自然界的物质的形态无论怎样高级都不能具有生存的意义，这是由于自然事物的自然形态、结构，不具有"自我"的意义、价值。总之，只要将人的本质定义为生物，即使定义为能创造的生物，也是不能说明人类为何有生存的意义的。而我们从人类的社会现实生活中可以看到，人类的生存的现实不是生物性的。一个突出的例证就是人可以有各种不同的品质、品格，而且品格的差异很大，仅从这一方面就可以看到人的本质不是在于人是自然的生命生物，因为自然的生命生物是并不真正具有崇高的品格的。人的品质、品格不是人的大脑决定的。

　　我们思考人类的生存的意义，再对照人类生存的现实，即人类具有生存的意义，人可以有不同的品格，以及人有"知道"的特性，等等，从这些方面，可以悟到在人类有人的精神，人类有人的大脑形成的明确是谁的精神知觉个体。由于人的精神的本质是很明确是谁的精神个体，因而人类有生存的意义，而且人类还可以有不同的品格。那么我们首先就要思考，人类是不是生命的身体，即我们是我们的身体，我们的身体形成了我们的精神，这样，我们就是有我们的精神的人的整体。这样的人的本质就是：人是有精神意志的生命的整体。这种认识是当今哲学界所持的，例如哲学中对"主体"一词的定义：主体是指有认识能力的人，而没有这样的意义：主体是人的精神。我们就要分析一下，人类的身体包括人的大脑完全是自然的物质的生命构成，当今人类的科学已相当发达，甚为精密，对人的身体、人的大脑的科学研究使人们认识到，人的身体、大脑仅就是自然界物质在一定的条件下形成的极为复杂的生命结构，也就是人的身体是自然的人的身体。现实也只能这样，因为人的身体特别是人的大脑极为复杂，在目前以及今后相当长的时期是难以人工制造这样复杂的结构的，必须由自然物质才能形成这样复杂的结构。而且人类又必须是先有人类后有制造的能力，因此必须由先在的自然界在一定的条件下形成人的身体、大脑。总之我们要明确，人类的身体完全是自然的生命构成。然而人的精神呢？却没有一点自然性，人的精神与人的生命的身体是两种形态，由于人的精神是非自然的社会的精神，因而人类的现实生活是社会的生活，人们对人的认识就是认为人是非自然的进行社会的生活的人。因此，人的本质是在于人有人的精神。

既然人的身体是极为复杂的自然物质的生命结构，而人的精神又完全是非自然的社会的精神，我们就要问我们是我们的生命的身体还是我们是我们的精神？

"心不等于脑子，脑子分析到最终，不外乎是极为复杂的生命的物质结构"（《关于"心"的研究》，《西北民族学院学报》，1997年，第2期）。只要我们看到我们的身体是复杂的自然物质的生命结构，我们就可以认识到，人类还可以是这样的：即我们就是我们的精神，但我们的精神必须由身体（大脑）形成，我们的生命的身体是我们的精神形成、存在的条件，并且我们的身体形成我们的精神又成为我们的精神的身体（整体），人的本质仅就是人的精神。这与法国哲学家笛卡尔提出的人的精神与人的身体的二元论有些相同：我是我的精神，我住在我的身体里，我和我的身体融合在一起。"我确实有把握断言我的本质就在于我是一个在思维的东西，或者就在于我是一个实体，这个实体的全部本质或本性就是思维"（笛卡尔《第一哲学沉思集》，商务印书馆，1986年版，第82页；转引《北京师范大学学报》，1998年第2期，《理性的沉思——笛卡尔形而上学的沉思探究》一文）。"精神的本质就是思维"，这是受到学界一些学者对其提出质疑的，但笛卡尔处在人类还未能对人类的身体的生命物质结构有较深入的认识的时期，就提出人的本质是在于人的精神，这是很值得学界研究的。笛卡尔提出的某些论述是不正确的，但他提出"精神是一个独立的实体"，当今学界重视"认识自我"，很值得讨论"我"到底是不是一个独立的实体？当今人们为什么注重讨论"认识自我"呢？首先，人们讨论人类生存的本质是什么要弄清"我是什么"，而在人们生存的现实上，"我"不是自然的东西，而且"我"有"我"的利益的和精神的需求，所以当今学界越来越认识到"我"是一个独立的实体，因而重视研究自我。

笔者经过分析认为，人类的精神与人类的自然的生命的身体是两个方面，因为人类的身体在现实上就是自然的物质的生命结构，并且极为复杂，而人的精神是非自然的，而且可以有不同的品格。人类的生存的本质是非自然的人类的精神的生存。但人类的精神必须由人的身体的复杂的大脑形成，因此，人的精神、"我"在生存的意义上及生存的现实上是一个独立的实体，但人的精神在构成上不能是独立的实物实体，它必须由人的非常复杂的大脑形成。人的精神的实质是什么，才能有生存的意义，并能现实存在，有品格、人格？人的精神是很明确是谁的高度知觉的个体。这个个体是一个精神个体，很明确是谁，又是高度知觉的个体，不是实物、物质的实体，而是由人的高度复杂的大脑形成。

笔者在这里谈一下对哲学中"主体"一词的看法。主体是指有认识能力的人，人在认识客观世界的过程中是要依靠高度复杂的大脑进行思维从而认识世界，但"主体"也是指事物中起主导作用的方面，在人类生存的现实生活中，起主导作用的，决定人的各种行动的是人的精神，是"我"。"我"思考某个问题、"我"去游玩都是由"我"决定的，而人的身体的各器官是从属的方面。所以，"主体"应是指人的起主导作用的精神，"我"才是我生存的主体。

上面谈到人的精神的实质是很明确是谁的高度知觉的个体，这仅是从人类生存的本质以及人类的一些社会现实初步得出这种结论。我们需要从人类的生存现实上在各方面确证、深入分析人的精神是很明确是谁的高度知觉的个体。首先我们讨论一下，人的精神的本质是不是在于人的思维？人与动物的不同是在于什么？人们在回答人与动物的不同时，一般都是说人与动物最大的不同是在于人有思维，动物没有思维。人们之所以这样说，是看到人的思维有很大的意义，人通过思维可以解决人类生存中遇到的很多问题，并创造很多优质的物质财富，然而我们回答一下人类生存的本源、生存的本质是什么？人类的生存是谁的生存？人类生存的本源是不是为了思维、创造？人类的明确是谁的生存才是人类生存的本源，并使人类的生存有意义。我们可以看到，在人类的现实生活中，有一个重要的事实就是人是很明确是谁的，人怎样才很明确是谁？以人的思维是不是可以明确、确定是谁呢？这样的话，就是我想是谁就是谁，这显然是不能的。我们还可以看到人的思想是不确定的，有各种思想，比如某个人可能思考数学问题而成为数学家，也有可能思考化学问题而成为化学家，但这个人是谁是很明确、确定的。人之所以很明确、确定是谁，这是在于人的"内心"是确定的很明确是谁的高度知觉的个体，由于是高度知觉的一个很明确是谁的个体，因而不能改变为另一个精神个体。所以，人的思维不是人的生存的本源，思维和记忆是人的重要属性。我们可以看到，人的思维常是这样的："我今天不思考这个问题，思考那个问题，明天再思考这个问题"；"今天我不考虑这些问题，我去游玩"，等等，可见人的思维要有主体、人的内心的决定。我们再从这个方面看一下，现在人工制造的电脑已达到很高级的程度，然而人脑与电脑的区别是什么？人脑与电脑的区别就是人有创造性，还有一个方面就是人在遇到以往未有的情况时，可以运用以往的一些知识处理这种新的情况，即人的"以简驭繁，应变万千"，而电脑遇到一种新的"意外"的情况，它就不能做出决定。这是在于人脑与电脑有一个重要的不同就是人对自己、对外界存在的情况"知道"，即人的"内心"是一个高度知觉自我和外界存在的情况的一个知觉个体，人的思想是人的"内心"即高度知觉的个体主动进行的思想，因而人是自己进行思维，有自己的各种设想，并知道自己在思考什么，并且人是以知道原理的方式进行思维，即人的"举一反三"的特性。这样，人可以运用以往的知识创造新的构想、处理新的以往未曾遇到的情况。电脑对外界一些情况能够做出反应是由于电脑是进行预先设定的程序，遇到某种情况就有某种逻辑反应，电脑不知道在思考什么，不知道"自己"和外界的情况，所以电脑没有创造性，在遇到预先未设定处理这种情况的程序的某种情况时不能做出相应的反应。

我们再分析一下，人的"知道"，即不是知识性的"知道不知道"、"我知道这件事该怎样做"的"知道",而是人对自己的存在的知道、对外界事物存在的知道。人怎样才能对自己和外界事物的存在知道?人怎样才能知道自己在思考什么?这是不是人的大脑的机能,是不是仅是人的大脑这一方面的机能?可以说,人的思维就是人的大脑的机能,是人的大脑具有的功能,但是人的"知道",仅有人的大脑可以不可以实现"知道"?我们可以分析到,能够实现"知道",必须有一个知道自己的存在的实体的存在,也就是要有一个有自我意义的实体的存在,只有在知道自己存在的情况下,才能知道外界给自己传来什么样的信息,从而知道外界情况的存在。而人的大脑虽然这样复杂,但人的大脑无论怎样复杂,都仅是自然界物质的相当复杂的生命结构,而自然界物质形成一种生命的结构也还仍然是自然界物质的结构,因而不能形成一个具有"自我"意义的实体,因而仅有人的大脑的自然物质生命结构这一个方面不能形成具有自我意义的、能够知道自己和外界事物的情况的存在的实体。人能够实现"知道",是在于经过生物长期的生存活动使人的大脑具有形成人的精神的机能,即形成人的"内心"、明确是谁的具有自我意义的精神个体,由人的"内心"即人的精神实现知道自己和外界事物的存在,并由人的"内心"即人的精神进行生存活动。我们分析,人的"心"即人的精神怎样才能知道自己和外界事物的存在?人的"心"必须是一个具有自我意义、知道自己的存在的个体,这个个体在存在的意义上、在生存的现实上是一个独立的实体,而在形成、构成上是由很复杂的人的大脑形成。这个个体知道自己的存在,就可以知道外界事物给自己传来什么样的信息,从而也就可以知道外界事物的存在。那么,这个个体知道自己的存在,也就是这个个体是现实存在的一个实体,这个个体既然很明白地知道自己的存在,因而这个个体就是一个很明确是什么的个体、实体,即必须是很明确究竟是什么样的个体,而不是一个不明确是什么的个体,那么,我们就可以分析到,这个个体即人的"内心"、人的精神是一个很明确是谁的个体。而人的"内心"知道自己和外界事物的存在的过程是怎样的?人的"内心"是一个很明确是谁的高度知觉自己和外界事物存在的个体,也就是人的精神的实质是知觉个体。"知觉"与"知道"的不同,即知觉也是知道的意义,但"知觉"有人的精神直接感觉到外界事物的通过人的神经系统传到的信息的意义,即"知觉"有一种"我"随时直接感觉到自己和外界事物存在的情形的意义。例如，外界某处有一种声音，通过人的神经系统直接形成人的精神上有这样一种感觉，声音大小、音调、音色在人的"内心"有很清楚的感觉，也就是这时人的"内心"的知道，是人的精神通过身体的神经系统直接感觉到外界事物有什么样的情形实现的，因而人对外界事物的情形知道的那样详细，对外界事物的一丝一毫、千丝万缕、到底是什么样清清楚楚。说明一下，这里的"感觉"的意义，在这里的人学分析中，"感觉"是"知道"的意思，这里的"感觉"是"我"的感觉。"我"感觉到这个声音有什么样的音色，实际是"我"知道这个声音是这样的一种声音。

另一方面，假如外界有一种太强的声音，人会感觉不适，所以人的精神既有感觉外界信息的特性，又有感觉不适与适的特性。我们要分析，人的感觉"适"与"不适"，是不是仅是人的感官的感觉？实际上，人的感官有没有感觉？人的感官、人的身体并不能有某种感觉，人能有感觉，实际是人的身体经过神经系统最终将人的身体的情况形成在人的精神上有这种感觉，因为人的身体既然可以形成人的精神，通过复杂的神经传导过程就可以形成人的身体某处的"适"与"不适"实现在人的精神上有一种快感、痛感。所以我们可以得出这样的结论，发生在人身体的各种感觉都是人的身体经过复杂的神经传导系统形成在人的"内心"上、人的精神上有这样一种感觉，有这样一种"适"与"不适"的快感、痛感，而在人的感觉上仍是身体某处的快感、痛感，实际是人的精神上有这种快感、痛感，这是由于只有人的精神才能有感觉，才能有快感、痛感。所以，"知觉"与"知道"的不同，就是"知觉"既有"知道"的意义，又有精神直接感觉到人的神经系统传来外界事物的信息的意义，即"知觉"有人的精神通过人的神经系统很清楚地直接感觉到外界事物的情形的意义，以及经过人的神经系统形成的"我"的快感、痛感。"知道"不能确切地说明人的精神有直接感觉到某种信息的意义。所以，人的精神是很明确是谁的高度知觉的个体。

我们再分析一下这个问题，人是用感官例如眼睛感觉到、"看"到外界事物的存在，还是由人的精神知觉到外界事物的存在？我们是用眼睛"看"到某处有一物体，实际是人的"内心"将眼睛接收的物体的光线形成的信息知觉为那样的一个物体，在我们的知觉中呈现那样的客观事物。人看到外界事物是人的"内心"看到外界事物，是"我"看到外界事物，实际是"我"知觉到外物的存在。我们可以分析到，仅有人的眼睛以及视神经系统，"看"到的物体仅形成一种信息，如同照相机的镜头显示物体的图像，人的眼睛并未"看"到、感觉到物体的形象，也就是未形成是"谁"看到、知觉到这个物体，而且，人的大脑也未知觉到外物的存在，必须由人的"内心"知觉到这是一个什么东西。所以，我们看到外界事物，实际是我们的精神知觉到有这些东西的存在，是我们的"内心"、很明确是谁的高度知觉的个体看到、知觉到外界事物的存在。我们可以套用笛卡尔的"我思故我在"说"我知（知道、知觉）即我在"。总之，人类知道外界事物的存在，是在于人有人的"内心"、明确是谁的高度知觉的个体的存在。"我"能看到外界事物的存在，就确证有"我"的存在。

我们再谈一下，说人的精神是很明确是谁的高度知觉的个体与人们有时说"意识到已经有了某种情况"的"意识"的区别。"意识"也是知道的意思，但"意识"一般是指人的精神对不易直接感觉到的外界一些情况的觉察，需要深入思维、觉察才知道这种情况，这时人们可能说"意识到有了某种情况"。而"知觉"既包括精神对不易直接感觉到的某些情况的觉察，也包括精神对外界情况的直接感觉，而且"知觉"还有人对外界情况感知很确切、准确的意义。例如一片树叶，边缘是圆弧形还是锯齿形还是波纹形，只要人的视力好就可以准确感知这片树叶的情形。这时一般就不能说"我意识到这片树叶边缘是锯齿形的"。所以，将人的精神概括为高度知觉的个体，可以全面地、确切地概括人的精神的"知道"的本质，即有"知道"的意思，也有"意识到"的意思，也有感觉到的意思。

我们也可以讨论一下，哲学中"意识"一词的意义是什么，意识是指"人对外界事物的反映"，这实质也是说意识是人知觉到自己和外界事物的存在。所以，用"知觉"可以全面概括人的"内心"的"知道"的特性。

我们再从其他一些方面全面确证人的"内心"是很明确是谁的高度知觉的个体。我们从"价值"的方面分析，人有价值实现的意义。人们虽称电脑为电脑，但电脑本身是无价值的需求与现实的意义的。价值的实质就是一种意义，人为什么有价值的需求与实现的意义？价值、意义实现在何处？价值、意义实现在明确是谁的知觉个体上。再看一下，人为什么会有愉快、忧愁等各种情感？人在遇到严重的困难，如发生粮食危机时，为什么感到危机？人为什么有利益的需求？是在于人的本质是很明确是谁的高度知觉的个体，由于人的本质是高度知觉的个体，因而人的生存有了价值、意义。人只有是明确是谁的高度知觉的个体，人的生存才有意义。再一方面，人有品格、性格、意志，也说明人的精神是很明确是谁的高度知觉的个体。还有一些方面，如人有时感到难以忍受的严寒、空气污染，这些实质是人的内心、高度知觉的个体感到难以忍受的感觉。我们从人类生存的现实、本质上分析，可以明确人的本质是在于人的"内心"（人的精神）是很明确是谁的高度知觉的个体。

总之，人的本质是自然的人的身体（大脑），形成社会的人的精神（明确是谁的高度知觉的个体），成为社会的人的精神的整体。人很明确是谁，所以人的本质是一些个体，很明确是你、我、他。那么，"我"为什么就是"我"，"我"怎么不是另一个个体？"我"是一个个体，"我"就是"我"，"我"只有就是"我"，"我"才能存在。"我"要存在，"我"必须是一个个体，所以"我"就是"我"。"我"为什么存在？首先，"我"是一个个体，一个可以、可能存在的高度知觉的个体，而"我"的身体（大脑）形成了"我"，所以"我"能存在。所以，人类能够存在，是在于有人类的精神、"我"的存在的可能性。没有人类的精神、"我"存在的可能性，古猿就不能进化形成人类，只能永远是猿。而人类的存在又在于是极为复杂、高级的自然界生命生物，生物能够发展形成人类的生命身体，所以，没有人的自然的生命的身体，人的社会的精神也不能存在。而人类的自然的生命的身体又是人类经过劳动形成的人的身体，但是没有人的属性人又不能劳动，劳动与人哪一个是根本的？"劳动"与"人"哪一个是先哪一个是后？这个问题的实质是人的由来、人是怎么形成的，是"人学"应研究的问题。

人是怎样形成的人类？人是由原始人发展形成的，原始人为什么发展为发达的人类？原始人与发达的人类在本质上都属于人类，但原始人，特别是原始人初期阶段，劳动能力很低，智力也比较低，他们不是像以后的人那样能制造多种多样的有些很精致的工具，而仅能磨制一些简单的石器，削磨一些捕猎、防御用的木棒。最初的原始人语言也很简单，经过长期的生存、劳动，原始人逐渐发展为较发达的远古人类。这时的人类与当今人类在智力、相貌、精神上几乎是相同的，他们制造的工具多种多样，有的很精致。这时的人类与当今的人类的差别仅是科学、文化发展阶段的差别。远古人类以后的发展主要就是科学、文化的发展。人类由智力较低的原始人发展为发达的人类，其中的直接的原因就是人类的劳动，以及人类的群体的生活形成越来越发达的语言。人类的劳动要动脑，使人类的大脑越来越发达，身体也更灵巧。然而人类之所以劳动，终归是人类的生存、生活的需要，是人的精神意志的生存、生活的需要，特别是在人类的远古时期，人的生存的需要是最根本的需要，那时几乎没有绘画等艺术，也就是那时人的劳动仅就是出于人的生存的需要。所以，劳动是人由原始人发展为发达的人类的手段，但在本源上人的劳动是人类精神生存的需要，而且劳动是人的精神意志的生产活动，也就是必须有人、有人的精神意志才能有人的劳动，所以，可以这样说，人类通过劳动满足自己生存的需要，同时人的劳动使人类由原始人发展为发达的人类。

"劳动"与人哪一个在先，哪一个在后？哪一个是根本的？还是同时具有？这就应该分析人类的祖先——原始人是怎样形成的？原始人是由群体生存的古猿这类动物进化形成的。地球上有古猿这类动物，是由于地球上有了很多茂盛的高大的植物，有些动物由于经常攀缘，即渐渐分化出了猿等灵长类动物，由于这类动物经常攀缘，使其前后肢有了一定分工，前肢攀缘，以及抓取食物，后肢主要起支撑、登攀作用，总之这类动物的前肢比其他动物灵巧一些，善于抓取其他一些东西。后来，由于那时的情形很难考察到，我们只能这样推测，由于某些地方生存环境的变化，这些地方的猿不得从树上下来寻找食物，而且仍然不能轻易获得充足的食物，因而一些古猿形成群体围打其他一些动物，并抵抗某些更凶猛的兽类。由于长期的生存活动，并由于古猿前肢善于抓握东西，古猿偶然地、经常地从地上捡起石块、树枝围打其他动物，由于经常捡起东西击打其他动物，并由于古猿是群体的生存活动，古猿即变得聪明一些，进而形成用树枝、石块击打其他动物的习性，这些古猿即更加聪明，有时感到树枝不大好用，便用牙齿啃咬树枝，甚至打、磨树枝，并将树枝放到某一些地方保留起来。由于古猿不断地打、磨并使用、保留树枝、石块，古猿即变得更加聪明，最后由于有人类的精神意识存在的可能性，形成有意识地磨削树枝，并用石块砍削树枝，这时已逐渐实现了由猿向原始人的转变。所以即将进化为原始人的古猿与原始人的不同就是古猿简单的打磨、保存树枝，原始人是细致一些的打、磨树枝、木棒，并使用石块砍削树枝。所以，从根本上说，原始人是由古猿的生存活动发展、进化并由于有人类的精神存在的可能性形成的原始人，并且原始人是由较为聪明的古猿发展、进化形成的。原始人不是由偶然地从地上捡起石块、树枝围打其他动物的古猿进化而成，而是由能磨简单的工具的较为聪明的古猿进化形成的。"劳动"与人哪一个在先，哪一个在后？"劳动"与人同时形成、同时出现，"劳动"是人的从属的本质，人是"劳动"的本源，而原始人的形成是由古猿的生存活动，并由于有人类的精神存在的可能性进化而成，古猿在进化为原始人的同时，古猿啃咬树枝，打、磨树枝即转化为原始人的有意识地磨削树枝等制作简单的工具的劳动。总之，最初的原始人是由古猿的生存活动进化并由于有人类精神的存在的可能性形成，甚至可以说，就是地球上没有高大、茂盛的树，人类能否出现也很难说，因为没有高大、茂盛的树，动物就不可能分化出灵长类动物，因而就不能实现古猿进化为原始人。

  在这里要简单谈一下原始人与大自然的关系。原始人以及远古人类的生存是很艰难的，他们一方面同自然界一些灾害作斗争，另一方面也处于大自然的温暖的环境中。流淌的河流的淡水供人们饮用，时刻呼吸着大自然形成的适合生命生存的空气。总之，古猿、原始人、远古人类能够生存，能够进步，一方面在于自身的顽强的生存力量，另一方面也在于大自然形成了长期稳定的适合生物生存的多种条件，如温暖的气候等。

  以上我们从人类生存的现实分析了人的本质是在于，人的精神是很明确是谁的高度知觉的个体，而人的由来是在有自然界一些条件下，由动物——古猿的生存活动进化并由于有人类精神存在的可能性，形成具有精神意志的原始人。原始人能够出现还在于人的精神、"我"是一个可以、可能存在的很明确是谁的一个个体。原始人由于精神意志的生存需要通过劳动发展为发达的人类，即人类由原始人发展为发达的人类，也是由于人类的精神意志的生存、劳动而由原始人发展为发达的人类，人的精神的生存需要是人类生产活动的本源。

我们要深入研究，人的精神、"我"是怎样的个体？笔者经过分析领悟到，"我"是很明确是谁的一个个体，但对自我的领悟是需要很深刻理解的问题。首先，"我"的那种高度知觉要深领悟，向人的那种高度知觉的高度领悟。当我们领悟了"我"的那种高度知觉，则可对"我"有了一定的把握，因为有这样的高度的知觉必然要有那样的一个个体。而"我到底是谁"也要深刻地领悟，要按照"我"在存在的意义上是现实存在的独立的一个实体、一个独立的很明确是谁的个体领悟。之所以存在"我"是由于"我"是一个可以、可能存在的很明确是谁的个体。我们明确"我"是一个可以、可能存在的明确是谁的独立的实体、个体，可有利于领悟"我"的那种高度知觉、领悟"我"到底是谁。我们必须确定，人既然高度知觉到外界事物的存在，比如人能"看"到周围的一切，就在于有"我"的存在，"我知故我在"。领悟自我是谁要向"人格者"的高度深刻领悟，向很明确是谁的那样的高度知觉的一个个体领悟。为什么有众多的"我"呢？是在于"我"是一个可以存在的很明确是谁的个体。人为什么很明确是谁？还是在于"我"是很明确是谁的一个个体。"我"冷、"我"痛很明确是"我"的冷、痛，这就证明"我"是很明确是谁的一个个体，很明确是谁的冷、痛，是"我"的冷、痛。另外，"我"必须是很明确是什么（是谁）的一个东西，"我"才能现实存在。经过深入的领悟，我们可以领悟到"我"是很明确是谁的那样的高度知觉的一个个体，即"我"就是那样的一个个体、实体。而且，"我"又是既高度知觉又很平常的一个个体。人的精神应怎样概括呢？可概括为人类精神知觉个体。总之，"我"是既高度知觉又很平常的，可能并现实存在的，有品格、意志，有人格的很明确是谁的一个个体。不然，"价值的意义实现在何处"，"是谁的生存"，"人生意义何在"等这些问题就难以说明。我们也可以确定人的本质是在于人的"内心"、人的精神的本质是很明确是谁的高度知觉的一个个体，暂时先不对自我作那样详细的领悟，因为领悟有生存的本质的唯一的明确是谁的"我"是难的。

在人学理论研究上，一些学者提出精神的实质是"精神实体"，也有学者提出人的精神是"人格者"。"精神实体"的意义是说人的精神是一个独立的实体，与人的身体是两个不同方面。"人格者"的意义是说人的精神是一个有人格的实体，人的意志、需求、品质是人的精神实体的属性，所以人的精神的实质是"人格者"。然而，"我"是怎样的一个实体？"我"为什么有人格？"我"是可以、可能存在的很明确是谁的高度知觉的一个个体，"我"在生存的现实上是一个独立的实体、是一个精神个体，在形成上，"我"是由极为复杂的物质的生命结构——大脑形成的。

笔者这里所谈人的"内心"是很明确是谁的高度知觉的一个个体，与"灵魂"有无区别？人们有时也说灵魂是人的心灵，如"纯洁的灵魂"，这时所说"灵魂"是指人的精神。然而，当说"灵魂"是一种说不清楚是什么的一种有作用的东西，这是与笔者所谈人的"内心"是很明确是谁的现实存在的一个个体是不同的。人的"内心"是人的大脑形成的现实上独立存在的、具有生存意义的、有品格、有意志的很明确是谁的高度知觉的个体。这是与人类的生存的现实相符的。

我们还需要讨论一下，如果说人的精神是现实存在的独立的实体，是由人的大脑形成的在存在的意义上独立的很明确是谁的知觉个体，这与唯物主义的原则是否相符？唯物主义的原则是我们必须坚持的正确的原则，在"认识自我"这个问题上怎样坚持唯物主义的原则呢？"认识自我"同样能够坚持唯物的原则。首先我们必须看到，"我"在生存的现实上是一个独立的实体，如果"我"不是一个独立的实体，那么，到哪里去找"我"呢？"心"不等于脑子，脑子分析到最终，不外乎是自然的极为复杂的物质的生命结构。只有自然的物质、原子才能形成人的大脑这样复杂的生命构造。现在科学要求助于哲学研究人的"内心"的本质，哲学研究者要全面把握人的"内心"、人的精神的本质。如果"我"不是一个独立的实体，"我"到底是谁、是什么？怎样说明"我"有生存的意义呢？价值的意义实现在何处？"生存"是谁的生存？现在人们制造的很多优质产品，质量、性能相当优越，它们的终极意义是什么？只有有一个现实存在的独立的有生存意义的实体，才能感受到这些产品的"优越"。而当今哲学界为什么认为"传统哲学难以解决人生意义何在"？（《从意义的观点看人生》，《安徽大学学报》，1997年第4期）。因为人们分析到，人的身体，特别是人的大脑虽极为复杂，但仍然是生命结构，这是现代科学已确证了的。大脑分析到最终，就是物质的极为复杂的生命结构。因此，人们越来越认识到，在人类生命的身体上，不能找到人类生存的意义何在。那么我们就可以悟到，人还有"内心"，即人的精神，我们就要讨论，人的精神仅就是人的生命的身体的属性，还是人的精神在存在的现实上是一个独立的实体？我们可以分析到，人的身体、大脑无论怎样复杂，都不能形成大脑的"自我"的意义，而人的精神却是有可能是一个具有自我意义的独立的实体，有可能是一个很明确是谁的高度知觉的一个个体。我们从人类生存的现实上，从多方面可以确证，并且可以领悟到人的精神——"我"是一个现实存在的很明确是谁的那样的高度知觉的个体。所以，"我"在存在的意义上是一个独立的实体，"我"是在存在的意义上独立的很明确是谁的高度知觉的一个个体。

我们都认为人的生存不是自然人的生存，人的生存的本质是社会的人的生存。是什么改变了由自然的人的身体形成的人为非自然的社会的人的生存？是人的精神的生存的本质使人成为非自然的社会的人的生存。因而人的精神必须是一个独立的实体，才能改变自然的人的身体形成的人为非自然的社会的人的生存。

从科学的方面分析，人能够实现"知道"，必须有一个现实存在的知道自己存在的实体，才能知道外界信息对自己的作用，从而知道外界事物的存在。这个实体怎样才可以知道自己、自我的存在？这个实体必须是很明确是谁的一个高度知觉的个体，才可以知道自己、自我的存在。人能用眼睛看到外界事物，实际是由于人的"内心"是很明确是谁的高度知觉的个体，"看"到外界事物的存在，如果不能明确"是谁"，就不能真正"看"到外界事物的存在。而人的身体、人的大脑无论怎样复杂，都由于仅能形成物质的生命结构而不能实现"知道"。所以，人能够实现"知道"，必须由人的大脑形成一个明确是谁的高度知觉的个体，即有一个独立的精神实体才能实现"知道"。

人类的诸多方面的生存现实都说明人的精神是一个独立的实体。譬如人有品格、性格、意志等等，这些都不是自然的物质结构即人的大脑的属性，而是精神的属性。精神不是一个独立的实体怎么能有品格、性格、意志呢？

人的精神是那样的高度知觉的明确是谁的一个个体，因而人的精神有品格、性格以及为实现正义而具有的顽强的意志。再一方面，人有快感、痛感，然而人的生命的身体本身并不能感觉到有痛感、快感，实际是人的身体通过复杂的神经传导过程，使身体的"适"与"不适"形成为人的精神上有这样一种快感、痛感，只有人的"内心"才能感觉到快感、痛感，而人的"内心"必须是很明确是谁的一个个体（实体），才能感觉到"我"的痛感、快感。在人们现实生活中，痛感、快感显然是明确是谁的痛感、快感。

我们还要明确前面已经谈到的这一点，人的大脑能够形成人的"内心"即形成人的精神，古猿可以进化转变为人类，还在于人的精神——"我"是一个可以、可能存在的很明确是谁的高度知觉的个体。"我"是非自然的一个有自我特性的实体，也就是"我"仅是"我"本身，所以人的精神不仅是人的大脑本身这一方面的属性，还在于人的精神——"我"是一个可以、可能存在的一个很明确是谁的独立的实体。

唯物主义的原则是我们必须坚持的正确的原则，在认识自我这个问题上我们已经分析到"我"是一个现实存在的，在存在的意义上独立的具有"知道"的特性的个体、实体。在坚持唯物主义的原则上，我们可以认为，人的精神在本质上、在存在的意义上不是物质的，而且在形成、构成上也不仅是人的大脑这一方面的特性，还在于人的精神是一个可以、可能存在的很明确是谁的知觉个体。人的精神——"我"虽不是物质但在生存的现实上"我"是一个实体、是一个现实存在的有高度知觉的特性的很明确是谁的客观实体，所以，在认识自我这个问题上，我们也可以做到坚持正确的唯物主义的原则。人的精神、人的"内心"是由人的大脑形成的在生存意义上现实独立存在的，具有知道特性的明确是谁的精神个体，是非物质的客观事物。总之，在认识自我的问题上，我们也未违背正确的唯物主义的原则，一方面，强调"我"依赖于"我"的大脑形成，人连续几天不睡眠会发生精神恍惚，就证明"我"在形成上不能独立存在；另一方面，我们虽说"我"是一个独立的实体、个体，但是说"我"在存在的意义上、在存在的现实上是一个独立的实体，在形成上不是一个独立的实体，而是由大脑形成的。一些学者也认为"自我显然不是人的肉体存在，但却离不开人的肉体存在"（《人的存在、本质和解放的三重性》，《陕西师范大学学报》，1998年第4期）。

还有这个问题需要从哲学、科学两方面研究，即人的精神——"我"是现实存在的实体但不是物质，这样"我"是不能有能量的，"我"怎么能控制具有能量的身体呢？这也是需要弄清的问题。

如果由于"我"自身没有能量不能直接驱动"我"的身体，"我"就仅是一个"观察员"。例如，"我"在林中穿行，前方有障碍物，"我"很清楚可以从哪里绕过。身体虽有能量但仅是物质结构，并不能知道外界情况，"我"由于没有能量不能驱动身体就只好"通知"身体从哪里绕，身体接到"通知"后就向那里走去，这时前方又突然出现一只小动物，如果是一只松鼠，"我"就通知只要不踩到它就前进，如果是一条有毒的蛇，"我"就通知应停止前进。如果"我"没有能驱动身体运动的能力，这种通知的机制是不能实现的。又如前方有一条小沟，下面没有危险，"我"很清楚用多大的力量跃过这条小沟，如果"我"不能驱动身体，"我"怎么通知身体用多大力量跃过小沟呢？实际上"我"是一个知道的个体，"我"很想直接驱动"我"的身体，而身体如果没有一个知道的个体驱动、调整身体，身体会"寸步难行"或特别笨拙。实际上，我们是直接控制、驱动我们的身体的，而身体随时直接"听从"精神的支配。

精神——"我"是非物质的但现实存在的一个很明确是谁的个体、实体，"我"对自己和外界的情况知道，但"我"本身不是有能量的。我们先这样分析一下，人们现在使用的电动机是由电线传来的电力驱动运转，在导线线路上有开关控制，开关接通，电动机运转；开关断开，电动机停止运转。根据这种原理，我们就可以设想，人的身体的力量相对于人的大脑消耗能量的那部分结构的力量要大得多，但在人的大脑中有类似控制电动机运转的那种"开关"。这样用极少的能量接通或断开那个"开关"，即可以用极少的能量控制、驱动相对力量比较大的身体。然而有这个问题，就是接通、断开那个"开关"，也要有一点能量驱动，人的身体虽然结构极为精巧，但即使接通、断开那个"开关"的能量极小，也还是仍然需要有一点能量驱动。而人的精神——"我"是一个非物质的精神实体，"我"本身是不具有能量的，因此还是不能说通没有一点能量的"我"，可以驱动身体上的那个"开关"从而控制、驱动身体。

没有能量的人的精神究竟是否可以随心所欲地驱动人的有较大能量的身体，这也是一个很复杂的机制，需要从哲学和科学两个方面研究，我们在这里提出这样的设想，人的精神——"我"本身是没有能量的，但是"我"的身体即"我"的大脑形成"我"是要消耗能量的。据科学研究，人的大脑消耗的能量占整个身体消耗能量相当的一部分比重，人的大脑消耗能量的机制是一种电化学的过程。显然"我"这个高度知觉的精神个体在清醒状态时，需要"我"的大脑时刻不停地消耗能量，从而使"我"保持清醒的状态存在。我们这样设想，假设"我"坐在土堆上，背靠大树，空气清新，温暖，无风，慢慢地"我"处于欲睡的状态。这时忽然眼前一棵树上飞来一只很艳丽、灵活的鸟，或不远处跑来一只"我"很喜欢的小动物，"我"的精神便立即振作起来，目不转睛地、仔细地、聚精会神地观赏这只鸟或这个小动物，并感到很有趣。在这一过程中，"我"由"萎靡不振"到聚精会神，"我"的大脑形成"我"所消耗的能量必定会有不同的变化，可见"我"虽不具有能量，但"我"的身体形成"我"要消耗能量。"我"的振作与抑制可以实现控制"我"的大脑形成"我"消耗能量的大小变化。这样，就有可能有这样的机制，通过人的大脑的复杂的神经系统，通过"我"的振作与抑制，"我"就可以使大脑形成"我"的能量发生变化，从而实现控制那个"开关"从而驱动身体做出某个动作。因此，"我"本身虽无能量，但由于形成"我"要消耗身体的能量，"我"可以通过振作与抑制直接控制、驱动身体行动。然而，人的精神、"我"到底怎样驱动有较大能量的身体，需要科学研究。从我们的感觉上看，"我"是直接驱动"我"的身体的。"我"直接驱动"我"的身体也是符合唯物主义的原则的，因为"我"是由身体（大脑）形成的在现实上存在的独立的一个实体，"我"的大脑形成"我"也是消耗能量的过程。总之，既然"心"的功能是"全体大用，以简驭繁，应变万千"，"心"具有知道的特性，而人的身体的行动又那样复杂，有时又显得特别灵巧，人的身体应该由人的精神直接支配、驱动、调整等等。

这里，我们对人作一个这样的说明（定义）：人是由自然的人的身体（大脑），形成社会的人的精神（明确是谁的高度知觉的个体），成为社会的人的精神的整体，因而进行精神的生存、生活的客观存在。

我们可以看到，研究人学，弄清人的本质，对美学研究是有很大意义的。例如，人对自身为什么有非利益的精神、品格的高尚的审美？是由于人的本质是在于人的"内心"是很明确是谁的那样的高度知觉的个体，可以有高尚的品格、有坚强的意志、有正确的坚定的信念，因而人对自身有非利益的精神品格高尚、崇高的审美。而在人们的生活中，在条件许可的情况下，人也有"益我价值"的美的感受。通过对人学的研究，我们可以得出"义"与"利"相统一的美的本质的概括，即美的本质是客观事物的程度高的达到符合知觉者的知道的优秀的原则的情形。这里的"知觉者"即审美者、审美的人，美的发生、由来是在于审美者、审美的人是很明确是谁的高度知觉自己和客观事物存在的知觉者。笔者已在《美是什么》一文中，谈到审美的由来是在于人的本质是高度知觉自己和客观事物存在的知觉者，利益的、精神的需求是知觉者的属性。还谈到"没有人类存在，石头等这些自然事物仍然存在，但石头等这些自然事物不能被高度知觉、反映出来"，这是由于笔者在那时已对人的本质作了一定的分析。

我们通过对人学、美学的综合分析得出义与利相统一的美的论说，而当今哲学所倡导的人生的正确的价值导向也是人要做到义与利相统一、"义与利可以兼得"（见本书《关于义利关系的哲学思考》）。"正确的价值导向应该是提倡一种既在功利追求上有竞争精神，又同时具有远大目标和旷达胸怀的理想人格"（见《天津社会科学》，1997年第1期《终极关怀与现实关切》）。美学研究、人学研究和哲学研究也确实应该是一致的，因为"美的本质是在于审美对象契合人的内在审美需要、内在审美尺度"。（见《云南社会科学》1995年第5期《"美究竟是什么"最后谈》）。

通过对人学的研究，可以使我们弄清为什么人的正确的快感是美感。

在美学研究中，一些学者认为人的快感是美感，笔者认为快感是美的一个方面。首先我们可以看到，快感是人需求的，痛感是人要避免的。有人说到从西藏的高原上下来，感到能够自由地呼吸也是一种美。快感是不是美感？人的快感是什么？我们看一下一些实例：在严冬季节居室内有暖气而使人感到温暖，在夏季高温天气人到了清凉的山上避暑，乘车旅行时人感到平稳、舒适，等等，人的日常生活中这些快感使人感到快适，就是一种美的感觉。为什么人感到快感是美感呢？实际上，人有时感到难以忍受的冰冷、严寒、噪声、干渴、空气污染，这些实为人的精神感到难以忍受。这是由于人的实质是身心一体，身体与精神是一个整体，人的身体通过复杂的神经传导过程，使身体的不适与适形成"心"的、人的精神的痛感与快感。我们可以分析到，仅靠生命的身体是不能感到冷、痛、快适的，也就是生命体本身是无感觉的，大树是生命体，但却没有痛、快感。人的痛感、快感实际是人的生命身体，通过神经系统使身体的不适与适形成为人的精神（高度知觉的个体）的痛感、快感。因而，人的快感不是身体的快感，而是精神的快感，所以人的快感是美感。但人是有意志的，并非一味追求安逸，如一些人长期工作在条件艰苦的地方。

快感与美感也有这样的区别，人的某种快感必须为人的精神认可，即感到自己的这种快感是正确的，如是正确的，这时说人的快感是美感就如同说"米是粮食"一样的，也可以说"美感与快感并无质的区别"（见本书《论美是普遍快感的对象》）。而另一种情况，例如在发生洪水时，大家都在暑热中抗洪抢险，某一个人在树荫下是不是感到凉快、愉快呢？他可能过意不去，不如同大家一起抢险。所以，人的快感必须经过主体认可才成为美感，人是否能得到某种快感是受人的精神的制约的。

当然，人的快感虽是人的精神的快感，是人的精神的快感的美感，但毕竟仅是快感的美感，因而人们也往往并不注重这种快感的美感。

我们还需要谈一下这个问题，说人的快感、痛感的实质并不是人的生命的身体的快感、痛感，而是人的"内心"即人的精神的快感、痛感，那么对于其他的动物呢？动物也有快感、痛感，动物的快感、痛感是不是可称为"美感"？动物也能看到东西，也能自己行动，我们应对动物的情况做点分析，这样是有利于说清人学、美学的一些问题的。

我们已经分析到，人的快感、痛感并不是生命的身体的快感、痛感，而是人的身体经过复杂的神经传导过程，使身体的"适"与"不适"，形成人的"内心"即人的精神的快感、痛感。总之，我们有这样的结论，自然生命体本身并不能实现有感觉。人以及动物的生命身体本身不能有快感、痛感。我们考察动物，提出这种设想，动物有大脑形成的另一个有灵性的东西，可称之为"感觉体"的一种存在，即：能有一点"知道"特性的，有初步的自我特性的"感觉体"。这个"感觉体"是能有一点"知道"特性的客观存在，能使动物寻觅食物、发现敌害，快速的奔跑、飞行不致撞在障碍物上。同样，动物也是将生命体的适与不适通过神经传导过程形成这种"感觉体"的快感、痛感。

动物有没有这种"感觉体"，可以通过科学研究，我们可以对动物的观察推断动物有没有那种"感觉体"。我们可以看到，一些高级一点的动物，都有欢快、恐惧的表现，有时也表现出对所处环境的警惕性。动物普遍都有快感、痛感的表现。我们完全可以分析清楚这一点，生物的生命体自身是无任何感觉的，因为生物生命体包括动物的大脑，仅就是物质的生命结构，从本质上说，就是物质的复杂的结构。物质的生命的特性就是怎样能够生长、繁殖就相应进化出某种组织、器官。生物体有奇特的生长特性但却是没有任何目的、意志、知觉的，生物体自身没有利害的意义。只有知觉才有需要、意志、利害的意义。大树是很高级的生命体，但却没有自身的任何利害，没有任何痛感、快感。所以，仅凭动物有快感、痛感，有欢快、恐惧的表现，就可以推断动物的大脑形成了一个具有一定程度的知道特性的"感觉体"。

我们可以分析到动物有"感觉体"的存在。例如，鸟在林中飞快地飞行，鸟是怎样迅速地掠过林中的枝枝杈杈，能灵巧、准确地从一处跳、飞到另一处的？如果鸟没有一点"知道"特性的"感觉体"，就得只能单纯地依靠神经传导，神经传导系统将前方有无障碍传导到中枢处理系统，中枢处理系统迅速做出反应通过或绕过。然而，鸟不是碰到树枝才闪过，而是用小小的眼睛看到前方有无障碍，也就是鸟只能接收一点光传导的信息，散射的光线是微弱的，而信息的传送需要能量，前方一个小小的枝条通过鸟的很小的眼睛，能传到鸟的机体内多大的能量的信息呢？在没有感觉、知觉的情况下接收到这样小的能量的信息，恐怕生命体再精巧也难以做出相应的反应。然而，鸟不是看到前方有个小枝条就躲闪，而是有可能继续向前飞直到很近才躲闪，这样才能在很多枝条的空隙中绕过。可见，没有一个有灵性的、有感觉的"感觉体"，仅靠神经传导是难以实现这样的机制的。而且，当前方的小枝条上有一只鸟喜欢吃的小虫，鸟又会抓住枝条去吃小虫。鸟从一个树枝上跳、飞到另一处树枝上，跳、飞、减速、抓握，动作相当准确、协调、迅速，如果树下过来人，有时离得很远鸟就飞跑，并给同伴报警。大雁在远距离飞行后落下休息时，只留下一只大雁警戒，其余休息，一遇敌害，即大声鸣叫，群雁飞起、逃避。可见，鸟的准确的行动、发现敌害等等，不是仅依靠神经的传导实现，而是鸟的大脑形成一个"感觉体"。有了这个"感觉体"，可以达到"明察秋毫"的功效，可以轻松自如地行动，等等。

我们也可以体会一下我们自己，当我们散步时如果注意不踩到地上的很小的蚂蚁，地上很小的蚂蚁反出的光线传到一米多远的人的眼睛内，能形成多大的能量的信息呢？这可以通过科学研究出的，可以说是极小的，然而我们对它的位置、去向一清二楚。如果我们不想踩它，就迈过它，可见，极小的能量的信息为我们知觉到后，使我们做出了一个行动。总之，人的知觉以及我们推测到动物有大脑形成的"感觉体"，可以接收、感知到能量极小的信息并能对这种能量极小的信息很清楚，同时驱动身体做出某种行动。

我们再从其他一些方面推测动物究竟有没有"感觉体"的存在。很多小动物不能认人，人站立不动这些小动物感觉不出有危险，人一行动，有时离得很远这些小动物就能发现，迅速逃避。而猫等一些较高等的动物，人即使站立不动，它们跑近时也会发现有人而躲避，显然这也不是神经传导的机制，而是这些动物的大脑形成的"感觉体"的功能。特别是从古猿进化为原始人这个事实上看，也是在于古猿的大脑形成了"感觉体"，从而可以形成使用地上的石块、树枝击打其他动物的习性，进而古猿越来越聪明，可以成为聪明的古猿，最后进化为原始人。又如人们这样说："狗对陌生人的警惕性是很强的，不可轻率去抚摸它的头部。"我们可以推测，由于动物有一个有灵性的"感觉体"的存在，因而动物生存的一些行为大大强化，如猫等动物在捕食其他小动物时，动作相当猛，好像有务必将猎物捕获的"决心"。这些不是生物体的特性，仅靠生物体的神经传导是不能有这样猛的行为的，而是动物的大脑形成的"感觉体"的特性。总之，由于动物的脑形成一个有灵性的"感觉体"，使动物生存的能力增强，也使动物的行为相当复杂。而从我们人类的情况分析，人的大脑形成人的精神的过程、人的快感、痛感，人的"明察秋毫"

即可用视觉、听觉感知外界极微小的能量的信息的特性,人的精神直接驱动人的身体,等等,这些是相当复杂的机制,不从具有一定生存能力的动物上接续过来一些机能,比如视觉、听觉,痛感、快感,身体的驱动、控制,人类自己几十万年的生存是不能形成、实现这样复杂的机制的。人类承接了动物亿年以上的生存形成的很多复杂的机制,但人类经过几十万年的生存使人的精神与动物的那种"感觉体"有了较大不同。

动物的"感觉体"有了欢快、恐惧的感觉,人在宰杀人工养殖的动物时,动物是有它的恐惧、痛感的,而且,动物是有很强的痛感的,而人类的快感、痛感正是人类承接了动物很多亿年的生存形成的非常复杂的过程,因而我们可以确定动物是有它的快感、痛感的,人在宰杀人工养殖的动物时,为什么要让动物有很强的痛感呢?人完全可以使用很多种方法,比如电击,或先使其窒息,或先击打动物的头部,等等,使动物没有很强的痛感、痛感较小的死去。有的国家的居民在吃鱼时,就做到不让鱼有痛感的死去。鱼也是有知觉的,水中的鱼看见岸上走动的人过来就会向远处、深处游去。当然,如果人在海中遇到鲨鱼袭来,这时应予以有力打击。同样,人在其他的地方如遇到某种动物袭来,如果对人的生命有危险,这时也要用各种方法将其除掉或使其逃走。

总之,我们认为,人和动物的快感、痛感的机理是类同的,即都不是生物体本身的快感、痛感,而是动物的脑形成动物的"感觉体",或人的大脑形成人的精神,再通过生物体的复杂的神经传导过程,使生物体的"适"与"不适"形成动物的"感觉体"或人的精神的快感、痛感。生物体自身不能有快感、痛感的感觉。动物能够自己行动,寻觅食物,动物能有灵巧的行动,不仅是生物体自身的神经系统传导实现的功能,而是动物的大脑形成了一个"感觉体",因而动物也能实现"明察秋毫",实现动物有多种复杂的行动、行为。

下面我们继续分析美学的问题。上面我们已分析,人的感官形成的快感是人的精神的快感,因而人的快感是美感。还有很多美感实际也是快感的美感,但不是感官形成的快感的美感,而是人的"心"的快感,比如人观赏秀美的自然风景,绿水青山,蓝天白云,花朵的鲜艳,水的明净,大海的辽阔,等等。这些不是人的眼睛等感官的快感,而是人的"内心"的快感,也就是"赏心悦目"的快感。这种"内心"的快感在人们的日常生活中也大量存在,如墙壁、地面的很平,清洁;房间的明亮,不狭小,等等。

这种人的"内心"的快感的美感的机制也是需要研究的。例如,人为什么对自然风光的"旷"产生美的感受呢?地域的辽阔对人类有重要的功利价值的美,它可以使人们有地方建工厂、建公园、种植果树、种植各种农产品,等等。而自然景象的"旷"还给人以"心"的快感的美感,假如我们到了另一个较大的星球例如到了土星上面,这个地方只能观光不能久留,也就是土星的"旷"对人类没有功利价值的意义,我们也会对土星的非常辽阔、空旷、壮观的场景产生印象很深的美感。自然景象的"旷"的美就是使人的"内心"感到开敞、豁亮,使人感到辽阔无垠,而不是使人感到狭隘、压抑,总之,自然景象的旷的美就是给人的知觉的开阔的快感。当然,有些事物,如一朵花不给人以"旷"的美感,但花朵有一种娇艳的美,所以,旷有旷的美,花有花的鲜艳的美,只要有美的因素,就使人愉快。假如前面有一堵墙,我们感到不开朗,而在人的居室内,由于有很多美的物品,人也不感到压抑。同样,在野外,如果前面有雄伟的山峰,我们也会观赏山峰的峻拔、雄伟,而不感觉空旷、辽阔的美。

我们分析一下自然景色以及人制造的一些工业产品的外观的色彩的美。在适当的场合,色彩给人一种美感,色彩的美感不是人的眼睛等人的感觉的美感,而是人的精神有一种快感。比如,在不发生干旱的情况下,湛蓝的天空飘着朵朵白云,使人感到明丽,实际是人的精神的快感。实际上,色彩仅仅是不同频率光波,它本身是没有美的,即周启光先生所谈"色美非客观",那么,色彩为什么给人艳丽的美感?这好像糖仅仅是碳氢化合物,它本身并不甜,而人感觉到甘甜,同样,色彩的美就是使人感到不暗淡,艳丽,鲜艳。

我们再看一下这种使人的"内心"快适的美,室内墙壁、地面的很平为什么使人产生美感?我们可以分析到,墙壁的很平是给人的精神的快感。人们建房时,地面以下的混凝土基础只要做到坚固即可,人们没有必要对这部分进行装修。而楼房地面以上的部分,人们要进行装修,将墙壁抹平,颜色要组合有序、简洁、明快。同样,室内的暖气管道要很直才美观,弯曲、倾斜会使人感到不美观。又如，人们使用的一些物品如电冰箱、洗衣机的外壳磕碰了一些小坑，有一些划痕，使人感到不美观，但不大影响使用。那么墙壁等一些物品的很平、水暖管道的很直为什么使人的内心感到快适呢？我们看下面这些图形：

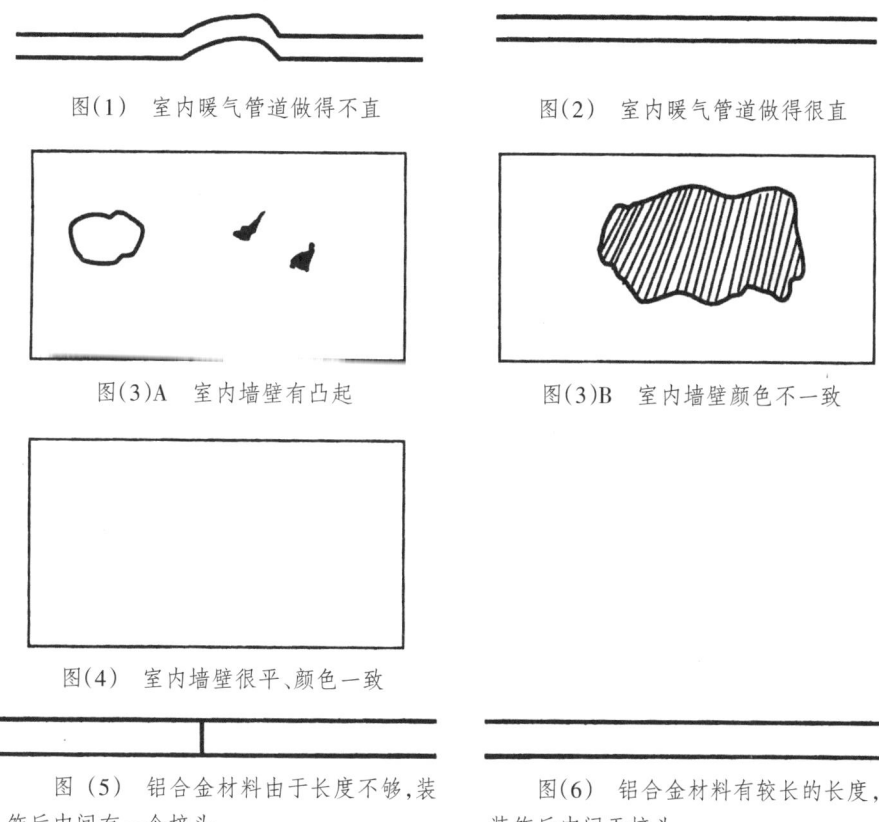

图（1）　室内暖气管道做得不直　　　　图（2）　室内暖气管道做得很直

图（3）A　室内墙壁有凸起　　　　图（3）B　室内墙壁颜色不一致

图（4）　室内墙壁很平、颜色一致

图（5）　铝合金材料由于长度不够，装饰后中间有一个接头　　　　图（6）　铝合金材料有较长的长度，装饰后中间无接头

图（7）　报刊上的分界线中间断开、错开　　　　图（8）　报刊上的分界线很直、均匀、一致

我们对照这些图形，图（1）、（3）、（5）、（7）使人感到不美观，图（2）、（4）、（6）、（8）使人感到美观。我们分析这种美观的缘故，就是一物前后一致，使人看上去感到顺应、相符因而使人感到畅快。图（5）虽然铝合金材料前后一致，做的虽然很直，但中间有一个接头，即使无缝隙也使人

看上去有一种阻碍而使人感到不顺应、不畅快。所以，这些物品很直、很平的美的缘由就是物品的很直、很平、前后一致的情形，使人的知觉感到顺应、相符，而感到畅快，感到美观。很直的直线、很平的平面，这种图形虽然很简单，却能使人感到畅快。而另一种情况，例如一些山峰，人们喜欢山峰错落有致，这是由于山峰这种景物，越参差不齐越景色奇秀。同样，花朵的美也不是平面的美，但花瓣形状统一、有序，使人感到优雅。而人们的居室的墙壁，人们就喜欢它素雅一些，将墙壁做得很平。

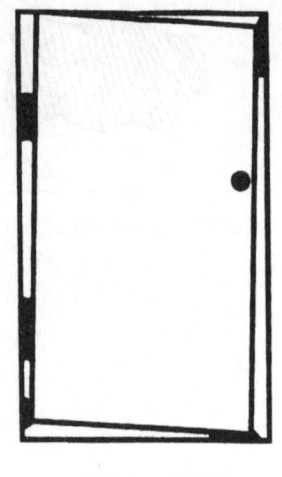 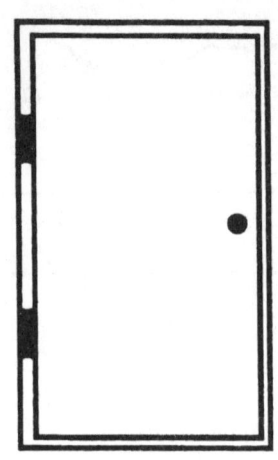

图(9) 门歪斜　　　　　　　　　图(10) 门很方正

我们再比较一下这几种图形，图（9）门安装后，门歪斜，尽管门边也是很直的但却使人感到很不美观，图（10）门方正、安装也正使人感到美观，其缘故也仍是人感到顺应、畅快的美。图（9）门与门框不统一，发生扭曲，使人感到不顺应、不畅快。而人们修筑的水库的拦水大坝有一定的坡度却使人感到美，因为这样使人看上去有一种宏伟、坚固的美。所以，是垂直的美，还是倾斜的美，是人依照具体情况，按照自己的需要形成的审美的原则。符合了人的审美的原则就是美的。

总之，从图（1）到图（10）这些物品的美与不美是在于人的感觉的畅快与不畅快的美感，也就是物品的外观的美就是人的畅快的美感，仍然是"美是对象的悦我价值"。我们还可以看到，现在人们的居室的窗户造型一般选用图（12）的形状，而不选用图（11）的形状。图（11）的形状虽然做得很规范，但看上去不如图（12）的造型畅快、明快，其中的缘故就是在窗户的中

图(11) 窗户造型

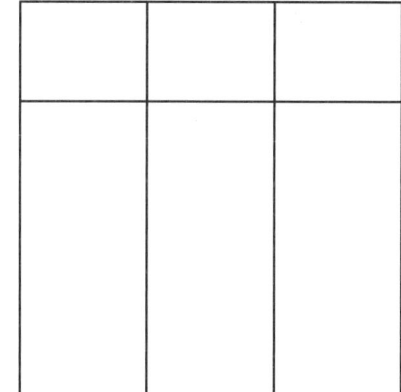
图(12) 窗户造型

间多几道格子，使人感到不利落、不畅快。图（12）的造型尽管会降低窗户玻璃的抗冲击的强度，或因局部的损坏造成较大块玻璃的损坏，但人们为了看上去美观，还是要选用这种造型。而工厂的厂房的窗户一般选用图（11）的形状，以减少因玻璃局部受冲击时造成较大的损失。总之，人们的日常生活中的一些物品的外观造型的美，在于使人看上去感到畅快，没有其他的深刻意义。

以上我们从诸多方面分析了人们的一些审美的美感就是感觉的、内心的快感的美感，也就是说人的快感是美感中的一个方面。这实质就是说利益是美中的一个方面。我们再讨论一下利益，包括人生活中所有的各方面的利益到底是不是美的实质？人的有些利益不是很重要的，而空气清新，粮食富足，气候宜人等等，这些利益是非常重要的，关系到人的健康生存。如果利益不是美的实质，那么很多美的事物对人就不是那样重要，这与人的审美现实是不符的。人是认为粮食富足，气候宜人，房间坚固，空气清新，土地辽阔是重要的美。美就是使人愉悦的东西，利益的实质是什么？利益是人需要的，所以利益就是美的。但利益是对人的利益，人是高度知觉的个体，"人总是要有一点精神的"，不能唯利是图，更不能见利忘义，应有高尚的品格。人应做到己所不欲，勿施于人。那些为了人类的进步、为了正义献出自己的生命的人是永远值得人们纪念的。所以，结合美的本质的分析可使我们弄清哲学范畴中价值的本质，价值就是对人的意义、需要的满足，但人有利益的需求，也应有高尚的品格。"正确的价值导向应该是提倡一种既在功利追求上有竞争精神，又同时具有旷达胸怀的理想人格"（《终极关怀与现实关切》，《天津社会科学》，1997年第1期）。所以，将价值定义为客体对人的需要的满足并不是提倡人们唯利是图。完整的价值的定义是人要在满足功利需要的同时要有一个理想人格。因为价值是对人的需要的满足，而人的本质是一个很明确是谁的高度知觉的个体，应该有坚定的正确的信念，要有高尚的品格，但人有时在获得利益时并不与正义相矛盾。人可以做到"义"与"利"相统一，在必要的情况下要舍利求义，那么，人应怎样选择求利还是求义呢？这就要"符合知觉者的知道的优秀的原则"。比如当今我们的经济已有一定的规模，在某些情况下，如发生较大洪水，是不能因为抢救价值几万元、几十万元的财产而去牺牲一名解放军战士的生命的。而在新中国成立前的革命时期，数量不多的财物就有可能有革命者为其献身，因为那时革命还未成功，每一部分钱关系到革命的胜利。当今在某些重大险情下，例如一位守卫水力电厂名叫张海西的武警战士，在遇到突来的洪水时先让战友撤走，自己留下通知停止发电，最后他被洪水冲走而牺牲。他的高尚的品格、英雄的事迹是永远值得人们崇敬的。所以，"符合知觉者知道的优秀的原则"，可以全面地概括美的实质，既有利益的美，又有非利益的精神、品格的高尚、崇高的美。

总之，在较良好的条件、环境状态下，如自然环境风调雨顺，人类社会经济发达，人的正当的利益是使人的精神快适的东西，也就是对人有价值的，因而利益是美的。当人类遇到某种危机，自然的、人为的危机，人是应该有一点精神的，要做出一点牺牲甚至较大的牺牲，或取得正义，或换来集体的较大的价值，或换来人类社会的进步。

下面我们再谈一下，自然界除有观赏的景色美外，还有对人类的重要的功利价值的美。美就是人感到应该是这样的、希望出现的现实情况，美就是令人愉快的。自然界有对人类很重要的功利价值的美。

生物、生命是自然界物质的奇特的现象。自然界物质的生命现象也有对人类有害的方面的，比如一些病毒、病菌曾夺去数以千万计的人的生命。但总的来说，自然界物质的生命现象对人类有利的方面远大于有害的方面，物质的生命现象美的方面远大于不美的方面。首先，没有自然界的物质的极为复杂的生命现象，就没有人类的出现。人类的出现一方面在于有人类的社会性，有人类精神存在的可能性，但人类的身体只能由极为复杂的物质的生命现象形成。人类已能造出具有一定智能的电脑，但造不出具有"自我"意义的电脑，将来也是难以实现的。因为"自我"是深奥的，人的大脑形成人的精神的过程也是极为复杂的，人类的精神只能由极为复杂的人的大脑形成。所以，总的来说，自然界的生命是美的。

自然界中的一些植物是对人类有很重要的功利价值的，因而这些植物是美的。植物不仅净化空气，吸收二氧化碳放出氧气，而且植物还将大量的有机物垃圾吸收、净化，并重新还原为人们需要的果实。现在一些大城市周围垃圾过多，而如果人们将其中大量的有机物垃圾分出送到田间，植物可将其全部净化。植物还能调节气候，保持水土，所以植物对人类有多方面的重要的功利价值的美。

我们再看一下，自然界的万有引力这种现象，也是对人类既有利又有害的方面。例如给人类造成很大生命财产损失的地震，从根本上说就是由于巨大的万有引力作用使地球的地壳发生剧烈的错动而形成的。然而自然界的万有引力现象又是给人类带来根本的利益的。没有万有引力，地球上就不会有大气长存。没有万有引力，也不能形成地球，也不能形成太阳、太阳系，整个宇宙即便存在物质也是一团雾气或者一些碎块，因而也不能有人类生存。另外，地球与太阳经过几十亿年后大体上既不靠近又不远离，这样的情况只有地球与太阳之间有较大的引力，再加上地球以一定的速度围绕太阳旋转而形成的。如果没有较大的万有引力，地球就处于一种"失重"的状态，如果地球受到其他小的天体的冲击，就可能使地球远离太阳。由于地球与太阳之间有较大的引力，地球受到的其他外力相对很小，不至于使地球远离太阳。总之，宇宙物质的万有引力对人类有利的方面远大于有害的方面，宇宙中的物质有万有引力对于人类来说是美的。

我们再看一下太阳的美的地方。太阳除放出光芒使地球上的万物生长，使地球保持适宜的温度外，太阳还有这个非常重要的美的方面，就是太阳持续的以近百亿年的时间大体稳定的燃烧。假如太阳有较长的寿命但燃烧的强度有强有弱，就有可能给地球上的生命造成很大的危害。太阳的寿命是很重要的，地球上的生命从无到有，最后进化出人类，经历近三十亿年的时间，假如太阳的寿命仅三四十亿年，地球上具备生命生存条件的时间就不足，那么地球上的生命就会"半途而废"，更不能进化出人类。科学研究认为，像太阳这样的恒星有的寿命很长，而有的恒星寿命仅几亿年甚至仅几千万年，恒星的质量越大寿命往往就越短。而太阳以百亿年的时间持续的、稳定的时刻放出大量的光和热，是一个我们应该认识到的很重要的美。

笔者亦认为，当今学界已大体认清了美的本质，美即审美对象契合审美主体内在审美尺度的益我、悦我价值。美就是客观事物的程度高的达到符合知觉者的知道的优秀的原则的情形。它既有人的快感的、利益的审美，又有人的非利益的精神、品格的高尚的审美，即美是在于义与利相统一。余下的问题则是认识自我。"我"的实质是一个知觉者，这也是可以明确的，"我"的实质是具有知道特性的、明确是谁的一个个体。"我"有知道的特性，又有通过"我"的身体的神经系统感觉、感知到外界事物千丝万缕的情形的过程，并且"我"还有痛感、快感的感觉。所以，"我"的实质是一个很明确是谁的高度知觉的知觉者、知觉个体。当今学界也认为"人之所以为人在于具有自我的知觉及因之而起的意识"（《关于"心"的研究》，《西北民族学院学报》，1997年第2期）。然而"我"的本质还需要全面深刻地分析。

原载于《徽州社会科学》，1998年第3期

对美学、人学理论研究的几点讨论

刘谷园

近期，我国学术界在美的本质分析上提出了一些新的论述，如一些学者关于生命美学，人生美学的论述，对于这些学者关于美的本质的分析，有的学者认为是"美本质研究的重要突破"[①]，有的学者谈到"我国新时期改革开放二十多年来的美学界，我认为其总的主流是有很深广的进展，而不是趋向混乱和冷寂"[②]，等等。那么，当今学术界关于美的本质分析有什么进展？笔者在这里结合生命美学的论述作几点讨论、分析。

生命美学关于美的本质的分析就是认为美的本质不是仅在审美对象上，美的本质与人的生命的本质相关，人类审美的本质是一种生命活动。生命美学承接了实践美学阐明的"美的本质与人相关，无人无美可言"的分析，同时，生命美学又认为人类审美的本质是人的生存，生活的本质。在美的本质分析上，如果我们把美的本质仅确定在审美对象上，当我们提问这个审美对象为什么令人对它产生美感，例如，我们提问，海水的明净为什么美？我们可以明确，客观中就是存在这样一种事物，"仅在审美对象上，永远也找不到美的本质"[③]。生命美学认为"美的本质是审美对象契合审美的人的内在生命尺度"[④]，即生命美学认为客观事物的美是在于客观事物适合了人类生存、生活的本质，因而，生命美学可以确切解释人类审美活动的实质，客观事物美的缘由，可以说通美的本质研究上的多方面的问题。

生命美学可以说明自然美、人类的生活的美。在自然美的本质分析上，生命美学也认为没有人是无自然美可谈的，而生命美学又认为自然美的本质是在于自然事物契合了人类审美的需要，契合了人类生命的生存、生活的需要。生命美学不认为自然美的本质是在于自然事物上体现了人类活动的成就，自然界中一些经过人类改造的地方的美属于人类创造的美或者是天人合一形成的美。

我们可以明确，人类至今仍然生存在人工不能创造的自然环境中。人类的生存要有适宜的环境温度，而现在适合人类生存的环境温度是怎样形成的？首先要有太阳几十亿年时刻不停地、大体稳定地燃烧发出光和热，而地球通过自然物质的万有引力作用围绕太阳运转几十亿年，既不过于靠近太阳，又不远离太阳，这种自然环境是人工不能创造的。自然界还有很多方面形成了人类生存需要的条件，例如，如果地球上没有足够的水，这也是使人类不能生存的。

地球围绕太阳运转的速度是每秒钟 30 多公里，而整个太阳系正以每秒钟 250 公里的速度围绕银河系的中心运转。没有银河系，太阳系要飘向哪里？可见，整个银河系、整个宇宙都关系到人类的生存。

在自然界，也有很多地方对人类造成很大危害，然而我们要全面地看自然界对人类的利害，没有自然界的一些人工不能创造的条件，则根本不能有人类的存在。

这个问题我们要谈一下，使人类能够存在的自然环境是人工不能创造的，而太阳再燃烧几十亿年就要走向结束，太阳系就不能使人类生存。在遥远的将来，大自然还是不是美的？

还有这个问题，有的科学家提出振荡宇宙模型的说法，即我们所处的宇宙起源于一次原始的大爆发，在经过很多亿年以后，由于自然物质的万有引力的作用，宇宙发生大聚集，然后又重新发生下一次大爆发。如果是这样，将来的人类能否生存？如果宇宙不发生大聚集，是不是可以使人类永远生存？如果是这样，科学家又认为，宇宙中各处的能量会消耗殆尽，这也是使人类不能生存的。在遥远的将来，人类会走向哪里，这是现在的人不能也不急于回答的。笔者在这里提出这样的设想，仅供读者参考。我们讨论一下，人类会不会永远生存下去，人类会不会一百亿年、一千亿年地永远生存下去？万事万物都是有生有灭，而人类自从几十万年前由古猿进化形成，会一百亿年又一百亿年地生存下去？笔者有这样的考虑，就是人类在生存若干亿年后，形成人类的身体的物质的生命构造的生命力会下降，人类的生育越来越困难，最终人类在地球上消失。其他的生物也同样由于生育愈发困难，也在地球上消失。笔者之所以这样谈，是在于自然生命既然可以从低级到高级发展进化，那么自然生命也是有生命力下降的可能的。当然，自然生命的生命力是很强的，它可以使自然生命延续很多亿年。再后来，太阳系走向结束，按照振荡宇宙模型的说法，宇宙又发生大聚集，又发生下一次大爆发。那么，人类是不是消失呢？随着下一次宇宙的形成，还会在某些地方形成适合生命生存的天体，自然生命还会从无到有，从低级到高级的发展，最后还会有人类形成。所以，人类是以这样的方式在宇宙中永恒存在，既没有开始的时候，也没有终了的时候，但每一次形成的人类都有很长的形成、消失的过程。"在整个人类社会存在的历史上，也要坚持唯物辩证法，凡是在历史上产生的，都会在历史上消失"⑤。

通过上面关于人类生存的情况的讨论，我们可以明确，人类只能永远生存在人工不能创造的自然环境中。而且，不仅人要生存在自然环境中，人类自身的生命的身体也只能由自然生命形成。

人类不能创造人类生存需要的环境，人类只能永远生存在自然环境中，这样，人类的生存是不是不美？我们可以看到，人类生存所在的自然环境是由无始无终的、无边无际的、永恒的、现实的自然物质存在形成。而我们以人类的生存、生活为内在生命尺度，那么，人类生存在人工不能创造的适合人类生存的自然环境中也是美的。我们可以这样讨论一下，假如人类能创造人类生存需要的一切，但人类没有感性生活愉快的方面，这会怎样呢？这样，人类的生存就是可以创造人类生存需要的一切，但"无生气可言"⑥。这里的"无生气可言"，就是指人类仅有创造的美，无生活愉快的美。这里的"无生气可言"，文字虽不多，但在目前的美学、人学理论研究上，是很值得讨论的。

为什么把人的本质确定为创造无生气可言？一方面，如果人们生活中某些感性生活的方面人工不能创造，那么，人就不能感受这些方面的感性生活的美。例如，我们吃一个甘甜的水果，这个优质的水果有人类劳动的方面，同时，这个优质的水果还有人工不能创造的自然环境形成的方面，没有太阳的光照，就不能长出优良的水果。因而，如果我们把人类存在的本质确定为创造，人就不能感受人工不能创造的感性生活的美。

再一方面，人的创造与人的感性生活都是人的活动，但却是两个不同的方面。人的创造是理性的复杂的活动，而人的感性生活就是一种愉快的感觉，而且，人们的很多感性生活的方面并不需要人创造，仅由自然、自然生命形成。从这一方面说，把人的本质确定为创造，人就不能感受日常生活中感性愉快的美。生活中人们吃饺子、元宵，这也是人创造的产品，但在美学、人学研究上，是不必要将其界定为人的创造性活动的，而只能将其界定为感性生活的方面。

通过上面的分析我们可以明确，如果人类能够创造人类生存需要的一切，而人没有感性生活的方面，使人感到无生气可言。因而，人类不必要追求创造人类生存需要的环境，人类生存在由现实存在的自然形成的适合人类生存的环境中，同时人有感性生活的方面也是美的。生命美学以人类的生存、生活为人类存在的本质，生命美学认为人类生存在人工不能创造的自然界形成的适合人类生存的环境中也是美的，因而生命美学认为自然美的本质是在于自然界一些事物满足了人类的生存、生活的需要，使人感到愉快的美的本质。这样，生命美学就不将自然美仅归结为形式美，而认为是"天地之美"。例如，太阳之美不仅是在于圆形，日出日落的红艳艳，太阳之美更在于它以近百亿年的时间大体稳定地燃烧，发出光和热，给人类带来农产品的丰收，使地球上长久地保持适合人类生存的环境温度。生命美学可以概括无限的大自然之美。

由于生命美学以人类的生存、生活为内在审美尺度，因而生命美学认为人们的日常生活是美的，"人既有理性的一面，也有感性的一面"[7]，即生命美学认为在条件许可的情况下，人可以有感性的生活之美。并且，生命美学将人的理性的创造的美与人的感性生活的美概括为人的不同方面的审美，即感性生活是感性的美，理性创造是理性的美。例如，人在吃水果时，人品尝水果的甘甜，有时又想到种植果树的人的复杂的剪枝、防治病虫害，最后收获到优良品质的水果的过程。

在美学理论研究上，一些学者谈到，感性是低级的，感性不属于美学的范围。这种美学虽然高一些，但却是"高处不胜寒"的，"人类生活的现实否定了美学家的虚构"[8]。只有生命美学才可以既包括人的感性方面的美，也包括人的理性方面的审美。

美的主观性与客观性是美学理论研究中进行很多讨论的问题。生命美学厘清了在美的本质分析上的主客观之争。人在审美时，审美的人不是主观的方面，而是审美的人的审美活动即生命活动。例如，人们以住房的坚固为美，这并不仅是人的主观认为，在这里，人的审美是人的生命活动，即人以自己的生存为审美本体，因而以居住在坚固的房子里为美。我们可以说明生命美学与主客观统一美学理论的相同与不同，相同的是，生命美学也是认为客体的美是在于客体的情形适合了人的审美的方面，不同的是生命美学进一步说明了人的审美不仅是主观的方面，而是人的生命活动、审美活动。

总之，生命美学可以明白地解释各方面的美的事物的美的本质，美的缘由，可以说清美学理论研究中的多方面的问题。生命美学的阐述"猝然打破了美的本质问题无法解决的神话"[9]。

在美学理论研究上，有的学者把握到美是一种价值的属性，无人无美可言，并且人类能够存在，能够审美，有人类的实践的方面，因而提出实践论美本质说。实践论美学充分地明确了美是对人的一种价值，因而实践美学为生命美学的及时提出是有历史的学术理论研究作用的。所以，如果说"生命美学是世纪之交的美学理论研究的收获"，这是整个美学界研究的收获。在美学理论研究上，每一种美学理论都说明了一些方面的问题，而在发现确切的美的本质的研究方向时，要共同研究，共筑人文科学理论大厦。

生命美学理论已提出很长时间，虽为越来越多的学者注意、认同，但至今尚未获得学术界普遍认同。有的学者谈到生命美学的"生命"的概念不太明确，而有的学者认为生命美学"生命体验的基点不能丢"[10]。那么，生命美学的"生命"的意义是什么？"生命美学研究人，不是浅层的人的生物性"[11]。在这里，我们对人的生命的本质作一些讨论、分析。

在科学上，生命是指自然物质在适宜的环境中形成的具有生命活力的构造。人类的身体就是自然物质形成的极为复杂的生命构造。然而，我们还可以对"生命"作这样的界定，就是有生存的本质、生存的意义，有生存、生活愉快的客观存在。人的生命的本质是什么，这直接关联到人学理论研究，通过人学理论研究，可以使我们搞清人的生命的本质是什么。

人学理论研究有很多的问题，我们讨论人类生存的意义是什么，也就是讨论人类生存的本质到底是什么，这可以作为人学理论研究的起点问题。笔者在前文中谈到人的本质是在于人的精神，人的精神的本质是明确是谁的高度知觉的一个个体。笔者再作几点讨论。

人有一个明显的特征，就是人不仅能够思维，而且人还能意识到自己和客观事物的存在。人有时思维，有时不思维，而人只要在清醒时，人的意识则是时刻都有的。当今科学也在研究人的意识的本质。人的意识的本质是什么？人的意识是人对客观世界的主观印象。这里的"主观"是指什么？这里的"主观"是指人的精神。我们可以明确，人的意识是非物质的人的精神的本质。因为人的大脑是物质的生命构造，人的大脑不能直接感知到外界事物的存在。人的意识过程是人的大脑形成人的精神，由人的精神意识到自己和外界事物的存在。我们从人类存在的本质也可以确定，人类存在的本质是非自然的社会存在本质，而人的本质是在于人的精神，这也就是，人的精神依赖人的大脑形成，但是非物质的本质。而人要进行各种活动，人的精神必须能够确切地感知到外界事物的情况，例如外界物体的形状、运动方向等等。另外，人对外界事物、自然景物进行审美，也说明人的精神能够确切地感知到外界事物的形态。这样，我们就可以明确，人的精神是非物质的本质，但却能确切感知到外界事物的形态。

我们看一下，人的意识的一些特点。

人的意识能确切感知到外界事物的存在，例如，人的意识有对外界事物距离的感觉，还有外界事物的空间立体形状的感觉，以及对运动物体的运动方向、运动速度的感觉。

人的意识可以同时感知到外界事物的大量的信息。人可以同时感知到远方物体的形态，近前物体的形态，由物体反射光线形成的空间立体形状的信息，由物体发出声音形成的信息。并且，人可以随时感知到大量的有用的信息，以及大量的无用的信息。人还可以在感知到的外界事物大量的信息中，注意感知某一种信息，例如，在人很多的地方，某一个人可以感知到与自己距离较远的另一个人的语言信息。

人的意识可以感知到外界物体的颜色，并且，物体的颜色有一点差异，人的意识就能感知到。我们可以明确，人感知到某个物体的颜色，并不仅是人的神经系统感受到了这种颜色，而是人的精神感知到了这种颜色，不然，人的精神为什么对某一物体的适当的色彩产生美感？人感觉到物体的色彩，是人的精神感知到这种色彩。

人的精神意识的本质是什么，可以这样确切地感知到外界存在事物的形态？我们分析一下人意识到客观存在的事物的过程，外界事物的形态通过反射光线或发出声音，被人的神经系统感受，传入人的大脑，在人的大脑中形成一种信息。我们设定人的精神是一个有知觉功能的实体，因而人的精神能直接感觉到这种信息，从而意识到外界存在什么样的事物。由于人的精神是一个有知觉功能的实体，因而对外界存在事物感知得这样确切，如物体的形状，距离，色彩等等。我们设定人的精神是具有知觉功能的实体，还可以解释人的精神为什么时刻感知到外界的大量的信息，实现科学关于人的精神的认识的"以简驭繁"的功能。

我们讨论人生意义是什么，我们设定人的精神的本质是明确是谁的高度知觉的个体，这样，不仅能进一步说明人的精神的知觉的过程，而且还能说明人生意义的问题。我们明确人的精神的本质是明确是谁的知觉个体，即明确人的生存是谁的生存，明确价值、意义实现在何处，因而说明了人生意义是什么。我们确定人的精神的本质是明确是谁的知觉个体，还与科学关于人的"心"的"全体大用，智情意三位一体"[12]的认识相对应。

我们从人的思维过程讨论一下人的精神意识的实质是什么。一个人的大脑在思维什么，这个人自己明白地知道，而其他的人则不知道这个人的大脑在思维什么。人在思维时是人的大脑细胞进行思维的过程，而人的精神却能感知到自己的大脑在思维什么，这也说明，人的精神的本质是知觉的本质。而我们设定人的精神的本质是明确是谁的知觉个体，可以解释人的思维的全部的过程，就是人首先要决定自己思考什么，然后，人的精神再驱动自己的大脑进行思维，同时，人的精神还知道自己的大脑在思维什么。人的大脑的定向的思维，人有时不思维，这必然是由人的精神驱动的。

我们可以明确，人的精神不仅是意识到自己和外界事物的存在，知道自己的大脑思维什么，而且人的精神还决定自己思维什么，决定自己去做什么。

在人们的生活中，人在观赏自然景色时，是看近前的树木，还是观赏远处的石头？这是由人的精神决定的。所以，我们设定人的精神的本质是明确是谁的知觉个体，可以说明人的"心"的"全体大用"，可以说明人决定自己做什么，不做什么；是注意感知近处物体的情况，还是注意感知远处物体的情况；是注意眼睛看到的物体的情况，还是注意耳听到的某物的声音。

我们可以这样研究有"我"的存在，人有时不思维，人有时思维，这就必然要有一个东西来驱动，那么，驱动人的大脑细胞思维的东西是什么？是"我"驱动"我"的大脑思维。因而，我们可以确定，有一个"我"的存在。

我们设定人的精神的本质是明确是谁的高度知觉的个体，这就是人们讨论的"我是什么"的"我"。"我"是一个明确是谁的知觉个体，因而，"我"有我的独立性，"我"决定"我"做什么，思维什么，在观赏风景时决定"我"观赏什么。"我"有"我"的目的，"我"有"我"存在的意义。

在哲学理论中谈到人的意识是在劳动中产生的。人的意识是怎样形成的，是不是在劳动中产生的？劳动是什么？劳动是人为了达到自己的目的而进行的活动，也就是劳动是人的活动，"劳动不会独立于猿与人之外"[13]。然而，没有人的劳动，人就不会有完善的精神意识，人究竟是先有劳动后有人的意识，还是人是先形成精神意识后有劳动？我们从一开始原始人的劳动过程可以讨论清楚。我们设想，最一开始的原始人的劳动是制作木棒，制作木棒必须有目的的砍掉哪一部位。试想，没有一开始原始人的意识，原始人怎能要去制作木棒，原始人怎样制作木棒？可见，没有一开始原始人的意识，原始人无法制作木棒，不知道要砍掉哪一部位，也不知道去制作木棒。所以，没有一开始原始人的意识，人的劳动无法进行。

一开始原始人为什么去制作木棒，也就是，为什么会有原始人的劳动发生？我们讨论一下，原始人的饥饿，寒冷，干渴，等等，这些是不是仅是原始人的身体的感觉？如果原始人的饥饿、寒冷仅仅是原始人的身体的感觉，那么，人的劳动为什么会发生呢？通过人学理论研究，我们可以确定，由于群体生存的古猿越来越聪明，它们的形体越来越接近于人的身体，它们有使用工具的能力，并有很复杂的声音信号，随着古猿越来越聪明，在有人的精神、"我"存在的可能的情况下，原始人的精神即"我"初步形成，同时，原始人的身体的快感、痛感成为原始人的精神即"我"的快感、痛感，这样，由于初步形成了原始人的精神意识，原始人为了满足自己生存的需要，原始人的劳动开始发生，而"心灵一经产生，便对人的生存具有无穷的妙用"⑭，原始人开始制作木棒，去围捕、防御其他的兽类。所以，一开始是先在聪明的古猿的基础上形成原始人的精神意识，然后人才开始进行制作工具的劳动。这样，不仅说明人类制作工具的过程，而且还说明了人类劳动的缘由。在人类的精神意识形成后，由于原始人的劳动，最后形成发达的人类。

为什么一开始会先形成原始人的初始的精神意识，后有原始人的劳动发生？在人学理论研究上，我们是不能过于轻视动物的生存过程的，我们不能认为动物的一些活动仅仅是条件反射。大猩猩会把树叶嚼烂蘸树洞中的水喝，较发达的动物在去某处吃食物时，要先观看周围的情况，在感到安全时才会去吃食物，并边吃边观看周围的情况。总之，动物是有很复杂的行为的。而古猿由于以群体的方式生存，并且，古猿能够抓握东西，古猿更聪明一些。生物学家提出，经过长期的生存，古猿逐渐发展为类人猿。我们认为，聪明的古猿可以制作不是很细致的简单的木棒，类人猿可以制作简单的石器，类猿人可以制作细致一些的石器，而到了原始人时期，可以制作出石斧，石斧是需要细致一些打击、磨制制作的。如果古猿不能制作简单的石器，古猿就不能越来越聪明，那么，原始人怎么可以逐渐形成呢？我们应该确定，古猿不仅可以制作简单的木棒，而且可以制作简单的石器。古猿可以制作简单的工具，是由于动物、古猿是有灵性的，也就是动物也是由动物的脑形成了另一个有灵性的东西，这个有灵性的东西就形成了感知，即有一定程度的意识，使动物的生存很灵活，这是条件反射不能实现的。由于古猿有一定程度的意识，古猿可以聪明一些，能够制作简单的工具。从人类的大脑形成的方面说，人类的大脑形成人的意识的过程是非常复杂的，这个过程实际是动物亿年以上的生存，动物的脑形成另一个有灵性的东西，在动物的脑形成灵性的基础上形成的。由于古猿是有灵性的，古猿越来越聪明，在有人的精神、"我"存在的可能的情况下，原始人的精神即"我"初步形成，这样，人类是先形成精神意识，后有人类的劳动实践发生。"实践只是人本身的一种属性，一种功能，既不是实体，更不是主体，只有人本身才既是主体又是实体"。⑮

"实践只是人的一种功能",这也就是说,人是先有人的精神意识,后才能有劳动实践的发生,这个逻辑是明确的。"实践为什么发生?决定人去实践的,是人的生命"。[16] "实践是人类为了满足自身需要而必须的手段"。[17] 我们也不能单一认为是劳动把人和动物区别开,因为是由于古猿制作简单工具,古猿越来越聪明,逐渐发展出原始人。

我们可以确定,"我"是明确是谁的有知觉、知道功能的一个个体,因为"我"有知觉、知道的功能,因而,"我"是不可以创造形成的。人可以设定一个结构、一个构造,但是,知道、知觉,这是不可以设定、不可以创造形成的。"我"是一个很复杂、很深奥的一个东西,"我"仅是一个可能的存在。"劳动创造人这个说法经不起推敲,劳动是谁创造的?劳动的活动是人创造的,人创造了劳动"[18]。

古猿是有一定程度的感知的,而其他一些动物也是有一定程度的感知的,一些候鸟,在天气渐冷时,它们向南飞行千公里以上,有时还在夜里飞行。而在北方还未完全解冻时,它们又飞回来。动物的生活这么复杂,就是由于动物是有灵性的。很多动物都生长了眼睛,只有动物是有灵性的,才可以通过眼睛看见外界存在的物体。如果动物是以条件反射的方式生存,动物怎能通过眼睛看见哪些东西是自己可以吃的,哪些东西可能是对自己有危害的?由于动物是有灵性的,动物才可以分辨有利与有危害。因为动物是有灵性的,因而,人在屠宰人工养殖的动物时,不应使动物感到疼痛。

如果我们认为动物的生存仅是条件反射的生存,这是轻视动物的,也是轻视自然界生命的精密的。自然界生命是这样精密,可以发展出人的非常精密的生命的身体,那么自然界仅发展了依靠条件反射方式生存的动物?"条件反射"不能形成感觉,动物不知道去喝水,也不知道去吃食物。所以,动物是有灵性的,也就是,动物是有一定程度的意识的。"从动物到人的进化,不是某一天,或某一代人完成的,而是一个漫长的过程。人的各种能力,都是动物能力的延长而已"[19]。

人类不形成人类社会,人类的精神意识也不会高度的形成,人的意识与人的社会性是什么关系?我们分析,最一开始为什么会形成原始人类社会?一开始的原始人知道自己要生存下去,必须形成群体才能使自己生存下去,才能围捕、抵抗其他的兽类。也就是原始人类社会是由个体的原始人形成。这个过程就是由于群体生存的古猿越来越聪明，在有人类精神即个体的"我"存在的可能的情况下，个体的"我"初步形成，而个体的"我"为了能够生存下去，形成原始人的社会。自我是不是在社会中形成的？没有人的社会性，"我"不能形成，然而，一开始没有个体的"我"，又怎能有人类社会？没有个体的"我"的"社会"，只可以称为群体，这与群体的大树、群体的石头有什么不同？所以，一开始的个体的"我"不是由于人类的社会性形成的，是在聪明的古猿的基础上，由于有"我"存在的可能性，先形成个体的"我"，然后才形成人类社会。我们可以这样研究，一开始为什么会有人类社会形成？有没有某种外力使人们形成社会？是先有个体的人的形成，才有人类社会形成。"首先有了人的个体生命存在，才可能有人类社会"。[20]"人出生时即有心的机能存在着"[21]；"决断能力来自心的自主性或主体性，没有主体性的心灵，是不可能作出决断的"[22]；"没有社会的作用、后天的教育，心的机能自然不能显现，但不能由此就说作为个体的心是社会实践的产物。心的机能的存在是社会实践能够发生的逻辑前提"[23]。我们还可以研究，人类社会的目的是为了什么？人类社会没有其他的目的，人类社会的目的只能是为了个体的人的生存。

然而，原始人不形成原始人的社会，人的精神即"我"不能完全形成，人的精神意识的形成与人的社会性是什么关系？我们讨论一下，现在的人打乒乓球这种运动。一个人要打好乒乓球，必须与其他的人集体练习打球，这样，这个人才能有较高的技术水平。然而，这个人能有较高的打乒乓球技术水平，还在于这个人有良好的运动能力、反应能力等等。原始人的形成与原始人社会的关系是，原始人必须形成原始人社会，这样，可以形成原始人的语言，使原始人越来越发达，因而完全形成原始人的精神、"我"。但原始人的精神、"我"能够形成，根本的是在于有"我"存在的可能性，原始人的精神、"我"形成的过程是，由于群体生存的古猿越来越聪明，在古猿有灵性的基础上，由于有人类精神、"我"存在的可能性，"我"初步形成，即原始人逐渐形成，而原始人以群体的方式生存，逐渐形成原始人的语言，最后完全形成原始人的精神意识即"我"。

我们分析原始人的语言的形成过程可以明确，原始人必须先初步形成原始人的精神意识、"我"，然后才能形成原始人的语言。没有一开始的原始人的精神意识、"我"，原始人不能听到语言、呼唤，也不能知道创造什么语言，不能知道呼唤什么。而由于原始人的语言的逐渐形成，最终完全形成原始人的精神意识、"我"。原始人的形成是在于有人的精神、"我"存在的可能性，而原始人的社会性是原始人形成的条件。

人们常说"人的生命只有一次"，这句话说明什么？这说明"我"是唯一的，"我"是非自然的存在，同时，"我"也是人类社会、人的劳动不能创造的。"我"的存在在于有自然生命形成人的大脑和在有人类的社会性的条件下，由于有"我"存在的可能性形成。"我"是不能创造形成的，所以"我"的生命只有一次。

一个人出生后，要在人类社会中生存，才能完全形成"我"，"我"是不是参照他人设定、形成的？我们看一下人类生活中这个实例，一个人出生后，在幼儿时期，被送到另一个地方抚养，这个人接触到的周围的人不同，那么这个人会不会形成另一个"我"呢？在人们的生活中，一个人出生后，这个人是谁就是确定的，他被送到其他的地方抚养，可以形成他有不同的风俗习惯，形成不同的语言，甚至形成不同的性格，但这个人是谁是不能改变的。人必须在人类社会中生存才能完全形成"我"，但人类社会是"我"完全形成的条件。如果"我"是参照他人设定的，那么，最一开始听到他人的声音、看到他人的东西是什么？人必须在人类社会中生存才能形成"我"，但在人们的生活中人不能对自我进行设定，"我"是不能改变的，"我"是一种可能的存在。再从这个方面说，现在人们在研究自我，人们还在问"我"是什么，这也是在于"我"不是设定的，"我"是一种可能的存在。我们还可以这样讨论，"我"是唯一的，人的生存是美好的，为什么"我"能够存在？这只能是由于"我"是一个可能的存在，"我"的大脑形成了"我"。所以，每一个人都要爱自己的身体，是我们的大脑形成了"我"，并且，通过我们的身体，使我们感知到了美丽的世界，而不是参照他人设定一个"我"。

认识"我"是较难的问题，我们要从各方面对人的精神的本质进行分析。"我"是一种概念存在，还是"我"是实体存在？当人处于严寒中，如果衣物不足，人的精神会感到寒冷。如果"我"是一种概念的存在，"我"是可以不感到寒冷的，而实际上人的精神是不能不感到寒冷的，这就说明，"我"是一种实体存在，而不是概念存在。人能确切地听到声音，看到彩色，能够知道自己的大脑在思考什么，人还有各种各样的感觉，人的精神只有是实体，人才能有各种各样的感觉，才能确切地感知到外界事物的形态。人的知觉是一种功能，人的精神只有是实体，才能有知觉、知道的功能，而概念的属性是不能有知觉、知道的功能的。所以，"我"是实体的存在本质，而不是一种概念的存在。从这个方面说，如果"我"是独一无二的，"我"是不能设定的，那么，"我"是实体，而不是概念存在。

人类存在的本质是什么？人类存在的本质是个体的人的生存、生活的本质。除了个体的人的生存的本质，我们找不到人类社会的其他的存在的目的。人们也常说"人的生命是最宝贵的"，这里的生命是指个体的人的生命。所以，"生存虽不能脱离社会，但其本质却是个体性的"[24]；"在价值领域，个人的生存价值是社会的最高目的"[25]。"只有现实的个人才是全部人类活动和全部人类关系的本质、基础。现实的个人是马克思主义历史哲学的出发点和价值中心"[26]。我们确定人类存在的本质是个体的人的生存、生活的本质，这既是一个可以讨论清楚的问题，又是一个在人学理论研究上有很重要的意义的问题，因为我们明确人的精神的本质是明确是谁的高度知觉的一个个体，这是与人类生存的本质相符的。我们明确人的精神是明确是谁的知觉个体，还可以说明人的意识是怎样形成的，可以说明人是怎样"以简驭繁"、确切地感知到外界存在的万千事物的形态。

"我"究竟是怎样的一个个体？这是需要深刻领悟的。认识自我是较难的问题，但是我们可以确定有"我"的存在。例如，在人们的生活中，人们明白地感觉到人是个体的人，个人有个人的利益，有个人的生活，有个人的思想，有个人的目的。我们从哲学理论上分析人的精神意识的本质，可以确定人的精神的本质是明确是谁的知觉个体。"我"是怎样的一个个体？我们通过深刻分析确定，"我"虽不是实物存在，但"我"可以依靠"我"的大脑形成，"我"就像石头一样，是一个有特定的结构、特定的构造的独立的个体、实体，即"我"是明确是谁的一个知觉个体。这样，"我"才能有知道的功能，"我"才能有自己的目的，"我"才能决定"我"做什么、不做什么，"我"才能有存在的意义。我们确定"我"是一个有特定的结构、特定的构造的实体、个体，这对我们领悟"我"是有较大的意义的。"我"必须是一个实体，是一个有特定的结构、特定的构造的个体，"我"才能有利益的需求，"我"才能有生命存在的本质。

在这里我们讨论一下"实体"这个概念，"实体"是有特定的结构、构造的客观存在，实体是由实物、物质形成。人的精神也是有特定的结构、特定的构造的客观存在，人的精神不能独立存在，但人的精神可以依靠人的大脑形成，所以，人的精神与实物一样，也是一个客观存在的实体。人的每一时刻的思维，人的每一个行动、目的，都是人的精神、"我"这个个体的体现。我们说人的精神在现实上与实物一样是一个有独立的构造的实体、一个明确是谁的个体，而在形成上，人的精神依靠人的大脑形成，这不能说是唯心主义的。"意识或精神存在于什么地方？科学家们很早就发现，在人的大脑细胞中，是找不到这些内容的"[27]。"我"是一个有特定的构造的个体，即"我"是明确是谁的一个个体，"我"不是一个抽象的存在，"我"是一个有意志、有品格、有目的、有情感、有生存的本质的现实存在的个体、实体。人们从科学的方面也分析到人的"心"的功能是"全体大用"，人的精神只有是一个有特定的构造的实体，人的精神才能有特定的功能。人的精神能有多种功能，能够"以简驭繁"，就是在于人的精神的本质是一个明白地知道的东西，即一个明确是谁的知觉个体。人的精神、"我"必须是一个现实存在的实体，是一个明确是谁的知觉个体，"我"才能有生存的本质、生存的意义。"我"必须是一个明确是谁的一个个体，是一个实体，"我"才能有自己的目的。

我们确定人的本质是明确是谁的高度知觉个体，这样我们可以明确，人类存在的本质是个体的人的生存、生活的本质。说"人生存的本质是为了生存"，这是不是同语的重复？这里的两个"生存"是同形不同义的。前一个"生存"是指人的存在，人们自在地生存、生活着，后一个"生存"，就是在理论上明确，人类存在的本质是生存、生活的本质，是个体的人的生存、生活的本质。

人学理论研究对美学理论研究是有直接的作用的。在美学理论研究上，美可以不可以包括功利价值的方面？如果我们在理论上认为美不包括功利价值的方面，就会形成各种物品、各种干鲜果品都无美可言的说法。实际上，在人们的生活中，人们认为住房的坚固，优质的木制家具，有清洁的自来水，做饭使用燃气、电能而不需生炉火，等等这些是美的。人们的日常生活中的审美虽然仅是一种感性的美，却是使人们真切地感觉到生活的味道、真切地感到生活是美好的。那么，在美学理论研究上认为美的本质包括人们的功利价值的方面，会不会把人们引向唯利是图？人的本质是明确是谁的高度知觉的个体，通过对人进行道德教育，特别是加强对未成年人的品德教育，人是可以树立坚定的正确的信念的，而不是善恶美丑摇摆不定。所以，在理论上认为美的本质包括功利价值的方面不一定会将人们引向唯利是图，关键是使人们树立坚定的正确的思想信念。在人类社会生活中，一些人为什么可以做到为了集体的利益而舍掉个人利益？就是在于人的精神是明确是谁的个体，是可以有顽强的意志、坚定的信念的。"必须指明的是，这里所说的感受，是个体在日常生活中的感受，所感受到的美，也完全是日常生活意义的美，并无格外的特别之处。如果美学所研究的美不是日常生活意义的美，美学的研究还有什么重要的意义呢"？[28]

"日常生活不能因其日常性而被忽略，因为正是它构成了现实可感的生命本身，美的活动只有在日常生活的直观中才能达到其本质，本质就体现在审美直观中"。[29]美的原理是什么？一方面是人活着就是美，这是人的生命的珍贵的美。正是由于有人类的生命的本质，人类才从原始社会发展到发达社会；正是由于有人类的生命需要，人类才制造出从简单到卓越的物质产品。另一个方面是人的感性生活的美，通过人学研究确定，人的身体的快感、痛感并不是人的身体的快感、痛感，而是人的精神、"我"的快感、痛感，比如，人有时感到口渴，寒冷，这并不是人的身体的感觉，而是人的精神、"我"的感觉。美的原理是，人的精神有某种快感，而这种快感为"我"认可，就成为美感，因而感到愉快，"美就是有价值的乐感"[30]。"美的本质应该回到人的感性生活上来"。[31]所以，美感就是快感，这还包括人的观赏的快感，比如，大海、沙漠、云海的浩瀚、旷的美。大海的辽阔可以产生水汽，给地球上的陆地带来降水,而大海的辽阔还有观赏的美,这种观赏的美的原理就是能使人产生乐感,就是使人感到有气势,使人感到广大而不是狭小,即自然景观的美的所在是能使人感到有气势,等等,如果美不是对于人而言,那么大海的辽阔有什么美可谈?"没有人的生命,没有人的审视,怎么会有美的存在呢?"[32]但有时快感不一定是美感。

"生命"能不能确定美?人只能是先有人,后有人的劳动,人要劳动,人必须知道什么是美的,不然,人无法决定自己去劳动什么。没有外力指示人去劳动什么,人只能是自己决定自己去劳动什么,因而,人是知道什么是美的,人才能去劳动。再说,人既然能进行复杂的劳动,人必然知道什么是美的。原始人挖陷阱捕获动物,为什么没有把自己陷下去?原始人知道把自己陷下去不美。原始人还知道,陷阱陷下去的动物大一些的比小一些的美。生命美学的"生命"是"我",由于有"我"的生命存在,"我"才去劳动。

有的学者把生命美学引入到语文教学中(参阅《论"生命美学"与"生命语文"美育实践》)[33],是正确的。比如,某人有很高的语文写作能力,但由于不精通机械原理,就不能写出机械原理的书来。同理,如果某人不深刻认识到生命的珍贵,生命的愿望,生命的性格,生命的意志,生命的感情,就不能感悟到文学作品的深刻含义。"从生命的角度看待人的生活和情感,从人的生命的视角研究文学,是达成文学深刻性与审美性的有效途径"。[38]没有人的生命的本质,《红楼梦》是不可以写出的。

美有高深的高雅艺术的美,然而,美还有人人都感知到的感性生活的美,而且很多的感性生活的美是自然生命形成的,比如,人的身体的健康的美,人的眼睛的美,人品尝的优质的水果的甘美,等等,以及人类根本不能创造的自然环境温度适宜的美,辽阔的土地的美,宇宙自然物质的万有引力强弱适中的美,等等,这些方面的美人人都能感觉到却是至关重要的,美学理论没有必要说明的那么深远,那么复杂。如果没有宇宙自然物质经过万有引力而形成的自然环境,人类在哪里进行创造呢?现在,很多学者已经确定,美学理论研究必须包括人类的日常生活的方面,美学理论研究不必要说明的那么高深。美是有高深的高雅艺术的美,但美仍是在于人的审美。美学理论不容易研究,而在人们的生活中,人人都能感觉到生活的美。现在,美学理论研究提出，人类的审美并不是一种主观性，而是人类自身的存在的本质。

劳动创造了人的说法是正确的，人不劳动怎么能有健康的身体？人不劳动怎么能有聪明的大脑？而原始人的形成过程是先形成原始人，后才能有劳动的发生，不能说人的意识是在劳动中形成的。"心的机能的存在是社会实践能够发生的逻辑前提"⑤。

"人类精神是一个独特的时空世界，它像宇宙、像生命、像历史一样无限深远、无限复杂、无限神秘、无限迷人。探寻这个时空世界的内容、特性、结构和运行规律，是人类主体觉醒和文化自觉的重要内容，是关系当代人类前途命运的紧迫课题。"⑥

为什么人类生存在人类不能创造的由自然形成的环境中也是美的？因为自然物质是真实的，现实的存在，而不是虚幻的，人类现在还不清楚宇宙中的物质是从哪里来的，必须有真实的物质的存在，才能有人类的存在。而且，人类的存在必须要有能量，而能量也是人类不能创造的。而人类自身的身体，人的大脑形成人类精神的过程，人的精神能够驱动人的身体，人的视觉，听觉，等等，这都是人类不能创造的。所以，人类生存在人类不能创造的由自然形成的环境中也是美的。

注释：

①骆弘：《美本质研究的重要突破——评常谢枫先生〈"美究竟是什么"最后谈〉》，载《云南社会科学》，1996(6)，77--82页。

②王世德：《美学研究的新进展》，范藻著《叩问意义之门——生命美学论刚》一书的序言，四川文艺出版社2002年12月出版。

③④常谢枫：《"美究竟是什么"最后谈》，载《云南社会科学》，1995(5)，84—94页。

⑤见本书，林源，《人，应该搞清自己与自然界的关系》

⑥莫其逊：《美学的现实性与现代性》，第78页，北京，中国社会科学出版社，2002年4月。

⑦赵伯飞，韦统义：《生命美学再认识：美学自律与审美自律》，载《陕西教育学院学报》，2003(2)，40—42页。

⑧见本书《论美是普遍快感的对象》。

⑨骆弘：《美本质研究的重要突破——评常谢枫先生〈"美究竟是什么"最后谈〉》，载《云南社会科学》，1996(6)，80页。

⑩李展,刘文娟:《论当代中国美学的生命转向》,载《泰山学院学报》,2005(4),41—45页。

⑪肖祥彪:《生命的宣言与告白——"生命美学"述评》,载《荆州师范学院学报》,2003(3),77—80页。

⑫窦宗仪:《关于"心"的研究——新科学的启示》,载《西北民族学院学报》,1997(2),1—5页。

⑬潘知常:《生命美学论稿——在阐释中理解当代生命美学》,郑州,郑州大学出版社,2002年10月第1版,第80页。

⑭高新民:《人心与人生——生存哲学的心灵哲学维度》,载《天津社会科学》,2003(1),48—52页。

⑮赵凯荣 张剑伟 《劳动价值论与马克思主义实践本体论问题》,《哲学动态》 2008(2)。

⑯封孝伦 《人类审美活动的逻辑起点是生命》,《贵州社会科学》 2010(6)。

⑰任中平,《刍议现代人类实践的合理性问题》,《社会科学研究》,2004(5)。

⑱张楚廷 《关于实践观的种种问题》,《 湖南文理学院学报》 社会科学版 2009(1)

⑲高建平,《新感性与美学的转型》,《社会科学战线》,2015(8)。

⑳苗启明 许鲁洲 《论马克思人本理性哲学的本体论——人的个体生命本体论》,《昆明学院学报》 2009年01期。

㉑㉒㉓严春友,《心之存在的证明》,《河北学刊》,2017(5)。

㉔杨春时,《21世纪中国美学:抵抗"散文化"》,《北京社会科学》,2001(4),91-93页。

㉕章辉,《新世纪美学基本理论建设的几点思考——从马克思出发》,《江西社会科学》,2006(1),9-23页。

㉖王江松,《马克思主义哲学与个人问题》,《学术论坛》,2006年第8期。

㉗黄正泉,《人学十难》,《求索》 2003(1)。

㉘王志敏,《21世纪中国美学发展学理构架之我见》,《人文杂志》,2004(4)。

㉙肖朗,《哲学的转向与生命美学的内涵》,《美与时代(下)》,2018(7)。

㉚祁志祥,《乐感美学》,北京大学出版社,2016年3月出版。

㉛高建平,《新感性与美学的转型》,《社会科学战线》,2015(8)。

㉜朱存明,《情感与启蒙——20世纪中国美学精神》,212页,文化艺术出版社,2017.5。

㉝熊芳芳,《美与时代(下)》2018(6)。

㉞肖祥彪,《生命美学视域中的文学研究论纲(一)》,《美与时代(下)》,2018(9)。

㉟严春友,《心之存在的证明》,《河北学刊》,2017(5)。

㊱庞井君,《以审美方式探寻人类精神体系之根》,《学术前沿》(京),2017(5)下。

论著索引

《人类生命系统中的美学》，安徽教育出版社，1999。

《生命美学论稿——在阐释中理解当代生命美学》，郑州大学出版社，2002。

《当代心灵哲学导论》，中国人民大学出版社，2006。

《审美要论》，湖南出版社，1995。

《自我的本质》，浙江人民出版社，2020.2。

《心灵导论》，上海人民出版社，2019.7。

《中国心灵哲学论稿》，科学出版社，2020.4。

《人的追问与审美教化（西方古典美学的人学解读）》，人民出版社，2021。

《经典人类起源说新辨》，学林出版社，2004。

《叩问意义之门——生命美学论纲》，四川文艺出版社，2002。

《乐感美学》，北京大学出版社，2016。

《生存的美丽与美丽的生存——生命美学的诉说》，北京时代华文书局，2015年12月。

《自我的发展》，浙江教育出版社，1998。

《意识：从自我到自我感》，浙江大学出版社，2011。

《意识的科学研究途径》，光明日报，2004.06.29

《意识主体、主体间性与诗意自我》，厦门大学出版社，2017.4。

《意识科学的第一人称方法论》，中国社会科学出版社，2017.2。

《意识和精神是否有真正的家园?》，《国外社会科学文摘》（沪），2007（9）。

《寻找中国人的自我》，北京师范大学出版社，2017.5。

《个人本体论研究——对科学、哲学根的探索》，中国社会科学出版社，2014.11。

《人类心智探秘的哲学之路——试论从语言哲学到心智哲学的发展》，《晋阳学刊》，2010（3）。

《"认识自己"的思维困境》,《学术探索》,2018(7)。

《百年来自我研究的历史回顾及未来发展趋势》,《南开学报》,2002(5)。

《人格中的自我问题》,《陕西师范大学大学学报》,2004(2)。

《人类意识与人工意识——哲学还能说些什么?》,《河北学刊》,2018(4)。

《自我边界的结构、功能及神经基础》,科学出版社,2016年4月。

《美本质研究的重要突破——评常谢枫先生<"美究竟是什么"最后谈>》,《云南社会科学》,1996(6)。

《价值论美学——美学研究的未来走向》,《哲学动态》,1998(7)。

《审美与生存——中国传统美学的人生意蕴及其现代意义》,巴蜀书社,1999。

《走向生命美学——后美学时代的美学建构》,中国社会科学出版社,2021.10。

《自然美的转向:从"祛魅"到"复魅"——以大自然文学创作为例》,安徽师范大学学报(人文社会科学版)2021,49(2)。

《生命美学视域下对文旅深度融合的思考》,理论月刊,2021(1)。

《黄帝内经》中的生命美学思想,湖南社会科学2021,(1)。

《生命美学 崛起的美学新学派》,郑州大学出版社,2019年12月01日。

《现代性与中国美学》,红旗出版社,2017.5。

《美学的现实性与现代性》,中国社会科学出版社,2002。

《感性意义:日常生活的美学维度》,光明日报,2009.7.19。

《中国传统美学关于生命意识的研究》,《理论广角》2013(11)。

《情感与启蒙——20世纪中国美学精神》,文化艺术出版社,2017.5。

《当代中国"生活美学"的发展历程——论当代中国美学的"生活论转向"》,《辽宁大学学报(哲学社会科学版)》,2018(5)。

《方东美美学思想研究》,黄山书社,2016.12。

《回到美自身的领域——对当代中国美学的反思》,社会科学文献出版社,2017.11。

《中国美学精神》,江苏人民出版社,2017.8

《基础美学:从知识论到价值观》,浙江大学出版社,2015.4。

《林语堂的生活美学》,山东大学出版社,2016.9。

《生命之思》,商务印书馆,2014年3月。

《魏晋风度：中国人生命审美意识形态初步建构》，人民出版社，2018年。

《生命美学的边界》，《美与时代》（下），2018（9）。

《从生命美学到生态美学》，中国文化报2010-12-29。

《美源于主体的需求》，《社会科学》，2007年1期。

《以人为本与当代美学建构》，《文学界》（理论版），2011（4）。

《在生命的真诚体验里寻觅——中国传统美学的当代启示》，《济南大学学报》，2003.6。

《论马克思人本理性哲学的本体论——人的个体生命本体论》，《昆明学院学报》，2009（1）。

《马克思主义哲学与个人问题》，《学术论坛》，2006（8）。

《马克思的个人理论及相关概念的厘定——一种人类个体生活的理论依据》，《哈尔滨工业大学学报》（社会科学版），2016（5）。

《马克思哲学是生存论路向的本体论》，《人文杂志》，2003（6）。

《从"生命现象"的视角看生存哲学》，《贵州民族学院学报》（社会科学版），2007（5）。

《论研究个体发生哲学理论的意义》，《湖湘论坛》，2007（3）。

《价值美学》，中国社会科学出版社，2008。

《价值论角度元美学论纲》，黑龙江教育出版社，2005.12。

《中国传统美学之生命意识与"本真"诉求》，《社会科学研究》，2013（6）。

《中国传统美学关于生命意识研究》，《魅力中国》，2013（32）。

《试论自然美研究的逻辑起点——从自然美为何成为我国美学研究的难题谈起》，《晋阳学刊》，2011（4）。

《生活美学》，清华大学出版社，2016.11。

《生命美学之维的艺术创作研究》，《成都理工大学学报》，2017（2）。

《一个全新的哲学视野——关于"认识世界--改造世界--享受世界"的哲学》，《云南社会科学》，2009（2）。

《社会生存本体论论纲》，《唯实》，2002（8-9）。

《休闲文化与美学建构》，南京大学出版社，2017.10。

《语文：生命的，文学的，美学的》，教育科学出版社，2013.8。

《头顶的星空：美学与终极关怀》，广西师范大学出版社，2016.1。

《动物是否在自然面前永远被动和无能》，《社会科学》，2004年6期。

《新感性与美学的转型》，《社会科学战线》（长春），2015年8期。

《生命美学的自我深化之路》，《贵州大学学报》，2016年3期。

《再论美学高于哲学——回归生存事实的美学与哲学的现实关系》，《美与时代（下）》，2011。

《阳明心学美学的心本立场及其再评价》，《中原文化研究》（郑州），2016年2期。

《身体美学：为何与何为？》，《云南师范大学学报》，2016年2期。

《美感的根本在于生命活力的显现》，《前沿》，2005年11期。

《转向现实关怀——新时期中国美学研究的一个突出特征》，《文艺争鸣》，2008年9期。

《中国美学是生命的美学——中国美学范畴和命题历史发展的必然流向和归宿》，《贵州大学学报》，1999年2期。

《人类审美活动的逻辑起点是生命》，《贵州社会科学》，2010（6）。

《文化转型与当代审美》，人民文学出版社，2010.6。

《重要的不是美学的问题，而是美学问题——关于生命美学的思考》，《学术月刊》，2014（11）。

《人生论美学与中华美学传统》，中国言实出版社，2015年10月。

《论中国美育研究的当代问题》，《文艺研究》，2004（6）。

《回归感性意义：日常生活美学论纲之一》，《文艺争鸣》，2010（3）。

《人生美学》，浙江大学出版社，2004.4。

《中国传统美学的生命诉求与境域构成》，《四川师范大学学报》，2010（5）。

《大众文化时代的审美范式与身体美学》，《社会科学战线》，2009（9）。

《拓展美学疆域　关注日常生活——沃尔夫冈·韦尔施教授访谈》，《文艺研究》，2009（10）。

《美学应贴近大众生活》，《吉林广播电视大学学报》，2007（2）。

《论原生态自然美及其价值》，《中南大学学报》（人文社科版），2007（5）。

《转角遇见美》，文汇出版社，2018.5。

《存在论视阈中的人的价值》,《湖南文理学院学报》,2004（2）。

《美现象的哲学思考——人类对客观世界的感情认识》,中国书籍出版社,2014.6。

《马克思主义视阈下的体验美学》,社会科学文献出版社,2014。

《关于人的本质的再思考》,《烟台大学学报》,2001（4）。

《对人的本质属性的再认识》,《临沂师范学院学报》,2004（4）。

《人学研究的本体论基础：现实的个人及其生活世界——兼论生存论人学的研究对象、方法和功能》,《甘肃社会科学》,2005（4）。

《生命美学：世纪之交的美学新方向》,《学术月刊》,2000（11）。

《生命美学："我将归来开放"——重返20世纪80年代美学现场》,《美与时代（下）》,2018（1）。

《存在的澄明：中国古典美学的人文意蕴》,《云南社会科学》,2002（2）。

《美与生命之我见》,《贵州社会科学》,2002（4）。

《美学学科的理论创新与当代存在论美学观的建立》,《文艺研究》,2003（2）。

《正本清源 返璞归真——美学的呼唤》,《郴州师范高等专科学校学报》,2003（5）。

《存在主义东渐与中国生命论美学建构》,《山西大学学报》,2005（4）。

《走向个体拯救的生命美学——基于生存论视域下努斯和逻各斯的变迁》,《东南大学学报（哲学社会科学版）》,2017（6）。

《百年来自我研究的历史回顾及未来发展趋势》,《南开学报》,2002（5）。

《人格中的自我问题》,《陕西师范大学大学学报》,2004（2）。

《马克思主义"哲学观"及其基本精神问题研究评价》,《汉中师范学院学报（社科版）》,2004（3）。

《马克思生存论辩证》,《理论探讨》,2005（4）。

《"生存论转向的"的哲学内涵》,《哲学研究》,2001（12）。

《中国美学中的边缘美学理念》,《深圳大学学报》,2004（2）。

《中国古典美学的生命精神》,《社会科学家》,2005（5）。

《历史抉择中的汇流与当代美学的建构》,《南通师范学院学报》,2004（2）。

《中国传统美学的生命底蕴》,《孝感学院学报》,2004（2）。

《中国传统美学关于生命意识研究》,《魅力中国》,2013（32）。

《生命意义是审美的根本存在方式——论生命美学的本体基础》,《美与时代（下）》,2018（6）。

《自然之美的理论还原》,《文史哲》2004（1）。

《什么是身体美学——基于身体美学定义的发展性思考》,《贵州大学学报》,2016（1）。

《关于当代美学研究的思考》,《山西大学学报》2005（2）。

《从<人类生命系统中的美学>看生命美学的发展》,《贵州师范大学学报》,2002（5）。

《感性韵律的谱系学——早期梅洛-庞蒂的生活/生命美学契机》,《社会科学战线》2016（1）。

《论作为生活方式的美学及其效能》,《大连海事大学学报》,2017（3）。

《感性话语陈述与生活美学——中国古典美学的知识构型及其当代启示》,《中华文化论坛》,2017（2）。

《论马克思人本理性哲学的本体论——人的个体生命本体论》,《昆明学院学报》,2009,31（1）:59-6。

《中国传统美学关于生命意识研究》,《魅力中国》,2013（32）:287-288。

《具身心智：认知科学和人类经验》,浙江大学出版社,2010.7。

《中国古代人生美学研究》,中国书籍出版社,2019.4。

后记

编完此书,掩卷遐思,心中亦戚戚焉。这是因为,从书中看,人们对美学的分歧如此严重,美学牵涉的问题如此复杂,怎样才能使美学走向新生呢?这是摆在每个探索者面前的难题。在肯定书中我们的探索、我们的思考、我们的勇气和执着的同时,我们还应当提倡换位思考、兼听则明和综合性思维。如果像目前这样绝对地只肯定自己,偏执一端地死钻牛角尖,必然会仍在"道术将为天下裂"的老路上打转,中国新美学的建构,是永远难出成果的。西方美学研究的颠覆性思维、否定性思维的教训应当记取。

此外,再交代两点:一是序言没有交代明白,书中还有林源、刘青琬、赵绥生、张楚庭等的四篇文章,探讨的并非美学问题,但是,他们的研究对我们这些美学研究的人来说是大有裨益的,所以一并收集在此,以利美学研究的深入。二是本书论文的收集工作,主要是由安徽大学徽学研究中心的刘伯山教授及其研究生操办的,不应埋没他们的辛劳,这里一并致谢了。

最后再说一句:书里书外美学界的朋友们,让我们以此书为共同的起点，走向新的探索与建构的征程吧！希望下一集中，仍有您的大作。

主编：顾祖钊

2020 年 3 月 28 日